21世纪统计学系列教材

回归分析

李 扬 林存洁 编著

Regression Analysis

中国人民大学出版社
·北京·

图书在版编目（CIP）数据

回归分析 / 李扬，林存洁编著. --北京：中国人民大学出版社，2024. 9. -- (21 世纪统计学系列教材).
ISBN 978-7-300-33263-5
Ⅰ. O212.1
中国国家版本馆 CIP 数据核字第 2024GB9279 号

21 世纪统计学系列教材
回归分析
李　扬　林存洁　编著
Huigui Fenxi

出版发行	中国人民大学出版社		
社　　址	北京中关村大街 31 号	邮政编码	100080
电　　话	010-62511242（总编室）		010-62511770（质管部）
	010-82501766（邮购部）		010-62514148（门市部）
	010-62515195（发行公司）		010-62515275（盗版举报）
网　　址	http://www.crup.com.cn		
经　　销	新华书店		
印　　刷	北京市鑫霸印务有限公司		
开　　本	787mm×1092mm　1/16	版　　次	2024 年 9 月第 1 版
印　　张	16.5　插页 1	印　　次	2024 年 9 月第 1 次印刷
字　　数	390 000	定　　价	46.00 元

总 序

教育是国之大计、党之大计。习近平总书记指出："'两个一百年'奋斗目标的实现、中华民族伟大复兴中国梦的实现，归根到底靠人才、靠教育。"

改革开放以来，高等统计教育有了很大的发展。作为培养我国统计专门人才的摇篮，中国人民大学统计学院自 1952 年创建以来，始终坚持理论与应用相结合的办学方向，着力培养能够理论联系实际、解决实际问题的高层次人才。为了更好地服务教学，中国人民大学统计学院组织并与统计学界同仁共同编写，于 2000 年首次出版了国内较早、成体系的一套丛书——21 世纪统计学系列教材。本系列教材，历经 20 余年的建设，适应统计教育的发展变化，不断修订完善，得到了社会的广泛认可，已成为全国统计学高等教育最有影响力的系列教材之一。系列教材中，既有"十一五"或"十二五"普通高等教育本科国家级规划教材，又有教育部高等学校统计学类专业教学指导委员会推荐用书。在 2021 年首届全国教材建设奖评选中，《统计学（第 7 版）》获评全国优秀教材（高等教育类）。

随着时代的发展和高等教育的变化，系列教材也要与时俱进，及时反映新时代的要求，为此，我们对系列教材不断改版更新。一方面，深入学习贯彻习近平新时代中国特色社会主义思想，紧扣立德树人的根本任务，密切结合中国实际，大量融入中国案例和数据，使学生进一步坚定中国特色社会主义道路自信、理论自信、制度自信、文化自信。另一方面，深刻把握统计学科的专业特点，面对大数据时代的新形势，突出统计理论方法与计算机实现技术的结合，强调方法与技术在实际领域中的应用，同时，精心打造配套的新形态和立体化教学资源，助力现代化教学实践。

感谢所有关注我们的同仁，他们本着对统计学科的热情和提高统计教育水平的愿望，帮助我们不断改进这套教材。感谢参与教材编写的同行专家、统计学院的教师。愿大家的辛勤劳动能够结出丰硕的果实。我们期待着与统计学界的同仁共同创造统计学科辉煌的明天。

王晓军
中国人民大学统计学院

前　言

回归分析，反映出“返璞归真”的客观规律，蕴含着“求同存异”的人生哲理，也深刻体现了“主要矛盾”与“次要矛盾”的辩证关系。其概念与思想最早缘起于 19 世纪的生物遗传研究，后逐渐拓展到经济、社会、天文、医学等社会科学与自然科学研究领域，并在数据科学时代深入各领域实际问题的解决方案。本书从回归分析的缘起、内涵、方法、理论、实证等方面展开讨论，帮助读者建立完整的知识体系与专业逻辑。

全书划分为四部分：第一部分是绪论，梳理回归分析的历史、建模理念与分析思路；第二部分是模型基础 (包括第 2 章和第 3 章)，从一元线性回归和多元线性回归两个角度，系统介绍并讨论模型构建、参数估计与检验、模型评价等方法与理论；第三部分是模型改进 (包括第 4 章和第 5 章)，分别针对异方差、自相关、多重共线性的情形，讨论相应问题对估计结果的影响，并给出识别方式与改进方法；第四部分是模型拓展 (包括第 6 章和第 7 章)，围绕模型选择与指数族分布响应变量的现实挑战讨论解决方案与前沿发展。

为适应不同群体的需求，每章分别给出了 R 代码和 SPSS 操作流程，方便读者掌握不同的分析工具。为提供教学便利，作者分别准备了基于 Beamer 和 PowerPoint 的课件素材，在中国人民大学出版社的网站（www.crup.com.cn）向师生提供免费下载，并秉承开源思想将各章节相关数据与代码共享于 https://github.com/rucliyang/RegressionAnalysis。

十余年来，两位作者在中国人民大学组建教学团队并努力建设专业金课，将科学研究中的收获与体会融入写作过程，希冀为广大读者提供明思路、厚基础、重实践的学习参考。本书的完成要特别感谢祁乐、詹滋树、李嵘、乔楠、余林涵、张嘉琪、林子程、史长浩等同学付出的努力。限于时间与精力，本书仍有改进空间，请广大读者海涵，作者亦将不断完善。

下面一段文字，与诸位共享，望携手从点滴做起：“为无为，事无事，味无味。大小多少，报怨以德。图难于其易，为大于其细。天下难事，必作于易；天下大事，必作于细。”

李　扬　林存洁
中国人民大学明德主楼

目 录

第 1 章 绪论

统计学是收集、处理、分析、解释数据并从数据中得出结论的科学与艺术。统计学将研究对象的全部单元的集合称为总体，将总体的特征称为参数。当可以收集总体的全部信息时，研究者通过图表、概括与分析等统计方法对总体特征进行描述，得到参数真值。当受限于时间、经济等因素而无法获取总体的全部信息时，研究者可以通过抽样从总体中抽取具有代表性的单元集合 (样本) 进行研究，利用统计量刻画样本特征并对总体参数进行推断，其大致思路参见图1.1。回归分析作为统计学框架下的一种方法，其研究思路也遵循图1.1。具体来看，回归分析的研究对象是总体中变量的关系，使用总体参数 (回归系数) 来刻画。如果研究者可以获得总体的全部信息，则可直接计算得到参数真值。大多数情况下，研究者从总体中抽取样本进行回归分析，此时计算的是样本特征 (统计量) 的值。但上述分析只能得到关于样本的结论，无法在研究对象的总体层面直接使用。因此，研究者基于统计量对参数情况进行推断，通过参数估计、假设检验等统计流程得出研究对象总体中关于回归系数的结论。

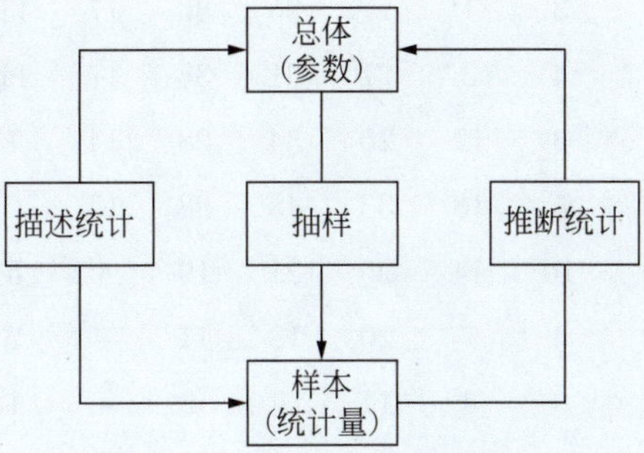

图 1.1 统计学研究思路示意图

近年来，回归分析在社会经济与自然科学领域均应用广泛。为便于读者掌握该方法的主要思想及发展现状，本章从回归模型的缘起与发展出发，简要阐述回归分析的研究目标，进而对回归分析的研究内容及建模思路进行讨论。

1.1 缘起与发展

1. 缘起

“回归” 的概念最早出现在生物遗传学领域。1859 年，著名生物学家、博物学家达尔文

(Darwin) 发表了《物种起源》(On the Origin of Species) 一书。在自然选择理论思想的引导下，达尔文的表弟高尔顿 (Galton) [1]先后完成了兔子模型、甜豌豆模型等论证实验，试图对人类遗传规律进行研究。在 1875 年的甜豌豆模型实验中，高尔顿挑选了 7 类重量大小不同的甜豌豆种子分发给 7 位朋友，请他们帮忙将这些种子种下。每位朋友得到 70 粒种子 (每类 10 粒)，总计 490 粒种子。通过测量这 490 粒种子及其后代的大小，高尔顿发现：子代种子的大小分布基本与亲代种子一致，但亲代种子尺寸较大的子代种子的平均尺寸趋于原始种群的平均水平。他以亲代种子的平均直径为 X 轴，子代种子的平均直径为 Y 轴，将实验得到的数据在二维空间中展示出来，发现点散布在一条直线周围。这是绘制的第一条“回归直线”，高尔顿将这条直线的斜率命名为“回归系数”。

在此基础上，高尔顿将目光转向人类遗传研究领域。1885 年，高尔顿通过允诺保密并提供奖金的方式，获得了 205 对夫妇及其 928 位成年子女的遗传特征数据，包括身高、眼睛颜色、脾气、艺术才能、疾病等。其中身高数据见表1.1。[2]

表 1.1　身高数据　　单位：英寸*

	父母身高	>73.0	72.5	71.5	70.5	69.5	68.5	67.5	66.5	65.5	64.5	<64.0	总数	中位数
	< 61.6	-	-	-	1	-	1	-	-	1	1	1	5	-
	62.2	-	-	-	-	-	-	3	3	-	1	-	7	-
	63.2	-	-	-	1	1	7	5	3	9	4	2	32	66.3
	64.2	-	-	-	-	16	11	14	5	5	4	4	59	67.8
	65.2	-	-	1	1	4	16	15	2	7	1	1	48	57.9
	66.2	-	-	3	1	17	25	36	17	11	5	2	117	67.7
子女身高	67.2	-	-	4	3	27	31	38	17	11	5	2	138	67.9
	68.2	-	1	3	12	20	34	28	14	7	-	1	120	68.3
	69.2	-	2	5	18	33	48	38	13	7	2	1	167	68.5
	70.2	-	1	10	14	25	21	19	4	5	-	-	99	69.0
	71.2	-	2	4	7	20	18	11	-	2	-	-	64	70.0
	72.2	1	7	9	4	11	4	4	-	1	-	-	41	-
	73.2	3	2	2	3	4	3	-	-	-	-	-	17	-
	> 73.7	-	4	2	3	5	-	-	-	-	-	-	14	-
子女数量		4	19	43	68	183	219	211	78	66	23	14	928	-
父母数量		5	6	11	22	41	49	33	20	12	5	1	205	-
中位数		-	72.2	69.9	69.3	68.9	68.2	67.6	67.2	66.7	65.8	-	-	

* 1 英寸约合 2.54 厘米。

利用高尔顿实验中的身高数据，以父母的平均身高作为 X 轴、子女的平均身高作为 Y 轴，在坐标系中以散点图的方式将数据结果进行展示，发现其趋势也近似一条直线，且该

① 高尔顿和他的学生皮尔逊 (Pearson) 共同创立了著名的生物统计期刊 *Biometrika*。

② 参见Galton (1886)。

直线可以表示为公式：

$$\hat{Y} = 33.73 + 0.516X$$

这一结果说明，父母的平均身高 X 每增加一个单位，其子女身高 Y 平均只增加 0.516 个单位。因此高尔顿认为，尽管影响身高的因素有很多，但人类的身高始终会回归到整体的平均水平，这与甜豌豆模型实验的结果是一致的。

在后续研究中，高尔顿还探索了其他人体测量数据的规律，并分别于 1886 年和 1889 年发表了论文“Regression towards mediocrity in hereditary stature”和“Co-relations and their measurement，chiefly from anthropometric data”，这些论文一直被视为经典。正是在这段人类遗传研究的道路上，高尔顿以独到的眼光将统计学与生物研究结合了起来，“回归”的概念由此诞生。

2. 发展

回归分析中经典的最小二乘法最早出现在天文学与地理测量学领域的研究中。1801 年，意大利天文学家皮亚齐 (Piazzi) 发现了第一颗小行星——谷神星。经过 40 天的跟踪观测后，谷神星运行至太阳背后，这使得皮亚齐失去了谷神星的位置。许多科学家致力于利用皮亚齐的观测数据寻找谷神星的运行轨道。1805 年，勒让德 (Legendre) 在一本关于计算彗星轨道的书籍中首次清晰简明地阐述了最小二乘法。但是勒让德在其著作中只说明了最小二乘法的优势，缺少误差分析。1808 年，美国人阿德雷恩 (Adrain) 也独立提出了最小二乘分析的思想，主要应用于实际测量。1809 年，高斯 (Gauss) 发表了著作《关于绕日行星运动的理论》(Theory of the Motion of the Heavenly Bodies Moving about the Sun in Conic Sections)。书中声称他自 1799 年以来就使用最小二乘法，并且其提出的正态误差理论也成功地将最小二乘法与概率原理和正态分布联系了起来。一场高斯与勒让德的优先权之争由此爆发。但是在目前的多数教材中，都认为最小二乘法是由高斯提出的。马尔可夫 (Markov) 于 1900 年证明了在高斯–马尔可夫 (Gauss-Markov) 条件下，最小二乘估计在无偏线性估计类中具有方差最小的性质 (Markov, 1900)。随着时代的发展与进步，许多学者开始探究其他估计方法。比如，针对多重共线性问题，Horel (1962) 提出岭回归估计，Massy (1965) 提出主成分回归估计；针对异方差问题，Schweppe (1970) 提出加权最小二乘 (WLS) 估计并将其应用于电力系统的状态估计；Wold et al. (1983) 提出的偏最小二乘估计在自变量间存在严重多重相关性时仍然发挥作用，还可以在样本数少于变量数的情况下完成模型估计。

回归分析自诞生以来，逐步发展成研究变量间关系的重要工具。从最初比较简单的研究两个变量间关系的一元线性回归，到研究多个自变量与一个因变量间关系的多元线性回归，再到研究多个自变量与多个因变量间关系的多重线性回归，回归分析理论在不断的更新中得到了充实与发展。为了进行模型评价，1971 年赤池弘次 (Akaike) 提出了 AIC 准则。该准则于 1973 年以概念简介的形式发表，1974 年首次出现在赤池弘次发表的正式论文中 (Akaike, 1974)。Mallows (1973) 提出了运用 C_p 准则评估线性回归模型的表现这一思路，从而实现模型选择 (model selection)。在这些评价准则的基础上，Baron and Kenny

(1986) 提出逐步回归法以实现对变量的选择。近年来，随着科技的发展和时代的进步，自变量的维数急剧增加。为实现高维情况下的变量选择，一些学者又提出了基于惩罚的方法，比如 Lasso (Tibshirani, 1996)、SCAD (Fan and Li, 2001)、自适应 Lasso (Zou, 2006) 以及 MCP (Zhang, 2007) 等。

在一般的线性模型中，通常假定因变量 Y 为连续型变量并且服从正态分布，其条件均值为自变量 X 的线性函数。但实际研究中关注的因变量并非总是符合该假定，因此该假定具有较大的局限性。比如在一段时间内前来医院就诊的患者数量为一个计数变量，通常研究者假定其服从泊松分布。又如，患者在接受治疗后是否痊愈是一个服从二项分布的分类变量。此时，变量不再服从正态分布。在线性回归模型的基础上，Nelder and Wedderburn (1972) 放宽了对因变量的正态分布要求，提出了广义线性模型 (generalized linear model, GLM)。在该模型下，因变量 Y 可以来自某个指数型分布族 (比如二项分布、多项分布、泊松分布等)，通过不同的连接函数 (link function) 建立起线性预测部分与因变量均值间的联系。常见的广义线性模型有 Logistic 回归模型、泊松回归模型等。

然而，一般线性模型与广义线性模型并不能适用于所有数据类型。有时数据的某些特征 (如因变量 Y 的周期性) 会导致因变量 Y 或者因变量 Y 的函数不能通过自变量的线性组合形式来表达，而是呈现复杂多样的非线性关系。Gallant (1975) 提出使用非线性回归 (nonlinear regression) 模型解决该类问题。

传统的回归分析大多以研究自变量与因变量条件期望间的关系为主要目的，但这类模型对数据的分布特征比较敏感。1953 年，博克斯 (Box) 提出“稳健”(robustness) ①的概念，在此基础上 Huber (1964) 提出基于位置参数的稳健估计——M 估计量，同年提出极小极大理论，为解决参数估计的效率问题奠定了理论基础。Hampel (1974) 提出影响函数的概念，不仅可以根据影响函数的形式设计不同类型的稳健估计，也为理论上度量参数估计的可靠性与精度奠定了基础。Koenker and Bassett (1978) 提出分位数回归 (quantile regression) 模型，以研究自变量与因变量条件分位数之间的关系。该方法可以捕捉到数据分布的尾部特征，从而得到更加全面、稳健的分析。20 世纪 80 年代是稳健回归理论蓬勃发展的时期，最小截尾二乘法 (least trimmed squares，LTS)(Rousseeuw and Leroy, 1987)、最小中位数二乘法 (least median squares，LMS)(Rousseeuw, 1984)、S 估计 (S-estimator)(Rousseeuw and Yohai, 1984) 都是在这一时期提出的。特别地，Yohai (1987) 提出的 MM 估计在改进了 M 估计计算效率的同时保证了 S 估计的稳健性。

上述模型均建立在回归函数形式已知的基础上，每个模型只有一部分待估参数。这类参数回归由于函数形式固定，其拟合效果易受影响。而非参数回归 (nonparametric regression) 的函数形式自由，对数据的分布一般不作要求，因而拟合效果一般较参数回归更好。常见的样条法与核函数法都属于非参数回归。以此为基础，参数回归与非参数回归的综合运用——半参数回归 (semiparametric regression) 也随之出现 (Ruppert et al., 2003)。回归模型的简要发展历程见图1.2。

① 一些文献也将 robustness 翻译为鲁棒。

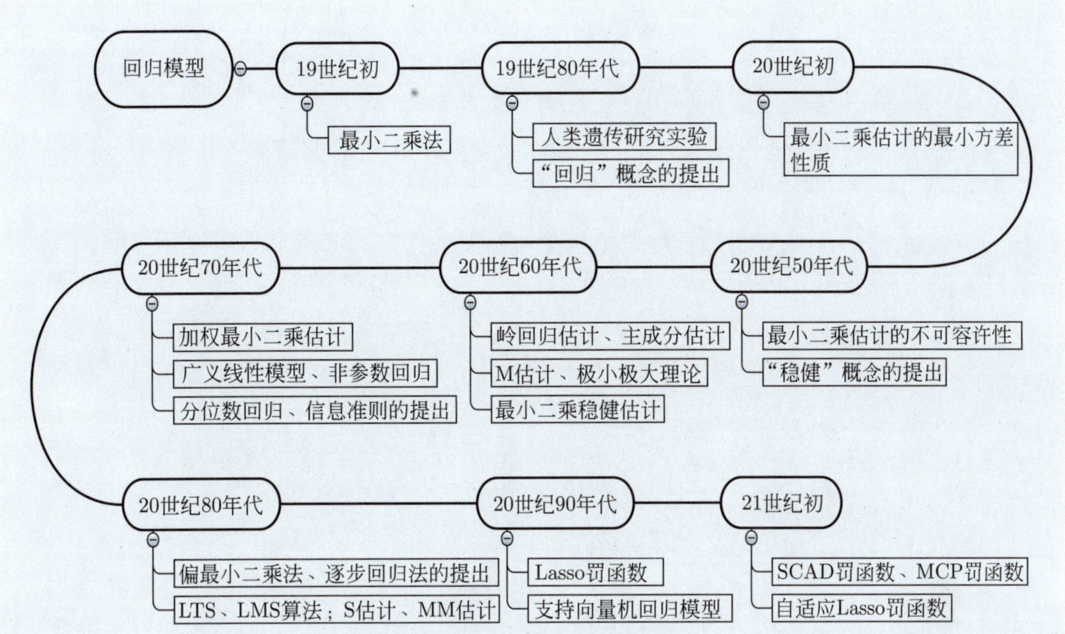

图 1.2 回归模型的发展历程

1.2 变量间的关系

在社会经济与自然科学各领域的研究中，事物间以及事物内部各要素间都是相互影响、相互制约的。研究者希望通过一些恰当的方式去探究、把握事物间 (或事物内部各要素间) 的关系，从而发现客观规律，以实现对实践活动的指导作用。如果利用变量来描述事物的不同特征，那么事物间的联系可用变量间的关系来表达。变量间的关系可以分为函数关系与统计关系两大类。

1. 函数关系

读者不妨先考虑两个变量的情况：如果两个变量间具有函数关系，意味着其中一个变量的变化能完全决定另一个变量的变化，两者间的关系可以通过某个确定的数学表达式呈现。例如，按照固定价格销售的某产品的销售额 (Y) 与其销售量 (X) 间的关系。当销售单价为 10 元时 (假定价格不随销售量变化)，Y 与 X 的关系可以表示为：

$$Y = 10X$$

以该产品近 10 个月的销售量为例，Y 与 X 的函数关系如图1.3所示。在图1.3中，以销售量为横坐标、销售额为纵坐标的散点分布在一条直线上，两者间的关系是一种确定性关系。

此外，函数关系还常见于初等数学、物理学中的一些计算公式。比如，三角形面积的计算公式：

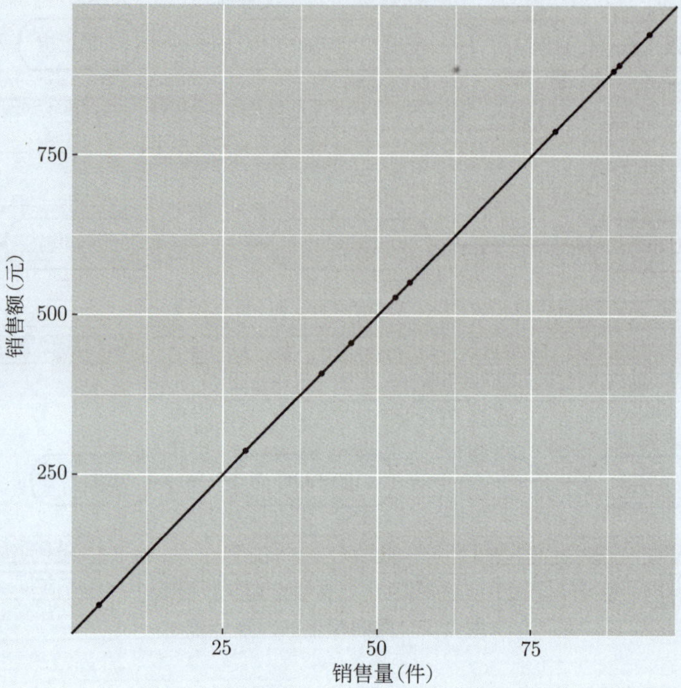

图 1.3 销售量与销售额的函数关系图

$$S = \frac{1}{2}lh$$

式中，l 表示底边长度，h 表示高。又如牛顿第二定律 $F = ma$。

2. 统计关系

函数关系通常建立在假定条件之上，往往只在理想状态下成立。比如上文提及的销售量与销售额的函数关系，其成立的前提是商品的销售单价不发生变化。事实上，尽管实际中许多变量间具有十分密切的联系，但由于认识的局限性或者测量误差、实验误差等偶然因素，这种联系在大部分情况下并没有密切到一个变量由另一个 (或另几个) 变量完全决定的程度。相反，更多的是体现为一种不确定性关系，这种关系并不能仅通过一个数学式表达出来，而是需要添加随机误差项来描述不确定性。研究者将这种关系称为变量间的统计关系 (亦称相关关系)。

下面通过两个例子来讨论统计关系的含义：

- 书籍单价与书籍总页数间是一种统计关系。尽管多数人认为，书籍总页数越多，书籍单价就越高，但是影响书籍单价的因素不止页数一个，书籍作者影响力、书籍印刷数量以及市场目标客户群体的大小都会对书籍的单价产生影响。
- 研究房屋面积对房屋价格的影响时，一般情况下研究者认为房屋面积越大，房屋价格就越高。但事实上，除房屋面积外，房屋自身的结构以及房屋所处地段的交通情况等也是影响房屋价格的因素。因此，房屋价格与房屋面积间也是一种统计关系。

需要注意的是，现实中除线性相关关系外，变量间更为常见的是非线性相关关系。本节利用数值模拟分别生成一组线性相关的变量与一组非线性相关的变量，如图1.4 所示。

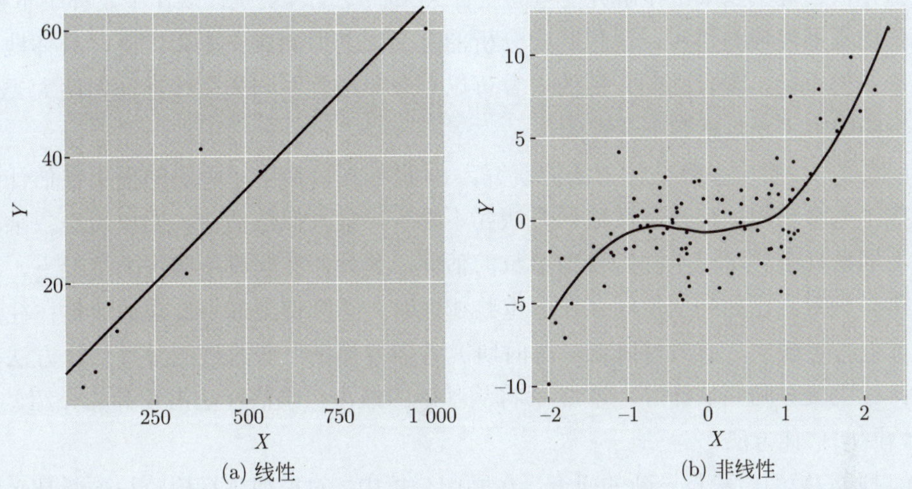

图 1.4　X 与 Y 的相关关系

在统计学中，回归分析与相关分析是两种研究变量间统计关系的方法。二者有联系，但又不完全相同，主要区别如下：

(1) 变量的地位不同。在回归分析中，变量有因变量和自变量之分，因变量处于被解释的地位。研究人员希望讨论自变量对因变量的影响。在相关分析中，变量的地位平等，研究变量 A 和变量 B 的相关关系与研究变量 B 和变量 A 的相关关系是等价的。

(2) 变量的类型存在差异。在回归分析中，因变量为随机变量，自变量可以是随机变量，也可以是非随机变量①，而在相关分析中，变量都是随机变量。

(3) 研究目的不完全相同。相关分析的研究目的是探究两类变量间的相关关系，而回归分析一方面研究自变量对因变量的影响并对现象进行解释，另一方面实现预测或控制的功能。

在回归分析中，为了刻画统计关系的不确定性，常常在函数关系式中添加一项随机误差项。随机误差项是一个随机变量。如图1.4(a) 所示，变量 X 与 Y 间的统计关系可以通过以下模型进行描述：

$$Y = \beta_0 + \beta_1 X + \varepsilon \tag{1.2.1}$$

事实上，式 (1.2.1) 就是因变量 Y 关于自变量 X 的线性回归模型，也称理论回归模型，刻画的是总体中两变量间的关系。由于实际中往往无法收集研究总体的全部数据，理论回归模型通常是未知的，需要通过从总体中收集的样本数据进行估计。这种利用样本数据得到的估计模型就是经验回归模型。回归分析研究的主要内容就是如何利用样本数据估计出一个可以较好地刻画总体中变量间关系的经验回归模型，并利用这个模型进行解释、预测和控制。

---

① 本书的讨论均基于非随机自变量的假设。

1.3 研究内容

回归分析自诞生以来，在研究变量间统计关系、发现客观统计规律中发挥了重要作用。随着时代的不断发展与进步，现代回归分析的含义比其原始意义更为广泛。具体地说，根据模型形式的不同，现代回归分析的内容可以划分为线性回归和非线性回归两大类。线性回归分析的内容主要包括如下几方面：

(1) 对回归模型中参数估计方法的研究。19 世纪初，最小二乘法的提出在估计回归系数中发挥了重要作用。但是参数估计方法并不唯一，最大似然估计、加权最小二乘估计等方法在不同条件下亦可用于回归模型参数的估计。另外，在假设不满足的情况下，最小二乘估计量会失效。比如当变量间存在多重共线性时，继续使用最小二乘估计量往往会导致参数估计的方差较大、有效性降低。这时研究者需要提出一些改进的参数估计方法，如岭回归估计、主成分回归估计等。第 2 章将从基础的最小二乘估计法出发开始介绍，在第 5 章介绍岭回归估计方法。

(2) 对回归模型检验与诊断的研究。在回归分析中，对模型进行检验与诊断是必要工作之一。比如，估计模型对观测数据的拟合效果是否良好？回归系数在总体中是否与零有显著差异？这些问题可以通过对参数进行假设检验来回答。一般来说，只有当上述两个检验都通过时，才有利用回归模型进行下一步工作的意义。另外，回归模型建立在一些假设的基础上，研究者需要判断数据是否满足基本假设 (如高斯–马尔可夫条件) 后才能合理选择估计方法。如果假设不满足，研究者需要对数据进行处理或改用无需该假设的估计方法。残差分析在解决上述问题的过程中扮演着举足轻重的角色。第 2 章、第 3 章主要介绍模型形式的确定、经验模型拟合效果、系数及方程的显著性检验，第 4 章、第 5 章以回归模型基本假设为出发点，讨论违背基本假设的诊断方法及其处理方式。

(3) 对回归模型选择的研究。在实证研究中，即便研究人员根据研究目标事先确定了因变量与自变量的范围，对于如何建立合理的模型也没有明确定义。针对同一个因变量，不同的自变量组合可以建立不同的模型。模型选择是依据某种评价准则从众多备选模型中选择最优结果的过程。第 6 章在经典的模型选择准则 (如 AIC、BIC、C_p) 的基础上，讨论基于惩罚函数的模型选择方法，并结合前沿研究成果介绍模型选择的评价指标。

相比线性回归分析，非线性回归分析的研究内容更为复杂，常常涉及模型形式的选择、初始值确定等问题。这一部分不作为本书的重点，感兴趣的读者可以参考经典文献 Bates and Watts (1988)。

1.4 建模思路

在了解了相关概念与主要研究内容之后，本节为读者介绍回归分析的建模思路，首先看一个简单的例子。

例 1.1 研究者希望利用回归分析对某地区某行业中生产总成本的影响因素进行研究。为实现研究目标，从当地企业中按照某种抽样方法随机抽取了 20 家企业，获取的数据见表1.2。请利用表中的数据建立产量与生产费用间的回归模型，并进行简要分析。

表 1.2 某地区 20 家企业的产量与生产费用

编号	产量 (台)	生产费用 (万元)	编号	产量 (台)	生产费用 (万元)
1	78	240	11	223	706
2	206	597	12	186	563
3	202	598	13	121	371
4	206	651	14	281	896
5	265	873	15	123	364
6	210	654	16	259	735
7	52	160	17	122	425
8	108	308	18	117	330
9	217	639	19	97	320
10	179	688	20	108	307

如何建立一个合理的回归模型？本节首先给出回归分析建模思路示意图 (见图1.5)，并结合例1.1讨论具体细节。

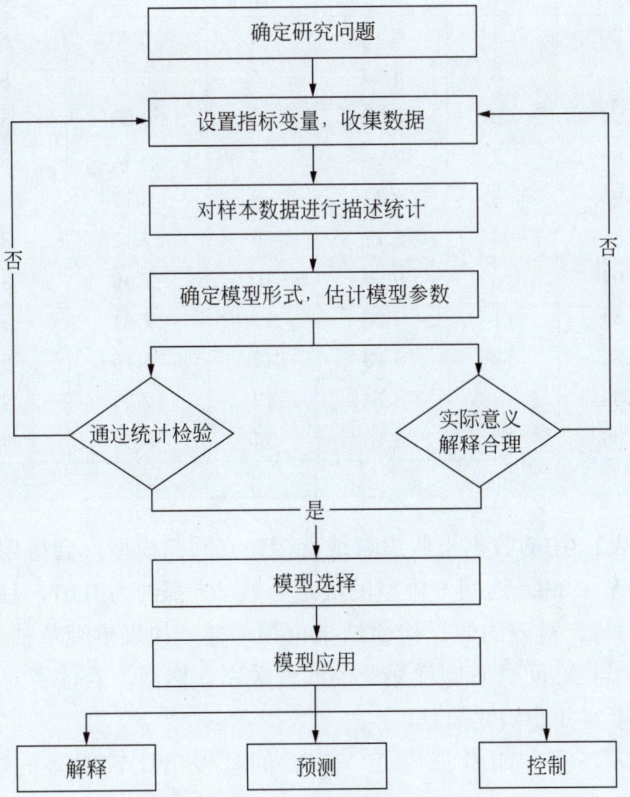

图 1.5 回归分析建模思路示意图

具体步骤如下：

第一步，在建立模型之前，研究者需要确定具体的研究问题。根据研究目标与研究内容，研究者需细化、提炼出明确的业务问题。这一步与后续的数据采集、模型分析及结果解释紧密关联，是容易被忽视但非常重要的基础步骤。

第二步，根据研究问题确定指标变量的范围，如果总体不可得，可设计科学、可行的样本采集方式并收集数据。根据抽样方法的不同，可以分为简单随机抽样、分层随机抽样、整群抽样等；根据研究方式的不同，可以分为观察性研究、实验研究。

第三步，研究者通过描述统计的方式了解数据的特征，比如通过样本数据的密度曲线观察数据的分布状态，又如通过变量间的散点图探索变量间是否存在线性关系。这一步虽然不涉及参数估计、假设检验、模型诊断等内容，但在回归分析过程中至关重要。借助描述性分析，研究者可以快速掌握数据的特点与问题，也可以初步判断回归模型的适用性。为了直观展示这一步骤的重要性，请读者阅读下面的例子。

例 1.2 安斯库姆 (Anscombe) 曾于 1973 年构造了四组数据，见表1.3。[①] 请读者分别根据这四组数据建立回归模型，并对此进行分析。

表 1.3 安斯库姆数据

第一组		第二组		第三组		第四组	
X	Y	X	Y	X	Y	X	Y
4	4.26	4	3.10	4	5.39	8	6.58
5	5.68	5	4.74	5	5.73	8	5.76
6	7.24	6	6.13	6	6.08	8	7.71
7	4.82	7	7.26	7	6.44	8	8.84
8	6.95	8	8.14	8	6.77	8	8.47
9	8.81	9	8.77	9	7.11	8	7.04
10	8.04	10	9.14	10	7.46	8	5.25
11	8.33	11	9.26	11	7.81	8	5.56
12	10.84	12	9.13	12	8.15	8	7.91
13	7.58	13	8.74	13	12.74	8	6.89
14	9.96	14	8.10	14	8.84	19	12.50

如果读者针对表1.3中的数据不假思索地直接建立回归模型，会得到四个一样的模型结果，均为 $\hat{Y} = 0.50X + 3.0$。这四个模型的决定系数 R^2 都约为 0.67，且具有相同的 t 统计量和 F 统计量值，与之对应的假设检验结果也都一样。如果单纯从估计出的回归方程看，这四组数据中的 Y 与 X 间具有同样显著的线性关系。然而，若读者对这四组数据分别绘制散点图，会发现事实并非如此简单。

如图1.6(a) 所示，第一组数据中 Y 与 X 间呈现出比较明显的线性趋势，用方程

① 参见Anscombe (1973)。

$\hat{Y}=0.50X+3.0$ 拟合具有一定的合理性；其余三组数据虽然也可以得到相同的估计结果，但是从散点图可以发现不同的问题。比如图1.6(b) 显示出第二组数据中 Y 与 X 间的关系并非线性关系，而是曲线关系，利用曲线对其进行拟合会更加合适。基于第三组数据得到的估计方程主要受到异常值点 (13，12.74) 的影响，将数据的整体趋势拉向该点自身，从而对估计出的回归方程产生影响。从图1.6(d) 可以看出，第四组数据中 X 的取值只有两个点，分别为 8 和 19。这样得出的估计方程的可靠性非常差，研究者很难根据这两点上的因变量取值判断 Y 与 X 的关系。

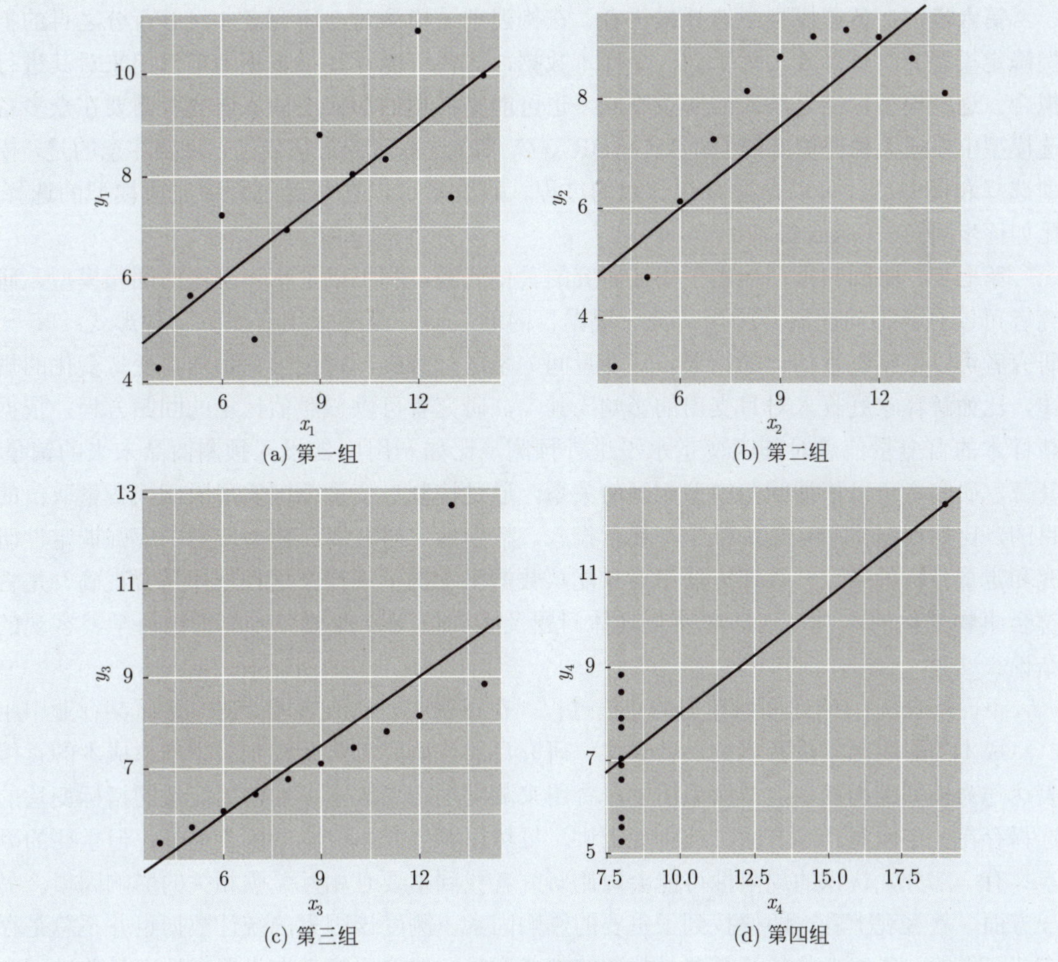

图 1.6　四组数据的散点图

第四步，根据上一步获取的信息，研究者确定回归模型的形式并利用样本数据对模型中的参数进行估计。模型形式包括自变量与因变量的确定、线性或非线性模式的确定。常用的参数估计方法有最小二乘法、最大似然法。如果研究者通过诊断发现数据不服从假设，还可以根据不同情况选用加权最小二乘估计、岭估计、偏最小二乘估计等方法。

第五步，包含统计检验和解释合理性分析两部分。统计检验有多重用途：一方面，利用样本信息验证总体中理论模型的特征，如回归参数的显著性检验；另一方面，分析模型与数据的拟合优度，如回归模型的显著性检验；特别地，一些模型诊断过程也可以通过检验完成，比如自相关性、异方差性等。如果统计检验结果显示不能满足分析要求，研究者需要回到第二步，重新考虑纳入模型的变量指标是否合理。模型建立的目的是解决实际问题，因此模型结果解释的合理性是评价回归分析效果的重要考量。如果参数估计结果的解释与理论假设背离，那么即使统计检验结果优良，该模型在实证研究中的适用性也值得商榷。此时，研究者也应该返回到第二步，考虑纳入模型的变量指标是否需要调整。这是一个循环的过程，研究者在第二步至第五步间循环往复，直至得到一个既满足统计检验要求又满足解释合理性的模型。

第六步，在备选模型中选择最优者。在构建理论模型时，研究者并没有百分之百的把握确定模型的具体形式。对于同一个样本数据，往往可能存在很多模型可以用来对其进行拟合。这些模型可能是纳入的变量不同，也可能是模型的形式不同。研究者需要在众多备选模型中根据某种评价准则 (如 AIC、BIC、C_p 等) 选择一个最优模型。需要注意的是，模型选择和模型估计可以是融合在一起的过程。研究者可以在估计过程中完成模型的选择，比如逐步回归、Lasso 等。

第七步，将回归模型应用于实证研究的具体问题。利用以上诸步确定的回归模型，研究者可以对业务问题展开应用研究。根据目的的不同，模型应用有如下三种形式：其一，研究者可以依据参数估计的结果，对变量间关系进行解释，讨论因变量随自变量变化的规律，比如解释家庭收入对月支出的影响；其二，研究者可以参照估计出的回归方程，依据新样本的自变量信息对其因变量水平进行预测，比如利用广告投入预测商品未来的销量；其三，研究者可以依据回归模型刻画的关系，通过控制自变量范围实现限制因变量取值的目的，比如根据生产计划反推生产要素投入。特别地，研究者在模型应用中应强调定性研究和定量分析的结合。数理方法毕竟只能从数据出发揭示规律。这种规律是否正确？是否符合事物变化的本质？这都必须与具体问题及实际情况紧密结合才能得出科学、客观的结论。

下面结合例1.1阐述回归模型的建模过程。在该例中，研究者希望对某地区某行业中生产总成本的影响因素进行研究。针对这一研究目的，研究者需要找到对生产总成本的直接表达作为模型的因变量。本例采用生产费用来测度生产总成本。影响因变量的指标变量的选择存在一定困难。一方面，从主观上讲，虽然影响生产总成本的因素很多，但重要的因素只有一部分，认识的局限性可能会限制研究者找到重要且相互无强相关的影响因素。另一方面，从客观上看，即便找到了重要的影响因素，测度该因素的统计数据也并不总是存在或可得的。研究者往往还需要寻找新的替代变量。建议研究者在设置指标变量的过程中咨询该领域专家，在其帮助下完成指标变量的选择。这一过程可能不是一次完成的，而是需要经过反复推敲。本例为了便于操作，只考虑产量这一个影响因素。

理想情况下，研究者应对该地区所有企业进行分析。但限于时间与经济成本，研究者并不能对所有单位进行调查，只能从总体中抽取 20 家企业，并针对设定的指标变量获取数据。

以表1.2中的两个变量为例，首先通过散点图来观察两个变量的关系。以产量为 X 轴、生产费用为 Y 轴绘制散点图，如图1.7所示。直观上看，所有观测点均分布在一条直线周围。这条直线虽然并不完全精确，但可以大致体现出产量与生产费用的线性关系，因此可以考虑利用线性模型对数据进行拟合。

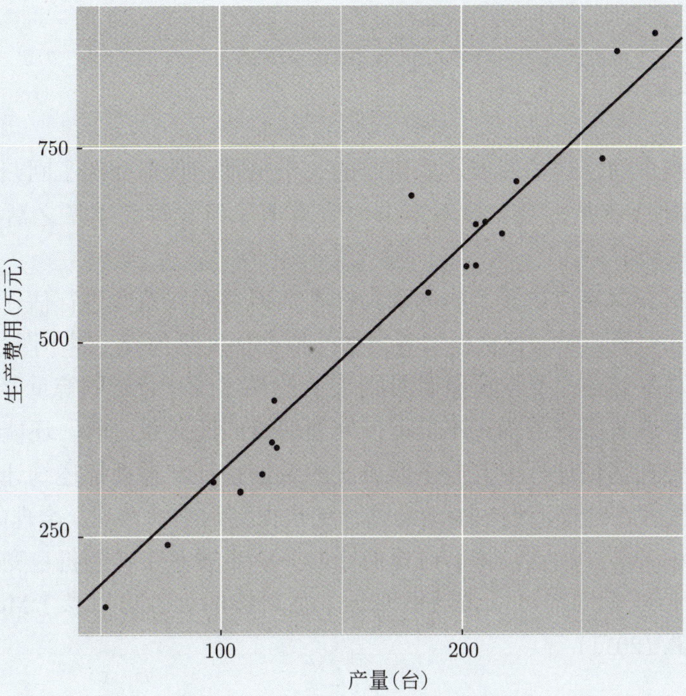

图 1.7 产量与生产费用的散点图

用 Y 表示生产费用，X 表示产量，图1.7中的这条直线可以表示为：

$$Y = \beta_0 + \beta_1 X \tag{1.4.1}$$

式中，β_0 表示直线的截距，β_1 表示直线的斜率。由于除产量以外可能有其他因素影响生产费用，或者数据采集时存在对产量测量的误差，图1.7中的观测点并没有完全落在直线上。为刻画这种统计关系 (相关关系)，研究者在式 (1.4.1) 中添加随机误差项表示误差，则理论模型为：

$$Y = \beta_0 + \beta_1 X + \varepsilon$$

回归分析的理论模型确定后，研究者可以利用样本数据得到总体参数的最小二乘估计。估计出的经验回归模型如下[①]：

$$\hat{Y} = -4.682 + 3.131X \tag{1.4.2}$$

然而，式 (1.4.2) 并不能直接用来进行经济解释、结果预测或者变量控制，需要对其从统计检验与经济意义解释两个角度展开评估。如果模型估计得到生产费用与产量间呈负向关系的结论，那么显然在经济意义上不合理，此时即使模型检验结果良好，也不宜应用。

研究者不仅可以利用回归模型结果对经济现象进行解释，还可以通过给定因变量的取

① 具体估计方法在第 2 章中详细讨论。

值来实现控制自变量的作用。比如限定生产费用不能超过 1 000 万元，根据式 (1.4.2)，可知产量最多为 320 台。另外，回归模型还常用于预测，良好的预测效果有助于研究者对生产生活、政策制定进行合理规划。

1.5 小结与评注

本章从回归概念的缘起与发展、变量间的关系出发，重点介绍了回归分析的研究内容与建模思路，以便读者从宏观角度对本书内容有所了解。读完本章之后，读者不妨返回图1.1进一步思考。

很多回归分析教材重点讲授了如何利用样本数据对回归系数进行估计、如何基于统计量对总体参数进行检验、如何评价模型对数据的拟合优度等内容，属于图1.1 中右侧的推断统计环节。然而，本书在此要特别强调图1.1左侧的描述统计分析同等重要，甚至具有事半功倍的效用。研究者对数据的描述不仅可以判断变量间的关系趋势，还能发现可能的异常值点、强影响点等在建模过程中具有重要意义的数据特征。重视描述统计与推断统计相结合，可以帮助研究者在建模流程中少走弯路，更快得到科学、客观、合理的分析结果。

除此之外，读者需要注意，本书讨论的回归分析主要基于非随机自变量的假定。然而在回归分析中，自变量同样可以为随机变量。感兴趣的读者可以参考Montgomery et al. (2021)、Hsu et al. (2011) 等。

习 题

1.1 请分别举几个日常生活中事物间呈现函数关系与统计关系的例子。

1.2 请结合实例简述回归分析在不同领域中的应用。

1.3 “回归分析与相关分析的一个重要区别在于，相关分析中的变量为随机变量，而回归分析中只有因变量为随机变量，自变量为非随机变量。”这种表述正确吗？为什么？

1.4 请简述回归分析的建模思路，并说一说在建模过程中需要注意哪些问题。

1.5 为什么需要对回归模型进行检验？

1.6 请简述你知道的线性回归模型的基本假设。

第 2 章 一元线性回归

在实际问题研究中，研究者关心某一现象与其影响因素间的关系。比如，研究者在农业生产规划时探讨粮食产量与施肥量之间的关系。又如，保险公司在研究火灾损失规律时分析火灾损失与最近消防站距离间的关系。再如，经济预测中常把居民收入作为储蓄额的重要影响因素加以讨论。

上述三个例子以两个变量间的关系为研究对象，其共同点是：两个变量之间有着密切的关系，但由于问题的复杂性，这种关系并不是确定的函数关系，存在其他影响因素带来的随机性。这些影响因素可能是因为认知水平或客观原因没有纳入考虑的变量，也可能是实验误差、测量误差等。针对上述情况，本节将围绕如何描述、估计、评价、推断两变量间的非确定性关系展开讨论。

在编程环境中使用矩阵运算可以直接得到上述估计结果。对于一个完整的回归分析来说，研究者除了参数估计外，还需要对模型进行显著性检验 (F 检验)、对参数进行显著性检验 (t 检验)，并诊断是否存在多重共线性、序列自相关性等。读者可以调用 R 和 Python 中的函数来进行回归分析。

2.1 一元线性回归模型

当变量 X 和 Y 之间有着密切的关系，但密切程度达不到由变量 X 唯一确定变量 Y 时，称为 X 和 Y 之间存在“非确定关系”(何晓群和刘文卿, 2019)，即本书研究的统计关系。

例 2.1 为探究某门统计专业课上学生期末考试成绩和平时成绩之间的关系，Rencher and Schaalje (2008) 搜集了该班级 18 名学生的期末考试成绩 Y 和平时成绩 X，数据如表2.1 所示，相应的散点图见图2.1。

表 2.1 期末考试成绩与平时成绩数据

Y	X	Y	X	Y	X
95	96	72	89	35	0
80	77	66	47	50	30
0	0	98	90	72	59
0	0	90	93	55	77
79	78	0	18	75	74
77	64	95	86	66	67

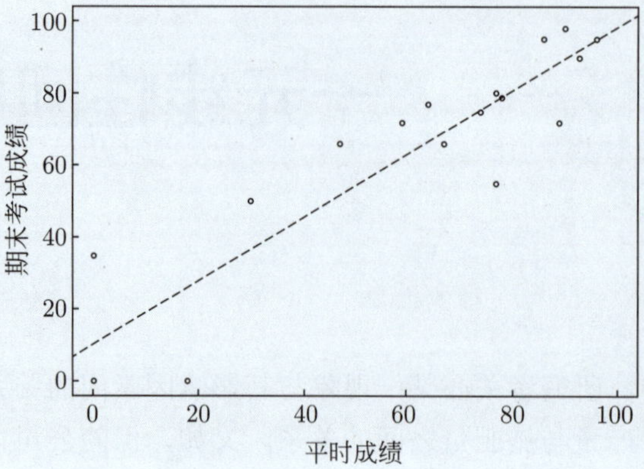

图 2.1　期末考试成绩与平时成绩的散点图

从图2.1可以看出，18 名学生的样本数据点大致落在一条直线附近，说明期末考试成绩和平时成绩之间具有明显的线性关系。但是这些样本数据点又不完全在一条直线上，说明即使知道某位学生的平时成绩 X，研究者也无法得到一个确定的期末考试成绩 Y。事实上，期末考试成绩还会受到许多其他因素的影响，因此期末考试成绩和平时成绩之间的关系并没有强到给定平时成绩就可以唯一确定期末考试成绩的程度。例如，从表2.1可以看到，有两名学生的平时成绩都是 77 分，但他们的期末考试成绩分别为 80 分和 55 分。此时研究者需要通过统计方法来刻画这种“非确定关系”，找到其中的规律性。本章引入一元线性回归模型来刻画这种关系。

考虑两个变量之间的线性关系，把 X 与 Y 之间的关系描述为一元线性回归模型：

$$Y = \beta_0 + \beta_1 X + \varepsilon \tag{2.1.1}$$

式中，Y 是因变量 (或响应变量)，X 是自变量 (或解释变量)，随机变量 ε 是模型中的随机误差项。误差并不意味着错误，而是一个统计学术语，表示随机波动、测量误差或其他研究者无法控制的因素的影响。β_0 和 β_1 是未知参数，称 β_0 为回归常数 (或截距项)，β_1 为回归系数 (或斜率)。可以看到，一元线性回归模型将变量 X 与 Y 之间的“非确定关系”用两部分描述：一部分是由 X 的变化引起的 Y 的线性变化，即 $\beta_0 + \beta_1 X$；另一部分则由其他与 Y 有关但是未被纳入回归方程的误差项组成，记为 ε。一元线性回归中的“一元”代表只有一个自变量 X，“线性”则是对于 β_0 和 β_1 的线性。例如，模型 $Y = \beta_0 + \beta_1 X^2 + \varepsilon$ 关于 β_0，β_1 是线性的，但是模型 $Y = \beta_0 + \mathrm{e}^{\beta_1 X} + \varepsilon$ 关于 β_0，β_1 则是非线性的。

给定样本 $\{(X_1,\ Y_1),\ (X_2,\ Y_2),\ \cdots,\ (X_n,\ Y_n)\}$，式 (2.1.1) 可以写成：

$$Y_i = \beta_0 + \beta_1 X_i + \varepsilon_i, \qquad i = 1,\ 2,\ \cdots,\ n \tag{2.1.2}$$

针对该模型，本章作如下假设：

假设 1　n 组数据是独立观测的，Y_1，Y_2，$\cdots$，Y_n 以及 ε_1，ε_2，$\cdots$，ε_n 都是相互独立的随机变量，而 X_1，X_2，$\cdots$，X_n 是非随机变量①，其值是可以精确测量和控制的。

① 在计量经济学中，当考虑自变量 X 的内生性、外生性问题时，X 也可看作随机变量。本书仅围绕 X 为非随机变量的情形展开讨论。

假设 2 随机误差项 ε 满足高斯–马尔可夫条件

$$\begin{cases} E(\varepsilon_i)=0, \quad i=1, 2, \cdots, n \\ \mathrm{Cov}(\varepsilon_i, \varepsilon_j)=\begin{cases}\sigma^2, & i=j \\ 0, & i\neq j\end{cases}, \quad i, j=1, 2, \cdots, n \end{cases}$$

假设 3 正态性假定

$$\begin{cases} \varepsilon_i \sim N(0, \sigma^2), \quad i=1, 2, \cdots, n \\ \varepsilon_1, \varepsilon_2, \cdots, \varepsilon_n \text{ 相互独立} \end{cases}$$

假设 2 的第一点保证了 $E(Y_i)=\beta_0+\beta_1X_i$。但是在实际分析时，如果出现 $E(\varepsilon_i)\neq 0$ 的情形，该如何处理呢？这时回归常数 β_0 就发挥了重要作用。例如，$E(\varepsilon_i)=a$，那么研究者可以进行一个简单的变换，使得 $Y_i=\beta_0'+\beta_1X_i+\varepsilon_i'=\beta_0+\beta_1X_i+\varepsilon_i$，其中 $\beta_0'=\beta_0+a$，$\varepsilon_i'=\varepsilon_i-a$。这样就有 $E(\varepsilon_i')=0$，即满足假设 2 的第一点。

假设 2 的第二点则是希望每个个体对应的随机变量的方差是相等的，即 ε_i 的方差不依赖于 X_i。这个假设可以在一定程度上简化计算，同时也是讨论回归系数估计最优性时必不可少的条件。但是由于实际问题比较复杂，有时某一因素对于因变量的影响会随着自变量观测值的变化而变化，从而导致随机误差项的方差不同，即出现异方差现象。另外，如果 $\mathrm{Cov}(\varepsilon_i, \varepsilon_j)\neq 0\ (i\neq j)$，则称随机误差项之间存在自相关现象。无论是异方差还是自相关，都会对回归分析的结果产生一定影响。本书将在第 4 章展开具体讨论。

假设 3 关于误差项的假定是考虑正态分布良好的理论性质，同时这一假设保证了回归系数的估计量服从正态分布，方便研究者对回归参数做统计推断。另外，本书讨论的回归分析关心在给定 X 后 Y 的平均水平 $E(Y)$，而在假设 3 下，Y 服从均值为 $E(Y)$ 的正态分布，换言之，$E(Y_i)=\beta_0+\beta_1X_i$ 不仅从平均水平上刻画了变量 Y 与 X 之间的统计关联性，也反映了给定 X 后 Y 的集中趋势，即“最大概率”的 Y，见图 2.2。最后，最大似然估计也是基于数据的分布假设得到的。

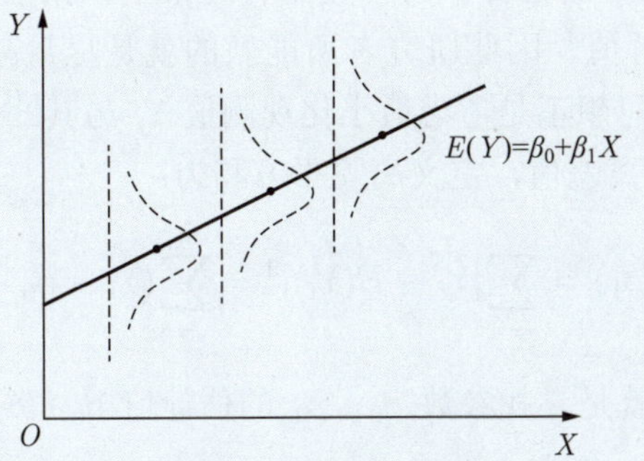

图 2.2 回归分析思想图

在假设 1~3 成立的条件下，对式 (2.1.2) 两边分别求数学期望和方差，得到

$$\begin{cases} E(Y_i) = \beta_0 + \beta_1 X_i \\ \text{Var}(Y_i) = \sigma^2, \quad i = 1, 2, \cdots, n \end{cases}$$

上式表明随机变量 Y_1，Y_2，$\cdots$，Y_n 的期望不等，方差相等，所以 Y_1，Y_2，$\cdots$，Y_n 是独立不同分布的随机变量，而 ε_1，ε_2，$\cdots$，ε_n 是独立同分布的随机变量。在 ε_i 服从正态分布的假设下，随机变量 Y_i 也服从正态分布

$$Y_i \sim N(\beta_0 + \beta_i X_i, \ \sigma^2), \quad i = 1, 2, \cdots, n$$

为了在今后的讨论中充分利用矩阵这个处理线性关系的有力工具，这里将一元线性回归的一般形式式 (2.1.2) 用矩阵表示。令

$$\boldsymbol{Y} = \begin{pmatrix} Y_1 \\ Y_2 \\ \vdots \\ Y_n \end{pmatrix}, \quad \boldsymbol{X} = \begin{pmatrix} 1 & X_1 \\ 1 & X_2 \\ \vdots & \vdots \\ 1 & X_n \end{pmatrix}, \quad \boldsymbol{\varepsilon} = \begin{pmatrix} \varepsilon_1 \\ \varepsilon_2 \\ \vdots \\ \varepsilon_n \end{pmatrix}, \quad \boldsymbol{\beta} = \begin{pmatrix} \beta_0 \\ \beta_1 \end{pmatrix}$$

则式 (2.1.1) 可以表示成：

$$\begin{cases} \boldsymbol{Y} = \boldsymbol{X\beta} + \boldsymbol{\varepsilon} \\ E(\boldsymbol{\varepsilon}) = \boldsymbol{0} \\ \text{Var}(\boldsymbol{\varepsilon}) = \sigma^2 \boldsymbol{I}_n \end{cases}$$

式中，$\boldsymbol{I}_n$ 为 n 阶单位矩阵。

2.2 参数估计方法

1. 最小二乘估计

为了得到参数 β_0 和 β_1 的估计，可以使用普通最小二乘法。本章前面提到，给定 X，研究者无法得到准确的 Y 值。因此研究者所能做的就是尽量减少实际值和估计值之间的“误差”。最小二乘估计的思想正是考虑最小化观测值 Y_i 与其回归值 $E(Y_i) = \beta_0 + \beta_1 X_i$ 之间的离差。综合考虑 n 个离差值，定义离差平方和为：

$$Q(\beta_0, \ \beta_1) = \sum_{i=1}^{n} [Y_i - E(Y_i)]^2 = \sum_{i=1}^{n} (Y_i - \beta_0 - \beta_1 X_i)^2 \tag{2.2.1}$$

所谓最小二乘估计，就是寻找参数 β_0，β_1 的估计值 $\hat{\beta}_0$，$\hat{\beta}_1$，使得式 (2.2.1) 最小，即寻找 $\hat{\beta}_0$，$\hat{\beta}_1$ 以满足

$$Q(\hat{\beta}_0, \ \hat{\beta}_1) = \sum_{i=1}^{n} (Y_i - \hat{\beta}_0 - \hat{\beta}_1 X_i)^2 = \min_{\beta_0, \ \beta_1} \sum_{i=1}^{n} (Y_i - \beta_0 - \beta_1 X_i)^2$$

得到 β_0，β_1 的估计后，可以计算 Y_i 的回归拟合值

$$\hat{Y}_i = \hat{\beta}_0 + \hat{\beta}_1 X_i$$

以及残差 $e_i = Y_i - \hat{Y}_i$，这里 e_i 可以看作误差项 ε_i 的一个点估计。

如图2.3所示，从几何关系上看，一元线性回归方程拟合 n 个样本 $\{(X_1, Y_1), (X_2, Y_2), \cdots, (X_n, Y_n)\}$，即要求回归直线 $\hat{Y}_i = \hat{\beta}_0 + \hat{\beta}_1 X_i$ 位于这 n 个样本的中间，或者说要求回归直线尽量靠近这 n 个样本。残差平方和 $\sum_{i=1}^{n} e_i^2$ 则是从整体上刻画了 n 个样本 $\{(X_1, Y_1), (X_2, Y_2), \cdots, (X_n, Y_n)\}$ 到回归直线 $\hat{Y} = \hat{\beta}_0 + \hat{\beta}_1 X$ 的距离。需要说明的是，这里使用离差平方和来衡量观测值和回归值之间的距离，其实也可以使用离差绝对值的和 (即最小一乘估计)。但是由于绝对值函数不是处处可导的，会给求极值带来一定的麻烦，因此，为了方便计算，使用离差平方和。两种方法各有优点和不足，后续小节会详细介绍最小二乘估计的性质，关于最小一乘估计，读者可参考Chen et al. (2008)。

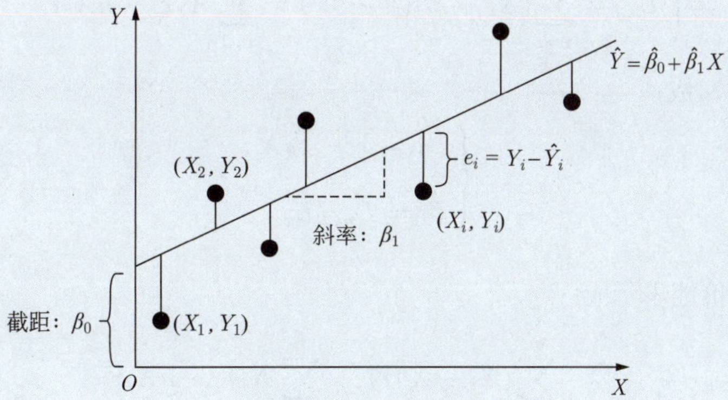

图 2.3　回归拟合图

由于 Q 是关于 β_0，β_1 的非负二次函数，因而它的最小值总是存在的。根据微积分中求极值的原理，$\hat{\beta}_0$ 和 $\hat{\beta}_1$ 应满足下列方程：

$$\begin{cases} \left.\dfrac{\partial Q}{\partial \beta_0}\right|_{\beta_0=\hat{\beta}_0} = -2\sum\limits_{i=1}^{n}(Y_i - \hat{\beta}_0 - \hat{\beta}_1 X_i) = 0 \\ \left.\dfrac{\partial Q}{\partial \beta_1}\right|_{\beta_1=\hat{\beta}_1} = -2\sum\limits_{i=1}^{n}(Y_i - \hat{\beta}_0 - \hat{\beta}_1 X_i)X_i = 0 \end{cases} \tag{2.2.2}$$

经整理，得到方程组：

$$\begin{cases} n\hat{\beta}_0 + \left(\sum\limits_{i=1}^{n} X_i\right)\hat{\beta}_1 = \sum\limits_{i=1}^{n} Y_i \\ \left(\sum\limits_{i=1}^{n} X_i\right)\hat{\beta}_0 + \left(\sum\limits_{i=1}^{n} X_i^2\right)\hat{\beta}_1 = \sum\limits_{i=1}^{n} X_i Y_i \end{cases}$$

通过克莱姆法则 (Cramer’s rule) 可以得到 β_0，β_1 的最小二乘估计为：

$$\begin{cases} \hat{\beta}_0 = \overline{Y} - \hat{\beta}_1 \overline{X} \\ \hat{\beta}_1 = \dfrac{\sum\limits_{i=1}^{n}(X_i - \overline{X})(Y_i - \overline{Y})}{\sum\limits_{i=1}^{n}(X_i - \overline{X})^2} \end{cases} \tag{2.2.3}$$

式中，$\overline{X} = \dfrac{1}{n}\sum\limits_{i=1}^{n} X_i$，$\overline{Y} = \dfrac{1}{n}\sum\limits_{i=1}^{n} Y_i$。另外，由 $\hat{\beta}_0 = \overline{Y} - \hat{\beta}_1\overline{X}$ 可知 $\overline{Y} = \hat{\beta}_0 + \hat{\beta}_1\overline{X}$，即回归直线 $\hat{Y} = \hat{\beta}_0 + \hat{\beta}_1 X$ 总是通过样本中心 $(\overline{X}, \overline{Y})$。令

$$\begin{cases} L_{xx} = \sum\limits_{i=1}^{n}(X_i - \overline{X})^2 = \sum\limits_{i=1}^{n} X_i^2 - n\overline{X}^2 \\ L_{xy} = \sum\limits_{i=1}^{n}(X_i - \overline{X})(Y_i - \overline{Y}) = \sum\limits_{i=1}^{n} X_i Y_i - n\overline{X}\,\overline{Y} \end{cases}$$

则式 (2.2.3) 可以写成：

$$\begin{cases} \hat{\beta}_0 = \overline{Y} - \hat{\beta}_1 \overline{X} \\ \hat{\beta}_1 = L_{xy}/L_{xx} \end{cases} \tag{2.2.4}$$

同时，$\hat{\beta}_1$ 可以等价地表示成：

$$\hat{\beta}_1 = \frac{\sum\limits_{i=1}^{n}(X_i - \overline{X})Y_i}{\sum\limits_{i=1}^{n}(X_i - \overline{X})^2} = \frac{\sum\limits_{i=1}^{n} X_i Y_i - n\overline{X}\,\overline{Y}}{\sum\limits_{i=1}^{n} X_i^2 - n\overline{X}^2}$$

需要注意的是：使用最小二乘估计法进行参数估计时，并没有要求随机误差项 ε 服从正态分布，只需要满足高斯–马尔可夫条件即可。

回到例2.1，由式 (2.2.4) 可得：

$$\hat{\beta}_1 = \frac{\sum\limits_{i=1}^{n} x_i y_i - n\bar{x}\bar{y}}{\sum\limits_{i=1}^{n} x_i^2 - n\bar{x}^2} = 0.873, \qquad \hat{\beta}_0 = \bar{y} - \hat{\beta}_1\bar{x} = 10.727$$

所以经验回归方程为：

$$\hat{Y} = 10.727 + 0.873X$$

可以发现平时成绩对期末考试成绩具有正向影响，即平时成绩每增加一个单位，期末考试成绩平均增加 0.873 个单位。

基于 R 拟合一元线性回归模型。代码如下：

```
> my.grades<-read.csv('Grades.csv')
> attach(my.grades)
> # 拟合一元线性回归模型
> my.lm.fit<-lm(y~x)              # 拟合模型
> # 在散点图上加入经验回归方程代表的拟合直线
> par(mar=c(4,4,1,1))
> plot(x,y,xlim=c(0,100),ylim=c(0,100),
+      xlab='平时成绩',ylab='期末考试成绩')
> abline(my.lm.fit,lty=2)
> summary(my.lm.fit)              # 显示模型拟合结果

Call:
lm(formula=y~x)

Residuals:
     Min       1Q   Median       3Q      Max
-26.4345  -8.8437   0.3528   9.6466  24.2731

Coefficients:
            Estimate Std. Error t value Pr(>|t|)
(Intercept) 10.72691    6.61733   1.621    0.125
x            0.87265    0.09914   8.802 1.57e-07 ***
---
Signif. codes:  0 '***' 0.001 '**' 0.01 '*' 0.05 '.' 0.1 ' ' 1

Residual standard error: 13.85 on 16 degrees of freedom
Multiple R-squared:  0.8288,  Adjusted R-squared: 0.8181
F-statistic:  77.48 on 1 and 16 DF, p-value: 1.571e-07
```

2. 最大似然估计

除了最小二乘法，研究者也可以使用最大似然法对回归参数进行估计。最大似然估计的基本思想是利用已知的样本信息反推使这些样本出现概率最大的模型参数估计。设 X 的分布为 $p(x;\theta)$，假设总体 X 的一个独立同分布样本为 X_1，X_2，$\cdots$，X_n，其似然函数为：

$$L(\theta;\ X_1,\ X_2,\ \cdots,\ X_n)=\prod_{i=1}^{n}p(X_i;\ \theta)$$

最大似然估计应选取使随机样本 $(X_1,\ X_2,\ \cdots,\ X_n)$ 出现概率最大的 $\hat{\theta}$ 为未知参数 θ 的估计值，即选取 $\hat{\theta}$ 满足

$$\hat{\theta}=\arg\max_{\theta}L(\theta;\ X_1,\ X_2,\ \cdots,\ X_n)$$

对于连续型随机变量，似然函数是样本的联合分布密度函数；对于离散型随机变量，似然函数是样本的联合概率密度函数。值得注意的是，似然函数的概念并不局限于独立同分布样本，只要样本的联合密度函数已知，就可以使用最大似然函数进行参数估计。

在使用最大似然估计时，需要已知分布的信息，因此 ε_i 除了需要满足高斯–马尔可夫条

件以外，还需要假设其服从正态分布。又因为 $Y_i=\beta_0+\beta_1X_i+\varepsilon_i$，所以 $Y_i\sim N(\beta_0+\beta_1X_i,\sigma^2)$，即 Y_i 的概率密度函数为 $f(Y_i)=\dfrac{1}{\sqrt{2\pi\sigma^2}}\exp\left\{-\dfrac{1}{2\sigma^2}[Y_i-(\beta_0+\beta_1X_i)]^2\right\}$。给定样本 $\{(X_1,Y_1),(X_2,Y_2),\cdots,(X_n,Y_n)\}$，可得到似然函数：

$$L(\beta_0,\beta_1,\sigma^2)=\prod_{i=1}^{n}f(Y_i)=(2\pi\sigma^2)^{-\frac{n}{2}}\exp\left\{-\frac{1}{2\sigma^2}\sum_{i=1}^{n}[Y_i-(\beta_0+\beta_1X_i)]^2\right\}$$

由于 L 的最大化与 $\ln L$ 的最大化等价，所以取对数似然函数为：

$$\ln L=-\frac{n}{2}\ln(2\pi\sigma^2)-\frac{1}{2\sigma^2}\sum_{i=1}^{n}[Y_i-(\beta_0+\beta_1X_i)]^2$$

可以看到，如果要最大化 L 或 $\ln L$，在 σ^2 已知时，等价于最小化 $\sum\limits_{i=1}^{n}[Y_i-(\beta_0+\beta_1X_i)]^2$，因此最大似然估计法得到的估计值与最小二乘法得到的估计值是相同的。另外，由最大似然估计还可以得到 σ^2 的估计：

$$\hat{\sigma}^2=\frac{1}{n}\sum_{i=1}^{n}(Y_i-\overline{Y})^2=\frac{1}{n}\sum_{i=1}^{n}[Y_i-(\hat{\beta}_0+\hat{\beta}_1\overline{X})]^2$$

但这个估计是 σ^2 的有偏估计。在实际应用中，常使用无偏估计：

$$\hat{\sigma}^2=\frac{1}{n-2}\sum_{i=1}^{n}(Y_i-\overline{Y})^2=\frac{1}{n-2}\sum_{i=1}^{n}[Y_i-(\hat{\beta}_0+\hat{\beta}_1\overline{X})]^2$$

需要强调的是，最大似然估计在 $\varepsilon_i\sim N(0,\sigma^2)$ 的正态分布假设下求得，而最小二乘估计对误差项的分布假设没有要求。

2.3 参数估计性质

性质 2.1 (线性) 估计量 $\hat{\beta}_0$，$\hat{\beta}_1$ 为随机变量 Y_i 的线性函数。

先来看 $\hat{\beta}_1$，由式 (2.2.3) 有

$$\hat{\beta}_1=\frac{\sum\limits_{i=1}^{n}(X_i-\overline{X})Y_i}{L_{xx}}=\sum_{i=1}^{n}\frac{X_i-\overline{X}}{L_{xx}}Y_i \tag{2.3.1}$$

式中，$\dfrac{X_i-\overline{X}}{L_{xx}}$ 是常数，所以 $\hat{\beta}_1$ 实际上是 Y_i 的线性组合。显然，$\hat{\beta}_0$ 也是 Y_i 的线性组合。又因为 Y_i 为随机变量，所以 $\hat{\beta}_0$，$\hat{\beta}_1$ 也为随机变量，因此各有其均值、方差、标准差、概率分布及两者间的协方差。

性质 2.2 (无偏性) 回归系数的估计 $\hat{\beta}_0$，$\hat{\beta}_1$ 是无偏的，即

$$\begin{cases} E(\hat{\beta}_1) = \beta_1 \\ E(\hat{\beta}_0) = \beta_0 \end{cases}$$

证明：

$$E(\hat{\beta}_1) = \sum_{i=1}^{n} \frac{X_i - \overline{X}}{L_{xx}}(\beta_0 + \beta_1 X_i) = \beta_1$$

$$E(\hat{\beta}_0) = \frac{1}{n}\sum_{i=1}^{n}(\beta_0 + \beta_1 X_i) - \overline{X}\beta_1 = \beta_0$$

□

无偏估计的意义是，若多次抽取样本数据并求 $\hat{\beta}_1$ 和 $\hat{\beta}_0$，则它们的平均值趋向于 β_1 和 β_0。进一步有 $E(\hat{Y}) = E(\hat{\beta}_0 + \hat{\beta}_1 X) = \beta_0 + \beta_1 X = E(Y)$，这表明回归值 $\hat{Y}$ 是 $E(Y)$ 的无偏估计。

性质 2.3 (方差、协方差的性质)

$$\begin{cases} \text{Var}(\hat{\beta}_1) = \dfrac{\sigma^2}{L_{xx}} \\ \text{Var}(\hat{\beta}_0) = \left(\dfrac{1}{n} + \dfrac{\overline{X}^2}{L_{xx}}\right)\sigma^2 \\ \text{Cov}(\hat{\beta}_0，\hat{\beta}_1) = -\dfrac{\overline{X}}{L_{xx}}\sigma^2 \end{cases}$$

证明： 由式 (2.3.1) 有

$$\text{Var}\left(\hat{\beta}_1\right) = \text{Var}\left(\sum_{i=1}^{n} \frac{X_i - \overline{X}}{L_{xx}} Y_i\right) = \frac{\sigma^2}{L_{xx}}$$

类似地可以得到 $\text{Var}(\hat{\beta}_0)$。又由 $\overline{Y} = \hat{\beta}_0 + \hat{\beta}_1 \overline{X}$ 有

$$\text{Var}(\overline{Y}) = \frac{\sigma^2}{n} = \text{Var}(\hat{\beta}_0) + \text{Var}(\hat{\beta}_1)\overline{X}^2 + 2\text{Cov}(\hat{\beta}_0，\hat{\beta}_1\overline{X})$$

从而可以推得：

$$\text{Cov}(\hat{\beta}_0，\hat{\beta}_1) = -\frac{\overline{X}\sigma^2}{\sum_{i=1}^{n}(X_i - \overline{X})^2} = -\frac{\overline{X}}{L_{xx}}\sigma^2$$

□

从上式可以发现，回归系数 $\hat{\beta}_1$ 的方差不仅和随机误差项的方差 σ^2 有关，而且与自变量 X 取值的离散程度有关。如果 X 取值的波动较大，$\hat{\beta}_1$ 的波动就小，即 β_1 的估计值 $\hat{\beta}_1$ 就比较稳定；反之，如果 X 取值的范围较小，$\hat{\beta}_1$ 的稳定性就比较差。$\hat{\beta}_0$ 的方差不仅与随

机误差项的方差 σ^2 和自变量 X 取值的离散程度有关，还与样本量 n 有关。在其他条件相当时，n 越大，$\hat{\beta}_0$ 的方差就越小。综上可知，想要使 $\hat{\beta}_0$，$\hat{\beta}_1$ 更稳定，收集数据时，应该考虑让 X 的取值尽可能分散一些。如果条件允许，样本量也尽可能大一些。下面是关于两个参数估计的分布，因为 ε_i 服从正态分布，所以 Y_i 也服从正态分布，从而由线性性质可以得到 $\hat{\beta}_0$ 和 $\hat{\beta}_1$ 也服从正态分布，即

$$\hat{\beta}_0 \sim N\left(\beta_0,\ \left(\frac{1}{n}+\frac{\overline{X}^2}{L_{xx}}\right)\sigma^2\right),\quad \hat{\beta}_1 \sim N\left(\beta_1,\ \frac{\sigma^2}{L_{xx}}\right) \tag{2.3.2}$$

由协方差的性质可知，若 $\overline{X}=0$，则 $\hat{\beta}_0$ 与 $\hat{\beta}_1$ 不相关，且在正态假设下两者独立；而若 $\overline{X}\neq 0$，则 $\hat{\beta}_0$ 与 $\hat{\beta}_1$ 不独立。

性质 2.4 (最佳线性无偏估计) 若满足高斯–马尔可夫条件，则最小二乘估计量为最佳线性无偏估计 (best linear unbiased estimator，BLUE)，即在所有线性无偏估计量中，最小二乘估计量的方差最小。上述结论称为高斯–马尔可夫定理。

证明：以证明 $\hat{\beta}_1$ 是最佳线性无偏估计为例，$\hat{\beta}_0$ 的证明类似可得。由性质 2.1 和性质 2.2 可得，$\hat{\beta}_1$ 为线性无偏估计量。对任意线性无偏估计 $\tilde{\beta}_1=\sum_{i=1}^{n}a_iY_i$，应满足 $E(\tilde{\beta}_1)=E\left(\sum_{i=1}^{n}a_iY_i\right)=\beta_1$，进行如下推导：

$$E\left(\sum_{i=1}^{n}a_iY_i\right)=\sum_{i=1}^{n}a_i\beta_0+\sum_{i=1}^{n}a_i\beta_1X_i=\beta_1$$

注意到，对于任意的 β_0 和 β_1 都需要满足上式，所以有

$$\begin{cases}\sum_{i=1}^{n}a_i=0\\ \sum_{i=1}^{n}a_iX_i=1\end{cases}$$

现在来计算 $\tilde{\beta}_1$ 的方差：

$$\mathrm{Var}(\tilde{\beta}_1)=\mathrm{Var}(\tilde{\beta}_1-\hat{\beta}_1+\hat{\beta}_1)=\mathrm{Var}(\tilde{\beta}_1-\hat{\beta}_1)+\mathrm{Var}(\hat{\beta}_1)+2\mathrm{Cov}(\tilde{\beta}_1-\hat{\beta}_1,\ \hat{\beta}_1)$$

又

$$\mathrm{Cov}(\tilde{\beta}_1-\hat{\beta}_1,\ \hat{\beta}_1)=\mathrm{Cov}\left(\sum_{i=1}^{n}a_iY_i,\ \sum_{i=1}^{n}\frac{X_i-\overline{X}}{L_{xx}}Y_i\right)-\frac{\sigma^2}{L_{xx}}$$

又有

$$\mathrm{Cov}\left(\sum_{i=1}^{n}a_iY_i,\ \sum_{i=1}^{n}\frac{X_i-\overline{X}}{L_{xx}}Y_i\right)=\sum_{i=1}^{n}\mathrm{Cov}\left(a_iY_i,\ \frac{X_i-\overline{X}}{L_{xx}}Y_i\right)=\frac{\sigma^2}{L_{xx}}$$

所以有

$$\mathrm{Cov}(\tilde{\beta}_1-\hat{\beta}_1,\ \hat{\beta}_1)=\frac{\sigma^2}{L_{xx}}-\frac{\sigma^2}{L_{xx}}=0$$

从而 $\mathrm{Var}(\tilde{\beta}_1)=\mathrm{Var}(\tilde{\beta}_1-\hat{\beta}_1)+\mathrm{Var}(\hat{\beta}_1)\geqslant\mathrm{Var}(\hat{\beta}_1)$，又由 $\tilde{\beta}_1$ 的任意性，这就证明了高斯–马尔可夫定理。 □

高斯–马尔可夫定理提供了选择使用最小二乘估计的理论依据。但这个定理有两个局限性。第一，高斯–马尔可夫条件在实际应用中可能不成立，比如当误差项异方差时，最小二乘估计量不再是最佳线性估计量。第二，即使高斯–马尔可夫条件成立，也可能存在其他非线性的无偏估计量，并且在某些条件下，这些估计量可能比最小二乘估计量更有效。

2.4 模型推断

当得到经验回归方程后，不能马上就用它去做分析和预测，因为 $\hat{Y}=\hat{\beta}_0+\hat{\beta}_1X$ 是否真正描述了总体中 Y 和 X 之间的关系还需要运用统计方法进行验证。对于回归模型，研究者通常需要进行两个检验。一是对参数的显著性进行检验，在一元回归分析里就是检验 β_1 是否显著不为 0。如果 β_1 无法通过显著性检验，则总体中因变量 Y 与自变量 X 之间没有真正的线性关系。换言之，总体中自变量 X 的变化对因变量 Y 没有线性影响。二是对模型的显著性进行检验，检验所提出的模型是否正确。需要注意的是，在对回归方程进行检验时，需要做正态性假设 $\varepsilon_i\sim N(0,\ \sigma^2)$。

1. t 检验

首先考虑回归系数的显著性问题，即建立假设检验

$$H_0:\ \beta_1=0,\qquad H_1:\ \beta_1\neq 0 \tag{2.4.1}$$

由式 (2.3.2) 可知 $\hat{\beta}_1\sim N\left(\beta_1,\ \dfrac{\sigma^2}{L_{xx}}\right)$，所以当原假设 H_0 成立时，有 $\hat{\beta}_1\sim N\left(0,\ \dfrac{\sigma^2}{L_{xx}}\right)$。在此基础上构造 t 统计量

$$t=\frac{\hat{\beta}_1}{\sqrt{\hat{\sigma}^2/L_{xx}}} \tag{2.4.2}$$

式中，$\hat{\sigma}^2=\dfrac{1}{n-2}\sum\limits_{i=1}^{n}e_i^2=\dfrac{1}{n-2}\sum\limits_{i=1}^{n}(Y_i-\hat{Y}_i)^2$ 是 σ^2 的无偏估计。由式 (2.4.2) 可以看出，该 t 统计量就是回归系数的最小二乘估计值除以其标准差的样本估计值。

在正态假设下，当原假设 H_0：$\beta_1=0$ 成立时，构造的 t 统计量服从自由度为 $n-2$ 的 t 分布。因此，给定显著性水平 α，双侧检验的临界值为 $t_{\alpha/2}(n-2)$。当 $|t|\geqslant t_{\alpha/2}(n-2)$ 时，拒绝原假设 H_0，认为 β_1 显著不为 0，总体中自变量 X 对因变量 Y 的影响显著；当 $|t|<t_{\alpha/2}(n-2)$ 时，则不拒绝原假设 H_0，此时认为总体中自变量 X 对因变量 Y 没有显著影响。

2. F 检验

本节使用 F 检验进行线性回归方程的显著性检验，即检验回归模型假设是否正确，在一元线性回归中，本质上也是检验回归系数 β_1 是否为 0。因此，建立的假设检验问题与式 (2.4.1) 相同，但是构造检验统计量的方式不同。F 检验是根据平方和分解式，从回归拟合效果的角度检验回归方程的显著性。平方和分解式为：

$$\sum_{i=1}^{n}(Y_i-\overline{Y})^2=\sum_{i=1}^{n}(\hat{Y}_i-\overline{Y})^2+\sum_{i=1}^{n}(Y_i-\hat{Y}_i)^2$$

记 $\text{SST}=\sum\limits_{i=1}^{n}(Y_i-\overline{Y})^2$，称为总平方和 (total sum of squares，SST)；$\text{SSR}=\sum\limits_{i=1}^{n}(\hat{Y}_i-\overline{Y})^2$，称为回归平方和 (regression sum of squares，SSR)；$\text{SSE}=\sum\limits_{i=1}^{n}(Y_i-\hat{Y}_i)^2$，称为残差平方和 (error sum of squares，SSE)。因此平方和分解式可以简写为：

$$\text{SST}=\text{SSR}+\text{SSE}$$

这里，总平方和反映数据中因变量 Y 的波动程度。在建立了 Y 对 X 的线性回归方程后，总平方和 (SST) 就被分解为回归平方和 (SSR) 和残差平方和 (SSE)。其中 SSR 是由回归方程确定的，也就是由自变量 X 解释的波动；SSE 是不能由自变量解释的波动，即由 X 之外的随机因素解释的部分。因此，SSR 越大，回归效果就越好，可以据此构造 F 检验统计量：

$$F=\frac{\text{SSR}/1}{\text{SSE}/(n-2)}$$

在正态分布假设下，当原假设成立时，F 服从 $F(1,\ n-2)$ 分布。当 F 值大于临界值 $F_\alpha(1,\ n-2)$ 时，拒绝 H_0，说明回归方程显著，总体中 X 与 Y 有显著的线性关系。

3. 相关系数检验

由于一元线性回归方程讨论的是变量 X 与 Y 之间的线性关系，所以可用变量 X 与 Y 之间的线性相关系数来验证回归方程的显著性。建立假设检验：

$$H_0：X \text{ 与 } Y \text{ 无线性相关性}，\quad H_1：X \text{ 与 } Y \text{ 有线性相关性}$$

定义样本相关系数

$$r=\frac{\sum\limits_{i=1}^{n}(X_i-\overline{X})(Y_i-\overline{Y})}{\sqrt{\sum\limits_{i=1}^{n}(X_i-\overline{X})^2\sum\limits_{i=1}^{n}(Y_i-\overline{Y})^2}}=\frac{L_{xy}}{\sqrt{L_{xx}L_{yy}}}$$

相关系数 r 表示 X 与 Y 之间线性关系的密切程度，其取值范围为 $|r|\leqslant 1$。相关系数的直观意义如图2.4所示。图2.4(a) 和 (b) 表示 X 与 Y 存在确定性的线性关系，$r=1$ 或 $r=-1$。$r=1$ 表示 X 与 Y 之间完全正相关，所有样本点都在一条斜率为正的直

线上；$r=-1$ 表示 X 与 Y 之间完全负相关，所有样本点都在一条斜率为负的直线上。图2.4(c) 中样本点的分布杂乱无章，说明变量 X 与 Y 之间不存在线性相关关系，即 $r=0$。图2.4(d) 中所有样本点都在一条曲线上，表明 X 与 Y 有确定性的非线性关系，此时 $|r|<1$。需要注意的是，简单相关系数只反映两个变量间的线性关系，并不能准确反映变量间的非线性关系。因此，$r=0$ 只表示变量间没有线性关系，并不意味着变量间不存在非线性关系。图2.4(e) 和 (f) 显示了变量 X 与 Y 之间存在线性的非确定性统计关系，$0<|r|<1$。其中，图2.4(e) 表示 X 与 Y 之间存在正向线性相关，图2.4(f) 表示 X 与 Y 之间存在负向线性相关。

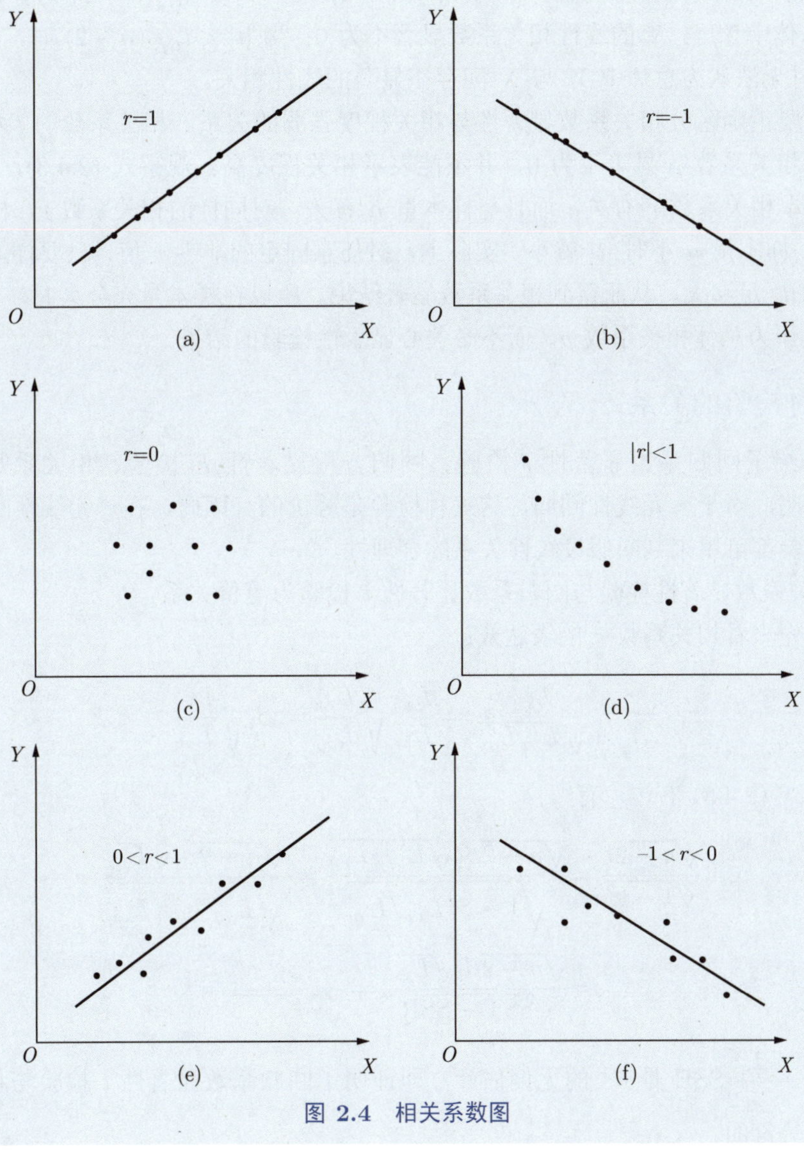

图 2.4　相关系数图

实际分析中，研究者只能计算样本相关系数 r，无法直接得到总体相关系数 ρ。然而，$|r|$ 接近 1 的程度与样本量 n 有关。当样本量 n 较小时，相关系数的绝对值容易接近 1。当

n 较大时，相关系数的绝对值容易偏小。特别地，当 $n=2$ 时，相关系数的绝对值总为 1。因此，样本量较小时，研究者如果仅凭相关系数的绝对值较大就说变量 X 与 Y 之间有密切的线性关系，显得过于草率。所以用样本相关系数 r 判定两变量间相关程度强弱时一定要注意样本量的大小，只有当样本量较大时，使用样本相关系数 r 判定两变量间相关程度的强度才令人信服。基于上述原因，将样本量纳入考虑可以得到如下基于 r 的检验统计量：

$$t=\frac{\sqrt{n-2}r}{\sqrt{1-r^2}} \tag{2.4.3}$$

在正态假设下，当原假设成立时，构造的 t 统计量服从自由度为 $n-2$ 的 t 分布。给定显著性水平 α，双侧检验的临界值为 $t_{\alpha/2}(n-2)$。当 $|t|\geqslant t_{\alpha/2}(n-2)$ 时，拒绝原假设 H_0，认为总体中 Y 与 X 的线性相关系数显著不为 0；当 $|t|<t_{\alpha/2}(n-2)$ 时，不拒绝原假设 H_0，此时无法认为总体中 Y 与 X 间存在显著的线性相关。

读者需要正确区分相关系数显著性与相关程度强弱的关系。相关系数的 t 检验显著只是表示总体相关系数 ρ 显著不为 0，并不能表示相关程度高。观察式 (2.4.3)，可以看到 t 值不仅与样本相关系数 r 有关，而且与样本量 n 有关。对同样的相关系数 r，样本量 n 大时 $|t|$ 就大，样本量 n 小时 $|t|$ 就小。实际上，对任意固定的非零 r 值，只要样本量 n 充分大，就能使 $|t|$ 足够大，从而得到相关系数显著结论。所以在样本量充分大时，可以把样本相关系数 r 作为总体相关系数 ρ，而不必关心显著性检验的结果。

4. 三种检验的关系

本节介绍了回归系数显著性 t 检验、回归方程显著性 F 检验、相关系数显著性检验。可以证明，对于一元线性回归，这三种检验是等价的。因此，在一元线性回归情况下，任意一种检验都可用来判断假设线性关系的合理性。

(1) 相关系数显著性检验与回归系数显著性 t 检验为等价关系。

证明： 先来看相关系数 r 的表达式：

$$r=\frac{L_{xy}}{\sqrt{L_{xx}L_{yy}}}=\frac{L_{xy}}{L_{xx}}\sqrt{\frac{L_{xx}}{L_{yy}}}=\hat{\beta}_1\sqrt{\frac{L_{xx}}{L_{yy}}}$$

将上式代入式 (2.4.3) 右边，有

$$\begin{aligned}\frac{\sqrt{n-2}r}{\sqrt{1-r^2}}&=\frac{\sqrt{n-2}\hat{\beta}_1\sqrt{L_{xx}/L_{yy}}}{\sqrt{1-\hat{\beta}_1^2L_{xx}/L_{yy}}}=\frac{\sqrt{n-2}\hat{\beta}_1\sqrt{L_{xx}}}{\sqrt{L_{yy}-\hat{\beta}_1^2L_{xx}}}\\&=\frac{\sqrt{n-2}\hat{\beta}_1\sqrt{L_{xx}}}{\sqrt{\mathrm{SST}-\mathrm{SSR}}}=\frac{\hat{\beta}_1}{\sqrt{\hat{\sigma}^2/L_{xx}}}=t\end{aligned}$$

式中，$\hat{\sigma}^2=\dfrac{1}{n-2}\mathrm{SSE}$ 是 σ^2 的无偏估计。即证明了回归系数显著性 t 检验与相关系数显著性检验是等价的。 □

(2) 回归系数显著性 t 检验与回归方程显著性 F 检验为等价关系。

很容易得到

$$F=\frac{\text{SSR}/1}{\text{SSE}/(n-2)}=\frac{\hat{\beta}_1^2\sum_{i=1}^{n}(\hat{X}_i-\overline{X})^2}{\frac{1}{n-2}\sum_{i=1}^{n}(Y_i-\hat{Y}_i)^2}=\frac{\hat{\beta}_1^2}{\hat{\sigma}^2/L_{xx}}=t^2$$

即一元线性回归模型的回归系数显著性 t 检验和回归方程显著性 F 检验等价。

综上所述，在一元线性回归中，回归系数显著性 t 检验、回归方程显著性 F 检验、相关系数显著性检验是等价的。因此对一元线性回归实际只需要做其中一种检验即可。在一元线性回归框架下，因为只包含一个自变量，参数的显著性和模型的显著性是一致的。而对于第 3 章讨论的多元线性回归模型，这三种检验所考虑的问题不同，因此并不等价。

5. 决定系数

由回归平方和与残差平方和的定义可知，在总平方和中回归平方和的占比越大，线性回归的效果就越好。如果残差平方和的占比较大，则回归直线与样本拟合情况不理想。基于这个性质，定义样本决定系数：

$$R^2=\frac{\text{SSR}}{\text{SST}}=\frac{\sum_{i=1}^{n}(\hat{Y}_i-\overline{Y})^2}{\sum_{i=1}^{n}(Y_i-\overline{Y})^2}$$

另外可以得到样本相关系数 r 与样本决定系数 R^2 以及 SST、SSR 和 SSE 之间的关系：

$$r^2=\frac{\text{SSR}}{\text{SST}}=1-\frac{\text{SSE}}{\text{SST}}=R^2$$

证明： 因为有 $\text{SST}=L_{yy}$，又

$$\text{SSR}=\sum_{i=1}^{n}(\hat{Y}_i-\overline{Y})^2=\sum_{i=1}^{n}(\hat{\beta}_0+\hat{\beta}_1X_i-\overline{Y})^2=\sum_{i=1}^{n}\hat{\beta}_1^2(X_i-\overline{X})^2=\hat{\beta}_1^2L_{xx}$$

从而有

$$\frac{\text{SSR}}{\text{SST}}=\frac{\hat{\beta}_1^2L_{xx}}{L_{yy}}=\frac{L_{xy}^2L_{xx}}{L_{xx}^2L_{yy}}=r^2$$

□

另外，注意到

$$R^2=\frac{\text{SSR}}{\text{SST}}=\frac{\text{SSR}}{\text{SSR+SSE}}=\frac{\text{SSR}/\text{SSE}}{\text{SSR}/\text{SSE}+1}$$
$$=\frac{F/(n-2)}{F/(n-2)+1}=\frac{F}{F+n-2}$$

从而可以推得：

$$R^2=\frac{F}{F+n-2}$$

决定系数 R^2 是一个回归直线与样本拟合优度的相对指标，反映了因变量波动中能用自变量解释的比例。对于线性回归模型而言，如果因变量不确定性的绝大部分能由回归方程解释，则 R^2 越接近 1，拟合效果越好。反之，如果 R^2 不大，说明模型中 X 能解释的 Y 的信息不多。直观上来说，回归方程的显著性检验的 p 值越小，R^2 就越大。但是在样本量 n 很大时，可能存在 R^2 较小但是检验结果高度显著的情形。导致这种情况的原因有两个：一是线性回归的假设不成立，Y 与 X 之间是曲线关系；二是样本量 n 很大，检验容易得到显著的结果，而实际上虽然 Y 与 X 之间符合线性模型，误差项方差却比较大，从而 R^2 比较小。正确区分以上两种情况很重要，研究者通常使用残差分析来正确区分以上两种不同情况。

6. 残差分析

当一元线性回归方程通过了 t 检验、F 检验或相关系数检验时，只表明 Y 与 X 之间的线性关系是显著的，但不能保证数据拟合得很好，也不能排除意外原因所导致的数据不可靠，比如异常值、周期性因素干扰等。因此在利用回归方程做分析和预测之前，应该使用残差分析辅助诊断回归效果与样本数据的质量，检验模型是否满足基本假设。如果不满足假设条件，则需要进一步对模型进行修改。

(1) 残差与残差图。

残差 $e_i = Y_i - \hat{Y}_i$ 为实际观测值 Y_i 与通过回归方程给出的回归拟合值 $\hat{Y}_i$ 之差，残差 e_i 可以看作误差项 ε_i 的估计。以自变量 X 作为横轴，残差 e 作为纵轴，将相应的残差点画在直角坐标系中，即可得到残差图。残差图可以帮助研究者对数据质量进行分析。图2.5为几种常见的残差图，分别代表了样本数据的不同情况。图2.5(a) 表明残差都落

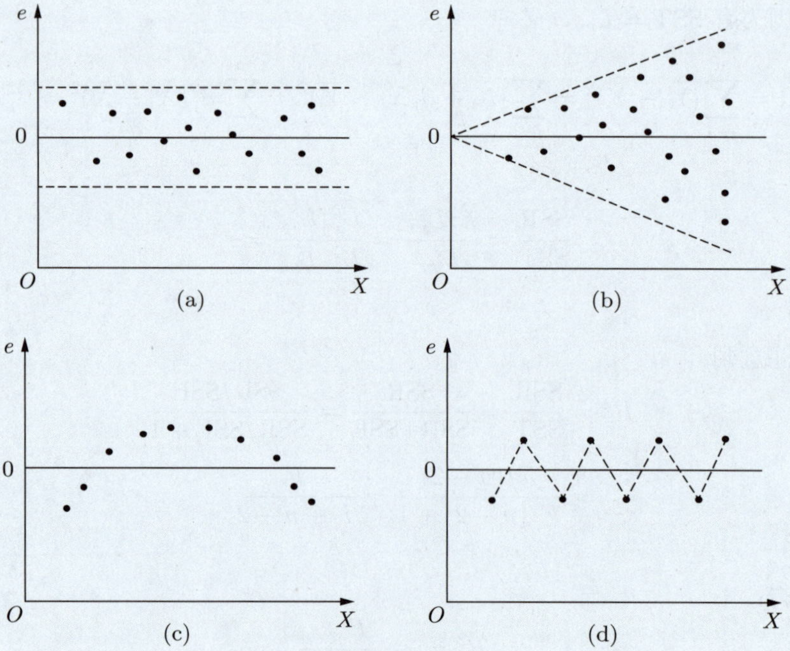

图 2.5 残差图

在 0 附近变化幅度不大的带状区域，即残差是在 $e_i = 0$ 附近随机变化，说明回归模型满足假设 2。图2.5(b) 表明随机误差项的方差不相同，随着 X 的增加而增加，存在异方差情况。图2.5(c) 的产生原因有两种：一是 Y 与 X 之间的关系并非线性关系，这就需要考虑另外的非线性方程去拟合样本 Y；二是随机误差项存在自相关，违背了假设 2 的条件。图2.5(d) 的情况称为蛛网现象，表明随机误差项存在自相关。

(2) 残差的性质。

性质 2.5 (无偏性)　$E(e_i) = 0$。

性质 2.6 (残差方差的性质)　$\text{Var}(e_i) = (1 - h_{ii})\sigma^2$，其中 $h_{ii} = \dfrac{1}{n} + \dfrac{(X_i - \overline{X})^2}{L_{xx}}$ 称为杠杆值，$0 < h_{ii} < 1$。

残差方差的性质说明，当 X_i 靠近 $\overline{X}$ 时，h_{ii} 的值接近 0，相应的残差方差就较大。当 X_i 远离 $\overline{X}$ 时，h_{ii} 的值接近 1，相应的残差方差就较小。即靠近 $\overline{X}$ 的点的残差方差较大，远离 $\overline{X}$ 的点的残差方差较小。这个性质可能令读者感到意外，但事实上，远离 $\overline{X}$ 的点较少，回归直线容易“照顾”到这样的少数点，使得回归直线接近这些点，因此导致远离 $\overline{X}$ 的点的残差方差较小。

性质 2.7　由式 (2.2.2) 还可以得到残差满足约束条件：

$$\begin{cases} \sum_{i=1}^{n} e_i = 0 \\ \sum_{i=1}^{n} X_i e_i = 0 \end{cases} \tag{2.4.4}$$

即残差的平均值为 0，残差以自变量 X 为权重的加权平均值也为 0。这里需要注意的是，由高斯–马尔可夫条件，ε_i 是独立的，而由式 (2.4.4) 可知，e_i 作为 ε_i 的估计是不独立的。

(3) 改进的残差。

在残差分析中，一般认为残差超过 $\pm 2\hat{\sigma}$ 或 $\pm 3\hat{\sigma}$ 的点为异常值。但是为了能够更好地进行比较，且考虑到 e_1，e_2，$\cdots$，e_n 的方差不等，研究者引入标准化残差和学生化残差的概念。定义如下：

$$\text{标准化残差}\ \text{ZRE}_i = \frac{e_i}{\hat{\sigma}}$$

$$\text{学生化残差}\ \text{SRE}_i = \frac{e_i}{\hat{\sigma}\sqrt{1 - h_{ii}}}$$

标准化残差使得残差具有可比性，$|\text{ZRE}_i| > 3$ 的相应观测即可以判定为异常值，但是没有解决方差不等的问题。学生化残差则进一步解决了这个问题，同样也认为 $|\text{SRE}_i| > 3$

的相应观测为异常值。学生化残差的构造公式类似于学生 t 检验，因此以学生化残差命名。

7. 回归系数的区间估计

当使用最小二乘法得到 β_0，β_1 的点估计后，在实际应用中往往还希望给出回归系数的估计精度，即给出置信水平为 $1-\alpha$ 的置信区间。

首先来看回归系数 $\hat{\beta}_1$ 的置信区间，由式 (2.3.2) $\hat{\beta}_1 \sim N\left(\beta_1,\ \dfrac{\sigma^2}{L_{xx}}\right)$ 可得

$$t=\frac{\hat{\beta}_1-\beta_1}{\sqrt{\hat{\sigma}^2/L_{xx}}}=\frac{(\hat{\beta}_1-\beta_1)\sqrt{L_{xx}}}{\hat{\sigma}}$$

服从自由度为 $n-2$ 的 t 分布，从而有

$$P\left(\left|\frac{(\hat{\beta}_1-\beta_1)\sqrt{L_{xx}}}{\hat{\sigma}}\right|<t_{\alpha/2}(n-2)\right)=1-\alpha$$

即得 β_1 的置信水平为 $1-\alpha$ 的置信区间为：

$$\left(\hat{\beta}_1-t_{\alpha/2}(n-2)\frac{\hat{\sigma}}{\sqrt{L_{xx}}},\quad \hat{\beta}_1+t_{\alpha/2}(n-2)\frac{\hat{\sigma}}{\sqrt{L_{xx}}}\right) \tag{2.4.5}$$

对于 $\hat{\beta}_0$，由式 (2.3.2) $\hat{\beta}_0 \sim N\left(\beta_0,\ \left(\dfrac{1}{n}+\dfrac{\overline{X}^2}{L_{xx}}\right)\sigma^2\right)$，可以得到 β_0 的置信水平为 $1-\alpha$ 的置信区间为：

$$\left(\hat{\beta}_0-t_{\alpha/2}(n-2)\hat{\sigma}\sqrt{\frac{1}{n}+\frac{\overline{X}^2}{L_{xx}}},\quad \hat{\beta}_0+t_{\alpha/2}(n-2)\hat{\sigma}\sqrt{\frac{1}{n}+\frac{\overline{X}^2}{L_{xx}}}\right) \tag{2.4.6}$$

2.5 模型预测

预测是应用回归模型分析实际数据的主要场景之一。新样本 X_0 对应的“预测值”为：

$$\hat{Y}_0=\hat{\beta}_0+\hat{\beta}_1X_0$$

也是 Y_1，Y_2，$\cdots$，Y_n 的线性组合，且有

$$E(\hat{Y}_0)=E(\hat{\beta}_0+\hat{\beta}_1X_0)=\beta_0+\beta_1X_0$$

$$\begin{aligned}\mathrm{Var}(\hat{Y}_0)&=\mathrm{Var}(\hat{\beta}_0)+\mathrm{Var}(\hat{\beta}_1X_0)+2\mathrm{Cov}(\hat{\beta}_0,\ \hat{\beta}_1X_0)\\&=\left(\frac{1}{n}+\frac{\overline{X}^2}{L_{xx}}\right)\sigma^2+\frac{X_0^2}{L_{xx}}\sigma^2-2X_0\overline{X}\frac{\sigma^2}{L_{xx}}\\&=\left[\frac{1}{n}+\frac{(X_0-\overline{X})^2}{L_{xx}}\right]\sigma^2\end{aligned}$$

可以看出，$\hat{Y}_0$ 是 $E(Y_0)$ 的无偏估计，且 $\hat{Y}_0$ 的方差随 X_0 值与 $\overline{X}$ 之间距离的增大而增大。这一现象说明在应用回归方程时，X_0 值不能偏离样本均值太多。否则，无论是用回归方程做因素分析还是做预测，效果都不理想。

1. 单值预测

单值预测使用单个值作为因变量新值的预测值。比如分析温度 X 对 PM2.5 浓度值 Y 的影响时，研究者收集 n 个地区的温度值 X_i 和 PM2.5 浓度值 Y_i，建立经验回归方程 $\hat{Y}_i=\hat{\beta}_0+\hat{\beta}_1X_i$。在一个新的地区，当给定温度为 X_0 时，可以预测该地的 PM2.5 浓度值为：

$$\hat{Y}_0=\hat{\beta}_0+\hat{\beta}_1X_0$$

即 $\hat{Y}_0$ 为因变量新值的单值预测结果。易得

$$E(\hat{Y}_0)=E(Y_0)=\beta_0+\beta_1X_0$$

说明预测值 $\hat{Y}_0$ 和目标值 Y_0 具有相同的均值。

2. 区间预测

单值预测 $\hat{Y}_0$ 只得到新地区 PM2.5 浓度的一个估计值。对于预测问题，除了预测值 $\hat{Y}_0$，研究者往往还希望知道误差范围以及预测精度。类比区间估计与点估计的关系，研究者还希望得到区间预测，即对于给定的置信水平 $1-\alpha$，找一个区间 $(T_1，T_2)$，使对应某特定 X_0 的 Y_0 真值以 $1-\alpha$ 的概率被区间 $(T_1，T_2)$ 包含，用公式表达为：

$$P(T_1<Y_0<T_2)=1-\alpha$$

对因变量的区间预测又分为两种情况：其一是因变量新值的区间预测，即预测 Y_0 产生的区间；其二是因变量新值均值的区间预测，即预测 $E(Y_0)$ 产生的区间。

(1) 因变量新值的区间预测。

因为 $\hat{Y}_0$ 是 $Y_1，Y_2，\cdots，Y_n$ 的线性组合，所以 $\hat{Y}_0$ 也服从正态分布，又由式 (2.3.2) 可得

$$\hat{Y}_0\sim N\left(\beta_0+\beta_1X_0，\left(\frac{1}{n}+\frac{(X_0-\overline{X})^2}{L_{xx}}\right)\sigma^2\right) \tag{2.5.1}$$

记 $h_{00}=\dfrac{1}{n}+\dfrac{(X_0-\overline{X})^2}{L_{xx}}$ 为新值 X_0 的杠杆值，则式 (2.5.1) 可以简写为：

$$\hat{Y}_0\sim N(\beta_0+\beta_1X_0，h_{00}\sigma^2)$$

又有

$$Y_0\sim N(\beta_0+\beta_1X_0，\sigma^2)$$

$Y_0-\hat{Y}_0$ 的期望为：

$$E(Y_0-\hat{Y}_0)=0$$

因为 $\hat{Y}_0$ 是先前独立观测的随机变量 $Y_1，Y_2，\cdots，Y_n$ 的线性组合，而新值 Y_0 与先前观测是独立的，所以 Y_0 与 $\hat{Y}_0$ 是独立的，即 $\mathrm{Cov}(Y_0，\hat{Y}_0)=0$。于是 $Y_0-\hat{Y}_0$ 的方差为：

$$\mathrm{Var}(Y_0-\hat{Y}_0)=\sigma^2+h_{00}\sigma^2 \tag{2.5.2}$$

于是

$$Y_0-\hat{Y}_0\sim N(0,\ (1+h_{00})\sigma^2)$$

据此构造统计量

$$t=\frac{Y_0-\hat{Y}_0}{\sqrt{1+h_{00}}\hat{\sigma}}\sim t(n-2)$$

从而有

$$P\left(\left|\frac{Y_0-\hat{Y}_0}{\sqrt{1+h_{00}}\hat{\sigma}}\right|\leqslant t_{\alpha/2}(n-2)\right)$$

由此可以求得 Y_0 的置信水平为 $1-\alpha$ 的区间预测为：

$$(\hat{Y}_0-t_{\alpha/2}(n-2)\sqrt{1+h_{00}}\hat{\sigma},\ \ \hat{Y}_0+t_{\alpha/2}(n-2)\sqrt{1+h_{00}}\hat{\sigma}) \tag{2.5.3}$$

当样本量 n 较大且 $|X_0-\overline{X}|$ 较小时，h_{00} 接近 0，Y_0 的置信水平为 95%的置信区间近似为 $(\hat{Y}_0-2\hat{\sigma},\ \hat{Y}_0+2\hat{\sigma})$。由式 (2.5.3)，对于给定的显著性水平 α，样本量 n 越大，$L_{xx}=\sum\limits_{i=1}^{n}(X_i-\overline{X})^2$ 越大，X_0 越靠近 $\overline{X}$，则置信区间长度越短，预测精度越高。因此，为了提高预测精度，样本 X_1，X_2，$\cdots$，X_n 的取值不宜过于集中，且样本量 n 应越大越好。进行预测时，所给定的 X_0 不能偏离 $\overline{X}$ 太远，否则预测效果不好。

(2) 因变量新值均值的区间预测。

研究者关心的另一种情况是因变量新值均值 $E(Y_0)$ 的区间预测，注意到 $E(Y_0)=\beta_0+\beta_1X_0$，因此有

$$\hat{Y}_0-E(Y_0)\sim N\left(0,\ h_{00}\sigma^2\right)$$

从而可以得到置信水平为 $1-\alpha$ 的区间预测为：

$$(\hat{Y}_0-t_{\alpha/2}(n-2)\sqrt{h_{00}}\hat{\sigma},\ \ \hat{Y}_0+t_{\alpha/2}(n-2)\sqrt{h_{00}}\hat{\sigma})$$

例如对于表2.1中的数据，假设该班级来了一位平时成绩为 75 分的新同学，若老师希望预测这位同学的期末考试成绩，用 R 软件计算出单值预测值以及置信水平为 95%的区间预测值：单值预测值 $\hat{y}_0$ 为 76.175；新值的区间预测为 (45.791，106.560)；新值均值的区间预测为 (68.390，83.960)。经过对比可以发现，因变量新值的区间预测精度比新值均值的预测精度要低。

基于 R 进行模型推断和预测。代码如下：

```
> x_bar<-mean(x)
> y_bar<-mean(y)
> beta_hat<-my.lm.fit$coefficients
> y_hat<-cbind(1,x)%*%beta_hat
> n<-nrow(my.grades)
> x_bar<-mean(x)
> y_bar<-mean(y)
> Lxy<-((x-x_bar)*y)%>%sum()
```

```
> Lxx<-((x-x_bar)^2)%>%sum()

> my.beta1<-Lxy/Lxx
> my.beta0<-y_bar-my.beta1*x_bar
> sigma_hat<-(sum((y-y_hat)^2)/(n-2))%>%sqrt()
> sd1<-sigma_hat/sqrt(Lxx)
> sd0<-sqrt(1/n+x_bar^2/Lxx)*sigma_hat
> t1<-my.beta1/sd1
> t0<-my.beta0/sd0
> p1<-pt(abs(t1),df=n-2,lower.tail=F)*2
> p0<-pt(abs(t0),df=n-2,lower.tail=F)*2

> my.res<-matrix(0,nr=2,nc=4)
> rownames(my.res)<-paste0('beta',c(0,1))
> colnames(my.res)<-summary(my.lm.fit)$coefficients%>%colnames()
> my.res[1,]<-c(my.beta0,sd0,t0,p0)
> my.res[2,]<-c(my.beta1,sd1,t1,p1)

> SSR<-(y_hat-y_bar)^2%>%sum()
> SST<-(y-y_bar)^2%>%sum()
> r_squ<-SSR/SST
> r_adj<-1-(1-r_squ)*(n-1)/(n-2)
> F_stat<-SSR/((SST-SSR)/(n-2))

> # 预测，给定新观测自变量x0=75
> x0<-75
> h00<-1/n+(x0-x_bar)^2/Lxx
> alpha<-0.05
> # 新观测因变量的单值预测
> y0_hat<-cbind(1,x0)%*%beta_hat
> y0_hat%>%c()%>%round(3)
[1] 76.175
> # 新观测因变量的区间预测
> lwr.y0<-y0_hat-qt((1-alpha/2),n-2,lower.tail=T)*
+             sqrt(1+h00)*sigma_hat
> upr.y0<-y0_hat+qt((1-alpha/2),n-2,lower.tail=T)*
+             sqrt(1+h00)*sigma_hat
> # 新观测因变量均值的区间预测
> lwr.Ey0<-y0_hat-qt((1-alpha/2),n-2,lower.tail=T)*
+             sqrt(h00)*sigma_hat
> upr.Ey0<-y0_hat+qt((1-alpha/2),n-2,lower.tail=T)*
+             sqrt(h00)*sigma_hat
> y.conf.int<-matrix(0,nr=2,nc=2)
> y.conf.int[1,]<-c(lwr.y0,upr.y0)
> y.conf.int[2,]<-c(lwr.Ey0,upr.Ey0)
> colnames(y.conf.int)<-c('lower','upper')
> rownames(y.conf.int)<-c('y0','E(y0)')
> y.conf.int%>%round(3)
       lower  upper
y0    45.791 106.56
E(y0) 68.390  83.96
```

```
> # R自带的predict函数也可以得到新观测因变量及其均值的区间预测
> predict(my.lm.fit,newdata=data.frame(x=75),interval='prediction')
      fit       lwr      upr
1 76.1754 45.7906 106.5602
> predict(my.lm.fit,newdata=data.frame(x=75),interval='confidence')
      fit        lwr      upr
1 76.1754 68.39048 83.96032
```

2.6 实例分析

通过本章前面几节的学习，读者已经大致了解了一元线性回归的相关理论。为了使读者能够更加直观地掌握一元线性回归的使用方法，本节通过两个例子来展示一元线性回归的分析流程以及对分析结果的解释。

例 2.2 在 R 软件中生成数据。首先确定模型为一元线性回归模型:

$$Y = 1 + 2X + \varepsilon \tag{2.6.1}$$

数据生成步骤为:

(1) 确定参数 β_0，β_1，这里设定 $(\beta_0, \beta_1) = (1, 2)$，样本量 $n = 100$;

(2) 生成自变量 X 的数据，这里从正态分布 $N(2, 1)$ 中随机抽取样本;

(3) 生成随机误差项 ε，这里从正态分布 $N(0, 1)$ 中随机抽取样本;

(4) 最后由式 (2.6.1) 得到 Y 的数据。

生成数据之后即可进行一元线性回归分析。通过本例，读者可以体会回归分析的一般步骤与实现方法。

```
> # 数据生成
> set.seed(777)          # 保证实验结果的可重复性
> n<-100
> beta0<-1
> beta1<-2
> x<-rnorm(n,2,1)
> eps<-rnorm(n,0,1)
> y<-beta0+beta1*x+eps
```

1. 初步分析

进行回归建模之前，先绘制散点图 (见图2.6)，观察 Y 与 X 之间的关系，可以看到散点分布呈线性规律，说明适合构建一元线性回归模型。代码如下：

```
> par(mar=c(4,4,1,1))
> plot(x,y,xlab="X",ylab="Y")
```

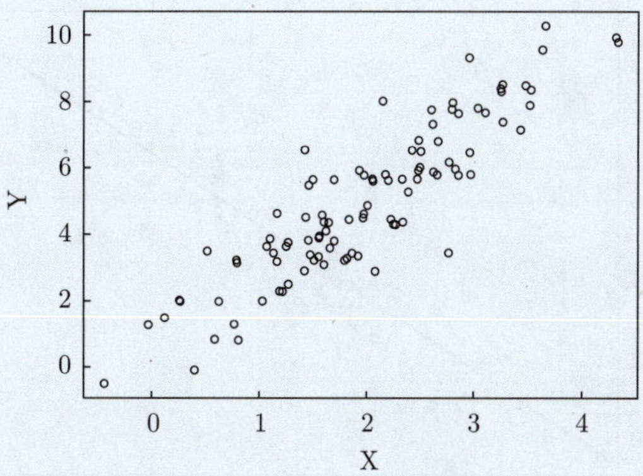

图 2.6　X 与 Y 的散点图

2. 参数估计

用 R 内置的函数 lm 进行一元线性回归模型的参数估计，或者由式 (2.2.3) 直接计算参数估计值。可以得到经验回归方程为 $\hat{Y} = 0.665 + 2.171X$，即当自变量 X 增加或者减少一个单位时，Y 的均值增加或减少 2.171 个单位。代码如下，模型的拟合效果如图2.7所示。

```
> lm.fit.2<-lm(y~x)                   # 拟合模型
> summary(lm.fit.2)                   # 模型拟合结果

Call:
lm(formula=y~x)

Residuals:
    Min       1Q   Median       3Q      Max
-3.2289  -0.7067  -0.0465   0.6926   2.7893

Coefficients:
            Estimate Std. Error t value Pr(>|t|)
(Intercept)   0.6652     0.2388   2.786   0.0064 **
x             2.1706     0.1081  20.082   <2e-16 ***
---
Signif. codes:  0 '***' 0.001 '**' 0.01 '*' 0.05 '.' 0.1 ' ' 1

Residual standard error: 1.034 on 98 degrees of freedom
Multiple R-squared: 0.8045, Adjusted R-squared:  0.8025
F-statistic: 403.3 on 1 and 98 DF,  p-value: < 2.2e-16
```

3. 回归诊断

(1) 显著性检验及拟合优度检验。

本例中 R^2 为 0.805，说明模型拟合效果较好，能够解释 80%左右的数据变异。此外，F 检验的 p 值远远小于 0.05，说明模型通过了 F 检验。截距项和回归系数都通过了 t 检验，具体如表2.2所示。

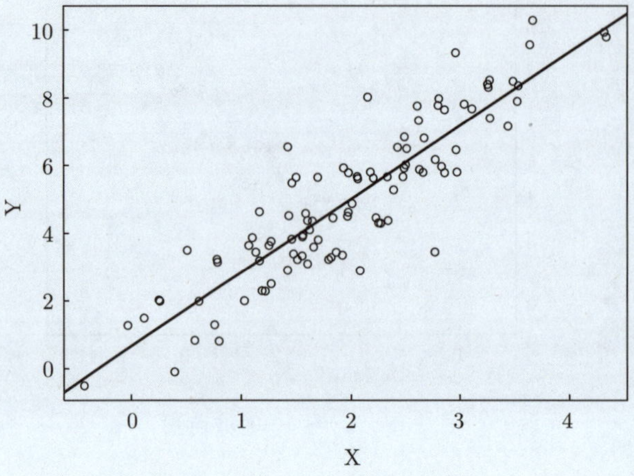

图 2.7 X 与 Y 的拟合图

```
> # t统计量与基于相关系数构造的统计量
> corr<-cor(y,x)
> c(sqrt(n-2)*corr/sqrt(1-corr^2),
+       summary(lm.fit.2)$coefficients['x','t value'])%>%round(3)
[1] 20.082 20.082

> # t统计量的平方与F统计量
> c((summary(lm.fit.2)$coefficients['x','t value'])^2,
+       summary(lm.fit.2)$fstatistic['value'])%>%as.numeric()%>%round(3)
[1] 403.289 403.289
```

表 2.2 一元线性回归模型拟合结果表

	系数估计	标准误差	t 值	p 值
截距项	0.665	0.239	2.786	0.006
X	2.171	0.108	20.082	$<$ 2e-16
R^2 :	0.805	F :	403.3	$<$ 2.2e-16

下面来验证三种检验统计量之间的关系，首先由表2.2可得，参数 β_1 的 t 检验统计量为 20.082，其平方正好为 F 统计量的值，而相关系数 $r = 0.897$，基于该相关系数构造的统计量 (式 (2.4.3)) 与回归系数显著性的 t 检验统计量相等。

(2) 残差分析。

```
> # 正态性检验
> y_hat<-cbind(1,x)%*%lm.fit.2$coef
> e<-y-y_hat
> ks.test(e,'pnorm')

Asymptotic one-sample Kolmogorov-Smirnov test

data:  e
```

```
D=0.045869,p-value=0.9845
alternative hypothesis: two-sided

> # Shapiro-Wilk 检验
> shapiro.test(e)

Shapiro-Wilk normality test

data:  e
W=0.98843,p-value=0.5405

> # 残差分析
> sigma_hat<-(sum(e^2)/(n-2))%>%sqrt()

> par(mfrow=c(1,2),mar=c(4,4,1,1))
> plot(x,e,ylim=c(-4,4),xlab="X")
> abline(h=c(1,-1)*3*sigma_hat,lty='dashed',lwd=2,col='red')

> plot(y,e,ylim=c(-4,4),xlab="Y")
> abline(h=c(1,-1)*3*sigma_hat,lty='dashed',lwd=2,col='red')

> # 学生化残差
> XX<-cbind(1,x)
> H<-XX%*%solve(crossprod(XX))%*%t(XX)
> e_stu<-(e/sigma_hat/sqrt(1-diag(H)))%>%c()

> par(mfrow=c(1,2),mar=c(4,4,1,1))
> plot(x,e_stu,ylim=c(-4,4),ylab="e_studentized")
> abline(h=c(1,-1)*3,lty='dashed',lwd=2,col='red')

> plot(y,e_stu,ylim=c(-4,4),ylab="e_studentized")
> abline(h=c(1,-1)*3,lty='dashed',lwd=2,col='red')
```

图2.8是根据例2.2数据绘制的残差图。从该图可知残差在 $e=0$ 附近随机分布，说明回归模型满足对于随机误差项的基本假设。

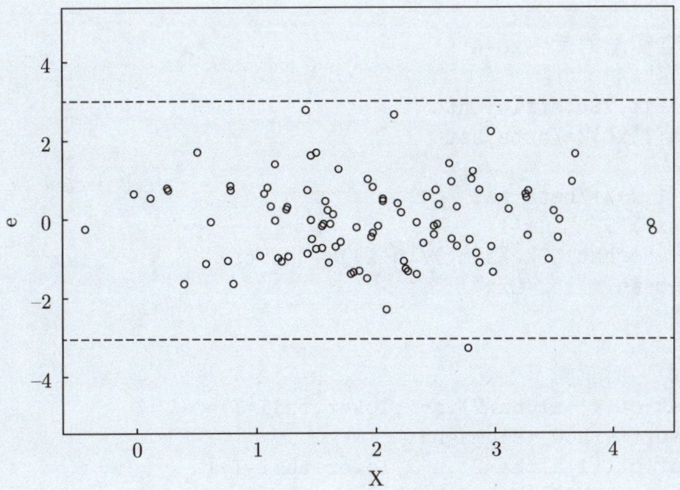

图 2.8 残差分析图

4. 区间估计

```
> # 回归系数的区间估计
> conf.int<-function(lm.mod,alpha) {
> n<-nrow(lm.mod$model)
> t<-qt(1-alpha/2,df=n-2,lower.tail=T)
> Lxx<-(lm.mod$model$x-mean(lm.mod$model$x))^2%>%sum()
> sigma_hat<-summary(lm.mod)$sigma
> beta0<-lm.mod$coefficients[1]
> beta1<-lm.mod$coefficients[2]

> beta1_conf<-beta1+sigma_hat*t/sqrt(Lxx)*c(-1,1)
> beta0_conf<-beta0+sigma_hat*t*
+                        (1/n+mean(x)^2/Lxx)%>%sqrt()*c(-1,1)

> return(list(CI_beta0=beta0_conf,CI_beta1=beta1_conf))
 }
> conf.int(lm.fit.2,0.05)
$CI_beta0
[1] 0.1914398 1.1390542

$CI_beta1
[1] 1.956071 2.385052

> confint(lm.fit.2)          # 也可以使用R自带的函数，默认的置信水平为0.95
                2.5 %   97.5 %
(Intercept) 0.1914398 1.139054
x           1.9560710 2.385052
```

由式 (2.4.6) 和式 (2.4.5) 得到，β_0 和 β_1 的置信水平为 $1-\alpha$ 的置信区间分别为 (0.191，1.139) 和 (1.956，2.385)。

5. 预测

```
> # 预测，给定自变量的新值x0=4
> x0<-4
> beta_hat<-lm.fit.2$coefficients
> y0_hat<-cbind(1,x0)%*%beta_hat
> n<-length(y)
> y_hat<-cbind(1,x)%*%beta_hat
> Lxx<-(x-mean(x))^2%>%sum()
> sigma_hat<-((y-y_hat)^2%>%sum()/(n-2))%>%sqrt()
> h00<-1/n+(x0-mean(x))^2/Lxx
> alpha<-0.05

> # 因变量新值的区间预测
> lwr.y0<-y0_hat-qt((1-alpha/2),n-2,lower.tail=T)*
+             sqrt(1+h00)*sigma_hat
> upr.y0<-y0_hat+qt((1-alpha/2),n-2,lower.tail=T)*
+             sqrt(1+h00)*sigma_hat
> c(lwr.y0,upr.y0)        # y0的95%的置信区间
```

```
[1]  7.241146 11.453839

> # 使用R自带的函数可以得到相同的结果
> predict(lm.fit.2,newdata=data.frame(x=4),interval="prediction")
       fit      lwr      upr
1 9.347493 7.241146 11.45384

> # 因变量新值均值的区间预测
> lwr.Ey0<-y0_hat-qt((1-alpha/2),n-2,lower.tail=T)*
+               sqrt(h00)*sigma_hat
> upr.Ey0<-y0_hat+qt((1-alpha/2),n-2,lower.tail=T)*
+               sqrt(h00)*sigma_hat
> c(lwr.Ey0,upr.Ey0)       # E(y0)的95%的置信区间
[1] 8.870269 9.824716

> # 使用R自带的函数可以得到相同的结果
> predict(lm.fit.2,newdata=data.frame(x=4),interval="confidence")
       fit      lwr      upr
1 9.347493 8.870269 9.824716
```

给定变量 X 的新值 $x_0=4$，得到单值预测结果为 9.347，新值区间预测以及新值均值的区间预测分别为 (7.241，11.454) 和 (8.870，9.825)。

例 2.3 本例使用数值模拟方法验证之前提到的一些关于参数估计量的性质。进行数值模拟的流程如图2.9所示。

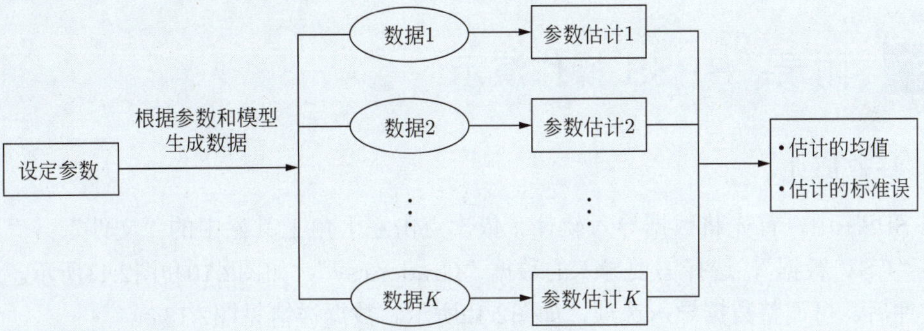

图 2.9 数值模拟流程图

数据的生成方式与例2.2一致，重复模拟生成数据 1 000 次[①]，可以得到表2.3中关于参数估计量 $\hat{\beta}_0$，$\hat{\beta}_1$ 性质的结果。其中 Bias 表示估计的偏差，SE 表示估计的标准误，SD 表示估计的标准差，CP 为经验覆盖率 (coverage probability，CP)。由表2.3可以看到，参数估计的偏差几乎为 0，一定程度上可以验证参数估计量的无偏性。此外，用 1 000 次重复生成的数据计算的 $\hat{\beta}_0$ 和 $\hat{\beta}_1$ 的估计的标准误接近理论方差。覆盖率是基于 1 000 次重复生成的数据所计算出来的置信区间包含 β_0 和 β_1 真值的比例，从置信区间的构造方式来看，这个覆盖率应该接近设定的 $1-\alpha$ 值。在模拟中，设定了 $\alpha=0.05$，模拟结果也显示 β_0 和 β_1 的覆盖率接近 0.95。

① 生成一次数据的结果具有一定的随机性，而模拟 1 000 次生成的数据的结果取平均可以在一定程度上降低随机性的影响。

表 2.3　参数估计数值模拟结果

样本量	$\hat{\beta}_0$				$\hat{\beta}_1$			
	Bias	SE	SD	CP	Bias	SE	SD	CP
n=100	−0.004	0.233	0.227	0.942	0.001	0.046	0.045	0.945
n=500	0.004	0.103	0.102	0.946	−0.002	0.068	0.071	0.949
n=1 000	−0.002	0.103	0.100	0.959	0.001	0.030	0.032	0.967

2.7　小结与评注

一元线性回归是描述两个变量间统计关系的最简单的回归模型。本章介绍了一元线性回归的建模思想、适用场景，以及回归模型未知参数的估计、最小二乘估计的性质、参数和模型的显著性检验、回归系数的区间估计、残差分析的基本概念与方法等内容。

一元线性回归虽然简单，但通过该模型的建立过程，读者可以了解回归分析方法的基本统计思想及其在实际问题研究中的应用原理，为读者后续学习多元线性回归模型奠定基础。另外，解决实际问题时，读者要注意采用定性与定量相结合的研究思路。一方面，要关注数据是否符合模型所要求的假设，采用必要的图形、检验辅助判断，相关方法在第 4 章和第 5 章详细讨论。另一方面，要关注应用模型时数据背景是否比建模时发生较大变化，如有变化，则要修改模型，包括重新收集近期数据、替换或增加自变量等，切忌机械套用公式。

2.8　附录：SPSS 操作演示

1. 参数估计

在 SPSS 中，首先将数据导入软件。依次点击左上角工具栏中的“文件”→“导入数据”→“CSV 数据”，选择需要导入的数据“Grades.csv”，如图2.10和图2.11所示。选择好数据文件后，可调整数据导入选项，如图2.12所示。数据详情见图2.13。

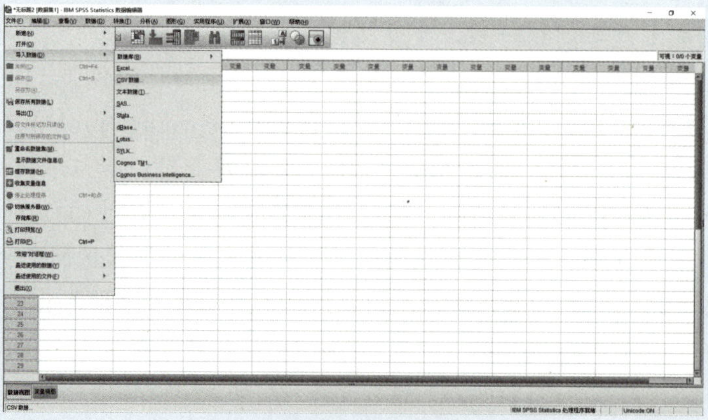

图 2.10　SPSS 数据导入示意图 1

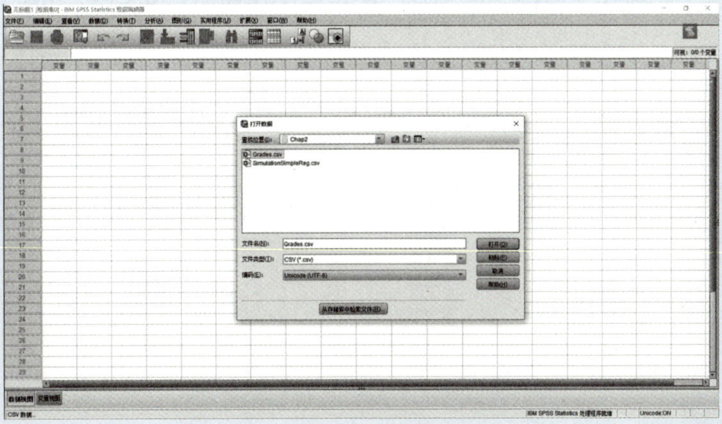

图 2.11　SPSS 数据导入示意图 2

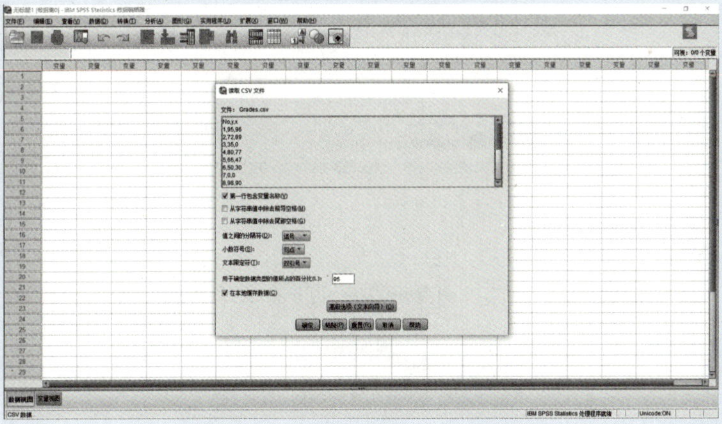

图 2.12　SPSS 数据导入示意图 3

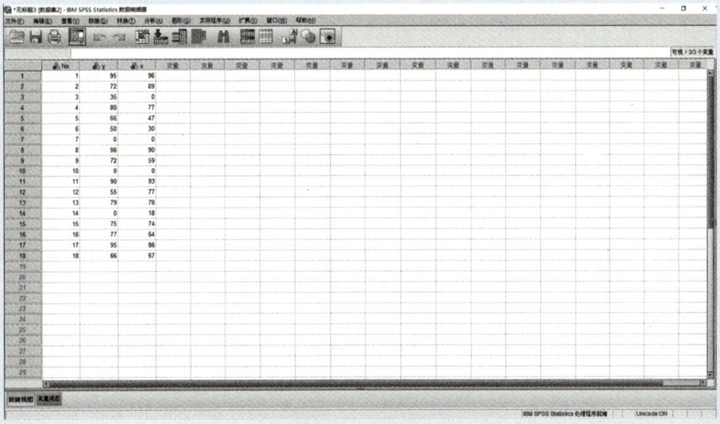

图 2.13　SPSS 数据导入示意图 4

导入数据后，绘制因变量与自变量间散点图的操作为：依次选择“图形”→“旧对话框”→“散点图/点图”→“简单散点图”，再点击“定义”，接着将变量“y”与“x”分别选入“Y 轴”和“X 轴”，然后点击“确定”，具体操作如图2.14至图2.16所示，最终散点图如图2.17所示。

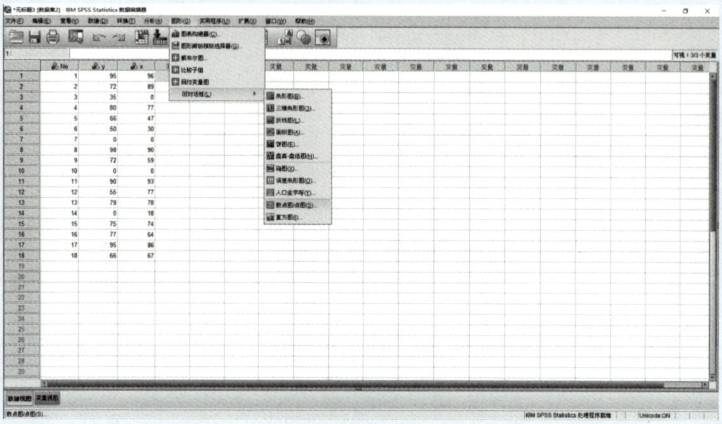

图 2.14　SPSS 散点图绘制示意图 1

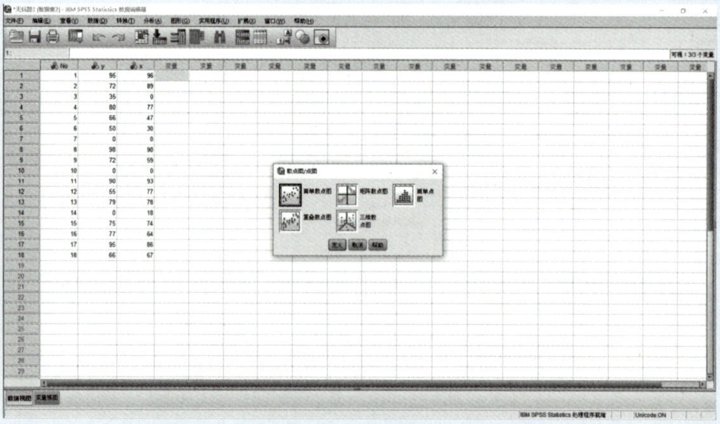

图 2.15　SPSS 散点图绘制示意图 2

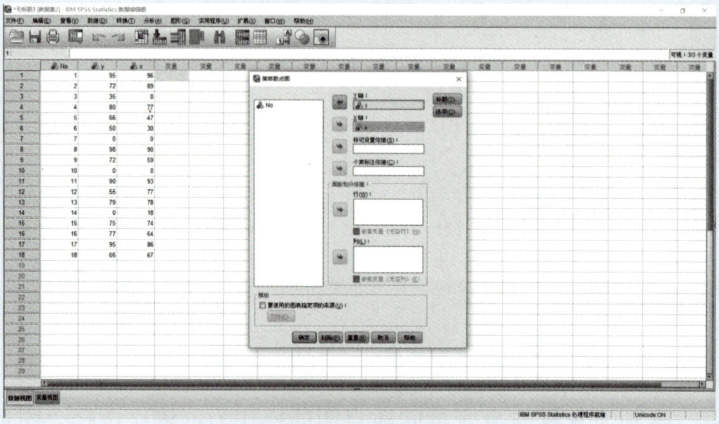

图 2.16　SPSS 散点图绘制示意图 3

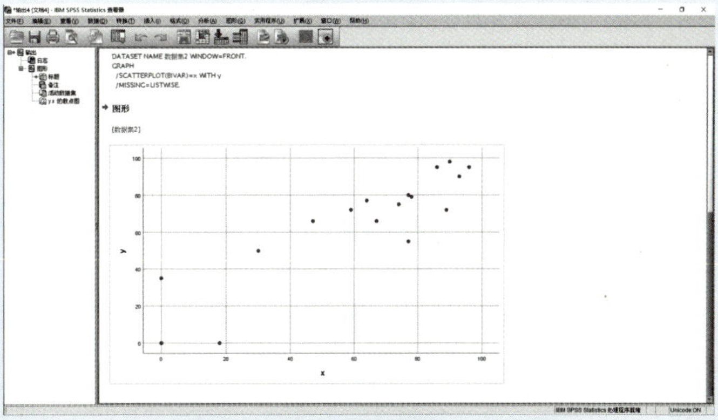

图 2.17　SPSS 散点图绘制示意图 4

回到数据所在窗口，开始进行回归分析。依次点击“分析”→“回归”→“线性”，在新弹出的小窗口中将变量“y”与“x”分别选入“因变量”和“自变量”，再点击同一小窗口中的“统计”按钮，勾选需要展示的统计量或结果，然后依次点击“继续”和“确定”，具体操作见图2.18至图2.20。图2.21输出了回归模型的 R^2、ANOVA(方差分析) 以及回归系数的分析表等结果。

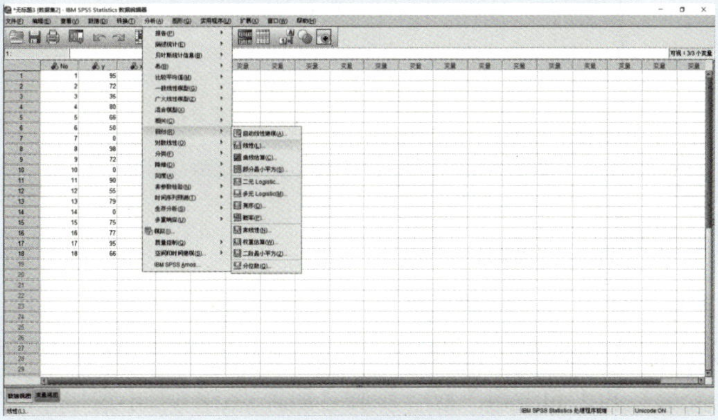

图 2.18　SPSS 回归分析示意图 1

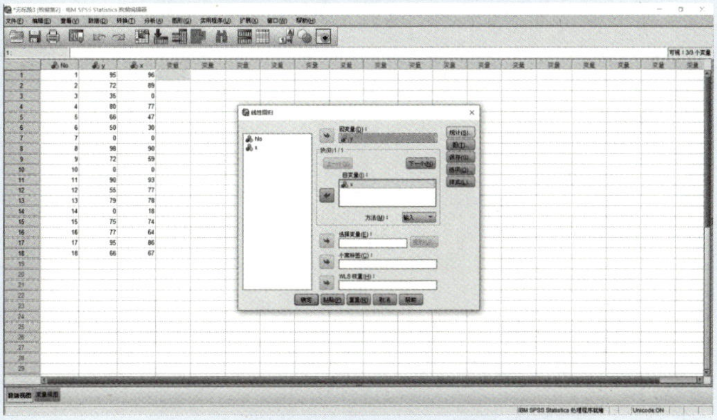

图 2.19　SPSS 回归分析示意图 2

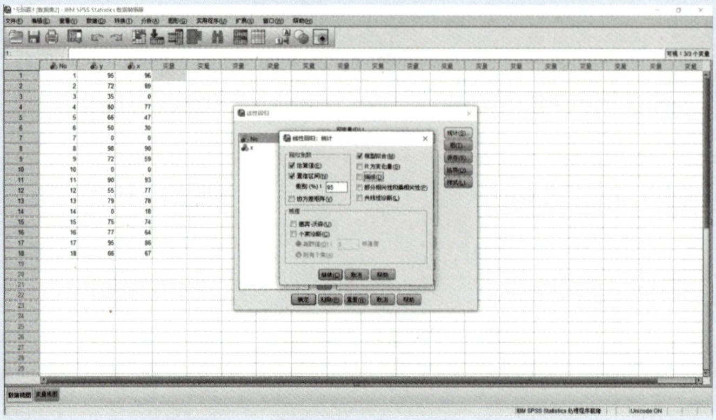

图 2.20　SPSS 回归分析示意图 3

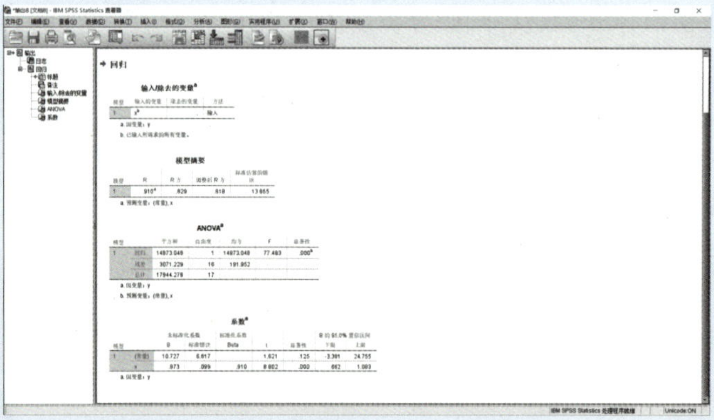

图 2.21　SPSS 回归分析示意图 4

2. 残差分析和预测

回到数据所在窗口，使用 SPSS 数据进行残差分析和预测。首先在 SPSS 的数据表格中自变量所在列的末尾输入一个新的数据值 (见图2.22)，然后如图2.23所示，在回归分析将“y”与“x”分别选入“因变量”和“自变量”这一步骤之后，点击同一小窗口中的“保存”按钮，根据需要勾选想要保存的结果，即可得到残差分析以及预测的结果。结果见图2.24至图2.26。

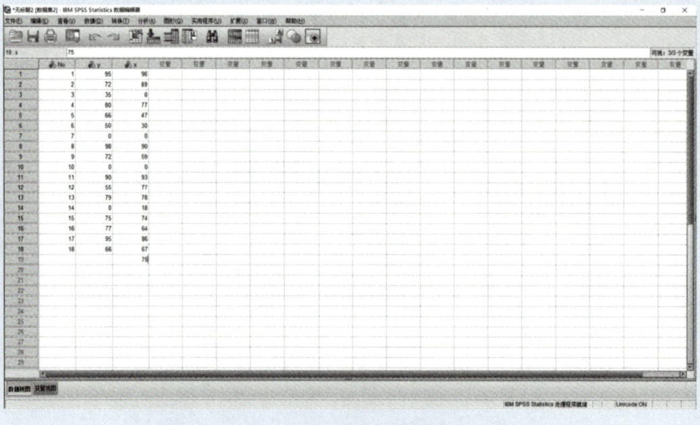

图 2.22　SPSS 回归预测示意图 1

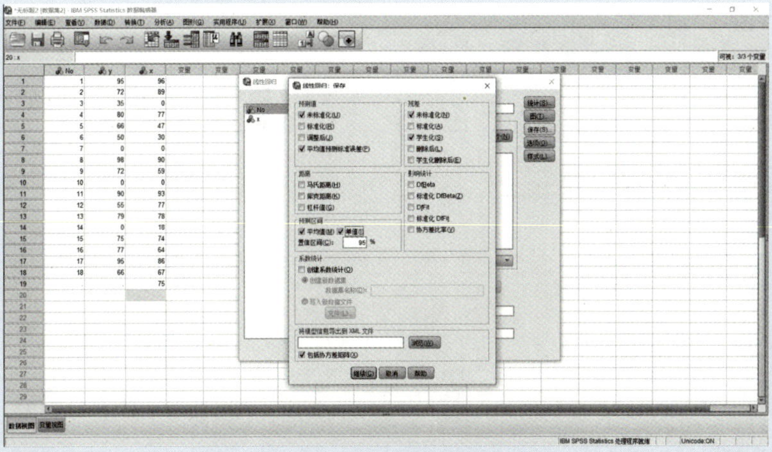

图 2.23　SPSS 回归预测示意图 2

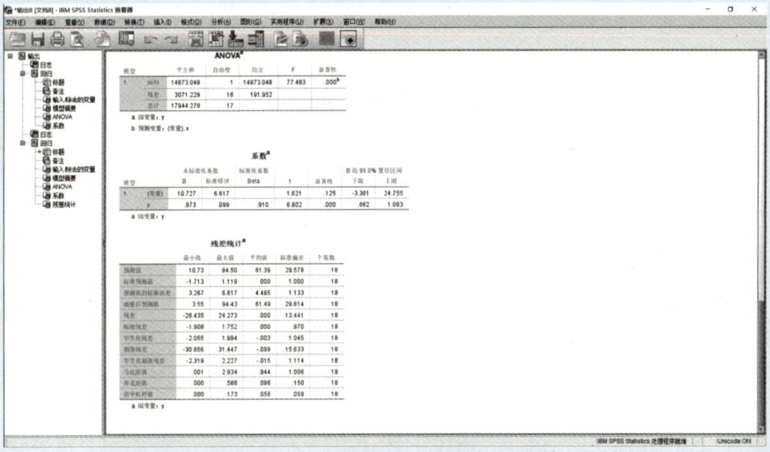

图 2.24　SPSS 回归预测示意图 3

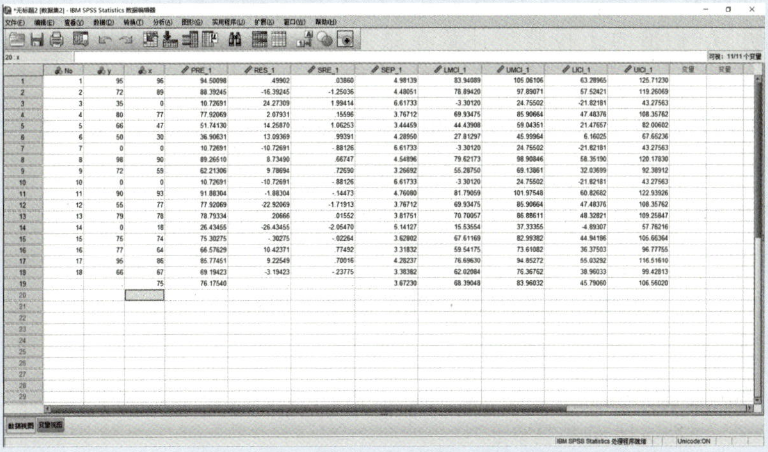

图 2.25　SPSS 回归预测示意图 4

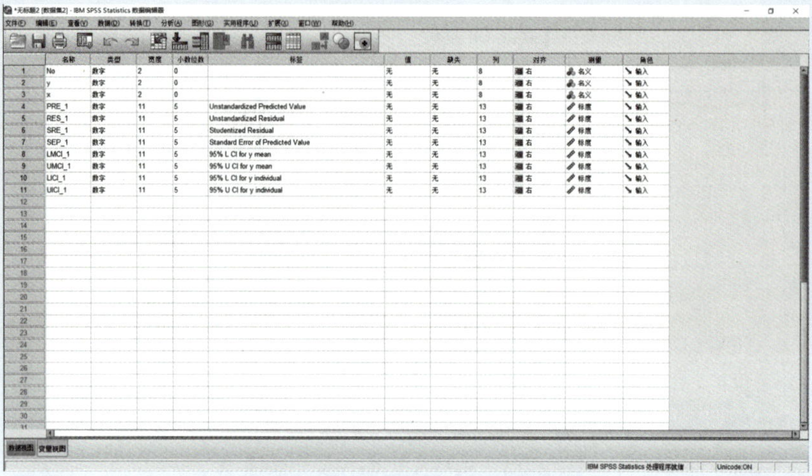

图 2.26 SPSS 回归预测示意图 5

习 题

2.1 回归方程 $E(Y)=\beta_0+\beta_1 X$ 的参数 β_0，β_1 的最小二乘估计与最大似然估计在什么条件下等价？给出证明。

2.2 证明 $\hat{\beta}_0$ 可以表示成 Y_i 的线性组合。

2.3 证明 $E(\hat{\beta}_0)=\beta_0$。

2.4 证明 $\mathrm{Var}(\hat{\beta}_0)=\left(\dfrac{1}{n}+\dfrac{\overline{X}^2}{L_{xx}}\right)\sigma^2$。

2.5 证明平方和分解式 $\mathrm{SST}=\mathrm{SSR}+\mathrm{SSE}$。

2.6 证明 $\hat{\sigma}^2=\mathrm{SSE}/(n-2)$ 是 σ^2 的无偏估计。

2.7 证明 SSR 和 SSE 分别服从自由度为 1 和自由度为 $n-2$ 的卡方分布。

2.8 证明 $\hat{\beta}_1$ 构造的 t 检验统计量在原假设成立的情况下服从自由度为 $n-2$ 的 t 分布。

2.9 如果回归方程 $\hat{Y}=\hat{\beta}_0+\hat{\beta}_1 X$ 相应的相关系数 r 很大，则用它预测时，预测值与真值的偏差一定较小。这一结论成立吗？请做出判断并给出理由。

2.10 表2.4是美国黄石公园老忠实间歇泉在 1978 年 8 月 1—4 日的日间喷涌数据。X 表示喷涌持续时间，Y 表示到下一次喷涌的时间间隔。用 X 构造一个一元线性回归模型 $Y_i=\beta_0+\beta_1 X_i+\varepsilon_i$ 预测喷涌时间间隔，并回答以下问题：

(1) 计算 $\hat{\beta}_0$ 和 $\hat{\beta}_1$；

(2) 检验 H_0：$\beta_1=0$；

(3) 计算 β_1 的置信区间并画图；

(4) 计算 r^2。

表 2.4　老忠实间歇泉喷涌数据　　单位：分钟

Y	X	Y	X	Y	X	Y	X
78	4.4	80	4.3	76	4.5	75	4.0
74	3.9	56	1.7	82	3.9	73	3.7
68	4.0	80	3.9	84	4.3	67	3.7
76	4.0	69	3.7	53	2.3	68	4.3
80	3.5	57	3.1	86	3.8	86	3.6

第 3 章 多元线性回归

一元线性回归模型中假定对因变量有影响的自变量只有一个，即

$$Y = \beta_0 + \beta_1 X + \varepsilon$$

式中，β_0，β_1 为回归系数，X 是模型包含的唯一一个自变量，ε 是随机误差项。然而，在实际研究中，研究者感兴趣的问题通常涉及多个自变量。例如，在服装销售研究中，员工薪资、宣传费用和流动资金三个变量对服装销售量有影响。又如，在有关某高性能水泥的研究中，水泥含量、高炉渣含量、飞灰含量、水含量、高效减水剂含量、粗骨料含量、细骨料含量、天数 8 个因素与该高性能水泥的混凝土抗压强度有关。读者可以发现上述例子中包含的自变量个数已不止一个，不宜再使用一元线性回归模型，应采用多元线性回归模型进行分析。

多元线性回归模型，顾名思义，就是包含多个自变量且自变量和因变量之间具有线性关系的一种模型。通过将一元线性回归模型推广为多元形式，模型可以更好地刻画经济社会等领域变量间的关系，具有更强的实用性。因此，研究多元线性回归模型及其性质具有重要的理论意义和应用价值。

本章将详细介绍多元线性回归模型对应的理论性质以及模型构建思路，并通过实例分析详细介绍多元线性回归模型的建模步骤，以期读者可以从理论和应用两个方面对多元线性回归模型有全面的了解，为后续进一步学习打好基础。

3.1 多元线性回归模型

1. 模型简介

假定随机变量 Y 与自变量 X_1，X_2，$\cdots$，X_p 满足线性回归模型：

$$Y = \beta_0 + \beta_1 X_1 + \cdots + \beta_p X_p + \varepsilon \tag{3.1.1}$$

式中，β_0，β_1，$\cdots$，β_p 称为未知参数，β_0 称为回归常数，β_1，β_2，$\cdots$，β_p 称为回归系数；Y 称为因变量 (又称响应变量或被解释变量)；X_1，X_2，$\cdots$，X_p 称为自变量 (又称协变量或解释变量)；ε 称为随机误差项。当 $p = 1$ 时，式 (3.1.1) 为一元线性回归模型；当 $p \geqslant 2$ 时，式 (3.1.1) 为多元线性回归模型。称

$$E(Y) = \beta_0 + \beta_1 X_1 + \cdots + \beta_p X_p$$

为理论回归方程。

对于 n 个样本数据 $(Y_1;\ X_{11},\ \cdots,\ X_{1p}),\ \cdots,\ (Y_n;\ X_{n1},\ \cdots,\ X_{np})$，式 (3.1.1) 等价于

$$\boldsymbol{Y}=\boldsymbol{X\beta}+\boldsymbol{\varepsilon} \tag{3.1.2}$$

式中

$$\boldsymbol{Y}=\begin{pmatrix}Y_1\\ \vdots\\ Y_n\end{pmatrix},\quad \boldsymbol{X}=\begin{pmatrix}1 & X_{11} & \cdots & X_{1p}\\ \vdots & \vdots & & \vdots\\ 1 & X_{n1} & \cdots & X_{np}\end{pmatrix},\quad \boldsymbol{\beta}=\begin{pmatrix}\beta_0\\ \vdots\\ \beta_p\end{pmatrix},\quad \boldsymbol{\varepsilon}=\begin{pmatrix}\varepsilon_1\\ \vdots\\ \varepsilon_n\end{pmatrix}.$$

$\boldsymbol{X}$ 为 $n\times(p+1)$ 阶矩阵，称为回归设计矩阵或资料矩阵。

2. 模型假定

多元线性回归模型式 (3.1.1) 一般有如下假设：

假设 1　自变量 $X_1,\ X_2,\ \cdots,\ X_p$ 是非随机的，即确定性变量，且设计矩阵 $\boldsymbol{X}$ 是列满秩的，即 $\mathrm{rank}(\boldsymbol{X})=p+1$。这意味着自变量列之间是线性无关的，且样本量 $n\geqslant p+1$。

假设 2　随机误差项 ε 满足高斯–马尔可夫条件，即

$$\begin{cases}E(\varepsilon_i)=0, & i=1,\ 2,\ \cdots,\ n\\ \mathrm{Cov}(\varepsilon_i,\ \varepsilon_j)=\begin{cases}\sigma^2, & i=j\\ 0, & i\neq j\end{cases}; & i,\ j=1,\ 2,\ \cdots,\ n\end{cases}$$

由 $E(\varepsilon_i)=0$，$i=1,\ 2,\ \cdots,\ n$ 可知，数据观测结果不存在系统误差，随机误差的期望为 0，而且各样本点之间是互不相关的。

假设 3　正态性假定

$$\begin{cases}\varepsilon_i\sim N(0,\ \sigma^2), & i=1,\ 2,\ \cdots,\ n\\ \varepsilon_1,\ \varepsilon_2,\ \cdots,\ \varepsilon_n\text{相互独立}\end{cases}$$

由上述假定可以得到式 (3.1.2) 满足

$$\begin{cases}E(\boldsymbol{Y})=\boldsymbol{X\beta}\\ \mathrm{Var}(\boldsymbol{Y})=\sigma^2\boldsymbol{I}_n\end{cases}$$

式中，$\boldsymbol{I}_n$ 为 $n\times n$ 阶单位矩阵，且在正态性假设下有

$$\boldsymbol{Y}\sim N(\boldsymbol{X\beta},\ \sigma^2\boldsymbol{I}_n) \tag{3.1.3}$$

3. 模型解释

为帮助读者更好地理解多元线性回归模型的回归系数，本节通过一个具体的例子，给出回归方程的几何解释以及各回归系数的实际含义。本例中，Y 表示某服装的销售量 (单位：万件)，X_1，X_2 和 X_3 分别表示员工薪资 (单位：千元)、宣传费用 (单位：万元) 和流

动资金 (单位：万元)，可以建立多元线性回归模型

$$Y = \beta_0 + \beta_1 X_1 + \beta_2 X_2 + \beta_3 X_3 + \varepsilon \tag{3.1.4}$$

则有

$$\frac{\partial E(Y)}{\partial X_1} = \beta_1$$

此时，β_1 可以解释为：在宣传费用和流动资金保持不变的情况下，员工薪资每增加 1 千元，该服装的销售量平均可以增加 β_1 万件。类似地，β_2 可以解释为：在员工薪资和流动资金保持不变的情况下，宣传费用每增加 1 万元，该服装的销售量平均可以增加 β_2 万件；而 β_3 可以解释为：在员工薪资和宣传费用保持不变的情况下，流动资金每增加 1 万元，该服装的销售量平均可以增加 β_3 万件。

在一般情况下，对于含有 p 个自变量的多元线性回归模型，每个回归系数 $\beta_i(i = 1, 2, \cdots, p)$ 表示模型中其他变量保持不变的情况下，自变量 X_i $(i = 1, 2, \cdots, p)$ 每增加一个单位时，因变量 Y 的平均增加量。

3.2 参数的估计与性质

1. 最小二乘估计

研究者可采用与一元线性回归模型参数估计一致的普通最小二乘 (OLS) 估计方法对式 (3.1.2) 中的未知参数 $\boldsymbol{\beta}$ 进行估计。令 $\boldsymbol{Y} = (Y_1, Y_2, \cdots, Y_n)^\top$，记 $\hat{\boldsymbol{\beta}} = (\hat{\beta}_0, \hat{\beta}_1, \cdots, \hat{\beta}_p)^\top$ 为 $\boldsymbol{\beta}$ 的最小二乘估计结果，则 $\hat{\boldsymbol{\beta}}$ 满足

$$\hat{\boldsymbol{\beta}} = \arg\min_{\boldsymbol{\beta} \in \mathbb{R}^{p+1}} Q(\boldsymbol{\beta}) \tag{3.2.1}$$

式中

$$Q(\boldsymbol{\beta}) = \sum_{i=1}^{n} (Y_i - \beta_0 - X_{i1}\beta_1 - \cdots - X_{ip}\beta_p)^2 \tag{3.2.2}$$

为离差平方和。

为求式 (3.2.1) 的解，只需利用式 (3.2.2) 对各参数求偏导并令其等于 0，即

$$\begin{cases} \left.\dfrac{\partial Q(\boldsymbol{\beta})}{\partial \beta_0}\right|_{\boldsymbol{\beta}=\hat{\boldsymbol{\beta}}} = -2\displaystyle\sum_{i=1}^{n} (Y_i - \hat{\beta}_0 - X_{i1}\hat{\beta}_1 - \cdots - X_{ip}\hat{\beta}_p) = 0 \\ \left.\dfrac{\partial Q(\boldsymbol{\beta})}{\partial \beta_1}\right|_{\boldsymbol{\beta}=\hat{\boldsymbol{\beta}}} = -2\displaystyle\sum_{i=1}^{n} (Y_i - \hat{\beta}_0 - X_{i1}\hat{\beta}_1 - \cdots - X_{ip}\hat{\beta}_p)X_{i1} = 0 \\ \qquad\vdots \\ \left.\dfrac{\partial Q(\boldsymbol{\beta})}{\partial \beta_p}\right|_{\boldsymbol{\beta}=\hat{\boldsymbol{\beta}}} = -2\displaystyle\sum_{i=1}^{n} (Y_i - \hat{\beta}_0 - X_{i1}\hat{\beta}_1 - \cdots - X_{ip}\hat{\beta}_p)X_{ip} = 0 \end{cases} \tag{3.2.3}$$

整理之后有

$$\boldsymbol{X}^\top(\boldsymbol{Y}-\boldsymbol{X}\hat{\boldsymbol{\beta}})=\boldsymbol{0}$$

从而得到 $\boldsymbol{\beta}$ 的最小二乘估计结果 $\hat{\boldsymbol{\beta}}$ 为：

$$\hat{\boldsymbol{\beta}}=(\boldsymbol{X}^\top\boldsymbol{X})^{-1}\boldsymbol{X}^\top\boldsymbol{Y} \tag{3.2.4}$$

特别称

$$\hat{Y}=\hat{\beta}_0+\hat{\beta}_1X_1+\cdots+\hat{\beta}_pX_p \tag{3.2.5}$$

为经验回归方程。

2. 最大似然估计

若随机误差项满足正态性假设，由式 (3.1.3) 可以得到参数 $(\boldsymbol{\beta}, \sigma^2)$ 的似然函数为：

$$L(\boldsymbol{\beta}, \sigma^2)=(2\pi\sigma^2)^{-n/2}\exp\left\{-\frac{1}{2\sigma^2}(\boldsymbol{Y}-\boldsymbol{X}\boldsymbol{\beta})^\top(\boldsymbol{Y}-\boldsymbol{X}\boldsymbol{\beta})\right\}$$

对上式取对数，再分别对参数 $\boldsymbol{\beta}$ 和 σ^2 求偏导，并令其等于零，即

$$\begin{cases}\dfrac{\partial\log L}{\partial\boldsymbol{\beta}}=\dfrac{1}{\sigma^2}\boldsymbol{X}^\top(\boldsymbol{Y}-\boldsymbol{X}\boldsymbol{\beta})=\boldsymbol{0}\\ \dfrac{\partial\log L}{\partial\sigma^2}=-\dfrac{n}{2\sigma^2}+\dfrac{1}{2\sigma^4}(\boldsymbol{Y}-\boldsymbol{X}\boldsymbol{\beta})^\top(\boldsymbol{Y}-\boldsymbol{X}\boldsymbol{\beta})=0\end{cases}$$

从而有参数 $\boldsymbol{\beta}$ 和 σ^2 的最大似然估计：

$$\begin{aligned}\hat{\boldsymbol{\beta}}_{\mathrm{MLE}}&=(\boldsymbol{X}^\top\boldsymbol{X})^{-1}\boldsymbol{X}^\top\boldsymbol{Y}\\ \hat{\sigma}^2_{\mathrm{MLE}}&=\frac{1}{n}\boldsymbol{e}^\top\boldsymbol{e}\end{aligned} \tag{3.2.6}$$

式中，$\boldsymbol{e}=\boldsymbol{Y}-\hat{\boldsymbol{Y}}=\boldsymbol{Y}-\boldsymbol{X}\hat{\boldsymbol{\beta}}_{\mathrm{MLE}}$。可以发现，对于参数 $\boldsymbol{\beta}$ 而言，最小二乘估计和最大似然估计的结果一致。在后续内容中可以看出，参数 σ^2 的最大似然估计是有偏估计，但满足渐近无偏性。

例 3.1　我国民航客运量 (单位：万人) 受到铁路客运量 (单位：万人)、民航航线里程 (单位：万千米)、来华旅游入境人数 (单位：万人) 这些因素的影响，本例使用民航客运量 1998—2013 年的统计数据，数据源于《中国统计数据库》。[①] 数据如表3.1所示。

表 3.1　民航客运量 1998—2013 年的统计数据

民航客运量 (Y)	铁路客运量 (X_1)	民航航线里程 (X_2)	来华旅游入境人数 (X_3)
231	91 491	14.99	190.92
299	96 399	16.00	420.39
343	92 204	19.43	470.24
401	94 300	21.92	776.71

① http://www.shujuku.org/.

续表

民航客运量 (Y)	铁路客运量 (X_1)	民航航线里程 (X_2)	来华旅游入境人数 (X_3)
444	99 922	23.27	792.43
391	106 004	22.91	974.70
444	110 343	26.02	1 294.20
744	112 110	27.72	1 793.30
997	109 479	32.43	2 292.00
1 310	112 429	39.91	2 690.20
1 442	122 644	37.39	3 169.40
1 293	113 907	47.19	2 440.10
1 660	94 712	40.69	2 746.20
2 179	94 091	44.91	3 334.70
2 996	99 693	93.66	3 311.40
3 393	104 449	96.09	4 142.70

利用表3.1中的数据绘制散点图 (见图 3.1) 并观察变量之间的关系。由图3.1可以发现铁路客运量、民航航线里程以及来华旅游入境人数三个变量与民航客运量之间具有线性关系，因此采用多元线性回归模型进行拟合。

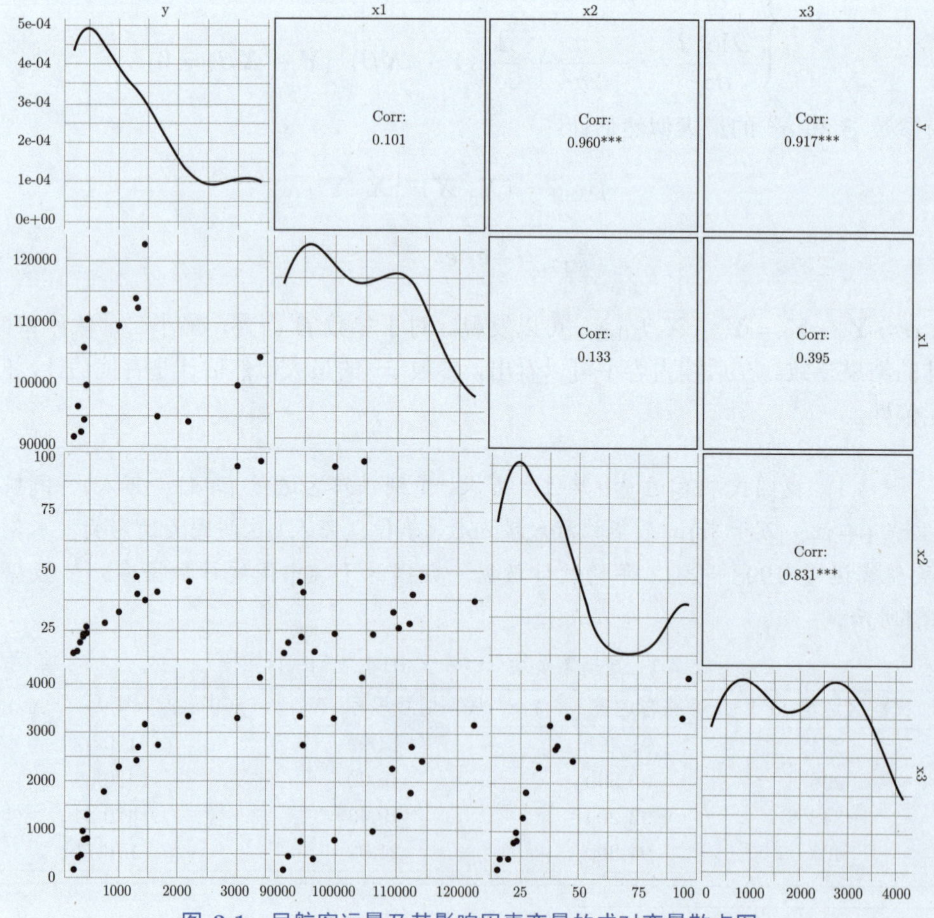

图 3.1 民航客运量及其影响因素变量的成对变量散点图

利用最小二乘法估计该多元线性回归模型的参数，得到经验回归方程：

$$\hat{Y} = 1\,568.450 - 0.020X_1 + 20.911X_2 + 0.440X_3$$

从经验回归方程可知，当其他变量保持不变时，铁路客运量每增加 1 万人，民航客运量平均减少 0.020 万人；民航航线里程每增加 1 万千米，民航客运量平均增加 20.911 万人；来华旅游入境人数每增加 1 万人，民航客运量平均增加 0.440 万人。

基于 R 导入数据并拟合多元线性回归模型。代码如下：

```
> # 导入数据分析所需要的包
> library(GGally)
> library(ggplot2)
> library(readxl)
> dat<-read.csv("Aviation.csv")
> head(dat)%>%
+ kable(format="html",escape=F)%>%
+ kable_styling("striped",full_width=F)
> # GGally包中的ggpairs函数可以快速地画出所有变量两两之间的散点图并计算相关系数
> ggpairs(data=dat)
+ theme_bw()
+ theme(axis.text=element_blank())
> # 利用最小二乘法拟合多元线性回归模型
> mod<-lm(y~x1+x2+x3,data=dat)          # 拟合模型
> summary(mod)                          # 显示模型拟合结果


Call:
lm(formula=y~x1+x2+x3,data=dat)

Residuals:
    Min      1Q  Median      3Q     Max
-101.52  -61.12   -0.94   61.98  124.75

Coefficients:
              Estimate Std. Error t value Pr(>|t|)
(Intercept) 1568.44955  272.90895   5.747 9.20e-05 ***
x1            -0.01979    0.00272  -7.275 9.81e-06 ***
x2            20.91052    1.72089  12.151 4.21e-08 ***
x3             0.43969    0.03637  12.090 4.45e-08 ***
---
Signif. codes:  0 '***' 0.001 '**' 0.01 '*' 0.05 '.' 0.1 ' ' 1

Residual standard error: 83.85 on 12 degrees of freedom
Multiple R-squared:  0.9942,    Adjusted R-squared:  0.9927
F-statistic:   680 on 3 and 12 DF,  p-value: 1.17e-13

> # 可以给出因变量的估计值
```

```
> XX<-cbind(1,as.matrix(dat[,-1]))              # 设计矩阵
> beta_hat<-mod$coefficients                    # 估计的回归系数
> y_hat<-XX%*%beta_hat%>%c()                    # 估计的因变量

> # y_hat<-mod$fitted.values 也会给出相同的结果
```

3. 回归拟合值与残差

由最小二乘估计结果式 (3.2.4) 可写出经验回归方程式 (3.2.5) 的等价表达式

$$\hat{\boldsymbol{Y}} = \boldsymbol{X}\hat{\boldsymbol{\beta}} = \boldsymbol{X}(\boldsymbol{X}^{\top}\boldsymbol{X})^{-1}\boldsymbol{X}^{\top}\boldsymbol{Y} \tag{3.2.7}$$

式中，$\hat{\boldsymbol{Y}} = (\hat{Y}_1,\ \hat{Y}_2,\ \cdots,\ \hat{Y}_n)$ 为观测值 $\boldsymbol{Y}$ 的回归拟合值。

$$\hat{Y}_i = \hat{\beta}_0 + \hat{\beta}_1 X_{i1} + \cdots + \hat{\beta}_p X_{ip}$$

由式 (3.2.7)，记 $\boldsymbol{H} = \boldsymbol{X}(\boldsymbol{X}^{\top}\boldsymbol{X})^{-1}\boldsymbol{X}^{\top}$，称 $\boldsymbol{H}$ 为投影矩阵或帽子矩阵，从而有

$$\hat{\boldsymbol{Y}} = \boldsymbol{H}\boldsymbol{Y} \tag{3.2.8}$$

显然，帽子矩阵 $\boldsymbol{H}$ 是一个 n 阶对称矩阵且为幂等矩阵，即 $\boldsymbol{H}^2 = \boldsymbol{H}$。记帽子矩阵 $\boldsymbol{H}$ 的主对角元为 h_{ii}，$i = 1,\ 2,\ \cdots,\ n$，容易证明 $\boldsymbol{H}$ 的迹为：

$$\mathrm{tr}(\boldsymbol{H}) = \sum_{i=1}^{n} h_{ii} = p + 1$$

称

$$e_i = Y_i - \hat{Y}_i$$

为 Y_i 的残差。称

$$\boldsymbol{e} = (e_1,\ e_2,\ \cdots,\ e_n)^{\top} = \boldsymbol{Y} - \hat{\boldsymbol{Y}} \tag{3.2.9}$$

为回归残差向量。由式 (3.2.8) 可得

$$\boldsymbol{e} = \boldsymbol{Y} - \boldsymbol{H}\boldsymbol{Y} = (\boldsymbol{I} - \boldsymbol{H})\boldsymbol{Y}$$

则

$$\begin{aligned}
\mathrm{Var}(\boldsymbol{e}) &= \mathrm{Cov}(\boldsymbol{e},\ \boldsymbol{e}) \\
&= (\boldsymbol{I} - \boldsymbol{H})\mathrm{Cov}(\boldsymbol{Y},\ \boldsymbol{Y})(\boldsymbol{I} - \boldsymbol{H})^{\top} \\
&= \sigma^2(\boldsymbol{I} - \boldsymbol{H})(\boldsymbol{I} - \boldsymbol{H})^{\top} \\
&= \sigma^2(\boldsymbol{I} - \boldsymbol{H})
\end{aligned}$$

因而有

$$\mathrm{Var}(e_i) = \sigma^2(1 - h_{ii}), \qquad i = 1,\ 2,\ \cdots,\ n$$

由式 (3.2.3) 可知，残差满足

$$\begin{cases} \sum_{i=1}^{n} e_i = 0 \\ \sum_{i=1}^{n} e_i x_{i1} = 0 \\ \vdots \\ \sum_{i=1}^{n} e_i x_{ip} = 0 \end{cases}$$

利用矩阵形式可以表示为 $\boldsymbol{X}^\top \boldsymbol{e} = 0$，即残差的均值为 0，残差对应于每个自变量的加权平均为 0。

4. 估计的性质

由最小二乘法估计得到的 $\hat{\boldsymbol{\beta}}$ 具有以下性质。

性质 3.1　$\hat{\boldsymbol{\beta}}$ 具有线性性质，即 $\hat{\boldsymbol{\beta}}$ 是随机向量 $\boldsymbol{Y}$ 的一个线性变换。在多元线性回归中，普通最小二乘估计法的回归系数 $\boldsymbol{\beta}$ 的估计为：

$$\hat{\boldsymbol{\beta}} = \left(\boldsymbol{X}^\top \boldsymbol{X}\right)^{-1} \boldsymbol{X}^\top \boldsymbol{Y}$$

根据回归模型的假设可知，$\boldsymbol{X}$ 是固定的设计矩阵，因此，$\hat{\boldsymbol{\beta}}$ 是 $\boldsymbol{Y}$ 的一个线性变换。

性质 3.2　回归系数的估计结果具有无偏性：$E(\hat{\boldsymbol{\beta}}) = \boldsymbol{\beta}$。

证明：

$$E(\hat{\boldsymbol{\beta}}) = (\boldsymbol{X}^\top \boldsymbol{X})^{-1} \boldsymbol{X}^\top E(\boldsymbol{Y}) = (\boldsymbol{X}^\top \boldsymbol{X})^{-1} \boldsymbol{X}^\top \boldsymbol{X} \boldsymbol{\beta} = \boldsymbol{\beta}$$

□

性质 3.3　$\mathrm{Var}(\hat{\boldsymbol{\beta}}) = \sigma^2 (\boldsymbol{X}^\top \boldsymbol{X})^{-1}$。

证明：

$$\begin{aligned} \mathrm{Var}(\hat{\boldsymbol{\beta}}) &= \mathrm{Cov}((\boldsymbol{X}^\top \boldsymbol{X})^{-1} \boldsymbol{X}^\top \boldsymbol{Y},\ (\boldsymbol{X}^\top \boldsymbol{X})^{-1} \boldsymbol{X}^\top \boldsymbol{Y}) \\ &= (\boldsymbol{X}^\top \boldsymbol{X})^{-1} \boldsymbol{X}^\top \mathrm{Cov}(\boldsymbol{Y},\ \boldsymbol{Y}) \boldsymbol{X} (\boldsymbol{X}^\top \boldsymbol{X})^{-1} \\ &= \sigma^2 (\boldsymbol{X}^\top \boldsymbol{X})^{-1} \boldsymbol{X}^\top \boldsymbol{I}_n \boldsymbol{X} (\boldsymbol{X}^\top \boldsymbol{X})^{-1} \\ &= \sigma^2 (\boldsymbol{X}^\top \boldsymbol{X})^{-1} \end{aligned}$$

□

性质 3.4 (高斯–马尔可夫定理) 在满足高斯–马尔可夫条件下，$\boldsymbol{\beta}$ 的任一线性函数 $\boldsymbol{a}^{\top}\boldsymbol{\beta}$ 的最小方差线性无偏估计为 $\boldsymbol{a}^{\top}\hat{\boldsymbol{\beta}}$，其中，$\boldsymbol{a}$ 为 $p+1$ 维列向量。

证明： 首先证明 $\boldsymbol{a}^{\top}\hat{\boldsymbol{\beta}}$ 是 $\boldsymbol{a}^{\top}\boldsymbol{\beta}$ 的线性估计。显然，由

$$\boldsymbol{a}^{\top}\hat{\boldsymbol{\beta}}=\boldsymbol{a}^{\top}(\boldsymbol{X}^{\top}\boldsymbol{X})^{-1}\boldsymbol{X}^{\top}\boldsymbol{Y}$$

可知，$\boldsymbol{a}^{\top}\boldsymbol{\beta}$ 的估计 $\boldsymbol{a}^{\top}\hat{\boldsymbol{\beta}}$ 是 $\boldsymbol{Y}$ 的线性变换形式。

其次证明无偏性。由性质3.2可知无偏性成立。

最后证明，在 $\boldsymbol{a}^{\top}\boldsymbol{\beta}$ 的所有线性无偏估计中，$\boldsymbol{a}^{\top}\hat{\boldsymbol{\beta}}$ 的方差最小。记 $\boldsymbol{b}^{\top}\boldsymbol{Y}$ 为 $\boldsymbol{a}^{\top}\boldsymbol{\beta}$ 的任一线性无偏估计，$\boldsymbol{b}^{\top}$ 为 $p+1$ 维列向量，则有

$$E(\boldsymbol{b}^{\top}\boldsymbol{Y})=\boldsymbol{b}^{\top}E(\boldsymbol{Y})=\boldsymbol{b}^{\top}\boldsymbol{X}\boldsymbol{\beta}=\boldsymbol{a}^{\top}\boldsymbol{\beta}$$

从而有

$$\boldsymbol{b}^{\top}\boldsymbol{X}=\boldsymbol{a}^{\top}$$

由

$$\begin{aligned}\mathrm{Var}(\boldsymbol{b}^{\top}\boldsymbol{Y})-\mathrm{Var}(\boldsymbol{a}^{\top}\hat{\boldsymbol{\beta}})&=\sigma^2\boldsymbol{b}^{\top}\boldsymbol{b}-\sigma^2\boldsymbol{a}^{\top}(\boldsymbol{X}^{\top}\boldsymbol{X})^{-1}\boldsymbol{a}\\&=\sigma^2(\boldsymbol{b}^{\top}\boldsymbol{b}-\boldsymbol{b}\boldsymbol{X}(\boldsymbol{X}^{\top}\boldsymbol{X})^{-1}\boldsymbol{X}^{\top}\boldsymbol{b})\\&=\sigma^2\boldsymbol{b}^{\top}(\boldsymbol{I}-\boldsymbol{H})\boldsymbol{b}\end{aligned}$$

由于 $(\boldsymbol{I}-\boldsymbol{H})$ 非负定恒成立，从而有

$$\boldsymbol{b}^{\top}(\boldsymbol{I}-\boldsymbol{H})\boldsymbol{b}\geqslant 0$$

即原命题成立。 □

此定理说明了用普通最小二乘估计法得到的 $\hat{\boldsymbol{\beta}}$ 是理想的估计量。关于这条性质，读者需注意以下四点：

第一，取常数向量 $\boldsymbol{a}$ 且第 j ($j=0$，1，…，p) 个分量为 1，其余分量为 0，这时高斯–马尔可夫定理表明最小二乘估计 $\hat{\beta}_j$ 是 β_j 的最小方差线性无偏估计。

第二，可能存在 Y_1，Y_2，…，Y_n 的非线性函数作为 $\boldsymbol{a}^{\top}\boldsymbol{\beta}$ 的无偏估计，比最小二乘估计的方差更小。

第三，可能存在 $\boldsymbol{a}^{\top}\boldsymbol{\beta}$ 的有偏估计，在某种意义 (例如均方误差最小) 上比最小二乘估计 $\boldsymbol{a}^{\top}\hat{\boldsymbol{\beta}}$ 更好。

第四，在正态假定下，$\boldsymbol{a}^{\top}\hat{\boldsymbol{\beta}}$ 是 $\boldsymbol{a}^{\top}\boldsymbol{\beta}$ 的最小方差线性无偏估计。也就是说，既不可能存在 Y_1，Y_2，…，Y_n 的非线性函数，也不可能存在 Y_1，Y_2，…，Y_n 的其他线性函数，作为 $\boldsymbol{a}^{\top}\boldsymbol{\beta}$ 的无偏估计，比最小二乘估计 $\boldsymbol{a}^{\top}\hat{\boldsymbol{\beta}}$ 的方差更小。

性质 3.5 $\mathrm{Cov}(\hat{\boldsymbol{\beta}},\ \boldsymbol{e})=\boldsymbol{0}$。

证明：由式 (3.2.4) 和式 (3.2.9) 有

$$\begin{aligned}\mathrm{Cov}(\hat{\boldsymbol{\beta}},\ \boldsymbol{e}) &= \mathrm{Cov}((\boldsymbol{X}^\top\boldsymbol{X})^{-1}\boldsymbol{X}^\top\boldsymbol{Y},\ (\boldsymbol{I}-\boldsymbol{H})\boldsymbol{Y}) \\ &= (\boldsymbol{X}^\top\boldsymbol{X})^{-1}\boldsymbol{X}^\top\mathrm{Cov}(\boldsymbol{Y},\ \boldsymbol{Y})(\boldsymbol{I}-\boldsymbol{H}) \\ &= \sigma^2(\boldsymbol{X}^\top\boldsymbol{X})^{-1}\boldsymbol{X}^\top(\boldsymbol{I}-\boldsymbol{H}) \\ &= \sigma^2((\boldsymbol{X}^\top\boldsymbol{X})^{-1}\boldsymbol{X}^\top - (\boldsymbol{X}^\top\boldsymbol{X})^{-1}\boldsymbol{X}^\top\boldsymbol{X}(\boldsymbol{X}^\top\boldsymbol{X})^{-1}\boldsymbol{X}^\top) \\ &= \sigma^2((\boldsymbol{X}^\top\boldsymbol{X})^{-1}\boldsymbol{X}^\top - (\boldsymbol{X}^\top\boldsymbol{X})^{-1}\boldsymbol{X}^\top) \\ &= \boldsymbol{0}\end{aligned}$$

□

性质 3.6

$$\hat{\sigma}^2 = \frac{1}{n-p-1}\mathrm{SSE} = \frac{1}{n-p-1}\sum_{i=1}^{n} e_i^2$$

是随机误差项方差 σ^2 的无偏估计，其中 $\mathrm{SSE} = \sum_{i=1}^{n}(Y_i - \hat{Y}_i)^2$。

证明：

$$E(\hat{\sigma}^2) = \frac{1}{n-p-1}\sum_{i=1}^{n}\mathrm{Var}(e_i) = \frac{1}{n-p-1}\sum_{i=1}^{n}(1-h_{ii})\sigma^2 = \sigma^2$$

□

对比式 (3.2.6) 中方差的估计结果可以发现，由最大似然估计得到的参数 σ^2 的估计结果是有偏的，但满足渐近无偏性。

性质 3.7 当 $\boldsymbol{Y} \sim N(\boldsymbol{X\beta},\ \sigma^2\boldsymbol{I}_n)$ 时，有

(a) $\hat{\boldsymbol{\beta}} \sim N(\boldsymbol{\beta},\ \sigma^2(\boldsymbol{X}^\top\boldsymbol{X})^{-1})$；

(b) SSE 与 $\hat{\boldsymbol{\beta}}$ 独立；

(c) $\dfrac{\mathrm{SSE}}{\sigma^2} \sim \chi^2(n-p-1)$。

证明：(a) 首先证明 $\hat{\boldsymbol{\beta}} \sim N(\boldsymbol{\beta},\ \sigma^2(\boldsymbol{X}^\top\boldsymbol{X})^{-1})$。

由式 (3.2.4)，$\hat{\boldsymbol{\beta}}$ 是随机变量 $\boldsymbol{Y}$ 的线性变换。结合 $\boldsymbol{Y} \sim N(\boldsymbol{X\beta},\ \sigma^2\boldsymbol{I}_n)$，可知 $\hat{\boldsymbol{\beta}}$ 服从正态分布。结合性质3.1 和性质3.2 可得

$$\hat{\boldsymbol{\beta}} \sim N(\boldsymbol{\beta},\ \sigma^2(\boldsymbol{X}^\top\boldsymbol{X})^{-1})$$

(b) 考虑随机变量 $\boldsymbol{Z} = \begin{pmatrix}\boldsymbol{e}\\ \boldsymbol{X}\hat{\boldsymbol{\beta}}\end{pmatrix} = \begin{pmatrix}(\boldsymbol{I}-\boldsymbol{H})\boldsymbol{Y}\\ \boldsymbol{HY}\end{pmatrix} = \begin{pmatrix}\boldsymbol{I}-\boldsymbol{H}\\ \boldsymbol{H}\end{pmatrix}\boldsymbol{Y}$，由多元正态分布的

性质，有

$$\boldsymbol{Z} \sim N\left(\boldsymbol{0},\ \begin{pmatrix}\boldsymbol{I}-\boldsymbol{H}\\ \boldsymbol{H}\end{pmatrix}\mathrm{Var}(\boldsymbol{Y})\begin{pmatrix}\boldsymbol{I}-\boldsymbol{H} & \boldsymbol{H}\end{pmatrix}\right)$$

由 $\boldsymbol{H}^2=\boldsymbol{I}$ 及 $\mathrm{Var}(\boldsymbol{Y})=\sigma^2\boldsymbol{I}_n$，得

$$\boldsymbol{Z} \sim N\left(\boldsymbol{0},\ \sigma^2\begin{pmatrix}\boldsymbol{I}-\boldsymbol{H} & \boldsymbol{0}\\ \boldsymbol{0} & \boldsymbol{H}\end{pmatrix}\right)$$

所以 $\boldsymbol{e} \perp\!\!\!\perp \boldsymbol{X}\hat{\boldsymbol{\beta}}$，再由 $\mathrm{SSE}=\boldsymbol{e}^\top\boldsymbol{e}$ 及 $\hat{\boldsymbol{\beta}}=\left((\boldsymbol{X}^\top\boldsymbol{X})^{-1}\boldsymbol{X}^\top\right)\boldsymbol{X}\hat{\boldsymbol{\beta}}$ 可知，原命题成立。

(c) 证明参考周纪芗 (1993)。

$$\mathrm{SSE}=\boldsymbol{Y}^\top(\boldsymbol{I}-\boldsymbol{H})\boldsymbol{Y}=(\boldsymbol{Y}-\boldsymbol{X\beta})^\top(\boldsymbol{I}-\boldsymbol{H})(\boldsymbol{Y}-\boldsymbol{X\beta})$$

为了证明 $\mathrm{SSE}/\sigma^2 \sim \chi^2(n-p-1)$，只需要找一个变换，使 SSE 变成 $n-p-1$ 个相互独立的服从 $N(0,\ \sigma^2)$ 的变量的平方和即可。

由于 $\boldsymbol{H}=\boldsymbol{X}(\boldsymbol{X}^\top\boldsymbol{X})^{-1}\boldsymbol{X}^\top$ 是一个非负定矩阵，其秩等于 $\boldsymbol{X}$ 的秩，因而存在正交阵 $\boldsymbol{C}$，使得

$$\boldsymbol{CHC}^\top=\begin{pmatrix}\lambda_1 & & & & \\ & \ddots & & & \\ & & \lambda_{p+1} & & \\ & & & \ddots & \\ & & & & 0\end{pmatrix}$$

式中，$\lambda_i\ (i=1,\ 2,\ \cdots,\ p+1)$ 是 $\boldsymbol{H}$ 的正特征值。又因为 $\boldsymbol{H}^2=\boldsymbol{H}$，有

$$\begin{aligned}\boldsymbol{CHC}^\top &= \boldsymbol{CH}^2\boldsymbol{C}^\top=\boldsymbol{CHC}^\top\cdot\boldsymbol{CHC}^\top\\ &= \begin{pmatrix}\lambda_1 & & & & \\ & \ddots & & & \\ & & \lambda_{p+1} & & \\ & & & \ddots & \\ & & & & 0\end{pmatrix}=\begin{pmatrix}\lambda_1^2 & & & & \\ & \ddots & & & \\ & & \lambda_{p+1}^2 & & \\ & & & \ddots & \\ & & & & 0\end{pmatrix}\end{aligned}$$

因此，$\lambda_i=1$，$i=1,\ 2,\ \cdots,\ p+1$，从而有

$$\boldsymbol{CHC}^\top=\begin{pmatrix}\boldsymbol{I}_{p+1} & 0\\ 0 & 0\end{pmatrix}$$

做变换，令

$$\boldsymbol{Z}=\boldsymbol{C}(\boldsymbol{Y}-\boldsymbol{X\beta})$$

有

$$E(\boldsymbol{Z})=\mathbf{0}$$

$$\mathrm{Var}(\boldsymbol{Z})=\sigma^2\boldsymbol{I}_n$$

故有

$$\boldsymbol{Z}\sim N(\mathbf{0},\ \sigma^2\boldsymbol{I}_n)$$

这表明 $\boldsymbol{Z}$ 的各个分量相互独立且均服从 $N(0,\ \sigma^2)$，从而有

$$\begin{aligned}\mathrm{SSE}&=(\boldsymbol{Y}-\boldsymbol{X\beta})^\top(\boldsymbol{I}-\boldsymbol{H})(\boldsymbol{Y}-\boldsymbol{X\beta})\\&=\boldsymbol{Z}^\top\boldsymbol{C}(\boldsymbol{I}-\boldsymbol{H})\boldsymbol{C}^\top\boldsymbol{Z}\\&=\boldsymbol{Z}^\top\boldsymbol{Z}-\boldsymbol{Z}^\top\begin{pmatrix}\boldsymbol{I}_{p+1}&\mathbf{0}\\\mathbf{0}&0\end{pmatrix}\boldsymbol{Z}\\&=\sum_{i=1}^{n}z_i^2-\sum_{i=1}^{p+1}z_i^2\\&=\sum_{i=p+2}^{n}z_i^2\end{aligned}$$

所以

$$\frac{\mathrm{SSE}}{\sigma^2}\sim\chi^2(n-p-1)$$

□

3.3 模型推断

通过最小二乘估计或最大似然估计得到的模型并不能直接应用于实际问题。这是因为在实际问题的讨论中，研究者无法确定随机变量 Y 与变量 X_1，X_2，$\cdots$，X_p 之间存在明确的线性关系，只是在假定数据满足多元线性回归模型的基础上进行估计，而数据是否满足模型的假定还需要进一步检验。如果盲目地将得到的模型直接用于分析预测，可能会造成严重的后果。因此在求出多元线性回归方程之后，研究者还需要对模型进行检验与推断。本节针对上述问题，介绍几种可用于多元线性回归模型的检验方法。

1. F 检验

多元线性回归方程的显著性检验是要看自变量 X_1，X_2，$\cdots$，X_p 从整体上对因变量 Y 的影响是否显著。因此，提出假设检验：

H_0：$\beta_1=\beta_2=\cdots=\beta_p=0$，　H_1：至少有一个β_j不等于 0，$j=1$，2，$\cdots$，p

如果检验结果未能拒绝 H_0，表明模型中包含的所有自变量对于因变量都没有显著影响。这意味着使用多元线性回归模型刻画变量间的关系缺乏合理性。相反，若检验结果拒绝 H_0，则说明自变量组合对于因变量有显著的线性影响。类似一元线性回归模型的 F 检验，这里仍使用总平方和的分解式，即

$$\sum_{i=1}^{n}(Y_i-\overline{Y})^2=\sum_{i=1}^{n}(\hat{Y}_i-\overline{Y})^2+\sum_{i=1}^{n}(Y_i-\hat{Y}_i)^2$$

简记为：

$$\text{SST}=\text{SSR}+\text{SSE} \tag{3.3.1}$$

式中

$$\text{SST}=\sum_{i=1}^{n}(Y_i-\overline{Y})^2,\quad \text{SSR}=\sum_{i=1}^{n}(\hat{Y}_i-\overline{Y})^2,\quad \text{SSE}=\sum_{i=1}^{n}(Y_i-\hat{Y}_i)^2$$

进而构造 F 检验统计量

$$F=\frac{\text{SSR}/p}{\text{SSE}/(n-p-1)} \tag{3.3.2}$$

方差分析表如表 3.2 所示。

表 3.2 方差分析表

来源	离差平方和	自由度	均方	F 值
回归平方和	SSR	p	SSR/p	$\text{SSR}\cdot(n-p-1)/(p\cdot\text{SSE})$
残差平方和	SSE	$n-p-1$	$\text{SSE}/(n-p-1)$	
总平方和	SST	$n-1$		

当 H_0 为真时，在正态分布假定下，统计量 F 服从自由度为 $(p,\ n-p-1)$ 的 F 分布，即 $F\sim F(p,\ n-p-1)$，从而可以利用 F 统计量实现自变量整体对因变量影响的显著性检验。给定显著性水平 α，记 F 分布的 α 分位数为 $F_\alpha(p,\ n-p-1)$，当 $F>F_\alpha(p,\ n-p-1)$ 时，拒绝原假设，即认为在显著性水平 α 下，自变量 X_1，X_2，$\cdots$，X_p 作为一个整体对随机变量 Y 具有显著影响。反之，则认为回归方程不显著。

2. t 检验

在明确了自变量整体对因变量具有显著影响后，需要进一步确定每个自变量 X_j $(j=1,\ 2,\ \cdots,\ p)$ 对因变量 Y 是否具有显著影响。若变量 X_j 对因变量 Y 的影响不显著，则对应的系数 $\beta_j=0$，反之，则 $\beta_j\neq 0$。因而对应的假设检验为：

$$H_0\text{：}\beta_j=0,\quad H_1\text{：}\beta_j\neq 0,\quad j=1,\ 2,\ \cdots,\ p$$

由性质3.7有

$$\hat{\boldsymbol{\beta}}\sim N(\boldsymbol{\beta},\ \sigma^2(\boldsymbol{X}^\top\boldsymbol{X})^{-1})$$

记 c_{jj} 为矩阵 $(\boldsymbol{X}^\top\boldsymbol{X})^{-1}$ 的第 j 个主对角元，则

$$\hat{\beta}_j \sim N(\beta_j,\ c_{jj}\sigma^2) \tag{3.3.3}$$

在 H_0 成立的条件下，可以证明 t 检验统计量

$$t_j = \frac{\hat{\beta}_j}{\sqrt{c_{jj}}\hat{\sigma}} \sim t(n-p-1) \tag{3.3.4}$$

式中

$$\hat{\sigma} = \sqrt{\frac{1}{n-p-1}\boldsymbol{e}^\top\boldsymbol{e}} = \sqrt{\frac{1}{n-p-1}\sum_{i=1}^{n}(Y_i-\hat{Y}_i)^2}$$

因此，在给定显著性水平 $\alpha \in (0,\ 1)$ 的条件下，当 $|t_j| \geqslant t_{\alpha/2}(n-p-1)$ 时，拒绝原假设 H_0。此时认为 $\beta_j\,(j=1,\ 2,\ \cdots,\ p)$ 不为 0，即自变量 $X_j\,(j=1,\ 2,\ \cdots,\ p)$ 对因变量 Y 的线性影响显著。

接下来证明式 (3.3.4) 成立。

证明： 记 c_{jj} 为矩阵 $(\boldsymbol{X}^\top\boldsymbol{X})^{-1}$ 的第 j 个主对角元。由性质3.7(a) 可知，

$$\hat{\beta}_j \sim N(\beta_j,\ c_{jj}\sigma^2)$$

结合性质 3.7(b) 和性质 3.7(c)，易得

$$t_j = \frac{\hat{\beta}_j}{\sqrt{c_{jj}}\hat{\sigma}} \sim t(n-p-1)$$

□

需要指出的是，在一元线性回归模型中，F 检验和 t 检验是等价的，而对于多元线性回归模型而言，F 检验和 t 检验是有区别的。F 检验旨在检验因变量 Y 对自变量整体 $X_1,\ X_2,\ \cdots,\ X_p$ 的线性回归效果是否显著。这意味着，即使 F 检验通过，也可能存在某些自变量对因变量的线性影响不显著。此时若要验证每个自变量对因变量影响的显著性，除了可以使用 t 检验，还可以使用偏 F 检验。

3. 偏 F 检验

记因变量 Y 对自变量 $X_1,\ X_2,\ \cdots,\ X_p$ 的残差平方和为SSE，回归平方和为SSR。在回归模型式 (3.1.1) 中，记剔除自变量 $X_j\ (j=1,\ 2,\ \cdots,\ p)$ 后模型的残差平方和为 SSE_j，回归平方和为 SSR_j，则自变量 X_j 对回归平方和的贡献为 $\Delta_j = \text{SSR} - \text{SSR}_j$，称为 X_j 的偏回归平方和，从而可以构造偏 F 统计量

$$F_j = \frac{\Delta_j}{\text{SSE}/(n-p-1)} \tag{3.3.5}$$

当原假设 H_0：$\beta_j=0$ 成立时，式 (3.3.5) 中的 F_j 服从自由度为 $(1,\ n-p-1)$ 的 F 分布。

值得一提的是，虽然在多元情形下 F 检验和 t 检验是不等价的，但偏 F 检验与 t 检验却是等价的，二者具有如下关系：

$$F_j = t_j^2 \tag{3.3.6}$$

其证明如下。

证明：要证明偏 F 检验统计量和 t 检验统计量满足式 (3.3.6)，只需证明在 H_0：$\beta_j=0$ 成立时，$\Delta_j=\dfrac{\hat{\beta}_j^2}{c_{jj}}$。

假设共有 p 个变量和 n 个观测结果，不妨设 $j=p$，即删除的是最后一个变量 ($j\neq p$ 时只需调换次序)

$$\Delta_j=\text{SSE}_j-\text{SSE}$$

设

$$\boldsymbol{X}=\begin{pmatrix}1 & x_{11} & \cdots & x_{1p}\\ \vdots & \vdots & & \vdots\\ 1 & x_{n1} & \cdots & x_{np}\end{pmatrix},\quad \boldsymbol{X}_{p-1}=\begin{pmatrix}1 & x_{11} & \cdots & x_{1(p-1)}\\ \vdots & \vdots & & \vdots\\ 1 & x_{n1} & \cdots & x_{n(p-1)}\end{pmatrix},\quad \boldsymbol{x}_p=\begin{pmatrix}x_{1p}\\ \vdots\\ x_{np}\end{pmatrix}$$

则 $\boldsymbol{X}=(\boldsymbol{X}_{p-1}，\boldsymbol{x}_p)$。将

$$\boldsymbol{C}=(\boldsymbol{X}^{\top}\boldsymbol{X})^{-1}=\begin{pmatrix}\boldsymbol{X}_{p-1}^{\top}\boldsymbol{X}_{p-1} & \boldsymbol{X}_{p-1}^{\top}\boldsymbol{x}_p\\ \boldsymbol{x}_p^{\top}\boldsymbol{X}_{p-1} & \boldsymbol{x}_p^{\top}\boldsymbol{x}_p\end{pmatrix}^{-1}$$

写成分块矩阵的形式，即

$$\boldsymbol{C}=\begin{pmatrix}\boldsymbol{B} & \boldsymbol{c}\\ \boldsymbol{c}^{\top} & d\end{pmatrix}$$

式中

$$\boldsymbol{B}=(\boldsymbol{X}_{p-1}^{\top}\boldsymbol{X}_{p-1})^{-1}+(\boldsymbol{X}_{p-1}^{\top}\boldsymbol{X}_{p-1})^{-1}\boldsymbol{X}_{p-1}^{\top}\boldsymbol{x}_p\boldsymbol{x}_p^{\top}\boldsymbol{X}_{p-1}(\boldsymbol{X}_{p-1}^{\top}\boldsymbol{X}_{p-1})^{-1}d$$

$$d=\frac{1}{\boldsymbol{x}_p^{\top}\boldsymbol{x}_p-\boldsymbol{x}_p^{\top}\boldsymbol{H}_{p-1}\boldsymbol{x}_p},\qquad \boldsymbol{c}=-(\boldsymbol{X}_{p-1}^{\top}\boldsymbol{X}_{p-1})^{-1}\boldsymbol{X}_{p-1}^{\top}\boldsymbol{x}_p d$$

$$\boldsymbol{H}_{p-1}=\boldsymbol{X}_{p-1}(\boldsymbol{X}_{p-1}^{\top}\boldsymbol{X}_{p-1})^{-1}\boldsymbol{X}_{p-1}^{\top}$$

首先，有 $d=c_{pp}$。记

$$\boldsymbol{\xi}=\boldsymbol{X}^{\top}\boldsymbol{Y}=\begin{pmatrix}\tilde{\boldsymbol{\xi}}\\ \xi_p\end{pmatrix}$$

则 $\Delta_j=\tilde{\boldsymbol{\xi}}^{\top}[\boldsymbol{B}-(\boldsymbol{X}_{p-1}^{\top}\boldsymbol{X}_{p-1})^{-1}]\tilde{\boldsymbol{\xi}}+2\tilde{\boldsymbol{\xi}}^{\top}\boldsymbol{c}\xi_p+\xi_p d\xi_p$。

同时由 $(\boldsymbol{X}^{\top}\boldsymbol{X})^{-1}\boldsymbol{X}^{\top}\boldsymbol{Y}=\hat{\boldsymbol{\beta}}$，可得

$$\boldsymbol{c}^{\top}\tilde{\boldsymbol{\xi}}+d\xi_p=\hat{\beta}_p$$

从而有

$$\boldsymbol{B}-(\boldsymbol{X}_{p-1}^{\top}\boldsymbol{X}_{p-1})^{-1}=\frac{\boldsymbol{c}^{\top}\boldsymbol{c}}{d}$$

$$\tilde{\boldsymbol{\xi}}^{\top}[\boldsymbol{B}-(\boldsymbol{X}_{p-1}^{\top}\boldsymbol{X}_{p-1})^{-1}]\tilde{\boldsymbol{\xi}}=\frac{(\boldsymbol{c}^{\top}\tilde{\boldsymbol{\xi}})^2}{d}$$

$$\frac{(\boldsymbol{c}^{\top}\tilde{\boldsymbol{\xi}})^2}{d}+\tilde{\boldsymbol{\xi}}^{\top}\boldsymbol{c}\xi_p=\tilde{\boldsymbol{\xi}}^{\top}\boldsymbol{c}\Big(\frac{1}{d}\tilde{\boldsymbol{\xi}}^{\top}\boldsymbol{c}+\xi_p\Big)$$

$$\tilde{\boldsymbol{\xi}}^{\top}\boldsymbol{c}\xi_p+\xi_p d\xi_p=\Big(\frac{1}{d}\tilde{\boldsymbol{\xi}}^{\top}\boldsymbol{c}+\xi_p\Big)d\xi_p$$

进而可以推得

$$\Delta_j=\frac{1}{d}\hat{\beta}_p^2$$

□

4. 拟合优度

研究者使用拟合优度来度量模型对样本观测的拟合效果。类比一元线性回归模型，可以定义多元线性回归模型的样本决定系数：

$$R^2=\frac{\text{SSR}}{\text{SST}}=1-\frac{\text{SSE}}{\text{SST}}$$

由式 (3.3.1) 可知，样本决定系数的取值区间为 [0，1]。R^2 越接近 1，意味着回归模型对样本观测结果的拟合效果越好；反之，R^2 越接近 0，说明拟合效果越差。相较于 F 检验，拟合优度可以更加直观地反映拟合效果，但并不能作为严格的显著性检验。这是因为样本量 n 和自变量个数 p 之间的数量关系会影响 R^2 的取值。例如，当 n 越接近 p 时，R^2 越接近 1，从而用 R^2 作为拟合效果的判断标准就会有失公允。因此，对于 R^2 取值多少才可以说明拟合效果显著需要具体情况具体分析。

称

$$R=\sqrt{R^2}=\sqrt{\frac{\text{SSR}}{\text{SST}}}$$

为 Y 关于 X_1，X_2，$\cdots$，X_p 的样本复相关系数。通常研究者使用复相关系数 R 作为衡量 Y 与 X_1，X_2，$\cdots$，X_p 间线性关系的一个指标。需要指出的是，和一元情形不同，样本复相关系数体现了自变量组合与因变量的相关性，统一取为正号。

5. 置信区间

由性质3.7及式 (3.3.3)，有

$$\frac{\hat{\beta}_j-\beta_j}{\sqrt{c_{jj}}\hat{\sigma}}\sim t(n-p-1)$$

在给定置信水平 $1-\alpha$ ($\alpha\in(0，1)$) 时，易得各参数 β_j ($j=1，2，\cdots，p$) 的置信区间为：

$$[\hat{\beta}_j-t_{\alpha/2}(n-p-1)\sqrt{c_{jj}}\hat{\sigma},\quad \hat{\beta}_j+t_{\alpha/2}(n-p-1)\sqrt{c_{jj}}\hat{\sigma}]$$

例 3.2 例3.1中已经得到了铁路客运量、民航航线里程以及来华旅游入境人数三个变量与民航客运量之间的线性估计方程。这里将对模型以及各回归系数的估计结果分别进行 F 检验和 t 检验，并计算相应的拟合优度。检验结果见表3.3。

表 3.3 参数估计及模型检验结果

	估计	标准误差	t 值	双边检验 p 值	偏 F 值	偏 F 检验 p 值
截距项	1 568.450	272.909	5.747	<0.001		
X_1	−0.020	0.003	−7.275	<0.001	52.922	<0.001
X_2	20.911	1.721	12.151	<0.001	147.650	<0.001
X_3	0.440	0.036	12.090	<0.001	146.160	<0.001
	F 值：	680 (p<0.001)	R^2：	0.994		

若取显著性水平 $\alpha = 0.05$，从表3.3的检验结果可知，模型显著性 F 检验、各回归系数显著性 t 检验都是显著的。从表中还可以发现各回归系数对应的 t 值和偏 F 值满足式 (3.3.6)。此外，利用表中数据还可以得到各回归系数的 $1-\alpha$ 置信区间，在此留给读者自行计算。

3.4 中心化和标准化

在多元线性回归模型的应用场景中，读者常常会遇到自变量之间具有不同度量单位的情形。例如，对于距离这一变量而言，有的变量以米 (m) 为单位，而有的变量以千米 (km) 为单位。再如，对于商品价格而言，有的变量以人民币元 (¥) 为单位，也有的变量以美元 ($) 为单位。由于变量的量纲差异，模型分析结果的解释可能会出现误导。比如，X_1 以米为单位，回归系数估计 $\hat{\beta}_1$ 为 2 000，X_2 以千米为单位，回归系数估计 $\hat{\beta}_2$ 为 2。看似两个自变量对因变量的影响程度不同，但实际作用并无差异。因此研究者需要对数据进行预处理，例如中心化 (centralization) 和标准化 (normalization)。

1. 中心化

首先介绍数据中心化。由经验回归方程式 (3.2.5)

$$\hat{Y} = \hat{\beta}_0 + \hat{\beta}_1 X_1 + \cdots + \hat{\beta}_p X_p$$

可知，样本中心 ($\overline{X}_1$，$\overline{X}_2$，$\cdots$，$\overline{X}_p$；$\overline{Y}$) 满足经验回归方程，即

$$\overline{Y} = \hat{\beta}_0 + \hat{\beta}_1 \overline{X}_1 + \cdots + \hat{\beta}_p \overline{X}_p$$

式中

$$\overline{Y} = \frac{1}{n}\sum_{i=1}^{n} Y_i，\quad \overline{X}_j = \frac{1}{n}\sum_{i=1}^{n} X_{ij}，\quad j = 1，2，\cdots，p$$

记

$$Y_i' = Y_i - \overline{Y},\quad X_{ij}' = X_{ij} - \overline{X}_j,\quad i = 1,\ 2,\ \cdots,\ n,\quad j = 1,\ 2,\ \cdots,\ p$$

则经验回归方程式 (3.2.5) 等价于

$$Y' = \hat{\beta}_1 X_1' + \hat{\beta}_2 X_2' + \cdots + \hat{\beta}_p X_p' \tag{3.4.1}$$

称式 (3.4.1) 为中心化经验回归方程。中心化经验回归方程中的常数项为 0，而其他回归系数的最小二乘估计值则保持不变。显然，这是因为坐标的平移变换不会改变直线的斜率。中心化是将样本中心移到坐标原点，因而方程中没有截距项。图3.2为数据中心化处理的示意图。中心化的一大优点是模型估计时不必再考虑截距项 β_0 的估计，因此可以少计算一个估计量，这在使用手动计算时减少了数据分析人员的工作量。

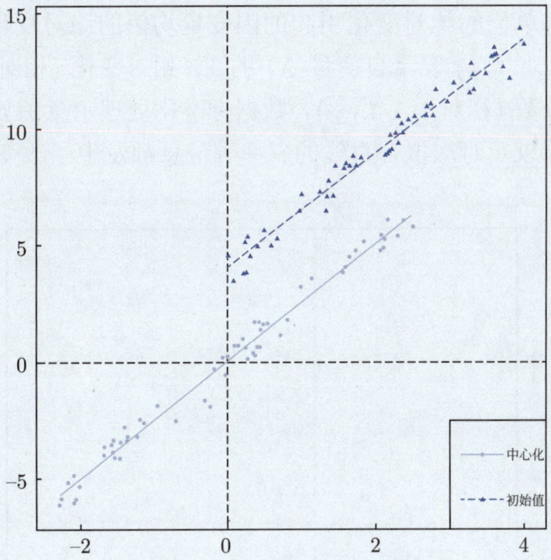

图 3.2　数据中心化处理示意图

2. 标准化

在多元线性回归模型中，由于自变量 X_1，X_2，$\cdots$，X_p 所用单位大多不同，数据量级可能存在较大差异，这就不利于在同一标准上进行比较。对于中心化处理后的数据，可以进一步进行标准化处理，从而消除变量量纲不同和变异差异所带来的影响，然后使用最小二乘法估计未知参数，求得标准化回归参数估计。

样本数据标准化处理的公式为：

$$X_{ij}^* = \frac{X_{ij} - \overline{X}_j}{\sqrt{L_{jj}}},\quad j = 1,\ 2,\ \cdots,\ p$$

$$Y_i^* = \frac{Y_i - \overline{Y}}{\sqrt{L_{YY}}},\quad i = 1,\ 2,\ \cdots,\ n$$

式中

$$L_{jj}=\sum_{i=1}^{n}(X_{ij}-\overline{X}_j)^2,\quad j=1,\ 2,\ \cdots,\ p$$

为自变量 X_j $(j=1,\ 2,\ \cdots,\ p)$ 的离差平方和。因此标准化的经验回归方程为：

$$\hat{Y}^*=\hat{\beta}_1^*X_1^*+\hat{\beta}_2^*X_2^*+\cdots+\hat{\beta}_p^*X_p^*$$

式中，$\hat{\beta}_1^*$，$\hat{\beta}_2^*$，$\cdots$，$\hat{\beta}_p^*$ 为标准化样本由最小二乘估计所得的标准化回归参数估计。显而易见，标准化处理包含了中心化，因而标准化的回归常数项也为 0。标准化回归参数估计与普通最小二乘回归参数估计之间存在如下关系式：

$$\hat{\beta}_j^*=\frac{\sqrt{L_{jj}}}{\sqrt{L_{YY}}}\hat{\beta}_j,\quad j=1,\ 2,\ \cdots,\ p$$

对于多元线性回归模型式 (3.1.1) 而言，$\hat{\beta}_j$ $(j=1,\ 2,\ \cdots,\ p)$ 表示在其他变量固定的情况下，自变量 X_j 每单位的绝对变化引起的因变量均值的绝对变化量。而标准化回归参数估计 $\hat{\beta}_j^*$ $(j=1,\ 2,\ \cdots,\ p)$ 表示自变量 X_j 的 1%相对变化 (相对于 $\sqrt{L_{jj}}$) 引起的因变量均值的相对变化百分数 (相对于 $\sqrt{L_{YY}}$)。数据标准化处理示意图如图3.3所示，标准化处理使原数据的取值范围以及对应拟合直线的斜率等信息都发生了改变。

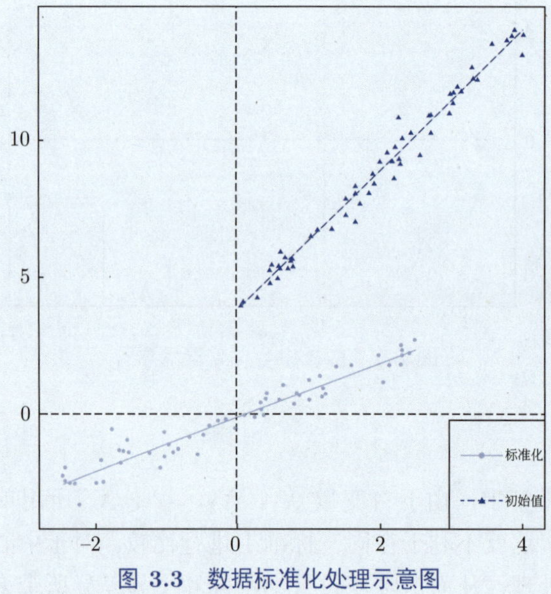

图 3.3　数据标准化处理示意图

基于 R 对例3.1中的数据进行标准化处理，并重新拟合多元线性回归模型。代码如下：

```
> # 标准化
> sx1<-(x1-mean(x1))/sqrt(sum((x1-mean(x1))^2))
> sx2<-(x2-mean(x2))/sqrt(sum((x2-mean(x2))^2))
> sx3<-(x3-mean(x3))/sqrt(sum((x3-mean(x3))^2))
> sy<-(y-mean(y))/sqrt(sum((y-mean(y))^2))
> sdat<-data.frame(sx1,sx2,sx3,sy)
```

```
> colnames(sdat)<-c("铁路客运量$X_1^*$","民航航线里程$X_2^*$",
+     "来华旅游入境人数$X_3^*$","民航客运量$Y^*$")
> # 查看标准化数据集的前几行
> head(sdat)%>%
+    kable(format="html",escape=F)%>%
+    kable_styling("striped",full_width=F)

> # 在回归公式中增加 "-1" 以移除常数项
> smod<-lm(sy~-1+sx1+sx2+sx3)
> summary(smod)    # 显示模型拟合结果

Call:
lm(formula=sy~-1+sx1+sx2+sx3)

Residuals:
      Min         1Q    Median        3Q       Max
-0.026726 -0.016090 -0.000247  0.016316  0.032841

Coefficients:
    Estimate Std. Error t value Pr(>|t|)
sx1 -0.18911    0.02498  -7.572 4.06e-06 ***
sx2  0.52098    0.04119  12.647 1.11e-08 ***
sx3  0.55924    0.04444  12.584 1.18e-08 ***
---
Signif. codes:  0 '***' 0.001 '**' 0.01 '*' 0.05 '.' 0.1 ' ' 1

Residual standard error: 0.02121 on 13 degrees of freedom
Multiple R-squared: 0.9942, Adjusted R-squared: 0.9928
F-statistic: 736.7 on 3 and 13 DF, p-value: 9.27e-15
```

例 3.3 观察例3.1中的数据可以发现民航航线里程从数值上看要明显小于铁路客运量和来华旅游入境人数，这是由于单位和量纲不同引起的。在没有仔细观察数据单位和量纲的情况下可能会得出错误结论。例如，不慎将民航航线里程的单位和量纲与其他两个变量的单位和量纲混淆时，由于最小二乘估计所得到的 $\hat{\beta}_1=-0.020$ 与 $\hat{\beta}_3=0.440$ 相比较小，容易得出铁路客运量和来华旅游入境人数相较于民航航线里程对民航客运量没有显著影响的错误结论，而类似错误可以通过标准化处理来避免。民航客运量及其影响因素标准化后的数据如表 3.4 所示。

表 3.4 民航客运量及其影响因素标准化后的数据

民航客运量 (Y^*)	铁路客运量 (X_1^*)	民航航线里程 (X_2^*)	来华旅游入境人数 (X_3^*)
−0.245	−0.328	−0.241	−0.359
−0.227	−0.192	−0.230	−0.312
−0.215	−0.308	−0.194	−0.302
−0.200	−0.250	−0.168	−0.238
−0.189	−0.095	−0.153	−0.235
−0.203	0.072	−0.157	−0.197

续表

民航客运量 (Y^*)	铁路客运量 (X_1^*)	民航航线里程 (X_2^*)	来华旅游入境人数 (X_3^*)
−0.189	0.192	−0.124	−0.131
−0.110	0.240	−0.106	−0.028
−0.043	0.168	−0.057	0.075
0.039	0.249	0.022	0.158
0.074	0.530	−0.004	0.257
0.035	0.290	0.099	0.106
0.132	−0.239	0.031	0.169
0.268	−0.256	0.075	0.291
0.483	−0.102	0.590	0.286
0.588	0.029	0.616	0.459

利用多元线性回归模型再次对表3.4中标准化后的数据进行建模，得到经验回归方程为：

$$\hat{Y}^* = -0.189X_1^* + 0.521X_2^* + 0.559X_3^*$$

由此可以看出，标准化回归系数使变量的相对重要性具有了很好的可比性。此外，数据标准化处理过程中包含数据中心化过程，因此上述经验回归方程中没有截距项。在 SPSS 中，如图3.14所示，参数表中给出了数据标准化后进行模型拟合的结果，可以从该表中读出标准化后的系数。

3.5 相关阵与偏相关系数

1. 相关阵

由样本观测值 X_{i1}，X_{i2}，$\cdots$，X_{ip}；Y_i $(i = 1, 2, \cdots, n)$ 可以计算两两变量之间的相关系数，得到样本相关阵

$$\boldsymbol{r} = \begin{pmatrix} 1 & r_{Y1} & r_{Y2} & \cdots & r_{Yp} \\ r_{1Y} & 1 & r_{12} & \cdots & r_{1p} \\ r_{2Y} & r_{21} & 1 & \cdots & r_{2p} \\ \vdots & \vdots & \vdots & & \vdots \\ r_{pY} & r_{p1} & r_{p2} & \cdots & 1 \end{pmatrix} \tag{3.5.1}$$

式中，$r_{Yj} = r_{jY}$ $(j = 1, 2, \cdots, p)$，表示因变量 Y 与自变量 X_j 之间的样本相关系数；$r_{jl} = r_{lj}$ $(j, l = 1, 2, \cdots, p)$，表示自变量 X_j 与自变量 X_l 之间的样本相关系数。从式 (3.5.1) 可知，样本相关阵 $\boldsymbol{r}$ 是一个对称矩阵。

2. 偏决定系数和偏相关系数

第 2 章在一元线性回归模型中引入样本决定系数 (R^2) 的定义及计算方法，用于描述模型的拟合优度。这一概念同样适用于多元线性回归模型。本节介绍多元线性回归模型中的另一个概念：偏决定系数。

对于多元线性回归模型式 (3.1.1)，假定包含变量 X_1，X_2，$\cdots$，X_p，Y，则定义 Y 与 X_j ($j=1$，2，$\cdots$，p) 的偏决定系数为：

$$r_{Yj}^2=\frac{\mathrm{SSE}_{1,\ \cdots,\ j-1,\ j+1,\ \cdots,\ p}-\mathrm{SSE}_{1,\ \cdots,\ p}}{\mathrm{SSE}_{1,\ \cdots,\ j-1,\ j+1,\ \cdots,\ p}} \tag{3.5.2}$$

式中，$\mathrm{SSE}_{1,\ \cdots,\ j-1,\ j+1,\ \cdots,\ p}$ 表示模型中包含变量 X_1，$\cdots$，X_{j-1}，X_{j+1}，$\cdots$，X_p 时关于 Y 的残差平方和，$\mathrm{SSE}_{1,\ \cdots,\ p}$ 表示模型中包含变量 X_1，$\cdots$，X_p 时关于 Y 的残差平方和。可以验证，此时的偏决定系数和式 (3.3.5) 中的偏 F 统计量是等价的。

偏决定系数的平方根称为偏相关系数，其符号与自变量对应的回归系数符号一致。偏相关系数与回归系数显著性检验的 t 统计量式 (3.3.4) 等价。与相关系数类似，偏相关系数的取值范围同样为 $[-1，1]$。当其值为 -1 时，表示两个变量之间存在完全的负线性相关性；当其值为 1 时，表示两个变量之间存在完全的正线性相关性。可以看出：不论是偏决定系数还是偏相关系数，都是通过控制其他变量来实现对某个自变量 X_j 与因变量 Y 之间相关性的度量。

例 3.4　利用例3.1中的数据计算民航客运量与铁路客运量、民航航线里程以及来华旅游入境人数的相关阵，并计算相应的偏决定系数和偏相关系数，结果见表3.5。

表 3.5　民航客运量与铁路客运量、民航航线里程以及来华旅游入境人数的相关阵

	民航客运量 (Y)	铁路客运量 (X_1)	民航航线里程 (X_2)	来华旅游入境人数 (X_3)	偏决定系数	偏相关系数
民航客运量 (Y)	1.000	0.101	0.960	0.917		
铁路客运量 (X_1)	0.101	1.000	0.133	0.395	0.815	0.903
民航航线里程 (X_2)	0.960	0.133	1.000	0.831	0.925	0.962
来华旅游入境人数 (X_3)	0.917	0.395	0.831	1.000	0.924	0.961

根据偏决定系数的定义，需要分别计算两个模型的残差平方和。以 X_1 对应的偏决定系数为例，首先需要计算出包含 X_1 时模型对应的残差平方和 $\mathrm{SSE}_{1,\ 2,\ 3}$，计算结果为 $\mathrm{SSE}_{1,\ 2,\ 3}=84\ 379.67$；其次计算不包含 X_1 时模型的残差平方和 $\mathrm{SSE}_{2,\ 3}$，计算结果为 $\mathrm{SSE}_{2,\ 3}=456\ 509.3$；最后按照式 (3.5.2) 计算 Y 与 X_1 的偏决定系数 $r_{Y1}^2=(\mathrm{SSE}_{2,\ 3}-\mathrm{SSE}_{1,\ 2,\ 3})/\mathrm{SSE}_{2,\ 3}=0.815$，这就是表3.5第一行中偏决定系数的取值，而对应的偏相关系数则是偏决定系数的平方根，其符号与回归系数估计值的符号一致。

从表3.5中可以看出，民航航线里程、来华旅游入境人数和民航客运量之间的相关系数均大于 0.9，表明这些自变量与民航客运量具有显著的正线性相关关系。同时，由偏决定系数值也可以看出，各自变量与因变量之间具有显著的线性相关关系，偏相关系数值表明自变量民航航线里程、来华旅游入境人数与因变量之间具有显著的正线性相关性。在本模型的定义下，民航航线里程、来华旅游入境人数数值越大，民航客运量可能越高。

基于 R 计算例3.1中数据的偏决定系数和偏相关系数。代码如下：

```
> # 相关阵
> cor1<-cor(sdat)

> # 偏决定系数
> pcd1<-(sum((y-mod_x1$fitted.values)^2)-sum((y-mod$fitted.values)^2))/
+     (sum((y-mod_x1$fitted.values)^2))
> pcd2<-(sum((y-mod_x2$fitted.values)^2)-sum((y-mod$fitted.values)^2))/
+     (sum((y-mod_x2$fitted.values)^2))
> pcd3<-(sum((y-mod_x3$fitted.values)^2)-sum((y-mod$fitted.values)^2))/
+     (sum((y-mod_x3$fitted.values)^2))
> pcd<-c(pcd1,pcd2,pcd3)
> pcd

[1] 0.8151633 0.9248337 0.9241299

> # 偏相关系数
> pc<-c(sqrt(pcd1),sqrt(pcd2),sqrt(pcd3))
> pc

[1] 0.9028639 0.9616827 0.9613167

> # 将相关阵、偏决定系数和偏相关系数展示出来
> cor_matrix<-data.frame(cor1%>%round(3),
+     "偏决定系数"=c(pcd%>%round(3),""),
+     "偏相关系数"=c(pc%>%round(3),""))
> colnames(cor_matrix)[1:4]<-colnames(cor1)
> cor_matrix%>%
+     kable(format="html",escape=F)%>%
+     kable_styling("striped",full_width=F)
```

在本节的最后，用一个例子来说明简单相关系数和偏相关系数的关系。简单相关系数受其他因素的影响，反映的往往是表面而非本质的联系。例如，一种商品的需求既受收入水平的影响，又受其价格的影响。按照经济学理论，在一定收入水平下，该商品的价格越高，商品的需求量就越小。也就是说，需求与价格之间应当是负相关关系。可是在现实经济生活中，由于收入和价格常常都有不断提高的趋势，如果不考虑收入对需求的影响，仅仅利用需求和价格的数据去计算简单相关系数，就有可能得出“价格越高，需求越大”的错误结论。在多元线性回归模型中，偏相关系数反映了控制其他影响因素的前提下某自变量与因变量的关系。在第 6 章的逐步回归中，研究者也可依据偏相关系数来考虑某个自变量的取舍。

3.6 类别型自变量

前面章节中模型所使用的自变量均为定量变量 (如温度、距离、收入等)，但很多研究涉及定性自变量 (如性别、产品类型、就业状态等)。为保证回归模型的解释意义，研究者对

定性自变量构造只取“0”或“1”的人工变量，称为虚拟变量或哑变量 (dummy variable)，用字母 D 表示。值得注意的是，哑变量的设置必须遵循以下原则：定性因素所需的哑变量个数要比定性因素少一个，即定性变量有 m 个类别或属性时，在模型中只需引入 $m-1$ 个哑变量，否则会导致“哑变量陷阱”，产生完全多重共线性。

在回归模型中，哑变量的引入实际上使得模型中的参数不再是固定常数。一般来说，回归模型首先会关心模型的斜率是否相等，其次关心模型的截距项是否相等。因此参数的变化可分为两种情况：一是截距变动，二是截距和斜率同时变动。在哑变量为解释变量的模型中，截距变动和斜率变动可以分别由加法方式和乘法方式引入的哑变量来反映。如式 (3.6.2) 就是通过加法方式引入哑变量，反映性别因素对模型截距项的影响。而对于乘法方式引入的哑变量将在下节进行更为明确的讨论。

首先讨论定性变量只取两类可能值的情况。例如，反映性别属性的哑变量为：

$$D=\begin{cases}0, & \text{男}\\ 1, & \text{女}\end{cases} \tag{3.6.1}$$

引入性别为解释变量的企业职工基本月薪模型为：

$$Y=\beta_0+\beta_1X+\beta_2D+\varepsilon \tag{3.6.2}$$

式中，Y 为职工基本月薪，X 为职工工龄，D 为职工性别哑变量。则男性员工的平均月薪为：

$$E(Y|D=0)=\beta_0+\beta_1X$$

女性员工的平均月薪为：

$$E(Y|D=1)=(\beta_0+\beta_2)+\beta_1X$$

上面讨论有一个前提条件，即男性和女性回归直线的斜率 β_1 是相等的。不论职工的性别是男性还是女性，工龄 X 每增加一个单位，职工基本月薪 Y 都平均增加同样的金额 β_1。

例 3.5　某经济学家想调查性别因素对基本月薪水平的影响，在某公司随机抽取了 20 名职工，其中 10 名男性、10 名女性 (袁建文等, 2012)。因变量 Y 为职工基本月薪，X 为职工工龄，D 为职工性别 (其中 $D=0$ 为男性)，调查数据如表3.6所示。

表 3.6　某公司职工基本月薪与对应的职工工龄和职工性别数据

序号	职工工龄 (X，年)	性别 (D)	月薪 (Y，元)
1	5	0	11 505.50
2	10	0	15 607.10
3	8	0	13 966.46
4	4	0	10 685.18
5	3	0	9 864.86
6	9	0	14 786.78

续表

序号	职工工龄 (X，年)	性别 (D)	月薪 (Y，元)
7	2	0	9 044.54
8	2	0	9 044.54
9	10	0	15 607.10
10	2	0	9 044.54
11	3	1	8 664.42
12	5	1	10 305.06
13	8	1	12 766.02
14	1	1	7 023.78
15	6	1	11 125.38
16	1	1	7 023.78
17	10	1	14 406.66
18	7	1	11 945.70
19	2	1	7 844.10
20	9	1	13 586.34

利用最小二乘法估计该多元线性回归模型的参数，得到经验回归方程：

$$\hat{Y} = 7\,403 + 820X - 1\,200D$$

经验回归方程表明，职工工龄每增加 1 年，基本月薪平均增加 820 元。在相同工龄情形下，相比男性，女性的基本月薪平均少 1 200 元。

值得注意的是，哑变量只取数值“0”或“1”，但这一数值没有任何数量大小的意义，它仅代表观察个体的某种类型或属性。一般地，在设置虚拟解释变量时，哑变量 $D=0$ 表示观察个体是基础类型，是对比的基础；哑变量 $D=1$ 表示与基础类型相比较的类型。“0”或“1”的取值可以根据研究目的进行设定。

本节开头曾提到，对于多类别的定性变量，要避免“哑变量陷阱”所导致的完全多重共线性。例如，已知冷饮的销售量 Y 除了受到 K 个定量变量 X_k $(k=1,\ 2,\ \cdots,\ K)$ 的影响外，还受到春、夏、秋、冬四季变化的影响。若引入 4 个哑变量反映季节因素：

$$\begin{cases} D_1=1, & \text{春季} \\ D_1=0, & \text{其他} \end{cases},\quad \begin{cases} D_2=1, & \text{夏季} \\ D_2=0, & \text{其他} \end{cases},\quad \begin{cases} D_3=1, & \text{秋季} \\ D_3=0, & \text{其他} \end{cases},\quad \begin{cases} D_4=1, & \text{冬季} \\ D_4=0, & \text{其他} \end{cases}$$

由于 4 个哑变量之和恒为 1，即 $D_1+D_2+D_3+D_4=1$，将 4 个哑变量均纳入模型时将构成完全多重共线性，最小二乘估计的性质将受到极大影响，读者应避免这种情形，因而在此可去掉 D_4，仅保留 D_1，D_2，D_3。

再如，考虑建立个人教育水平与个人教育支出之间的回归模型，若教育水平分为高中以下、高中、大学及以上三个层次，这时仅需要引入两个哑变量：

$$\begin{cases} D_1=1, & \text{高中} \\ D_1=0, & \text{其他} \end{cases},\quad \begin{cases} D_2=1, & \text{大学及以上} \\ D_2=0, & \text{其他} \end{cases}$$

模型可设定如下：

$$Y = \beta_0 + \beta_1 D_1 + \beta_2 D_2 + \varepsilon \tag{3.6.3}$$

式中，Y 为个人教育支出，D_1、D_2 为哑变量。在多元线性回归模型的基本假设下，读者可得到高中以下、高中、大学及以上三个教育水平下的个人教育支出平均水平。高中以下教育水平人群的个人教育平均支出为：

$$E(Y|D_1 = 0，D_2 = 0) = \beta_0$$

高中教育水平人群的个人教育平均支出为：

$$E(Y|D_1 = 1，D_2 = 0) = \beta_0 + \beta_1$$

大学及以上教育水平人群的个人教育平均支出为：

$$E(Y|D_1 = 0，D_2 = 1) = \beta_0 + \beta_2$$

式 (3.6.3) 中的截距项 β_0 给出了高中以下教育水平人群的个人教育平均支出，哑变量 D_1 的回归系数 β_1 表明高中与高中以下教育水平人群的个人教育平均支出差额，哑变量 D_2 的回归系数 β_2 表明大学及以上与高中以下教育水平人群的个人教育平均支出差额；利用 β_1 和 β_2 估计值的统计显著性检验，读者可以很容易地对上述差异的显著性做出判断。

3.7 分段线性回归

经济学中常有这样的情况，一些经济变量之间的关系会在解释变量达到某个临界值时发生突变。对于这类问题，研究者发现使用线性回归模型拟合后的残差不具有随机性，其中仍存在系统性信息。研究者可以利用哑变量，通过分段线性回归进行处理。

例 3.6 近几年，每年夏天关于全国用电紧张的新闻报道都会出现，某地电业局打算基于往年数据建立模型来准确预测各种温度状况下的用电负荷，以期提高电网运行和能源调配的效率。表3.7展示了某地 5—8 月日平均气温 X (摄氏度) 和每日居民用电总量 Y (千瓦时) 的部分数据，希望建立居民用电量与日平均气温间的预报模型 (袁建文等, 2012)。

表 3.7　某地 5—8 月日平均气温 X(摄氏度) 和每日居民用电总量 Y(千瓦时)

气温 (X)	用电总量 (Y)	气温 (X)	用电总量 (Y)
17.4	2 251.9	18.7	2 088.5
17.5	2 277.9	18.9	2 126.1
17.5	2 183.7	19.0	2 019.0
17.5	2 011.0	19.5	2 216.9
17.7	2 064.8	19.8	2 225.8
17.9	2 003.5	19.9	2 170.4
17.9	2 312.3	20.2	2 116.0
18.3	2 266.8	20.6	2 008.0

续表

气温 (X)	用电总量 (Y)	气温 (X)	用电总量 (Y)
21.3	2 365.3	23.3	2 080.1
21.9	2 181.6	23.4	2 114.2
22.0	2 084.9	23.5	2 011.2
22.1	2 134.8	23.8	2 199.6
22.3	2 068.7	23.8	2 215.6
22.4	2 188.2	23.9	2 262.7
22.5	2 239.0	24.0	2 042.5
22.7	2 157.8	24.0	2 139.7
22.7	2 095.6	24.2	2 109.4
22.9	2 185.7	24.2	2 067.4
22.9	2 070.3	24.3	2 112.0
23.1	2 361.1	24.5	2 360.4

为了能够对气温和用电量之间的关系有基本了解，首先绘制日平均气温和每日居民用电总量的散点图 (见图 3.4)，根据散点图展示的变量关系来选择合适的回归模型。由图3.4可知，日平均气温对每日居民用电总量的影响分成两个阶段：当日平均气温在 24°C 以下时，每日居民用电总量并不会随着气温的改变而显著增加；当日平均气温在 24°C 以上时，每日居民用电总量随着气温的上升呈现明显的上升趋势。因此，可考虑由两段构成的分段线性回归，这里通过引入一个 0-1 取值的哑变量来实现。假设回归直线的斜率在 $X=24$ 处改变，建立回归模型：

$$Y=\beta_0+\beta_1 X+\beta_2(X-24)D+\varepsilon \tag{3.7.1}$$

式中

$$D=\begin{cases}0, & X<24\\ 1, & X\geqslant 24\end{cases}$$

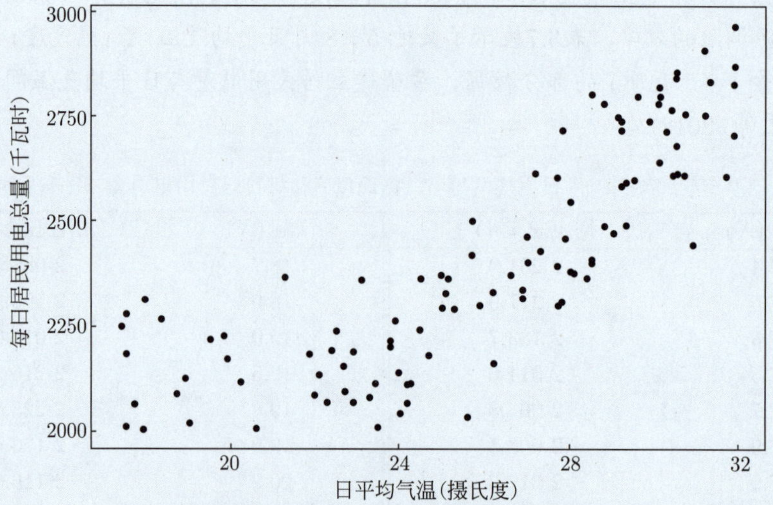

图 3.4　日平均气温与每日居民用电总量间的散点图

添加哑变量后的回归模型式 (3.7.1) 实际为二元线性回归模型。为了能更清楚地展示模型结构，在此引入自变量 X_1，X_2，则有

$$X_1 = X$$
$$X_2 = (X - 24)D$$

则回归模型式 (3.7.1) 可转化为标准形式的二元线性回归模型：

$$Y = \beta_0 + \beta_1 X_1 + \beta_2 X_2 + \varepsilon \tag{3.7.2}$$

式 (3.7.2) 可分解为两个回归方程。当 $X < 24$ 时：

$$E(Y) = \beta_0 + \beta_1 X$$

当 $X \geqslant 24$ 时：

$$E(Y) = (\beta_0 - 24\beta_2) + (\beta_1 + \beta_2)X$$

通过普通最小二乘法拟合式 (3.7.2)，可得经验回归方程为：

$$\hat{Y} = 2\,145.20 + 0.52X_1 + 85.43X_2$$

分段拟合直线如图3.5所示。

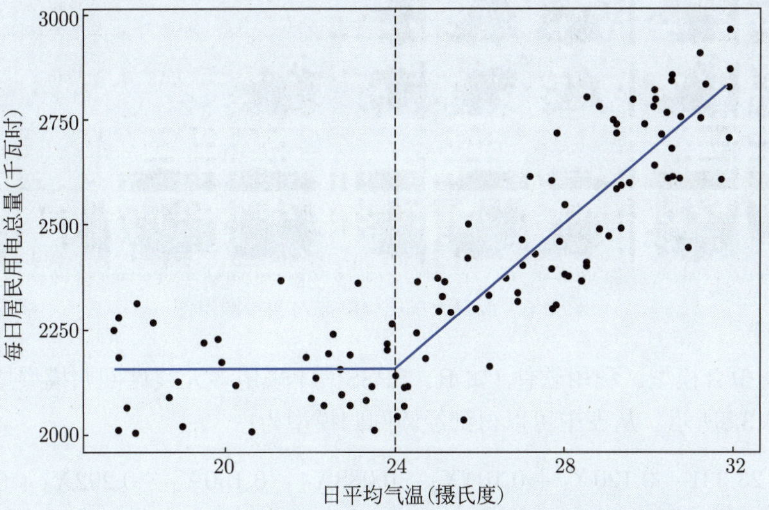

图 3.5 日平均气温与每日居民用电总量间的分段拟合直线

经验回归方程表明，当日平均气温低于 24°C 时，温度每升高 1°C，每日居民用电总量平均增加 0.52 千瓦时；当日平均气温高于 24°C 时，温度每升高 1°C，每日居民用电总量平均增加 0.52 + 85.43 = 85.95 千瓦时。

3.8 实例分析

本节以高性能水泥的混凝土抗压强度数据分析为例，对多元线性回归模型的一般步骤进行介绍。混凝土抗压强度不仅与水泥含量有关，还和水泥的其他成分具有重要的相关关系。研究结果表明，水泥含量、高炉渣含量、飞灰含量、水含量、高效减水剂含量、粗骨料

含量、细骨料含量、天数 8 个因素与高性能水泥的混凝土抗压强度有关，可以建立多元线性回归模型分析不同因素的影响程度。使用的数据包含 1 030 个样本，除上面提到的 8 个自变量外，还包含一个因变量：混凝土抗压强度。数据可从 UCI 数据库中下载。①

第一步，观察因变量与自变量之间的相关关系。从图3.6中可以看出，因变量 Y 与各自变量间具有一定的相关关系，因此采用多元线性回归模型对其进行分析。

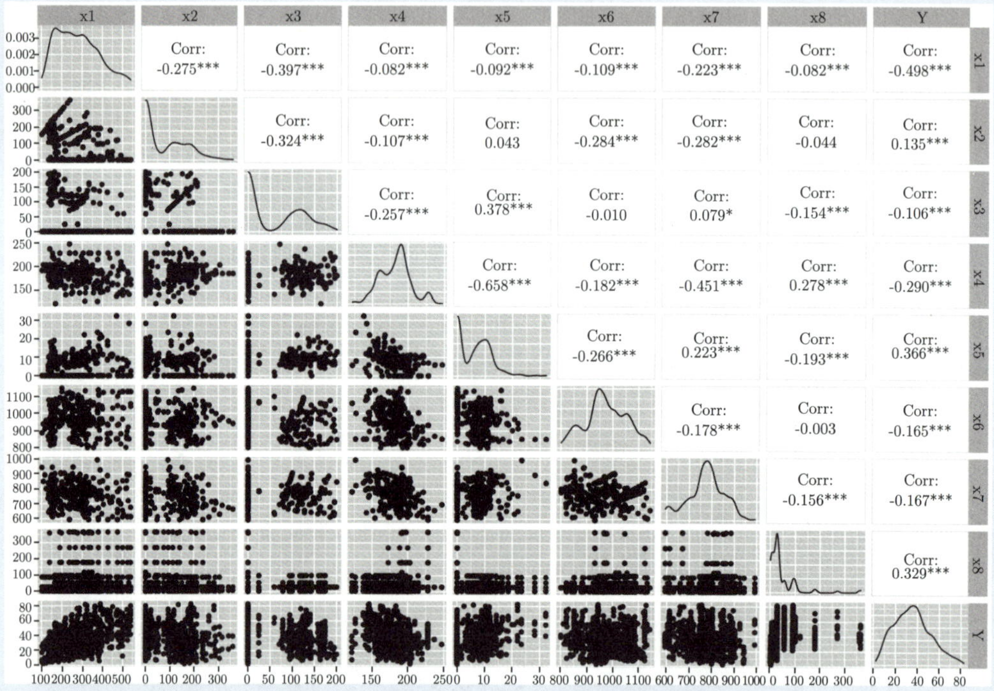

图 3.6　混凝土抗压强度成对变量散点图

第二步，拟合模型。利用软件 (如 R、SPSS 等) 采用多元线性回归模型拟合上述数据，拟合结果如表3.8所示。从表中可以得到经验回归模型为：

$$\hat{Y} = -23.331 + 0.120X_1 + 0.104X_2 + 0.088X_3 - 0.150X_4 + 0.292X_5 + 0.018X_6 + 0.020X_7 + 0.114X_8$$

第三步，模型诊断。若取显著性水平为 $\alpha = 0.1$，从表3.8中可以看到模型的 F 检验统计量值为 204.300，对应 p 值小于 $2.2\times10^{-16} \ll \alpha = 0.1$，即通过了模型的显著性检验，表明使用多元线性回归模型拟合该数据是可取的。另外，各自变量的 t 检验统计量对应的 p 值都小于给定的显著性水平 α，表明各自变量对因变量均具有显著影响。从实际意义上看，上述模型拟合结果表明水泥含量、高炉渣含量、飞灰含量、水含量、高效减水剂含量、粗骨料含量、细骨料含量、天数 8 个因素与高性能水泥的混凝土抗压强度具有显著的线性相关关系。利用 Q-Q 图对残差项的正态性进行检验，从图3.7中可以看出，残差项的 Q-Q 图大致在一条直线上，因此可以判断随机误差项满足正态性假定。

① https://archive.ics.uci.edu/ml/datasets/Concrete+Compressive+Strength.

表 3.8　多元线性回归模型拟合结果表

	系数估计	标准误差	t 值	p 值
截距项	−23.331	26.586	−0.878	0.380
X_1	0.120	0.008	14.113	<0.001
X_2	0.104	0.010	10.247	<0.001
X_3	0.088	0.013	6.988	<0.001
X_4	−0.150	0.040	−3.731	<0.001
X_5	0.292	0.093	3.128	0.002
X_6	0.018	0.009	1.926	0.054
X_7	0.020	0.011	1.887	0.059
X_8	0.114	0.005	21.046	< 0.001
R^2:	0.616	F:	204.300	< 0.001

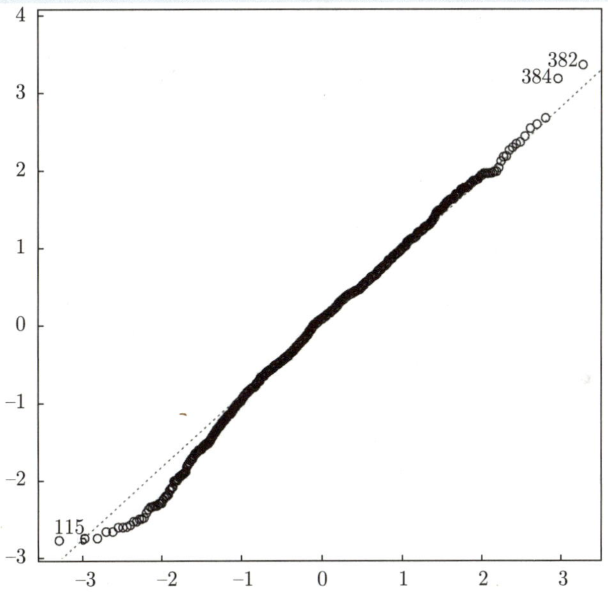

图 3.7　随机误差项正态性检验的 Q-Q 图

基于 R 对高性能水泥的混凝土抗压强度数据进行分析。代码如下：

```
> # 导入包、数据并绘制成对变量散点图
> library(GGally)
> library(ggplot2)
> realdata<-read.csv('Concrete.csv')
> ggpairs(data=realdata,columns=1:9,aes(),size=1)        # 绘制散点图
> # 拟合多元线性回归模型
> rmod<-lm(Y~.,data=realdata)
> summary(rmod)                                           # 显示模型拟合结果

Call:
lm(formula=Y~.,data=realdata)
```

```
Residuals:
    Min      1Q  Median      3Q     Max
-28.654  -6.302   0.703   6.569  34.450

Coefficients:
              Estimate Std. Error t value Pr(>|t|)
(Intercept) -23.331214  26.585504  -0.878 0.380372
x1            0.119804   0.008489  14.113  < 2e-16 ***
x2            0.103866   0.010136  10.247  < 2e-16 ***
x3            0.087934   0.012583   6.988 5.02e-12 ***
x4           -0.149918   0.040177  -3.731 0.000201 ***
x5            0.292225   0.093424   3.128 0.001810 **
x6            0.018086   0.009392   1.926 0.054425 .
x7            0.020190   0.010702   1.887 0.059491 .
x8            0.114222   0.005427  21.046  < 2e-16 ***
---
Signif. codes:  0 '***' 0.001 '**' 0.01 '*' 0.05 '.' 0.1 ' ' 1

Residual standard error: 10.4 on 1021 degrees of freedom
Multiple R-squared:0.6155, Adjusted R-squared:0.6125
F-statistic: 204.3 on 8 and 1021 DF, p-value: < 2.2e-16

> # 可以通过观察拟合结果的显著性水平(包括F检验和t检验)进行模型诊断
> # 绘制Q-Q图
> par(mar=c(6,5,2,1))
> plot(rmod,which=2)
```

上述步骤为多元线性回归模型的基本建模过程。对于实际情形，首先需要确定研究问题对应的自变量和因变量，然后收集相应数据，才能使用上述步骤建模。但上述建模过程中涉及的数据过于“优秀”，在更多情况下，数据往往具有不可忽略的“缺陷”，例如不满足独立同分布性假设。此时，前文提到的基本步骤会遇到阻碍。第 4 章将对此类问题的诊断和处理逐一讨论。

3.9 小结与评注

本章对多元线性回归模型所涉及的基本概念、基本假定、参数估计以及模型诊断等内容做了详细介绍。作为一元线性回归模型的推广，多元线性回归模型在经济、农业、医疗等诸多领域得到了广泛应用。

需要指出的是，本章实例中的建模过程是“粗糙”的。3.1节介绍的多元线性回归模型基本假定在实际数据中可能被不同程度地违背，读者在实证研究时需要格外注意。比如，从图3.6中可以看出 X_4 与 X_5、X_7 间均存在较强的相关关系。这种相关关系会导致基于普通最小二乘法的参数估计的有效性降低，影响回归分析结果的可解释性。第 5 章将讨论相关问题。又如，当样本量较小或自变量维数很高时，设计矩阵的列满秩假设不满足，同样无法使用普通最小二乘法进行参数估计。第 6 章将讨论相关问题，读者也可以参阅文献 Seber and Lee (2012)、Härdle et al. (2018) 来了解更多相关内容。

3.10 附录：SPSS 操作演示

1. 模型拟合

首先在 SPSS 中导入数据，依次点击工具栏中的“文件”→“导入数据”→“CSV 数据”，在弹出窗口中选择“Aviation.csv”，如图3.8所示。点击“打开”成功导入数据后，数据窗口中将会显示导入的数据，如图3.9所示。

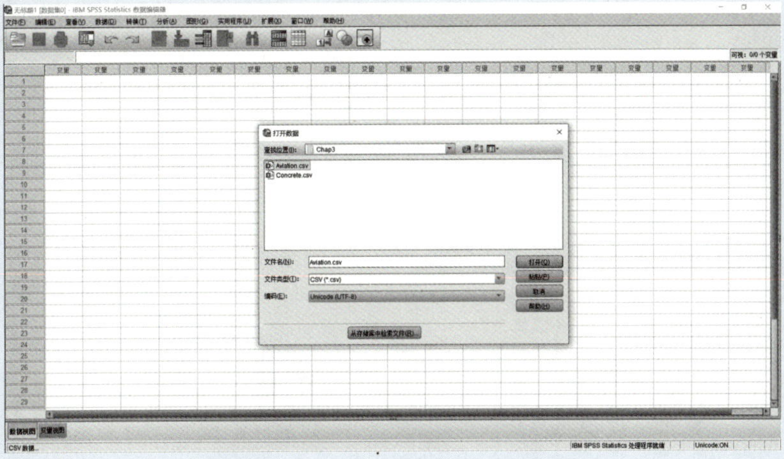

图 3.8　SPSS 模型拟合示意图 1

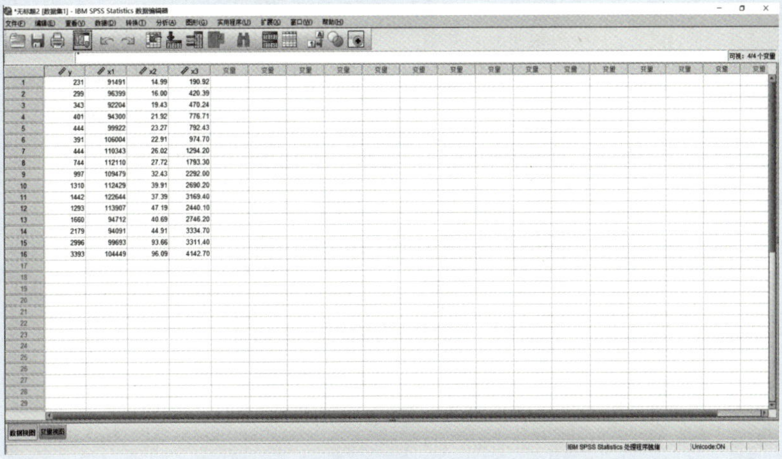

图 3.9　SPSS 模型拟合示意图 2

导入数据后，可开始进行多元线性回归分析。依次点击工具栏中的“分析”→“回归”→“线性”，如图3.10所示。在弹出的窗口中将变量“y”和变量“x1”“x2”“x3”分别选为因变量和自变量，如图3.11所示。接着点击右上方的“统计”按钮，在弹出的窗口中根据分析的需要进行勾选，比如此处额外勾选了“部分相关性和偏相关性”，然后点击“继续”，如图3.12所示。

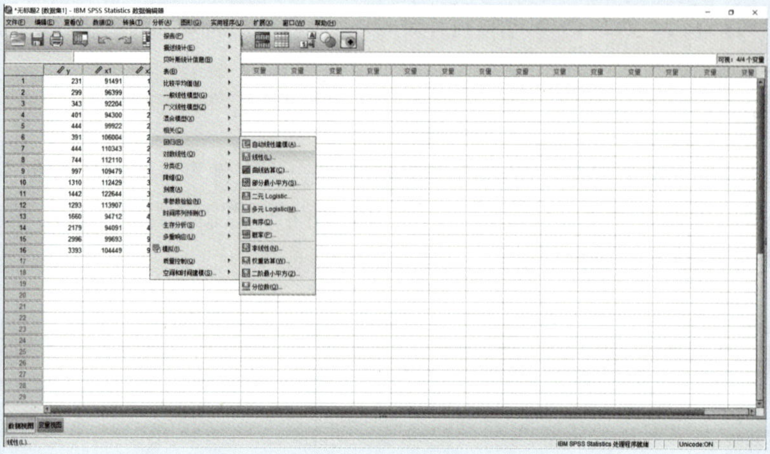

图 3.10　SPSS 模型拟合示意图 3

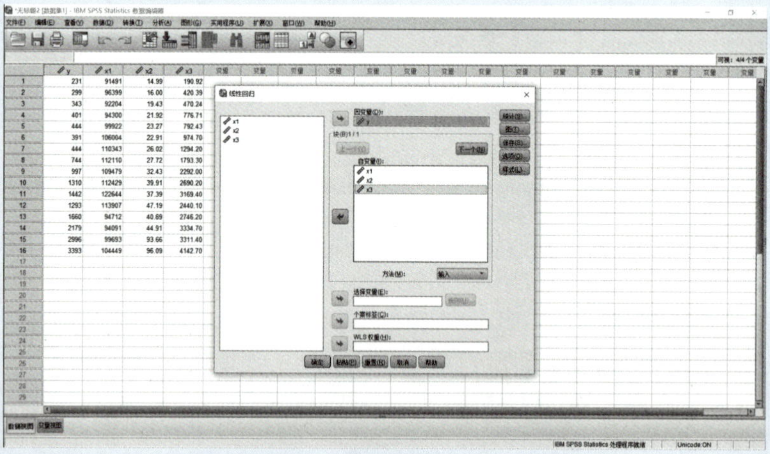

图 3.11　SPSS 模型拟合示意图 4

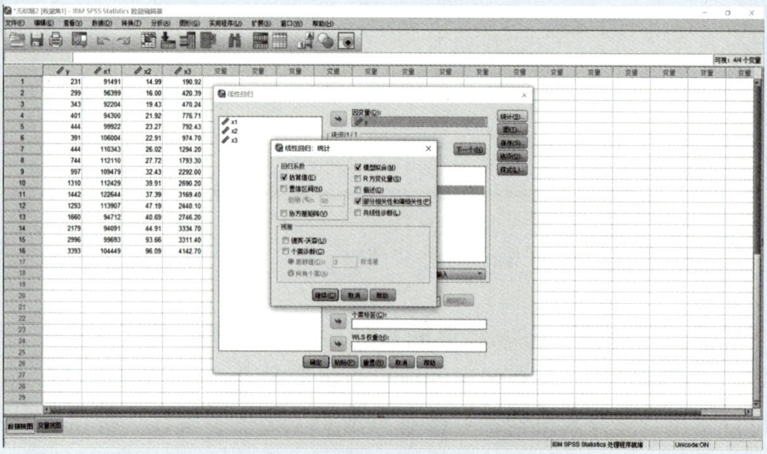

图 3.12　SPSS 模型拟合示意图 5

接着上面的操作，为了帮助大家理解数据标准化对于参数估计值的影响，下面介绍如何在 SPSS 中得到数据标准化后的回归分析结果。点击右上方的“保存”按钮，勾选“未标准化”与“标准化”，如图3.13所示。最后依次点击“继续”与“确定”输出结果。最终输出结果如图3.14所示，结果展示了模型回归的 R^2、ANOVA(方差分析) 以及回归系数 (数据未标准化及标准化) 的分析表。

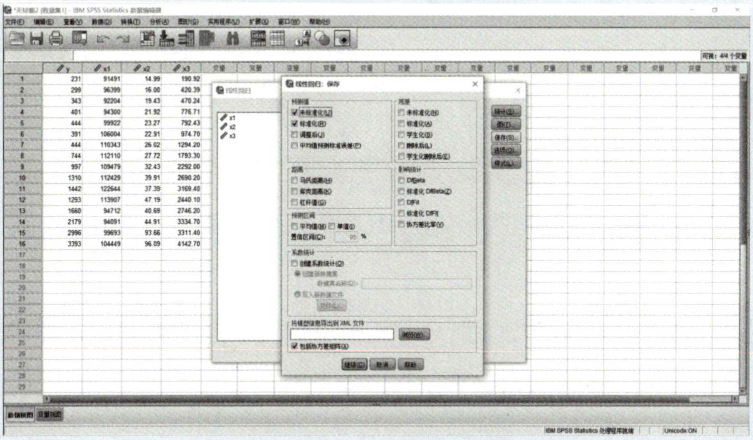

图 3.13　SPSS 模型拟合示意图 6

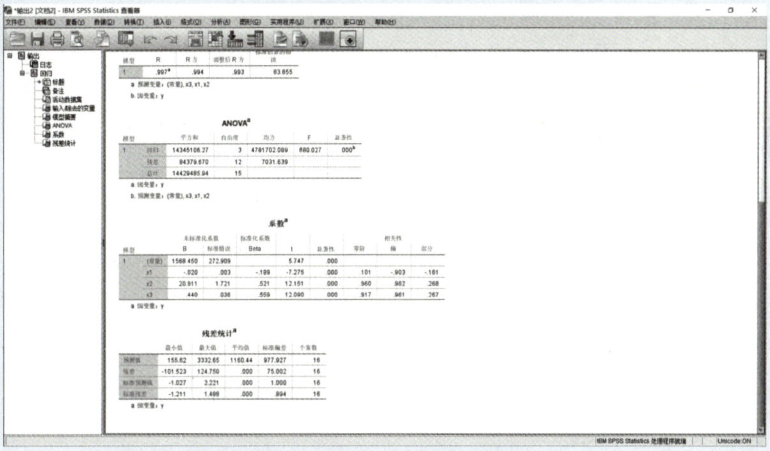

图 3.14　SPSS 模型拟合示意图 7

2. 数据标准化

在完成上述操作后回到数据窗口，如图3.15所示，新增加的“PRE_1”和“ZPR_1”两列分别为未标准化和标准化数据下模型对于因变量的拟合值。下面介绍如何获得标准化的数据。在数据窗口中，依次点击工具栏中的“分析”→“描述统计”→“描述”，如图3.16所示。在弹出的窗口中将因变量和自变量全部选入右侧，并勾选窗口下方的“将标准化值另存为变量”，如图3.17所示。点击“确定”后，经过标准化的数据将会被保存为新的变量。新增变量 Zy、Zx1、Zx2 和 Zx3，分别对应标准化后的原始变量 y、x1、x2 和 x3。

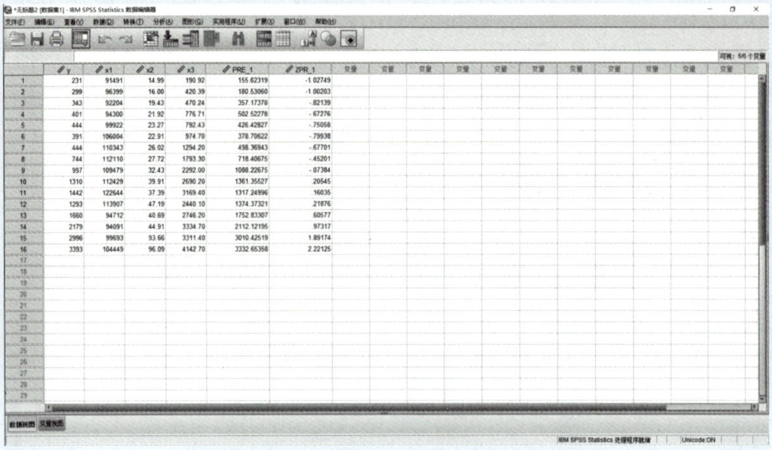

图 3.15 SPSS 数据标准化示意图 1

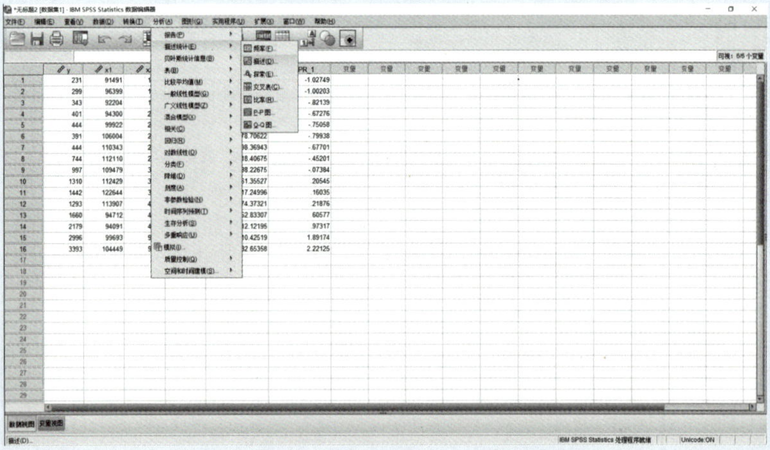

图 3.16 SPSS 数据标准化示意图 2

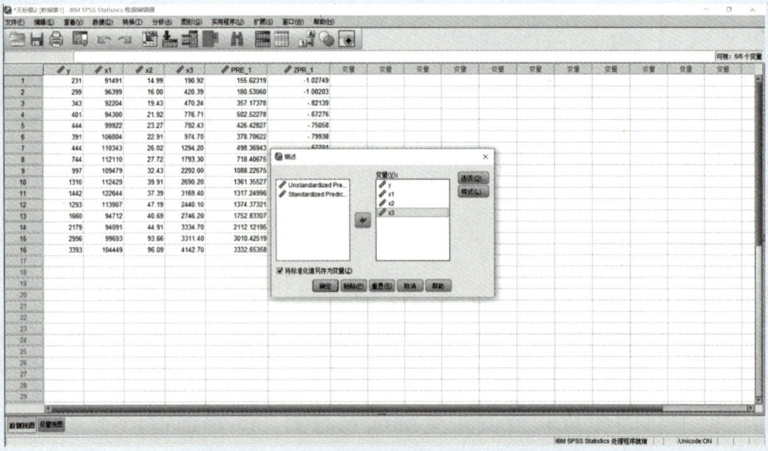

图 3.17 SPSS 数据标准化示意图 3

3. 相关阵的计算

图3.14的回归系数表中的倒数第二列展示了偏相关系数，这一小节讲解 SPSS 计算相关阵的步骤。在数据窗口依次点击工具栏中的“分析”→“相关”→“双变量”，如图3.18所示。在弹出的窗口中将自变量与因变量选入右侧变量栏中，并根据需要选择相关系数类型，在此以最常用的皮尔逊相关系数为例，如图3.19所示，最后点击“确定”。输出结果见图3.20。

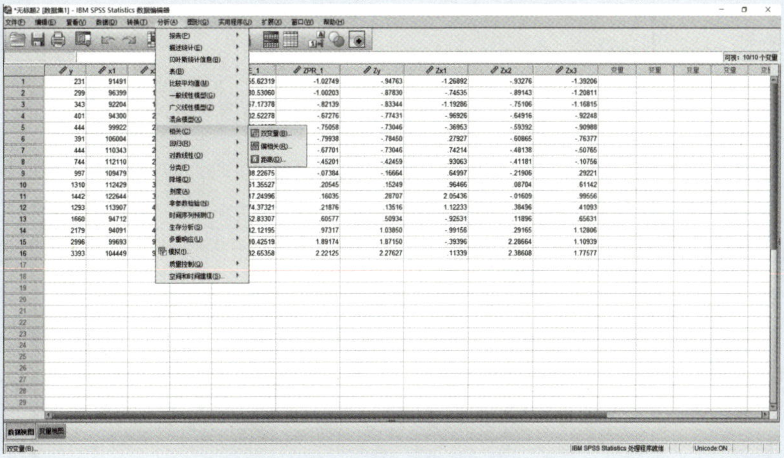

图 3.18　SPSS 相关阵计算示意图 1

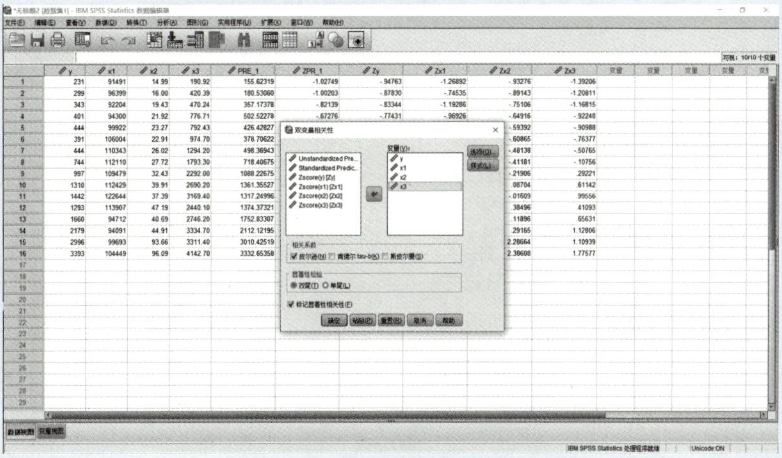

图 3.19　SPSS 相关阵计算示意图 2

4. 实例分析

在混凝土实例数据分析部分的 SPSS 操作中，使用与例3.1类似的步骤导入数据文件“Concrete.csv”，如图3.21与图3.22所示。最终数据的读入效果见图3.23。

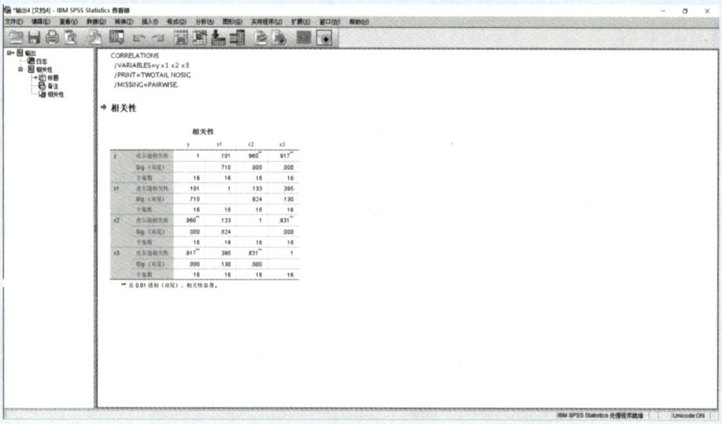

图 3.20　SPSS 相关阵计算示意图 3

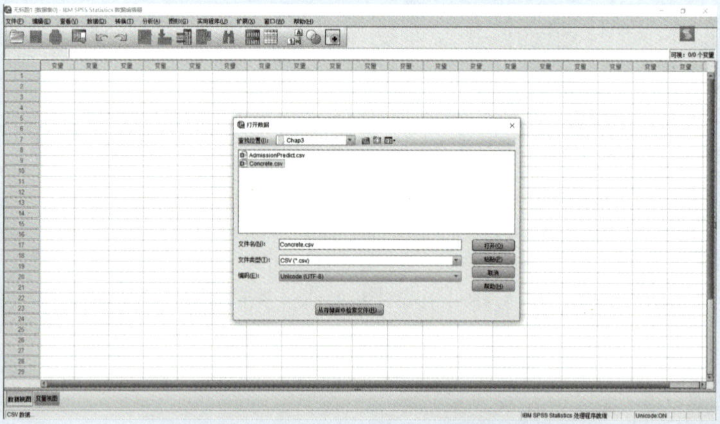

图 3.21　SPSS 实例分析示意图 1

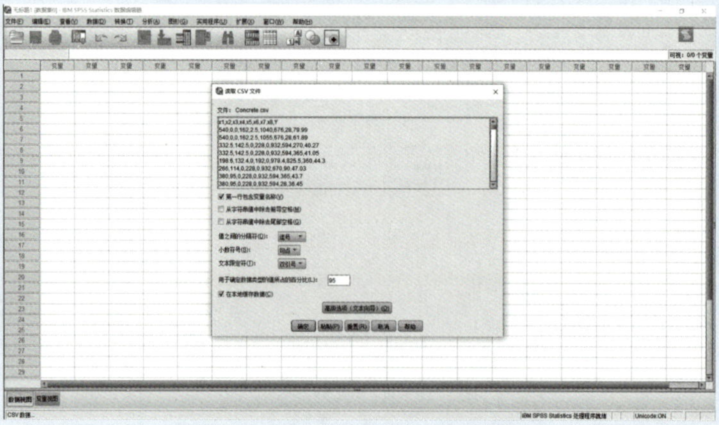

图 3.22　SPSS 实例分析示意图 2

回归分析的步骤与例3.1类似，依次点击工具栏中的“分析”→“回归”→“线性”，接着如图3.24所示，将变量“Y”选作因变量，剩余“x1”至“x8”选作自变量。为了方便

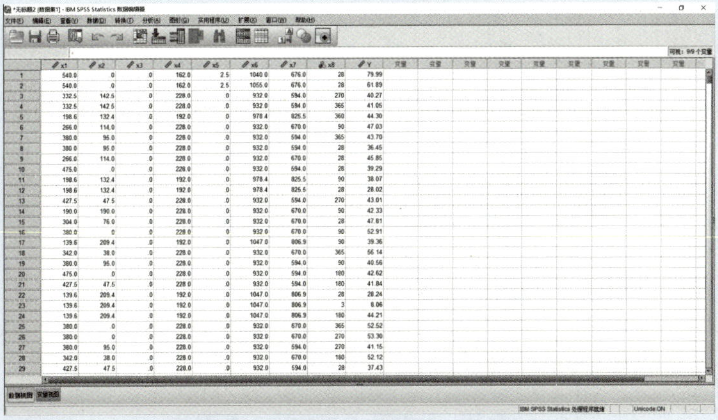

图 3.23　SPSS 实例分析示意图 3

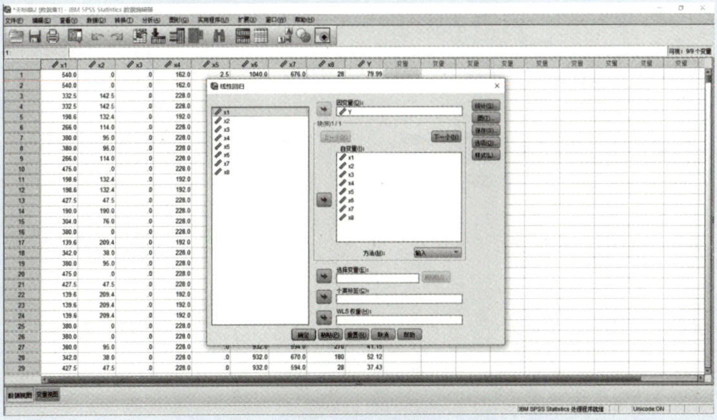

图 3.24　SPSS 实例分析示意图 4

后续进行残差检验，在完成因变量和自变量的选择后点击右上方的“保存”，在弹出窗口的“残差”一栏中，勾选“学生化”，如图3.25所示，然后依次点击“继续”和“确定”。最终可得分析结果，如图3.26所示。

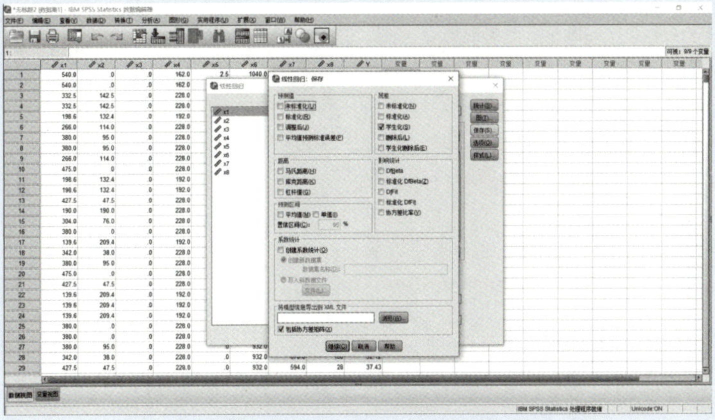

图 3.25　SPSS 实例分析示意图 5

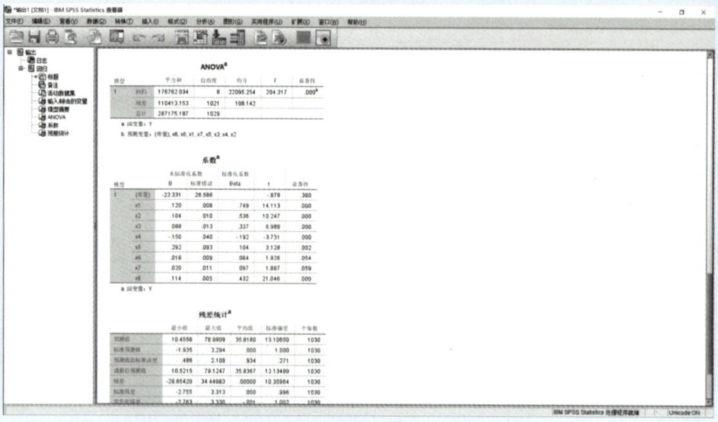

图 3.26　SPSS 实例分析示意图 6

完成上述操作后，在数据窗口会增加“SRE_1”这一变量，如图3.27所示，该变量即为回归模型的学生化残差。点击数据窗口左下角的“变量视图”按钮，在第 5 列可以看到新增变量的“标签”正是“Studentized Residual”，如图3.28所示。获得此学生化残差后，

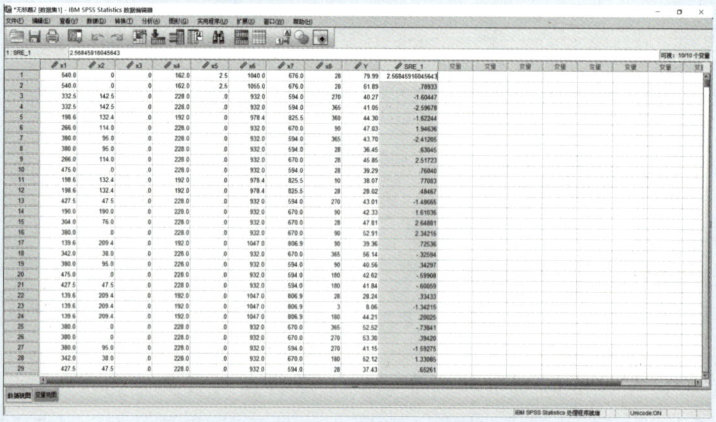

图 3.27　SPSS 实例分析示意图 7

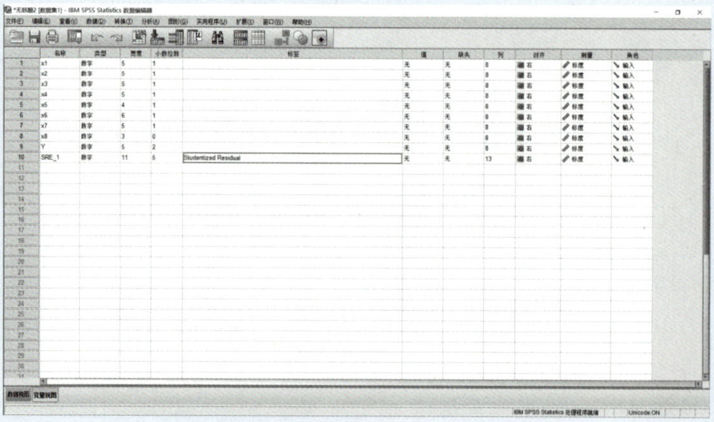

图 3.28　SPSS 实例分析示意图 8

可画出 Q-Q 图。依次点击数据窗口工具栏中的“分析”→“描述统计”→“Q-Q 图”，如图3.29所示。在弹出的窗口中选择变量“Studentized Residual”，检验分布选择“正态”，如图3.30所示。最终即可获得残差项的正态 Q-Q 图，见图3.31。

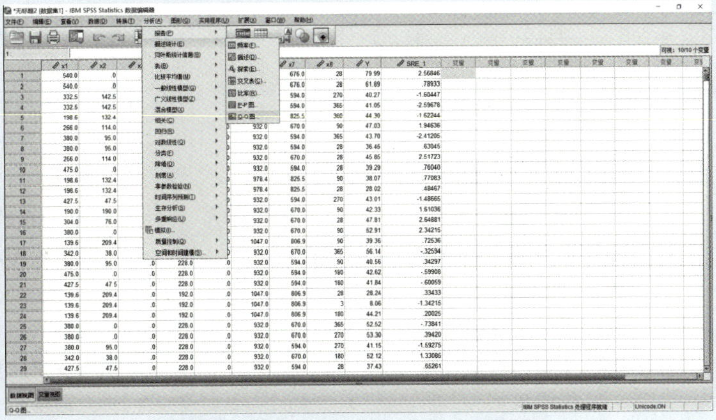

图 3.29　SPSS 实例分析示意图 9

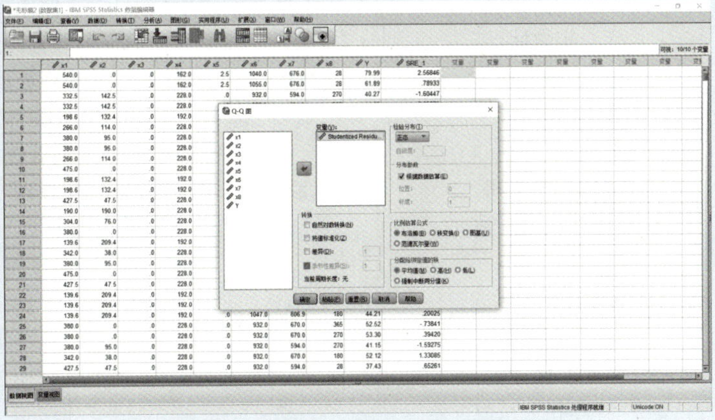

图 3.30　SPSS 实例分析示意图 10

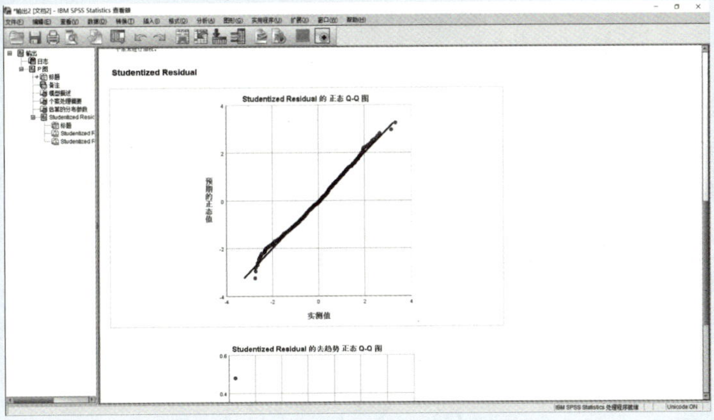

图 3.31　SPSS 实例分析示意图 11

符号注记

符号说明如表 3.9 所示。

表 3.9　符号说明表

符号	含义	符号	含义
Y	响应变量	$\boldsymbol{Y}$	响应变量向量
y	响应变量观测结果	$\boldsymbol{y}$	响应变量向量观测结果
X	自变量	$\boldsymbol{X}$	设计矩阵
$\boldsymbol{H}$	投影 (帽子) 矩阵	h	投影 (帽子) 矩阵元素
β	回归系数	$\boldsymbol{\beta}$	回归系数向量
ε	随机误差项	$\boldsymbol{\varepsilon}$	随机误差项向量
e	残差	$\boldsymbol{e}$	残差向量
$\hat{\beta}$	回归系数估计值	$\hat{\boldsymbol{\beta}}$	回归系数向量估计值
$\hat{y}$	响应变量估计值	$\hat{\boldsymbol{y}}$	响应变量向量估计值
n	样本量	p	自变量个数
σ^2	方差	$\hat{\sigma}^2$	方差估计值
$E()$	期望运算符	$\text{Var}()$	方差运算符
$\text{Cov}()$	协方差运算符	∂	偏导符号
$\mathbb{R}$	实数域	$\top$	转置操作符
$\in$	属于	$\text{tr}()$	矩阵迹运算符
i，j	脚标	$\lvert\cdot\rvert$	绝对值
SST	总平方和	α	显著性水平
SSE	残差平方和	SSR	回归平方和
R^2	样本决定系数	Δ	偏回归平方和
$F()$	F 分布	R	样本复相关系数
$N()$	正态分布	$t()$	t 分布
$\log()$	自然对数函数	$\chi^2()$	卡方分布
$*$	标准化标识	$'$	中心化标识
r	样本相关系数	r^2	偏决定系数
$\boldsymbol{r}$	样本相关阵		

习　题

3.1　试描述一元线性回归模型和多元线性回归模型的区别和联系。

3.2　试从矩阵角度验证，当 $p=1$ 时回归系数的性质与一元情形一致。

3.3　多元线性回归模型有哪些基本假定?

3.4　多元线性回归模型中，使用 F 检验和 t 检验的目的是什么? 二者有何区别?

3.5　数据中心化和标准化的目的是什么?

3.6　证明：帽子矩阵 $\boldsymbol{H}=\boldsymbol{X}(\boldsymbol{X}^\top\boldsymbol{X})^{-1}\boldsymbol{X}^\top$ 为幂等矩阵，即 $\boldsymbol{H}^2=\boldsymbol{H}$，并证明帽子矩阵的迹为:

$$\text{tr}(\boldsymbol{H})=\sum_{i=1}^{n}h_{ii}=p+1$$

3.7　证明式 (3.3.1)

$$\mathrm{SST} = \mathrm{SSR} + \mathrm{SSE}$$

3.8　证明式 (3.3.2) 服从 F 分布，即

$$F = \frac{\mathrm{SSR}/p}{\mathrm{SSE}/(n-p-1)} \sim F(p,\ n-p-1)$$

3.9　证明式 (3.3.4) 成立。

3.10　证明偏 F 检验与 t 检验等价，即证明式 (3.3.6) 成立。

3.11　证明:

$$\hat{\beta}_j^* = \frac{\sqrt{L_{jj}}}{\sqrt{L_{YY}}}\hat{\beta}_j,\qquad j=1,\ 2,\ \cdots,\ p$$

3.12　证明:

$$R^2 = \frac{F}{F+(n-p-1)/p}$$

3.13　何晓群和刘文卿 (2019) 研究货运总量 Y (万吨) 与工业总产值 X_1 (亿元)、农业总产值 X_2 (亿元)、居民非商品支出 X_3 (亿元) 的关系，数据如表3.10所示。问:

(1) 计算 Y 与 X_1，X_2，X_3 的相关阵。

(2) 求 Y 关于 X_1，X_2，X_3 的三元线性回归方程。

(3) 对所求得的方程做拟合优度检验、显著性检验；对回归系数做显著性检验。

(4) 若存在没有通过显著性检验的变量，则将其剔除，并重新建立回归方程，再做检验；考虑出现变量不显著的可能原因。

(5) 求出每个回归系数的置信水平为 95% 的置信区间。

(6) 求标准化回归方程。

(7) 求 Y 与 X_1，X_2，X_3 的偏决定系数和偏相关系数。

(8) 求当 $X_1=75$，$X_2=42$，$X_3=3.1$ 时的 $\hat{Y}_0$，给定置信水平为 95%，计算近似预测区间。

表 3.10　货运总量与相关变量的数据表

编号	货运总量 Y	工业总产值 X_1	农业总产值 X_2	居民非商品支出 X_3
1	160	70	35	1.0
2	260	75	40	2.4
3	210	65	40	2.0
4	265	74	42	3.0
5	240	72	38	1.2
6	220	68	45	1.5
7	275	78	42	4.0
8	160	66	36	2.0
9	275	70	44	3.2
10	250	65	42	3.0

第 4 章 回归诊断

第 2 章和第 3 章讨论了线性回归模型的最小二乘估计及其性质。在证明最小二乘估计为最佳线性无偏估计时，研究者假设数据满足高斯–马尔可夫条件，即误差项 ε_i 满足下列条件：

$$\begin{cases} E(\varepsilon_i)=0, \quad i=1, 2, \cdots, n \\ \mathrm{Cov}(\varepsilon_i, \varepsilon_j)=\begin{cases}\sigma^2, & i=j \\ 0, & i\neq j\end{cases}, \quad i, j=1, 2, \cdots, n \end{cases}$$

涉及估计量统计分布的性质时，研究者还假设 ε_i 服从正态分布，即 $\varepsilon_i \sim N(0, \sigma^2)$。然而，实际问题中关于误差项的假定通常不能满足，请看如下两个例子。

例 4.1 研究者运用截面数据探讨消费和收入的关系。用 Y_i 表示第 i 户的消费，用 X_i 表示第 i 户的收入，一个简单的消费模型为：

$$Y_i=\beta_0+\beta_1 X_i+\varepsilon_i, \quad i=1, 2, \cdots, n$$

将家庭收入数据按照数量划分后会发现：低收入组家庭用于购买生活必需品的消费比例相对较大且差异较小；而高收入组家庭用于购买生活必需品的消费差异很大。更高的可自由支配收入意味着更多的购买选择，因而消费的分散程度更大，反映在消费模型上则为 ε_i 对回归直线的偏离程度存在差异，即存在异方差。

例 4.2 经济变量的滞后性会给序列带来自相关性。许多经济变量都会因此产生滞后影响，例如物价指数、基建投资、国民收入、货币发行量等。经济变量的滞后有时表现为一种不规则的循环波动：当经济处于衰退的低谷时，经济扩张期随之开始，这时大多数经济时间序列上升得快一些；在经济扩张期，经济时间序列内部有一种内在的冲力，序列一直上升到循环的顶点，而在顶点时刻，经济收缩随之开始。因此在时间序列中，序列观测之间的相关现象是自然合理的。

针对上述情形，研究者通过回归诊断判断模型假设在实际数据中是否成立，并为后续的数据处理或模型调整提供参考。此外，回归诊断还可以帮助研究者探查数据中是否存在对参数估计或模型预测具有较大影响的样本。

例 4.3 在实际问题的回归分析中，数据中可能包含一些异常或者极端的观测值。这些观测值与数据中其他观测值远远地分离开，可能会对参数估计造成极大的影响。要研究造成这一现象的原因，分析人员一般要回溯到数据的收集过程。真实数据往往都是通过机器或者人工方式记录下来的，而这一过程不可避免地会出现错误。例如，机器的故障使得某个观测值完全被白噪声代替，这一现象的经典代表是脉冲噪声。又如，在年末公司财务总结时，统计人员由于疏忽大意，使得上报的某项统计数据在真实数据后多了一个 0，导致上报数据远大于实际数据。再如，在填写调查问卷时，不愿配合的参与者对问卷中的问题胡乱作答。以上几个例子均是外部因素导致数据质量出现了问题。

本章将结合具体实例介绍数据违背高斯–马尔可夫条件的背景与原因，讨论其给回归模型带来的影响以及对应的诊断与处理方法，并提供几种异常值和强影响点的识别方法。

4.1 回归模型的诊断

高斯–马尔可夫条件是关于回归模型中残差项的假设，研究者通常将残差作为误差项的估计来考察该条件是否成立，因此回归模型的诊断也称为残差分析。

回顾第 2 章的例2.2，在建立一元线性回归模型后，读者需要对模型进行诊断。诊断包含两部分：第一部分是针对回归函数的检验，如第 2 章介绍的显著性检验和拟合优度检验；第二部分是针对随机误差项假设的检验，主要考察数据是否满足高斯–马尔可夫条件。在利用最小二乘估计得到参数估计值 $\hat{\beta}_0$ 和 $\hat{\beta}_1$ 后，可以通过下式得到残差：

$$e_i = Y_i - \hat{\beta}_0 - \hat{\beta}_1 X_i$$

由模拟数据的生成机制可知，误差项独立同分布于标准正态分布，本节将证明：如果数据满足高斯–马尔可夫条件且误差项独立同分布于均值为零的正态分布，则残差服从均值为零的正态分布。因此，若读者绘制残差的散点图，所有点应当无任何趋势地分布在零水平线上下，如图4.1所示。除了通过残差散点图进行直观判断外，研究者还可以借助各种统计量对残差进行检验以判断数据是否满足高斯–马尔可夫条件，这些检验将在后文详细介绍。

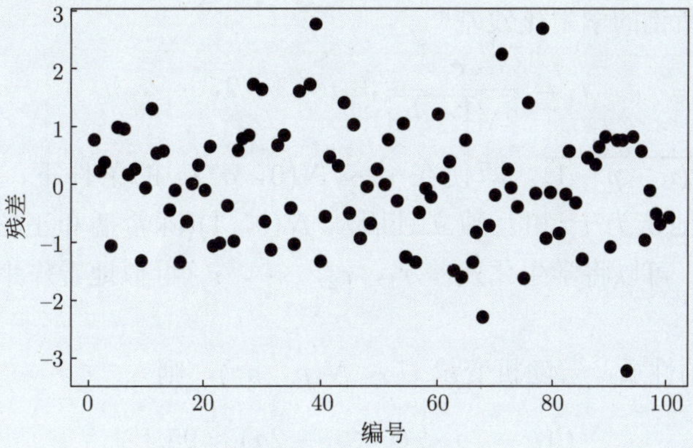

图 4.1 残差散点图

考虑线性回归模型

$$\boldsymbol{Y}=\boldsymbol{X\beta}+\boldsymbol{\varepsilon} \tag{4.1.1}$$

如果用 $\boldsymbol{X}_1^{\top}$，$\boldsymbol{X}_2^{\top}$，$\cdots$，$\boldsymbol{X}_n^{\top}$ 表示 $\boldsymbol{X}$ 的 n 个行向量，则

$$e_i=Y_i-\boldsymbol{X}_i^{\top}\hat{\boldsymbol{\beta}},\quad i=1,\ 2,\ \cdots,\ n$$

为第 i 个样本点的残差。将残差 e_i 看作误差 ε_i 的一个观测值，如果式 (4.1.1) 正确，e_i 应具有 ε_i 的一些特征。记 $\hat{\boldsymbol{Y}}=\boldsymbol{X}\hat{\boldsymbol{\beta}}$，称 $\hat{\boldsymbol{Y}}$ 为拟合值向量，称其第 i 个分量 $\hat{Y}_i=\boldsymbol{X}_i^{\top}\hat{\boldsymbol{\beta}}$ 为第 i 个拟合值，则

$$\hat{\boldsymbol{Y}}=\boldsymbol{X}(\boldsymbol{X}^{\top}\boldsymbol{X})^{-1}\boldsymbol{X}^{\top}\boldsymbol{Y}=\boldsymbol{HY}$$

式中，$\boldsymbol{H}=\boldsymbol{X}(\boldsymbol{X}^{\top}\boldsymbol{X})^{-1}\boldsymbol{X}^{\top}$。利用帽子矩阵 $\boldsymbol{H}$，残差向量 $\boldsymbol{e}$ 可表示为：

$$\boldsymbol{e}=\boldsymbol{Y}-\hat{\boldsymbol{Y}}=(\boldsymbol{I}-\boldsymbol{H})\boldsymbol{Y}=(\boldsymbol{I}-\boldsymbol{H})\boldsymbol{\varepsilon} \tag{4.1.2}$$

从这个表达式很容易证明残差向量的下列性质。

性质 4.1 考虑线性回归模型式 (4.1.1)，则由式 (4.1.2) 定义的残差向量具有如下性质：

(a) $E(\boldsymbol{e})=\boldsymbol{0}$，$\mathrm{Cov}(\boldsymbol{e})=\sigma^2(\boldsymbol{I}-\boldsymbol{H})$；

(b) 若进一步假设误差服从正态分布，即 $\boldsymbol{\varepsilon}\sim N(\boldsymbol{0},\ \sigma^2\boldsymbol{I})$，则

$$\boldsymbol{e}\sim N(\boldsymbol{0},\ \sigma^2(\boldsymbol{I}-\boldsymbol{H}))$$

证明： (a) 利用式 (4.1.2)，容易证明 $E(\boldsymbol{e})=\boldsymbol{0}$。而

$$\begin{aligned}\mathrm{Cov}(\boldsymbol{e})&=(\boldsymbol{I}-\boldsymbol{H})\mathrm{Cov}(\boldsymbol{\varepsilon})(\boldsymbol{I}-\boldsymbol{H})^{\top}\\&=\sigma^2(\boldsymbol{I}-\boldsymbol{H})\end{aligned}$$

(b) 因为 $\boldsymbol{\varepsilon}\sim N(\boldsymbol{0},\ \sigma^2\boldsymbol{I})$，对式 (4.1.2) 应用多元正态分布的性质，便可推出 $\boldsymbol{e}\sim N(\boldsymbol{0},\ \sigma^2(\boldsymbol{I}-\boldsymbol{H}))$。 □

由性质4.1知 $\mathrm{Var}(e_i)=\sigma^2(1-h_{ii})$，这里 h_{ii} 为 $\boldsymbol{H}$ 的第 i 个对角元。可见一般情况下，残差 e_i 的方差并不相等，这有碍于 e_i 的实际应用，所以将其标准化为 $e_i/(\sigma\sqrt{1-h_{ii}})$，再用 $\hat{\sigma}$ 代替 σ，得到所谓的学生化残差

$$r_i=\frac{e_i}{\hat{\sigma}\sqrt{1-h_{ii}}},\quad i=1,\ 2,\ \cdots,\ n$$

式中，$\hat{\sigma}=\sqrt{\mathrm{SSE}/(n-p-1)}$。即使在 $\boldsymbol{\varepsilon}\sim N(\boldsymbol{0},\ \sigma^2\boldsymbol{I})$ 的条件下，r_i 的分布仍然比较复杂，但可以近似地认为 r_i 相互独立且服从 $N(0,\ 1)$(陈希孺和王松桂, 1987)。于是当 $\boldsymbol{\varepsilon}\sim N(\boldsymbol{0},\ \sigma^2\boldsymbol{I})$ 时，可以将学生化残差 r_1，r_2，$\cdots$，r_n 近似地看作来自总体 $N(0,\ 1)$ 的一组随机样本。

根据正态分布的性质，若随机变量 $U\sim N(\mu,\ \sigma^2)$，则

$$P(\mu-2\sigma<U<\mu+2\sigma)\approx 95.4\%$$

当 $\mu=0$，$\sigma=1$ 时，大约有 95.4% 的 r_i 落在区间 $[-2, 2]$ 中。另外，拟合值向量 $\hat{\boldsymbol{Y}}$ 与残差 $\boldsymbol{e}$ 相互独立，因而与学生化残差 r_1，r_2，$\cdots$，r_n 也独立 (参见茆诗松等 (2006) 3.3 节性质 5)。所以，如果以拟合值 $\hat{y}_i$ 为横轴、r_i 为纵轴，那么平面上的点 $(\hat{y}_i, r_i)$ $(i=1, 2, \cdots, n)$ 应大致落在宽度为 4 的水平带 $|r_i| \leqslant 2$ 内，且不呈现任何趋势。这种以残差为纵轴、以拟合值或其他量为横轴的图称为残差图，它是回归诊断的一个重要工具。

回顾2.4节的残差示意图，如果残差图具有图4.2(a) 的形状，则可以认为已有的观测数据与假设 $\boldsymbol{\varepsilon} \sim N(\boldsymbol{0}, \sigma^2\boldsymbol{I})$ 没有明显不一致的征兆，假设 $\boldsymbol{\varepsilon} \sim N(\boldsymbol{0}, \sigma^2\boldsymbol{I})$ 基本上是合理的。而图4.2(b) 显示误差项的方差随 X 的增大有增加的趋势，即不满足 $\text{Var}(\varepsilon_i)=\sigma^2$ $(i=1, 2, \cdots, n)$ 这一假设，这种现象称为异方差。图4.2(c) 和 (d) 均表明随机误差项之间具有一定的趋势或者相关性，即不满足 $\text{Cov}(\varepsilon_i, \varepsilon_j)=0$ $(i \neq j)$ 这一假设，这种现象统称为自相关。对于一批实际数据，这样的残差图究竟反映了哪种情况还需要做进一步的检验。这也正是回归诊断的困难所在，一种“症状”可能是多种“疾病”的外在表征，具体处理时，需要进行更细致的检查。后面将详细介绍随机误差项存在异方差或序列相关的原因及后果，并讨论相应的检验方法与“治疗方案”。

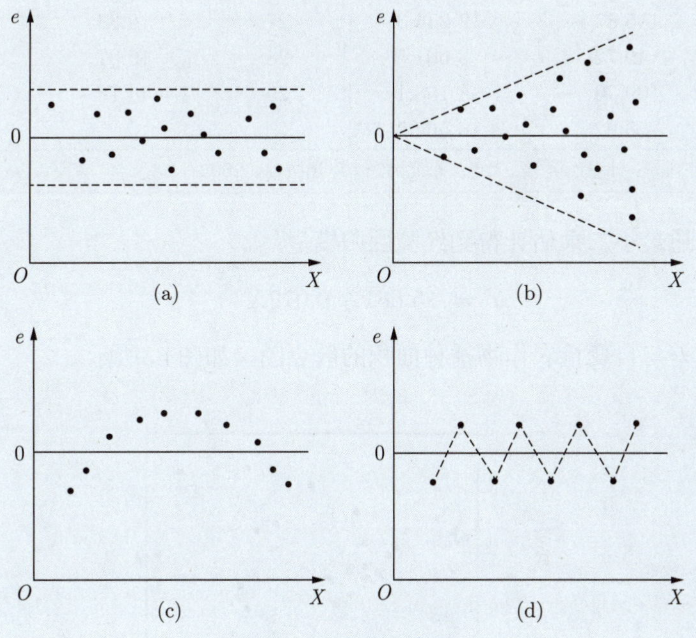

图 4.2 残差示意图

4.2 异方差的诊断及处理

在本章开始提到了一种常见的违背线性回归模型基本假设的情形：随机误差项的异方差性。本节主要讨论异方差问题。

例 4.4 1986 年 29 个省、自治区、直辖市的农作物种植业产值和农作物播种面积数据如表4.1所示，以农作物种植业产值作为因变量 Y、农作物播种面积作为自变量 X，建立一元线性回归模型。

表 4.1 1986 年 29 个省、自治区、直辖市农作物种植业产值和农作物播种面积数据

编号	Y(亿元) 产值	X(万亩) 播种面积	编号	Y(亿元) 产值	X(万亩) 播种面积
1	16.31	907.5	16	183.65	17 729.2
2	17.14	873.2	17	146.79	11 061.5
3	125.24	13 159.2	18	129.63	11 304.7
4	42.24	5 928.1	19	154.28	9 166.2
5	40.28	6 834.4	20	61.24	6 821.7
6	84.47	5 495.5	21	206.50	17 779.6
7	70.70	6 055.2	22	44.37	4 701.3
8	101.67	12 694.6	23	51.79	6 036.1
9	16.83	1 018.5	24	3.53	316.5
10	211.51	12 770.9	25	59.45	7 016.5
11	101.00	6 542.7	26	37.29	5 252.5
12	155.87	12 244.3	27	6.33	761.7
13	49.72	3 601.5	28	10.07	1 235.2
14	69.70	8 158.1	29	44.78	4 275.1
15	255.92	16 564.5			

资料来源：王维国. 计量经济学. 大连：东北财经大学出版社，2002.

首先利用普通最小二乘估计得到经验回归模型：

$$\hat{Y} = -5.661 + 0.012X$$

然后绘制残差与自变量农作物播种面积的散点图，如图4.3所示。

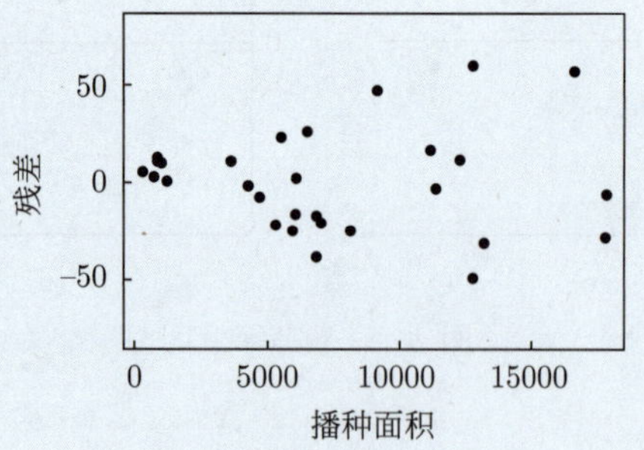

图 4.3 农作物种植模型残差图

由图4.3可知，残差明显不是在零水平上下均匀分布，其方差随自变量 X 的增大而增大，表明数据中存在异方差问题。这一现象违背了高斯–马尔可夫条件的第二条：$\mathrm{Var}(\varepsilon_i) = \sigma^2$，$i = 1, 2, \cdots, n$。通过残差散点图来判断异方差问题是一种直观却并不严谨的方法，研究者还需要借助一些统计检验对异方差性进行验证。

本节将结合实例论述异方差产生的原因和影响，并讨论异方差的诊断和处理方法。

1. 异方差产生的原因

回归模型的基本假设要求随机误差项 ε_1，ε_2，$\cdots$，ε_n 满足

$$\mathrm{Var}(\varepsilon_i)=\sigma^2,\quad i=1,\ 2,\ \cdots,\ n$$

即随机误差项具有同方差。这里，方差 σ^2 度量的是随机误差项围绕其均值的离散程度。由于 $E(\boldsymbol{\varepsilon})=\mathbf{0}$，故方差 σ^2 度量的是被解释变量 Y 的观测值围绕回归直线 $E(Y_i)=\beta_0+\beta_1X_{i1}+\cdots+\beta_pX_{ip}$ 的离散程度，同方差意味着被解释变量的所有观测值相对于回归线的离散程度相同。当其他假设均满足时，随机误差项 ε_i 的方差为：

$$\mathrm{Var}(\varepsilon_i)=\sigma_i^2,\quad i=1,\ 2,\ \cdots,\ n$$

当 σ_i^2 不全相等时，称 ε_i 具有异方差性。

实际问题的错综复杂使得建立回归模型时经常会出现某一因素或某些因素随解释变量的变化对被解释变量产生不同影响的情况，导致随机误差项的方差相异。下面具体介绍产生异方差的背景和原因。

模型设定错误常导致异方差。模型设定主要包括变量的选择和模型数学形式的确定。模型遗漏关键解释变量常导致异方差，此时随机误差项异方差的产生与解释变量密切相关。假设正确模型的形式为 $Y_i=\beta_0+\beta_1X_{i1}+\beta_2X_{i2}+\beta_3X_{i3}+\varepsilon_i$，但研究者实际采用的是

$$Y_i=\beta_0+\beta_1X_{i1}+\beta_2X_{i2}+u_i$$

即略去了解释变量 X_3。当 X_3 与 X_1，X_2 之间存在相关性或某种函数关系时，其影响将体现在误差项中。

另外，若模型的函数形式不正确，则将变量间的非线性关系设定为线性关系，也可能导致异方差。比如，假设实际问题的正确的函数形式为指数形式：

$$Y_i=\beta_0\exp(\beta_1X_i+\varepsilon_i)$$

但研究者误用了线性回归模型 $Y_i=\beta_0+\beta_1X_i+\delta_i$，误差项 δ_i 将会存在异方差。

一般认为截面数据相比时间序列数据更容易产生异方差，由于事物的惯性或量变到质变的积累过程，同一时间不同单元的差异常会大于同一单元不同时间的差异。但时间序列数据也有可能出现较严重的异方差，比如技术的突破对工业数据的影响、经济政策的改变对国民经济数据的影响等，因此研究范围或时间跨度的增大也提高了数据规律改变的可能性，从而导致随机误差项方差的改变。另外，测量误差的变化也会影响随机误差。生产技术和测量技术的进步等将会减少测量误差，生产规模的不断扩大可能会使测量误差先减小后增加，随机误差项的方差随之改变。引起异方差的原因很多，建模过程中具体是什么原因导致了异方差的产生，需要对数据背景进行细致的分析。

2. 异方差的影响

当回归模型出现异方差时，如果仍用普通最小二乘 (OLS) 法来估计未知参数，将引起如下不良后果。

(1) 参数的 OLS 估计仍是无偏的，但不再是最佳线性无偏估计 (BLUE)。

OLS 估计的无偏性仅依赖于解释变量非随机与随机误差项均值为零的假设，而其为 BLUE 则需要满足高斯–马尔可夫条件。4.6节将介绍异方差存在时，比 OLS 估计更有效的线性无偏估计。

(2) 参数的显著性检验可能失效。

当随机误差项存在异方差时，参数的 OLS 估计实际服从如下正态分布：

$$\hat{\boldsymbol{\beta}} \sim N(\boldsymbol{\beta},\ (\boldsymbol{X}^\top \boldsymbol{X})^{-1}\boldsymbol{X}^\top \boldsymbol{\Lambda}\boldsymbol{X}(\boldsymbol{X}^\top \boldsymbol{X})^{-1})$$

式中，$\boldsymbol{\Lambda}$ 是误差项的联合分布的协方差矩阵，它是一个对角阵且对角元不全相等。若仍使用 $\hat{\sigma}^2 = \dfrac{\text{SSE}}{n-p-1}$ 作为方差的估计，之前构造的 t 统计量将不再服从 t 分布，并且即使增大样本量也不能解决这个问题。类似地，F 统计量不再服从 F 分布。因此，异方差的存在使高斯–马尔可夫假设下进行的假设检验不再有效，检验结果不再值得信任。

(3) 回归方程的预测效果不理想。

尽管参数的 OLS 估计的无偏性使得预测也是无偏的，但 OLS 估计不是有效估计导致对被解释变量的预测也不再是有效的，而基于估计量方差的 Y 的区间预测将产生困难。

3. 异方差的检验

接下来将介绍几种常用的检验方法。

(1) 残差图法。

残差图是一种直观、方便的分析方法。在回归诊断中，以残差 e_i 为纵坐标、拟合值 $\hat{y}_i$ 为横坐标绘制残差图，而为了从不同角度分析残差，还可以选择以自变量 x_i 为横坐标。如果被解释变量是时间序列数据，还可以将观测时刻或观测序号作为横坐标绘制残差图进行分析。

根据模型假设 ε_i 与自变量 X 独立，且随机误差序列 $\boldsymbol{\varepsilon} \overset{\text{i.i.d}}{\sim} N(\boldsymbol{0},\ \sigma^2\boldsymbol{I})$，如果回归模型适合样本数据，那么残差 e_i 应反映 ε_i 的性质，即残差图上点的散布应是随机的，无任何规律，如图4.2(a) 所示。如果模型存在异方差，残差值的散布将呈现出一定的趋势，如图4.2(b) 所示。残差图法简单直观，但有时即便残差表现为非随机散布，也难以做出存在异方差的判断，需要用其他统计方法进一步探讨。

(2) 等级相关系数法。

等级相关系数法又称 Spearman 检验，是一种应用较广泛的异方差检验方法 (Spearman, 1904)。等级相关系数检验的步骤如下：

第一步，做 Y 关于 X 的 OLS 回归，求出 ε_i 的估计 e_i。

第二步，取 e_i 的绝对值，将 x_i 和 $|e_i|$ 按递增或递减的次序排列后给出各自的等级，按下式计算等级相关系数：

$$r_s = 1 - \frac{6}{n(n^2-1)}\sum_{i=1}^{n} d_i^2$$

式中，n 为样本量，d_i 为 x_i 和 $|e_i|$ 的等级之差。

第三步，对等级相关系数进行显著性检验。当 $n>8$ 时，检验统计量

$$t=\frac{\sqrt{n-2}r_s}{\sqrt{1-r_s^2}}$$

服从自由度为 $n-2$ 的 t 分布。给定显著性水平 α，若 $|t|>t_{\alpha/2}(n-2)$，则认为 x_i 和 $|e_i|$ 存在系统关系，异方差存在；若 $|t|\leqslant t_{\alpha/2}(n-2)$，则不认为 x_i 和 $|e_i|$ 存在系统关系，不能认为存在异方差。

采用等级相关系数度量残差绝对值 $|e_i|$ 和自变量 x_i 的相关性，能够更准确地反映两者之间非线性相关的情况，如单调递增或单调递减趋势的变量间的相关性；而 Pearson 简单相关系数只能衡量变量间的线性相关关系。

(3) Goldfeld-Quandt 检验。

Goldfeld-Quandt 检验由 Goldfeld 和 Quandt 于 1965 年提出 (Goldfeld and Quandt, 1965)，可用于递增型或递减型异方差的检验。检验的基本思想是将样本观测值等分为两部分，然后分别对两个样本进行回归分析，比较两个模型的残差平方和是否有显著差异，从而判断是否存在异方差。该方法只适用于大样本情况，且要求其他基本假设均满足。检验步骤如下：

第一步，将样本观测值按自变量取值 x_i 的大小排序。

第二步，剔除排在中间的 m (样本量的 $1/5\sim1/4$) 个观测，并将剩余的观测值等分为两个样本，分别进行回归分析。

第三步，提出假设，即 H_0：两部分观测的方差相等，H_1：两部分观测的方差不相等。然后用 $\sum e_{1i}^2$ 表示前一部分样本的残差平方和，$\sum e_{2i}^2$ 表示后一部分样本的残差平方和，进行假设检验。在原假设成立的条件下，检验统计量

$$\begin{aligned}F&=\frac{\sum e_{1i}^2\Big/\left(\dfrac{n-m}{2}-p-1\right)}{\sum e_{2i}^2\Big/\left(\dfrac{n-m}{2}-p-1\right)}\\&=\frac{\sum e_{1i}^2}{\sum e_{2i}^2}\sim F\left(\frac{n-m}{2}-p-1,\ \frac{n-m}{2}-p-1\right)\end{aligned}$$

给定显著性水平 α，若 $F>F_{(\alpha)}$，则拒绝原假设，认为模型存在异方差；若 $F\leqslant F_{(\alpha)}$，则不拒绝原假设，不认为模型存在异方差。

Goldfeld-Quandt 检验的功效与删除数据的个数 m 有关，存在多个自变量时，还与观测值的排序有关。该检验在多自变量情形下判断由哪些变量引起异方差这一问题中还存在局限。

4. 异方差的处理

当通过检验证实存在异方差时，需要选择合适的方法对模型进行改进，从而消除或减小异方差对模型的影响。这里先介绍加权最小二乘 (WLS) 法对异方差问题的处理，4.4节提到的一些方法也适用于处理异方差的情形。

实际中，常假设异方差 σ^2 具有如下形式：

$$\sigma_i^2 = g(\alpha_0 + \boldsymbol{\alpha}^\top \boldsymbol{Z}_i)$$

当 $\boldsymbol{Z}_i = (Z_{i1}，Z_{i2}，\cdots，Z_{iq})^\top$ 是 $X_j\ (j=1，2，\cdots，p)$ 的函数时，异方差可表示为 $\sigma_i^2 = \sigma^2 f(X_{i1}，X_{i2}，\cdots，X_{ip})$，其中，$\sigma_i^2$ 表示第 i 个观测值误差项的方差，σ^2 为常数，$f(X_{i1}，X_{i2}，\cdots，X_{ip})$ 为自变量 $X_1，X_2，\cdots，X_p$ 的某种函数。以一元线性回归模型为例：

$$Y_i = \beta_0 + \beta_1 X_i + \varepsilon_i$$

模型具有异方差且随机误差项与自变量有关，则异方差性可表示为：

$$\mathrm{Var}(\varepsilon_i) = \sigma^2 f(X_i)$$

若满足模型的基本假设，根据最小二乘原理，最小化残差平方和 $Q(\beta_0，\beta_1) = \sum\limits_{i=1}^{n}(y_i - \beta_0 - \beta_1 x_i)^2$，对回归方程进行估计时，每个残差平方 $e_i^2\ (i=1，2，\cdots，n)$ 将被同等看待，赋予相同的权数。而存在异方差时，方差 σ_i^2 越小，其样本值偏离均值的程度越小，其观测值越应受到重视，即方差越小，在确定回归方程时作用应越大；而方差 σ_i^2 越大，其样本值偏离均值的程度越大，在确定回归方程时作用应越小。即当模型存在异方差时，σ_i^2 的不同意味着对模型估计有不同的作用，在进行估计时需要对残差赋予不同的权重，从而使残差平方和能够更好地反映 σ_i^2 的真实情况。

加权最小二乘法是在平方和中加入适当的权数 ω_i，以调整各项在平方和中的作用。一元线性回归的加权最小二乘的离差平方和为：

$$\begin{aligned} Q_\omega(\beta_0，\beta_1) &= \sum_{i=1}^{n} \omega_i (Y_i - E(Y_i))^2 \\ &= \sum_{i=1}^{n} \omega_i (Y_i - \beta_0 - \beta_1 X_i)^2 \end{aligned} \tag{4.2.1}$$

式中，ω_i 为给定的第 i 个观测值的权数。记参数 β_0，β_1 的加权最小二乘估计值为 $\hat{\beta}_{0\omega}$，$\hat{\beta}_{1\omega}$，易证

$$\begin{cases} \hat{\beta}_{0\omega} = \overline{Y}_\omega - \hat{\beta}_{1\omega}\overline{X}_\omega \\ \hat{\beta}_{1\omega} = \dfrac{\sum\limits_{i=1}^{n} \omega_i (X_i - \overline{X}_\omega)(Y_i - \overline{Y}_\omega)}{\sum\limits_{i=1}^{n} \omega_i (X_i - \overline{X}_\omega)^2} \end{cases} \tag{4.2.2}$$

式中，$\overline{X}_\omega = \dfrac{1}{\sum \omega_i} \sum \omega_i X_i$ 和 $\overline{Y}_\omega = \dfrac{1}{\sum \omega_i} \sum \omega_i Y_i$ 分别为自变量和因变量的加权平均。为消除异方差的影响，使式 (4.2.1) 中各项的地位相同，观测值的权数应取观测值误差项方差的倒数，即

$$\omega_i = \frac{1}{\sigma_i^2}$$

然而，在实际问题中，误差项方差 σ_i^2 往往是未知的。但若已知 $\sigma_i^2=\sigma^2 f(X_i)$，则权数

$$\omega_i=\frac{1}{f(X_i)}$$

代入式 (4.2.1) 求解，即可得到该模型的加权最小二乘估计。在一些社会学、经济学研究中，误差项方差与自变量的幂函数成比例，可根据相应的函数形式求解。

下面通过模拟数据展示加权最小二乘法对异方差的处理。

例 4.5 先在 R 软件中生成数据。首先确定模型为一元线性回归模型：

$$Y=1+2X+\varepsilon \tag{4.2.3}$$

式中，$\varepsilon=uX$，u 服从正态分布 $N(0,\ 0.5^2)$。

第一步，生成数据：

(1) 确定参数 β_0，β_1，这里设定 $(\beta_0,\ \beta_1)=(1,\ 2)$。

(2) 生成自变量 X 的数据，这里从均匀分布 $U(0,\ 2)$ 中随机抽取 100 个样本；

(3) 生成随机变量 u，这里从正态分布 $N(0,\ 0.5^2)$ 中随机抽取 100 个样本；

(4) 生成随机变量 ε，$\varepsilon_i=u_iX_i$；

(5) 最后由式 (4.2.3) 得到 Y 的数据。

第二步，拟合一元线性回归模型，利用普通最小二乘法得到参数估计值 $\hat{\beta}_0^{\mathrm{OLS}}$ 和 $\hat{\beta}_1^{\mathrm{OLS}}$。

第三步，利用加权最小二乘法得到参数估计值 $\hat{\beta}_0^{\mathrm{WLS}}$ 和 $\hat{\beta}_1^{\mathrm{WLS}}$。假设误差项方差与自变量 X 的幂函数成比例，则权函数为 $\omega_i=\dfrac{1}{X_i^m}$，其中 m 按照 -2，-1.5，-1，-0.5，0.5，1，1.5，2 进行测试，选择对应最大对数似然函数值的幂指数，求出相应的加权最小二乘回归模型。

重复上述过程 500 次。

根据数据生成机制可知，误差项与自变量具有一定的相关性，其方差随着 X 的增大而增大。为了更好地展示异方差问题，以第一次生成的数据为例，拟合线性回归模型，残差图如图4.4所示。表4.2给出了 500 次模拟得到的数值结果，可以看到加权最小二乘法得

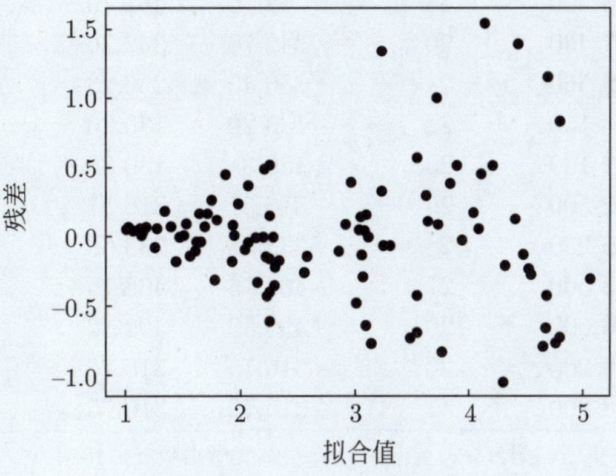

图 4.4　模拟数据残差图

表 4.2　参数估计数值模拟结果

	$\hat{\beta}_0$		$\hat{\beta}_1$	
	Bias	SD	Bias	SD
OLS	0.002 50	0.077 73	−0.002 25	0.114 44
WLS	0.000 01	0.010 22	0.001 77	0.055 40

到的参数估计值具有更小的偏差和标准差，这说明加权最小二乘法在一定程度上改善了异方差问题。

例 4.6　设某地区的居民收入与储蓄额的历史统计数据如表4.3所示。

表 4.3　居民收入与储蓄额

序号	Y(元)	X(元)	X_i 等级	残差 e_i	$\|e_i\|$	$\|e_i\|$ 等级	d_i	d_i^2
1	264	8 777	1	169.02	169.02	16	−15	225
2	105	9 210	2	−26.64	26.64	3	−1	1
3	90	9 954	3	−104.63	104.63	7	−4	16
4	131	10 508	4	−110.54	110.54	8	−4	16
5	122	10 979	5	−159.41	159.41	15	−10	100
6	107	11 912	6	−253.41	253.41	23	−17	289
7	406	12 747	7	−25.10	25.10	2	5	25
8	503	13 499	8	8.23	8.23	1	7	49
9	431	14 269	9	−128.96	128.96	9	0	0
10	588	15 522	10	−78.05	78.05	4	6	36
11	898	16 730	11	129.68	129.68	10	1	1
12	950	17 663	12	102.69	102.69	6	6	36
13	779	18 575	13	−145.53	145.53	14	−1	1
14	819	19 635	14	−195.27	195.27	19	−5	25
15	1 222	21 163	15	78.36	78.36	5	10	100
16	1 702	22 880	16	412.99	412.99	28	−12	144
17	1 578	24 127	17	183.41	183.41	18	−1	1
18	1 654	25 604	18	134.36	134.36	11	7	49
19	1 400	26 500	19	−195.50	195.50	20	−1	1
20	1 829	27 670	21	134.44	134.44	12	8	64
21	2 200	28 300	23	452.10	452.10	29	−8	64
22	2 017	27 430	20	342.76	342.76	27	−5	25
23	2 105	29 560	24	250.43	250.43	22	1	1
24	1 600	28 150	22	−135.20	135.20	13	11	121
25	2 250	32 100	25	180.38	180.38	17	8	64
26	2 420	32 500	26	316.51	316.51	24	1	1
27	2 570	35 250	28	233.68	233.68	21	6	36
28	1 720	33 500	27	−468.15	468.15	30	−2	4
29	1 900	36 000	29	−499.82	499.82	31	−2	4
30	2 100	36 200	30	−316.75	316.75	25	4	16
31	2 300	38 200	31	−316.75	316.75	26	7	49

资料来源：张寿，于清文．计量经济学．上海：上海交通大学出版社，1984.

(1) 用普通最小二乘法建立储蓄额 Y 与居民收入 X 的回归方程，并画出残差散点图；

(2) 诊断是否存在异方差问题；

(3) 试用加权最小二乘法处理异方差问题。

(1) 首先使用 R 软件建立 Y 对 X 的普通最小二乘回归，输出结果如表4.4所示。

表 4.4 系数估计表

	系数估计	标准误差	t 值	p 值
截距项	−648.124	118.163	−5.490	0.000
X	0.085	0.005	17.340	0.000

模型的回归方程为 $\hat{Y} = -648.124 + 0.085X$；决定系数 $R^2 = 0.912$，残差序列如表4.3所示，残差图如图4.5所示。从残差图来看，残差随 X 的增加呈现出增加的趋势，说明误差项存在异方差。

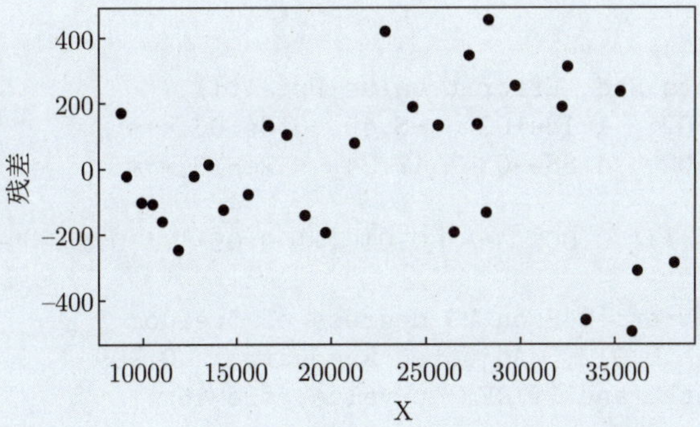

图 4.5 储蓄额与居民收入的回归模型残差图

(2) 计算 X_i 与 $|e_i|$ 的等级相关系数，得 $r_s = 0.686$，且 p 值接近于 0，表明误差项存在异方差。然后对模型进行 Goldfeld-Quandt 检验，p 值为 $0.007<0.05$，拒绝原假设，即认为模型存在异方差。

(3) 采用加权最小二乘法处理异方差问题。因为误差项的方差 σ_i^2 未知，这里假设误差项方差与 X 的幂函数 X^m 成比例，即权函数为 $\omega_i = \dfrac{1}{x_i^m}$，$m$ 待定。幂函数通常需要经过多次测试才能确定，一般按照 −2，− 1.5，− 1，− 0.5，0.5，1，1.5，2 进行测试，选择对应最大对数似然函数值的幂指数，求出相应的加权最小二乘回归模型，如表4.5所示。经过测试得到，当 $m = 1.5$ 时，上述幂指数值对应最大的对数似然函数值，故取 $m = 1.5$ 进行加权最小二乘回归。加权最小二乘法的 $R^2 = 0.936$，拟合效果优于普通最小二乘回归。

表 4.5 系数估计表

	系数估计	标准误差	t 值	p 值
截距项	−719.123	78.316	−9.180	0.000
X	0.088	0.004	20.580	0.000

加权最小二乘法以牺牲大方差项的拟合效果为代价改善了小方差项的拟合效果，存在一定的局限性。在社会经济现象中，通常变量取值大时方差也大，在以经济总量为研究目标时，更关心的是变量取值大的项，而普通最小二乘估计恰好能满足这个要求。所以在这样一些特定场合下，即使数据存在异方差，也可以选择使用普通最小二乘估计。

基于 R 建立 Y 对 X 的普通最小二乘回归，判断是否存在异方差，并利用加权最小二乘法处理异方差问题。代码如下：

```
> # 导入数据并进行普通最小二乘回归
> data4_1<-read.csv("example4_1.csv",na.strings=" ");
> options(digits=4)
> fit<-lm(y~x,data=data4_1);
> summary(fit)

Call:
lm(formula=y~x,data=data4_1)

Residuals:
    Min      1Q   Median      3Q     Max
 -499.8  -152.5    -25.1   174.7   452.1

Coefficients:
             Estimate Std. Error t value Pr(>|t|)
(Intercept) -6.48e+02   1.18e+02   -5.49  6.6e-06 ***
x            8.47e-02   4.88e-03   17.34  < 2e-16 ***
---
Signif. codes:  0 '***' 0.001 '**' 0.01 '*' 0.05 '.' 0.1 ' ' 1

Residual standard error: 248 on 29 degrees of freedom
Multiple R-squared:  0.912,  Adjusted R-squared:  0.909
F-statistic:  301 on 1 and 29 DF,  p-value: <2e-16

> # 绘制残差图
> x<-data4_1[,3];
> plot(x,residuals.lm(fit),pch=19,lty=6)

> # 计算Spearman等级相关系数,诊断异方差
> cor.test(x,abs(resid(fit)),method="spearman",use="complete");

 Spearman's rank correlation rho

data:x and abs(resid(fit))
S=1558,p-value=3e-05
alternative hypothesis: true rho is not equal to 0
sample estimates:
   rho
0.6859

> # 进行Goldfeld-Quandt检验
> library(lmtest)
> gqtest(fit)
```

```
 Goldfeld-Quandt test

data:fit
GQ=4.2,df1=14,df2=13,p-value=0.007
alternative hypothesis: variance increases from segment 1 to 2

> # 用加权最小二乘法处理异方差问题
> # 幂函数通常需要经过多次测试才能确定
> # 一般按照-2,-1.5,-1,-0.5,0.5,1,1.5,2进行测试
> # 选择对应最大对数似然函数值的幂指数，求出相应的加权最小二乘回归模型
> # 这里以m=1为例计算对应的对数似然函数值
> m<-1;
> fit_test<-lm(y~x,data=data4_1,weights=(1/x^m));
> logLik(fit_test)

 'log Lik.' -210.2 (df=3)

> # 测试得到，当m=1.5时上述幂指数值对应最大的对数似然函数值
> # 取m=1.5进行加权最小二乘回归
> m<-1.5;
> refit<-lm(y~x,data=data4_1,weights=(1/x^m));
> summary(refit)

Call:
lm(formula=y~x,data=data4_1,weights=(1/x^m))

Weighted Residuals:
    Min      1Q  Median      3Q     Max
-0.2091 -0.0933  0.0152  0.0832  0.2331

Coefficients:
             Estimate Std. Error t value Pr(>|t|)
(Intercept) -7.19e+02   7.83e+01   -9.18  4.4e-10 ***
x            8.79e-02   4.27e-03   20.58  < 2e-16 ***
---
Signif. codes:  0 '***' 0.001 '**' 0.01 '*' 0.05 '.' 0.1 ' ' 1

Residual standard error: 0.125 on 29 degrees of freedom
Multiple R-squared:  0.936,  Adjusted R-squared:  0.934
F-statistic:  424 on 1 and 29 DF,  p-value: <2e-16

> # 绘制加权最小二乘回归的残差图
> plot(x,residuals.lm(fit),pch=19,lty=6)

> # 计算Spearman等级相关系数
> cor.test(x,abs(resid(refit)),method="spearman",use="complete");

> # 对比两个模型的残差
> data.frame(resid(fit),resid(refit))

> # 绘制两个模型的残差对比图
> plot(resid(fit),resid(refit),pch=19,lty=6)
> lines(resid(fit),resid(fit),pch=22,lty=6)
```

4.3 自相关的诊断及处理

4.1 节中提到当随机误差项之间出现 $\mathrm{Cov}(\varepsilon_i, \varepsilon_j) \neq 0\ (i \neq j)$ 时，违背了回归模型的基本假设，随机误差项存在自相关，回归基本假设下的参数估计和检验将会受到影响。本节同样先用一个实例引入该问题。

表4.6是从《中国统计年鉴 (2012)》收集的经消费价格指数调整后的中国农村居民1985—2011 年的收入与消费数据 (以 1985 年为可比价格)。以人均实际纯收入为自变量、人均实际消费性支出为因变量建立农村居民消费的线性回归模型，使用普通最小二乘估计求解回归方程并绘制残差图，如图4.6所示。模型的残差图显示，残差的变动有系统模式，即连续为正和连续为负。该图与图4.2(c) 类似，如前所述，这表明残差项可能存在一阶正自相关。若要进一步确定自相关的存在，还需要利用统计量进行进一步的判断。

表 4.6　1985—2011 年农村居民人均收入和消费　　单位：元

年份	人均实际纯收入	人均实际消费性支出	年份	人均实际纯收入	人均实际消费性支出
1985	397.60	317.42	1999	703.26	501.88
1986	399.40	336.43	2000	717.64	531.88
1987	410.43	353.41	2001	747.68	550.11
1988	411.59	360.02	2002	785.41	581.95
1989	380.94	339.06	2003	818.93	606.90
1990	415.69	354.11	2004	882.63	656.68
1991	419.51	366.96	2005	961.07	754.53
1992	443.43	372.74	2006	1 043.47	822.97
1993	458.52	382.91	2007	1 149.28	894.89
1994	492.33	410.00	2008	1 247.83	959.52
1995	541.43	449.68	2009	1 360.25	1 054.14
1996	612.62	500.03	2010	1 512.48	1 119.68
1997	648.50	501.75	2011	1 691.57	1 265.80
1998	677.52	498.38			

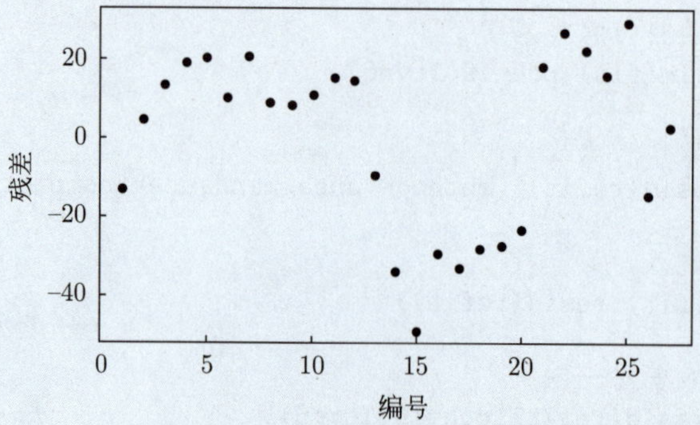

图 4.6　农村居民消费模型的残差图

本节将讨论自相关现象及其成因、自相关的影响、自相关的诊断以及自相关现象的修正。

1. 自相关现象及其成因

回归模型的基本假设之一是随机误差项不存在自相关，即

$$\mathrm{Cov}(\varepsilon_i,\ \varepsilon_j)=0,\ i\neq j$$

如果该假设不满足，就称 ε_i 与 ε_j 存在自相关，即不同观测点的误差项彼此相关。自相关又称序列相关。自相关系数可以用于体现自相关现象。随机误差项 ε_t 与滞后一期的 ε_{t-1} 的自相关系数 ρ 定义为：

$$\rho=\frac{\sum_{t=2}^{n}\varepsilon_t\varepsilon_{t-1}}{\sqrt{\sum_{t=2}^{n}\varepsilon_t^2}\sqrt{\sum_{t=2}^{n}\varepsilon_{t-1}^2}} \tag{4.3.1}$$

式 (4.3.1) 定义的 ρ 也称一阶自相关系数。ρ 的取值范围是 $[-1,\ 1]$，且其符号表示自相关的状态，$\rho>0$ 时为正相关，$\rho<0$ 时为负相关，当 $|\rho|\to 1$ 时，表示相关程度很高。自相关现象不是两个或多个变量之间的相关关系，而是同一个变量前后期观测之间的相关关系。时间序列数据和经济变量前后期之间常有关联，出现自相关现象。随机误差序列产生自相关的原因具体有如下几方面：

(1) 模型设定偏误。模型设定偏误主要指两方面：一是模型遗漏关键自变量，二是模型函数形式错误。和模型设定偏误将导致异方差一样，这两种情形将产生系统误差，而该误差存在于随机误差项中，从而导致序列产生自相关。

(2) 经济系统的惯性。经济行为具有时间上的惯性，如 GDP、物价、就业等经济指标随经济系统的周期而波动，经济高速增长时期，较高的经济增长率会持续一段时间，经济衰退时期，较高的失业率将持续一段时间，因此经济时间序列数据常出现自相关。

(3) 经济行为的滞后效应。滞后效应是指一个变量对另一个变量的影响不仅限于当期，而且会延续若干期，由此带来变量的自相关。

(4) 蛛网现象。蛛网理论是一种引入时间因素考察价格和产量均衡状态变动过程的理论。将其均衡的变动过程反映在二维坐标图上，其形如蛛网。考察某些商品，特别是农产品的价格波动对下个生产周期产量的影响时，所发生的均衡变动情况常表现为蛛网现象。在完全竞争的条件下，单个厂商及个人均无法改变商品的价格，只能影响产量，而该类商品需要较长的时间才能生产出来，在生产周期内生产规模无法改变时，本期市场价格由本期产量决定，本期产量将由上期市场价格决定。若以线性模型考察该类商品供给 Q_t 与价格 P_t 的关系，如

$$Q_t=\beta_0+\beta_1P_{t-1}+u_t$$

随机误差项将可能出现自相关。

(5) 数据处理造成自相关。构建模型前期，需要对原始数据进行一些处理，处理后的数据可能产生自相关。如为消除季节性，对数据进行修匀；或者对缺失数据采用某些统计方法填补，都可能使数据前后期出现自相关。

2. 自相关的影响

当线性回归模型的随机误差项存在自相关时，就违背了线性回归方程的基本假设，若仍然直接用普通最小二乘法估计未知参数，将会造成严重后果。与异方差造成的影响类似，自相关性一般会导致如下问题：

(1) 参数的普通最小二乘估计仍是无偏的，但不再是最佳线性无偏估计；而且尽管 $\hat{\beta}$ 仍是 β 的无偏估计，但在任一特定的样本中，$\hat{\beta}$ 可能会严重歪曲 β 的真实情况，即最小二乘估计量对抽样波动变得非常敏感。

(2) 均方误差可能严重低估误差项的方差。

(3) 对方差的低估将导致 t 值的高估，从而更倾向于拒绝原假设，这时 F 检验和 t 检验失效。

(4) 如果直接使用参数的最小二乘估计进行预测和分析，将会带来较大的方差甚至错误的解释。

以一元线性回归 $Y=\beta_0+\beta_1X+\varepsilon$ 为例进行说明，X 和 Y 的取值已经经过中心化处理。当基本假设都满足时，β_1 的普通最小二乘估计为：

$$\hat{\beta}_1=\frac{\sum X_tY_t}{\sum X_t^2}=\beta_1+\frac{\sum X_t\varepsilon_t}{\sum X_t^2}$$

记 $\mathrm{Var}(\varepsilon)=\sigma^2$，则 $\hat{\beta}_1$ 的方差为：

$$\mathrm{Var}(\hat{\beta}_1)=\frac{\sigma^2}{\sum X_t^2}$$

现在假设随机误差项存在一阶自相关

$$\varepsilon_t=\rho\varepsilon_{t-1}+u_t$$

式中，ε_t 为当期随机误差，ε_{t-1} 为前期随机误差，ρ 为自相关系数，u_t 是满足回归基本假设的误差项。此时，参数的普通最小二乘估计仍是无偏的，因为普通最小二乘估计的无偏性仅需要满足 $E(\varepsilon)=0$ 的假设；而其实际方差

$$\begin{aligned}\mathrm{Var}(\hat{\beta}_1)&=E\left(\hat{\beta}_1-\beta_1\right)^2\\&=\frac{1}{\left(\sum X_t^2\right)^2}E\left(\sum X_t\varepsilon_t\right)^2\\&=\frac{1}{\left(\sum X_t^2\right)^2}E\left[(X_1^2\varepsilon_1^2+\cdots+X_n^2\varepsilon_n^2)+\sum_{i\neq j}X_iX_j\varepsilon_i\varepsilon_j\right]\end{aligned}$$

$$
\begin{aligned}
&= \frac{\sum X_t^2 E(\varepsilon_t^2)}{\left(\sum X_t^2\right)^2} + \frac{1}{\left(\sum X_t^2\right)^2}\sum_{i\neq j} X_i X_j E(\varepsilon_i \varepsilon_j) \\
&= \frac{\sigma^2}{\sum X_t^2} + \frac{2}{\left(\sum X_t^2\right)^2}(X_1X_2\rho\sigma^2 + X_1X_3\rho^2\sigma^2 + \cdots + X_{n-1}X_n\rho\sigma^2) \\
&= \frac{\sigma^2}{\sum\limits_{t=1}^{n} X_t^2}\left[1 + 2\rho\frac{\sum\limits_{t=1}^{n-1} X_tX_{t+1}}{\sum\limits_{t=1}^{n} X_t^2} + 2\rho^2\frac{\sum\limits_{t=1}^{n-2} X_tX_{t+2}}{\sum\limits_{t=1}^{n} X_t^2} + \cdots + 2\rho^{n-1}\frac{X_1X_n}{\sum\limits_{t=1}^{n} X_t^2}\right]
\end{aligned}
$$

当随机误差项无自相关，即 $\rho = 0$ 时，上式等于 $\dfrac{\sigma^2}{\sum X_t^2}$。在实际中含有经济变量的模型常常表现为正的自相关，即 $\rho > 0$，同时 $\boldsymbol{X}$ 序列自身也呈正相关。此时上式表示的估计量方差将大于 $\dfrac{\sigma^2}{\sum X_t^2}$，若仍用公式 $\dfrac{\sigma^2}{\sum X_t^2}$ 计算 $\hat{\beta}_1$ 的方差，将会低估参数估计值的真实方差。

对于 σ^2 的估计量 $\hat{\sigma}^2 = \dfrac{(\boldsymbol{Y}-\boldsymbol{X}\hat{\boldsymbol{\beta}})^\top(\boldsymbol{Y}-\boldsymbol{X}\hat{\boldsymbol{\beta}})}{n-p-1}$，这里 $p=1$，当回归模型所有的基本假设都满足时，$\hat{\sigma}^2$ 是 σ^2 的无偏估计。而当随机误差项存在一阶自相关时，类似可以证明：

$$
E(\hat{\sigma}^2) = \frac{\sigma^2}{n-2}\left[(n-1) - \left(2\rho\frac{\sum\limits_{t=1}^{n-1} X_tX_{t+1}}{\sum\limits_{t=1}^{n} X_t^2} + 2\rho^2\frac{\sum\limits_{t=1}^{n-2} X_tX_{t+2}}{\sum\limits_{t=1}^{n} X_t^2} + \cdots + 2\rho^{n-1}\frac{X_1X_n}{\sum\limits_{t=1}^{n} X_t^2}\right)\right] \tag{4.3.2}
$$

若随机误差项和自变量 $\boldsymbol{X}$ 存在正的一阶自相关，式 (4.3.2) 将小于 σ^2。这时若仍用 $\hat{\sigma}^2 = \dfrac{(\boldsymbol{Y}-\boldsymbol{X}\hat{\boldsymbol{\beta}})^\top(\boldsymbol{Y}-\boldsymbol{X}\hat{\boldsymbol{\beta}})}{n-p-1}$ 估计 σ^2，将会低估真实的 σ^2，且使参数最小二乘估计值的方差进一步低估。

3. 自相关的诊断

鉴于随机误差项存在自相关时给普通最小二乘估计的应用带来的严重后果，准确诊断随机误差项是否存在自相关就变得十分重要。下面介绍两种诊断方法。

(1) 图示检验法。

图示检验法是一种直观的诊断方法，它是对给定的回归模型直接用普通最小二乘法估计参数，求出残差项 e_t，并以 e_t 作为随机误差项 ε_t 的估计值，绘制散点图，然后根据 e_t 的相关性来判断随机误差项 ε_t 的相关性。残差 e_t 的散点图通常有两种绘制形式。

(i) 以 (e_{t-1}, e_t) $(t=2, 3, \cdots, n)$ 作为散布点绘图。如果大部分点落在第 Ⅰ、Ⅲ 象限，表明随机误差项 ε_t 存在正自相关，如图4.7(a) 所示；如果大部分点落在第 Ⅱ、Ⅳ 象限，表明随机误差项 ε_t 存在负自相关，如图4.7(b) 所示。

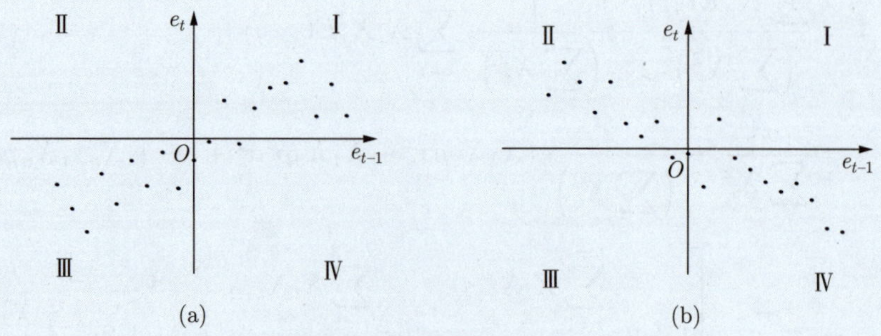

图 4.7 正自相关与负自相关

(ii) 按时间顺序绘制回归残差 e_t 的图形。如果 e_t ($t=1$，2，$\cdots$，n) 随着 t 的变化逐次有规律地变化，即呈现锯齿状或循环状的变化，就可断定 e_t 存在自相关，表明 ε_t 存在自相关性。如果 e_t 随 t 的变化逐次改变并不断改变符号，如图4.8(a) 所示，那么随机扰动项存在负自相关；如果 e_t 随 t 的变化并不频繁地改变符号，而是几个正的 e_t 后面跟着几个负的，则表明随机扰动项 ε_t 存在正自相关，如图4.8(b) 所示。

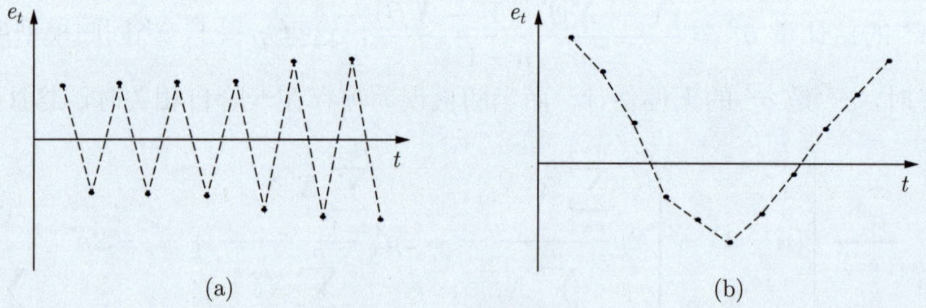

图 4.8 自相关检验

(2) DW 检验。

DW 检验是杜宾和沃特森于 1951 年提出的适用于小样本的检验方法。DW 检验只能用于检验随机扰动项具有一阶自相关形式的序列相关问题。这种检验方法是建立计量经济模型最常用的方法，一般的计算机软件都提供 DW 值。

随机扰动项的一阶自相关形式为：

$$\varepsilon_t=\rho\varepsilon_{t-1}+u_t$$

为检验序列的相关性，构造假设 H_0：$\rho=0$。为检验上述假设，构造 DW 统计量。首先算出回归估计式的残差 e_t，定义 DW 统计量为：

$$\mathrm{DW}=\frac{\sum\limits_{t=2}^{n}(e_t-e_{t-1})^2}{\sum\limits_{t=2}^{n}e_t^2}$$

式中，$e_t=Y_t-\hat{Y}_t$，$t=1$，2，$\cdots$，n。则

$$\mathrm{DW}=\frac{\sum_{t=2}^{n}e_t^2+\sum_{t=2}^{n}e_{t-1}^2-2\sum_{t=2}^{n}e_te_{t-1}}{\sum_{t=2}^{n}e_t^2}$$

如果认为 $\sum_{t=2}^{n}e_t^2$ 与 $\sum_{t=2}^{n}e_{t-1}^2$ 近似相等，就有

$$\mathrm{DW}\approx 2\left[1-\frac{\sum_{t=2}^{n}e_te_{t-1}}{\sum_{t=2}^{n}e_t^2}\right]$$

而将 $\sum_{t=2}^{n}e_t^2$ 与 $\sum_{t=2}^{n}e_{t-1}^2$ 视为近似相等，自相关系数

$$\hat{\rho}\approx\frac{\sum_{t=2}^{n}e_te_{t-1}}{\sum_{t=2}^{n}e_t^2}$$

因此，$\mathrm{DW}\approx 2(1-\hat{\rho})$。DW 值与 $\hat{\rho}$ 的对应关系如表4.7所示。

表 4.7　DW 检验与自相关系数

$\hat{\rho}$	DW	误差项的自相关性
−1	4	完全负自相关
(−1，0)	(2，4)	负自相关
0	2	无自相关
(0，1)	(0，2)	正自相关
1	0	完全正自相关

由上面讨论可知，DW 的取值范围为：$0\leqslant \mathrm{DW}\leqslant 4$。根据样本量 n 和解释变量的数目 k (这里包括常数项) 查 DW 分布表，得临界值 d_L 和 d_U，然后依据下列准则考察计算得到的 DW 值，以决定模型的自相关状态，见表4.8。

表 4.8　DW 检验

DW 的取值范围	模型的自相关状态
$0\leqslant \mathrm{DW}<d_L$	误差项 ε_1，ε_2，$\cdots$，ε_n 间存在正自相关
$d_L\leqslant \mathrm{DW}\leqslant d_U$	不能判定是否存在自相关
$d_U<\mathrm{DW}<4-d_U$	误差项 ε_1，ε_2，$\cdots$，ε_n 间无自相关
$4-d_U\leqslant \mathrm{DW}\leqslant 4-d_L$	不能判定是否存在自相关
$4-d_L<\mathrm{DW}\leqslant 4$	误差项 ε_1，ε_2，$\cdots$，ε_n 间存在负自相关

需要注意的是，DW 检验尽管有着广泛的应用，但也有明显的缺点和局限：① DW 检

验有两个不能确定的区域，一旦 DW 值落在这两个区域，就无法判断，这时，只有增大样本量或选取其他检验方法；② DW 统计量的上下界表要求 $n>15$，这是因为样本量如果再小，利用残差就很难对自相关的存在性做出比较正确的诊断；③ DW 检验不适合随机误差项具有高阶自相关的情况。

4. 自相关现象的修正

当着手改进回归模型的自相关现象时，首先要查明序列相关产生的原因。如果是模型设定偏误，则应当改用适当的回归模型；如果模型设定适当，随机误差项仍表现出自相关，则需采用迭代法、差分法等方法处理。

(1) 迭代法。

以一元线性回归模型为例，设一元线性回归模型的误差项存在一阶自相关

$$Y_t=\beta_0+\beta_1X_t+\varepsilon_t \tag{4.3.3}$$

$$\varepsilon_t=\rho\varepsilon_{t-1}+u_t \tag{4.3.4}$$

$$\begin{cases}E(u_t)=0，t=1，2，\cdots，n\\ \mathrm{Cov}(u_t，u_s)=\begin{cases}\sigma^2, & t=s\\ 0, & t\neq s\end{cases}, \quad t，s=1，2，\cdots，n\end{cases} \tag{4.3.5}$$

式 (4.3.4) 表明误差项 ε_t 存在一阶自相关，式 (4.3.5) 表明 u_t 满足回归模型关于随机误差项的基本假设。根据回归模型式 (4.3.3)，有

$$Y_{t-1}=\beta_0+\beta_1X_{t-1}+\varepsilon_{t-1} \tag{4.3.6}$$

将式 (4.3.6) 两端乘以 ρ，再用式 (4.3.3) 去减，则有

$$Y_t-\rho Y_{t-1}=(\beta_0-\rho\beta_0)+\beta_1(X_t-\rho X_{t-1})+(\varepsilon_t-\rho\varepsilon_{t-1}) \tag{4.3.7}$$

令

$$Y_t'=Y_t-\rho Y_{t-1},\quad X_t'=X_t-\rho X_{t-1},\quad \beta_0'=\beta_0(1-\rho),\quad \beta_1'=\beta_1$$

于是式 (4.3.7) 就转化为：

$$Y_t'=\beta_0'+\beta_1'X_t'+u_t \tag{4.3.8}$$

式 (4.3.8) 中有独立随机误差项，且它满足线性回归模型的基本假设，用普通最小二乘法得到的参数估计量具有通常的优良性。

由于自相关系数 ρ 是未知的，需要用 DW 值进行估计。由 $\hat{\rho}\approx 1-\frac{1}{2}\mathrm{DW}$ 计算出 ρ 的估计值 $\hat{\rho}$ 后，代入模型，计算出变换后的因变量 Y_t' 和自变量 X_t'，然后对式 (4.3.8) 进行最小二乘回归。如果误差项确实是式 (4.3.3) 的一阶自相关形式，那么经过以上变换，式 (4.3.8) 已经消除自相关，迭代结束。

在实际问题中，有时误差项并不是简单的一阶自相关，而是更复杂的自相关形式，式 (4.3.8) 的误差项 u_t 可能仍然存在自相关，这就需要进一步对式 (4.3.8) 的误差项 u_t 做

DW 检验，以判断 u_t 是否存在自相关。如果检验表明误差项 u_t 存在自相关，那么对回归模型式 (4.3.8) 重复运用迭代法，直至最终消除误差项的自相关性。这种通过迭代消除自相关的过程正是迭代法名称的由来。

(2) 差分法。

差分法就是用增量数据代替原来的样本数据，将原来的回归模型变为差分形式的模型。一阶差分法通常适用于原模型存在较高程度的一阶自相关的情况。

在前面迭代方程式 (4.3.7) 中，当 $\rho = 1$ 时，得

$$Y_t - Y_{t-1} = \beta_1(X_t - X_{t-1}) + (\varepsilon_t - \varepsilon_{t-1}) \tag{4.3.9}$$

令 $\Delta Y_t = Y_t - Y_{t-1}$，$\Delta X_t = X_t - X_{t-1}$ 则

$$\Delta Y_t = \beta_1 \Delta X_t + u_t \tag{4.3.10}$$

式 (4.3.10) 不存在序列自相关，它是以差分数据 ΔY_t 和 ΔX_t 为样本的回归方程。对式 (4.3.10) 进行最小二乘估计，求得 $\hat{\beta}_1$，代入式 (4.3.3)，还原为初始回归方程。

一阶差分法的应用条件是自相关系数 $\rho = 1$，实际中，ρ 接近 1 时就采用差分法而不用迭代法。因为迭代法需要用样本估计自相关系数 ρ，对 ρ 的估计误差会影响迭代法的使用效率，并且差分法的操作更简单。对时间序列建立回归模型时，更习惯于采用差分法处理自相关问题。

例 4.7 2011 年中国农村人口占总人口的 48.73%，农村居民人均消费为 5 221 元，仅为城镇居民人均消费 15 161 元的 34.44%，农村居民的收入和消费是一个值得研究的问题。消费模型是研究居民消费行为的常用工具。通过农村居民消费模型的分析可判断农村居民的边际消费倾向，这是宏观经济分析的重要参数。同时，农村居民消费模型也可用于农村居民消费水平的预测。

表 4.6 是从《中国统计年鉴 (2012)》收集的经消费价格指数调整后的中国农村居民 1985—2011 年的收入与消费数据 (以 1985 年为可比价格)。以人均实际纯收入为自变量、人均实际消费性支出为因变量建立农村居民消费的线性回归模型。诊断该模型是否存在自相关；若存在，采用适当的方法进行处理 (庞皓, 2014)。

(1) 根据表 4.6 中的农村居民收入和消费数据，使用普通最小二乘法估计消费模型。

如表 4.9 所示，回归方程为：$\hat{Y}_t = 44.152 + 0.721X_t$。该回归方程的拟合优度很高，回归系数均显著。图4.6为该模型的残差图，该图显示，残差的变动有系统模式，即连续为正和连续为负，表明残差项存在一阶正自相关。经计算，模型的 DW 值等于 0.530，查询 DW 统计量表，对于样本量为 27、含一个自变量的模型，5% 显著性水平下的 $d_L = 1.316$，$d_U = 1.469$，因此模型的 DW 值小于 d_L，该消费模型存在自相关。

表 4.9 系数估计表

	系数估计	标准误差	t 值	p 值
截距项	44.152	10.108	4.370	0.000
X	0.721	0.012	59.610	0.000

(2) 采用迭代法解决自相关问题。由回归方程可以得到残差序列 e_t，并求出自相关系数的估计 $\hat{\rho}$，原模型转化为：

$$Y_t - \hat{\rho}Y_{t-1} = \beta_1(1-\hat{\rho}) + \beta_2(X_t - \hat{\rho}X_{t-1}) + u_t$$

如表 4.10 所示，回归方程为：

$$\hat{Y}_t^* = 13.678 + 0.716X_t^*$$

式中，$\hat{Y}_t^* = Y_t - \hat{\rho}Y_{t-1}$，$X_t^* = X_t - \hat{\rho}X_{t-1}$。

表 4.10　系数估计表

	系数估计	标准误差	t 值	p 值
截距项	13.678	6.494	2.110	0.046
dX	0.716	0.023	30.670	0.000

此时模型的 DW 值为 1.779。而由 DW 统计量表，样本量为 26、含一个自变量的模型，5% 显著性水平下的 $d_L = 1.302$，$d_U = 1.461$，因此有 $d_U < \text{DW} < 4 - d_U$。新的残差序列图如图4.9所示，也呈现出无序的状态，这表明在 5% 的显著性水平下，经过差分之后的模型已无自相关。拟合优度和模型检验均达到理想水平。最终得到的农村居民消费模型为：

$$\hat{Y}_t = 50.291 + 0.716X_t$$

即农村居民的边际消费倾向为 0.716，农村居民人均实际纯收入每增加 1 元，平均来说人均实际消费性支出将增加 0.716 元。

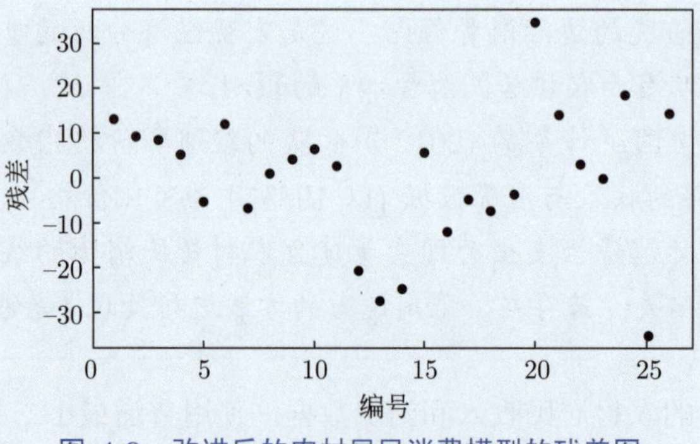

图 4.9　改进后的农村居民消费模型的残差图

基于 R 建立 Y 对 X 的普通最小二乘回归，判断是否存在自相关，并利用加权最小二乘法处理自相关问题。代码如下：

```
> # 读取数据
> data4_2<-read.csv("example4_2.csv",na.strings=" ");
> options(digits=4)
> # 拟合线性模型并展示拟合结果
> fit<-lm(y~x,data=data4_2);
> coef(summary(fit))
```

```
             Estimate Std. Error t value  Pr(>|t|)
(Intercept)   44.1517   10.10791   4.368 1.917e-04
x              0.7207    0.01209  59.606 1.795e-28

> # DW检验
> library(car);
> durbinWatsonTest(fit);

 lag Autocorrelation D-W Statistic p-value
   1           0.728          0.53       0
 Alternative hypothesis: rho!=0

> # 绘制残差图
> plot(residuals.lm(fit),pch=19,lty=6);

> # 采用广义差分法解决自相关问题
> rho=acf(resid(fit),plot=F)[[1]][2];
> x=data4_2[,2];
> y=data4_2[,3];
> dx=NULL;
> dy=NULL;
> n=nrow(data4_2);
> # 根据估计所得的自相关系数，对自变量和因变量分别进行一阶差分
> for(i in 1:(n-1)){
+     dy[i]<-y[i+1]-rho*y[i];
+     dx[i]<-x[i+1]-rho*x[i];}
> # 对差分值进行拟合并展示结果
> refit=lm(dy~dx)
> coef(summary(refit))

             Estimate Std. Error t value  Pr(>|t|)
(Intercept)   13.6775    6.49360   2.106 4.582e-02
dx             0.7162    0.02335  30.669 9.180e-21

> # 再次进行DW检验
> durbinWatsonTest(refit)

 lag Autocorrelation D-W Statistic p-value
   1         0.07973         1.779   0.456
 Alternative hypothesis: rho!=0

> # 对改进的模型绘制残差图
> plot(residuals.lm(refit),pch=19,lty=6)
```

4.4 异常值和强影响点

1. 影响分析

除了通过回归模型的诊断来检验高斯–马尔可夫条件是否成立，研究者还关注数据的“质量”或数据的合理性。因此与回归模型的诊断同等重要的另一个问题是探查对参数估计或预测有很大影响的数据，其中包括异常值与强影响点。

在回归分析中，因变量 Y 的取值 y_i 具有随机性，而自变量 X_1，X_2，$\cdots$，X_p 的取值 $\boldsymbol{x}_i=(x_{i1}, x_{i2}, \cdots, x_{ip})^\top (i=1, 2, \cdots, n)$ 也只是许多可能取到的值中的 n 组。研究者希望每组数据 $(Y_i, \boldsymbol{X}_i^\top)$ 对未知参数的估计有一定的影响，但这种影响不能过大，这样得到的经验回归方程就具有一定的稳健性。否则，若存在一两组数据对估计有很大影响，在剔除这些数据之后，将得到与原来差异很大的经验回归方程，此时有理由怀疑所建立的经验回归方程是否真正描述了因变量与诸自变量之间客观存在的相依关系。所以，在做回归分析时，有必要考察每组数据对参数估计的影响大小，这部分内容又称为影响分析。

影响分析只是研究探查强影响数据的统计方法，至于对已确认的强影响数据如何处理，需要具体问题具体分析，往往需要仔细核查数据获得的全过程。如果强影响数据是由实验条件失控、记录失误或其他一些过失所致，那么这些数据应该删除，或者采用一些稳健估计方法以减少强影响数据对估计的影响，从而获得较稳定的经验回归方程；如果强影响数据本身携带了重要的信息，则不能轻易删除，可以考虑额外收集一些与强影响点特征相近的数据，重新建立合适的模型进行分析。

影响分析既关注自变量 X 的异常观测，也关注因变量 Y 的异常观测。具有很大残差的观测通常会被识别为异常值点，而这些异常的观测值可能会影响回归结果。下面以模拟数据为例，分别展示自变量 X 和因变量 Y 的异常观测。考虑图4.10所示的情形，A 点虽远离样本其他部分的 X 空间，但它几乎位于通过其他样本点的回归直线上，这是一个杠杆点的例子。再考察图4.11所示的情形，所标注的 B 点的横坐标虽然没有异常，但其纵坐标是异常的。这是一个强影响点，它会将回归模型“拽”向它的方向，该点将对回归系数产生显著影响。

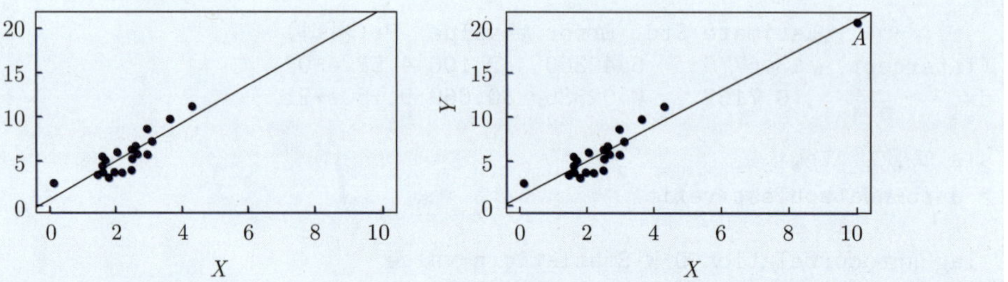

图 4.10 正常的一元线性回归 (a) 和带杠杆点的一元线性回归 (b)

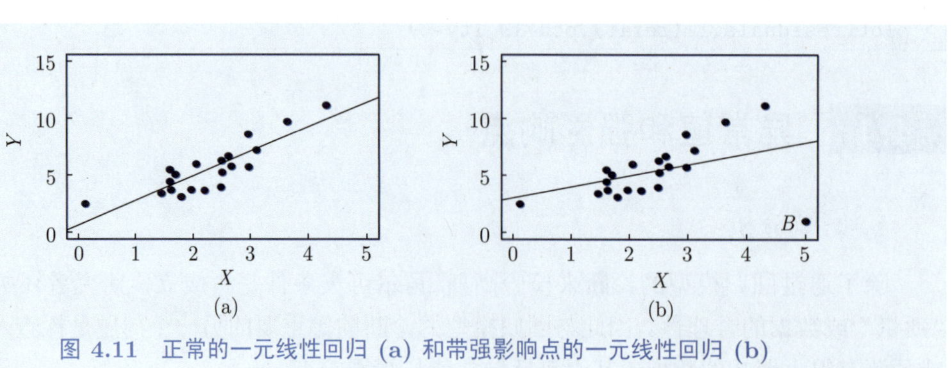

图 4.11 正常的一元线性回归 (a) 和带强影响点的一元线性回归 (b)

研究者发现，有时数据中一个小的子集对模型的系数与性质产生了不成比例的影响。研究者想要的是代表了所有或者绝大部分样本观测点的回归模型，而不是代表少数观测点的模型。因此，找出这些强影响点并评定其对模型的影响具有重要意义。如果这些强影响点的确是“不良”值，那么应当将其从样本中剔除；另外，这些点可能不存在任何错误，但如果它们控制了模型的关键性质，那么这些点会影响回归模型的最终使用效果，所以应当了解这些点。

本节主要介绍异常值和强影响点的识别，即影响分析。在一元线性回归场合中，散点图或残差图可以方便地识别异常值；而在多元线性回归的情况下，用简单画图法识别异常值就变得很困难，需要使用更有效的方法。

2. 关于因变量 Y 的异常值

在残差分析中，认为超过 $\pm 3\hat{\sigma}$ 的残差为异常值。由于普通残差 e_1，e_2，$\cdots$，e_n 的方差 $\mathrm{Var}(e_i)=(1-h_{ii})\sigma^2$ 不等，因此用 e_i 做判断会带来一定的麻烦。类似于一元线性回归，在多元线性回归中，同样可以引入标准化残差 ZRE_i 以及 4.1 节定义的学生化残差 r_i，以改进普通残差的性质。

标准化残差的形式为：

$$\mathrm{ZRE}_i=\frac{e_i}{\hat{\sigma}}$$

标准化残差使残差具有可比性，$|\mathrm{ZRE}_i|>3$ 的相应观测值即判定为异常值，这简化了判定工作，但是没有解决方差不等的问题。学生化残差则进一步解决了方差不等的问题，比标准化残差又有所改进。但是当观测数据中存在关于 Y 的异常观测值时，普通残差、标准化残差、学生化残差这三种残差都不再适用。这是由于异常值把回归线拉向自身，使异常值本身的残差减小，而其余观测值的残差增大，这时回归标准差 $\hat{\sigma}$ 也会增大，因而用“3σ”准则不能正确分辨出异常值。解决这个问题的方法是改用删除残差。

删除残差的构造思想是：在计算第 i 个观测值的残差时，用剔除第 i 个观测值的其余 $n-1$ 个观测值拟合回归方程，计算出第 i 个观测值的删除拟合值 $\hat{Y}_i$，这个删除拟合值与第 i 个值无关，不受第 i 个值是否为异常值的影响，由此定义第 i 个观测值的删除残差为：

$$e_{(i)}=Y_i-\hat{Y}_{(i)}$$

删除残差 $e_{(i)}$ 较普通残差更能如实反映第 i 个观测值的异常性。可以证明：

$$e_{(i)}=\frac{e_i}{1-h_{ii}} \tag{4.4.1}$$

进一步，可以给出第 i 个观测值的删除学生化残差，记为 $r_{(i)}$。删除学生化残差 $r_{(i)}$ 的表达式为：

$$r_{(i)}=r_i\left(\frac{n-p-2}{n-p-1-r_i^2}\right)^{\frac{1}{2}} \tag{4.4.2}$$

式 (4.4.1) 和式 (4.4.2) 的证明请参阅陈希孺和王松桂 (1987)。实际应用中，$|r_{(i)}|>3$ 的观测值即判定为异常值。

例 4.8 以本节生成的模拟数据为例，对关于因变量 Y 的异常值进行分析。在利用最小二乘法得到一元线性经验回归模型后，首先计算学生化残差，如表4.11前 4 行所示。根据前文，当观测数据中存在关于 Y 的异常观测值时，普通残差、标准化残差和学生化残差这三种残差都不再适用，因此需要进一步计算删除学生化残差，结果如表4.11后 4 行所示。B 点的删除学生化残差为 -7.099，其绝对值大于 3，因此可以判定 B 点为异常值点。

表 4.11 学生化残差和删除学生化残差

编号	1	2	3	4	5	6	7	8	9	10	11
学生化残差	−0.665	−0.057	−0.087	0.426	1.511	0.517	−0.671	0.547	−0.754	−0.404	0.188
编号	12	13	14	15	16	17	18	19	20	**21**	
学生化残差	0.446	−0.336	−0.543	1.988	−0.075	1.252	−0.469	0.082	0.389	**−3.742**	
编号	1	2	3	4	5	6	7	8	9	10	11
删除学生化残差	−0.655	−0.056	−0.084	0.417	1.568	0.507	−0.661	0.537	−0.745	−0.395	0.183
编号	12	13	14	15	16	17	18	19	20	**21**	
删除学生化残差	0.437	−0.328	−0.533	2.175	−0.073	1.272	−0.459	0.080	0.380	**−7.099**	

基于 R 生成模拟数据并对关于因变量 Y 的异常值进行分析。代码如下：

```
> # 首先生成数据
> set.seed(777)
> n<-20
> beta_0<-1
> beta_1<-2
> X<-rnorm(n,2,1)
> XX<-c(X,5)
> epsilon<-rnorm(n,0,1)
> Y<-beta_0+beta_1*X+epsilon
> YY<-c(Y,1)

> # 拟合线性回归模型，绘图展示数据
> plot(X,Y,pch=19,xlim=c(0,5),ylim=c(0,15))
> fit<-lm(Y~X)
> abline(fit)

> # 拟合带强影响点的线性回归模型，绘图展示数据
> plot(XX,YY,pch=19,xlim=c(0,5),ylim=c(0,15),xlab='X',ylab='Y')
> text(XX[21],YY[21]-1,'B')
> fit1<-lm(YY~XX)
> abline(fit1)

> # 计算学生化残差和删除学生化残差
> # 学生化残差
```

```
> rstandard(fit1)

       1        2        3        4        5        6        7        8
-0.66480 -0.05744 -0.08672  0.42636  1.51099  0.51696 -0.67096  0.54720
       9       10       11       12       13       14       15       16
-0.75400 -0.40370  0.18782  0.44613 -0.33613 -0.54348  1.98836 -0.07523
      17       18       19       20       21
 1.25154 -0.46878  0.08240  0.38889 -3.74157

> # 删除学生化残差
> round(rstandard(fit1)*sqrt((21-1-2)/(21-1-1-rstandard(fit1)^2)),3)

     1      2      3      4      5      6      7      8      9     10     11
-0.655 -0.056 -0.084  0.417  1.568  0.507 -0.661  0.537 -0.745 -0.395  0.183
    12     13     14     15     16     17     18     19     20     21
 0.437 -0.328 -0.533  2.175 -0.073  1.272 -0.459  0.080  0.380 -7.099
```

3. 关于自变量 X 的异常值

计算样本均值时，每个样本都有相同的权重，而回归分析中并不总是这样。每个样本 $\boldsymbol{X}_i^\top=(X_{i1},\ X_{i2},\ \cdots,\ X_{ip})$ 在自变量空间中的位置影响回归系数的确定，较远的点可能对模型参数的估计值、标准误差以及预测值等产生不成比例的影响。

帽子矩阵 $\boldsymbol{H}$ 在识别强影响观测值时扮演着重要角色。$\mathrm{Var}(\hat{\boldsymbol{Y}})=\sigma^2\boldsymbol{H}$ 且 $\mathrm{Var}(\boldsymbol{e})=\sigma^2(\boldsymbol{I}-\boldsymbol{H})$，即 $\boldsymbol{H}$ 确定了因变量和误差项的方差。矩阵 $\boldsymbol{H}$ 的元素 h_{ij} 表示第 i 个样本 Y_i 对第 j 个拟合样本 $\hat{Y}_j$ 施加的杠杆量。

通常关注的是帽子矩阵 $\boldsymbol{H}$ 的对角元 h_{ii}，它可以写为：

$$h_{ii}=\boldsymbol{X}_i^\top(\boldsymbol{X}^\top\boldsymbol{X})^{-1}\boldsymbol{X}_i$$

式中，$\boldsymbol{X}_i^\top$ 表示 $\boldsymbol{X}$ 矩阵的第 i 行。帽子矩阵的对角元标准化地度量了第 i 个样本与自变量空间质心的距离。因此，帽子矩阵中较大的对角元揭示该观测值可能是有强影响的，因为这些观测值远离其他观测构成的自变量空间。由于 $\mathrm{tr}(\boldsymbol{H})=\sum h_{ii}=p+1$，所以帽子矩阵对角元的平均值为 $\bar{h}=\dfrac{p+1}{n}$，通常认为大于 2 倍或者 3 倍的 $\bar{h}$ 的帽子矩阵对角元相应的观测值是足够远离数据其他部分的，可以视为杠杆点。

但不是所有的杠杆点都将影响回归系数。例如图4.10(b) 的 A 点，该点有较大的帽子矩阵对角元，但它对回归系数几乎没有影响，这是因为它几乎位于通过其他观测点的直线上，而帽子矩阵对角元仅考察自变量空间中观测值的位置。为此，研究者引入库克统计量

$$D_i=\frac{(\hat{\boldsymbol{\beta}}-\hat{\boldsymbol{\beta}}_{(i)})^\top\boldsymbol{X}^\top\boldsymbol{X}(\hat{\boldsymbol{\beta}}-\hat{\boldsymbol{\beta}}_{(i)})}{p\hat{\sigma}^2},\quad i=1,\ 2,\ \cdots,\ n$$

式中，$\hat{\sigma}^2=||\boldsymbol{Y}-\boldsymbol{X}\hat{\boldsymbol{\beta}}||^2/(n-p)$，$\hat{\boldsymbol{\beta}}_{(i)}$ 表示剔除第 i 行求得的 $\boldsymbol{\beta}$ 的最小二乘估计。于是，对一组观测数据，可以通过一个数量 D_i 来刻画它对回归系数估计影响的大小。然而，$D_i\ (i=1,\ 2,\ \cdots,\ n)$ 的计算很不方便，它需要分别计算 $\hat{\boldsymbol{\beta}}$，$\hat{\boldsymbol{\beta}}_{(1)}$，$\cdots$，$\hat{\boldsymbol{\beta}}_{(n)}$，涉及 $n+1$

次回归，计算量太大。下面的定理提供了计算 D_i 的简便公式，它只需要计算完全数据的线性回归模型。

定理 4.1 对于线性回归模型式 (4.1.1)，库克统计量可由下式计算：

$$D_i = \frac{1}{p}\left(\frac{h_{ii}}{1-h_{ii}}\right)r_i^2,\quad i=1,\ 2,\ \cdots,\ n$$

式中，h_{ii} 是帽子矩阵 $\boldsymbol{H}=\boldsymbol{X}(\boldsymbol{X}^\top\boldsymbol{X})^{-1}\boldsymbol{X}^\top$ 的第 i 个对角元，r_i 是学生化残差。

证明： 设 $\boldsymbol{A}$ 为 $n\times n$ 阶可逆阵，$\boldsymbol{u}$ 和 $\boldsymbol{v}$ 均为 n 维列向量。利用恒等式

$$(\boldsymbol{A}-\boldsymbol{u}\boldsymbol{v}^\top)^{-1}=\boldsymbol{A}^{-1}+\frac{\boldsymbol{A}^{-1}\boldsymbol{u}\cdot\boldsymbol{v}^\top\boldsymbol{A}^{-1}}{1-\boldsymbol{u}^\top\boldsymbol{A}^{-1}\boldsymbol{v}}$$

有

$$(\boldsymbol{X}_{(i)}^\top\boldsymbol{X}_{(i)})^{-1}=(\boldsymbol{X}^\top\boldsymbol{X}-\boldsymbol{X}_i\boldsymbol{X}_i^\top)^{-1}=(\boldsymbol{X}^\top\boldsymbol{X})^{-1}+\frac{(\boldsymbol{X}^\top\boldsymbol{X})^{-1}\boldsymbol{X}_i\boldsymbol{X}_i^\top(\boldsymbol{X}^\top\boldsymbol{X})^{-1}}{1-h_{ii}} \tag{4.4.3}$$

式中，$\boldsymbol{X}_i^\top$ 为 $\boldsymbol{X}$ 的第 i 行。将上式两边右乘 $\boldsymbol{X}^\top\boldsymbol{Y}$，并利用

$$\boldsymbol{X}^\top\boldsymbol{Y}=\boldsymbol{X}_{(i)}^\top\boldsymbol{Y}_{(i)}+\boldsymbol{Y}_i\boldsymbol{X}_i$$

以及

$$\hat{\boldsymbol{\beta}}_{(i)}=(\boldsymbol{X}_{(i)}^\top\boldsymbol{X}_{(i)})^{-1}\boldsymbol{X}_{(i)}^\top\boldsymbol{Y}_{(i)}$$

可以推出

$$\hat{\boldsymbol{\beta}}=\hat{\boldsymbol{\beta}}_{(i)}+\boldsymbol{Y}_i(\boldsymbol{X}_{(i)}^\top\boldsymbol{X}_{(i)})^{-1}\boldsymbol{X}_i-\frac{(\boldsymbol{X}^\top\boldsymbol{X})^{-1}\boldsymbol{X}_i(\boldsymbol{X}_i^\top\hat{\boldsymbol{\beta}})}{1-h_{ii}} \tag{4.4.4}$$

将式 (4.4.3) 右乘 $\boldsymbol{X}_i$，可以得到如下关系式：

$$(\boldsymbol{X}_{(i)}^\top\boldsymbol{X}_{(i)})^{-1}\boldsymbol{X}_i=\frac{1}{1-h_{ii}}(\boldsymbol{X}^\top\boldsymbol{X})^{-1}\boldsymbol{X}_i$$

将其代入式 (4.4.4)，得到

$$\hat{\boldsymbol{\beta}}_{(i)}=\hat{\boldsymbol{\beta}}-\frac{e_i}{1-h_{ii}}(\boldsymbol{X}^\top\boldsymbol{X})^{-1}\boldsymbol{X}_i$$

再代入库克统计量的定义式，便证明了该结论。 □

定理4.1简化了库克统计量的计算，只需要从完全数据的线性回归模型算出学生化残差 r_i 和帽子矩阵的对角元 h_{ii} 就可以了。由于 $\dfrac{h_{ii}}{1-h_{ii}}$ 是 h_{ii} 的单调函数，且 h_{ii} 度量了第 i 个样本 X_i 到样本中心 $\overline{X}=\dfrac{1}{n}\sum\limits_{i=1}^{n}X_i$ 的距离，因此库克统计量是杠杆值 h_{ii} 与学生化残差 r_i 的综合反映。直观上，如果一组数据距离自变量空间中心很远，并且对应的学生化残差又很大，那么它必定是强影响数据。但要给库克统计量一个用以判断强影响点的临界值是困难的，应用中往往视具体情况而定。

例 4.9 以本节生成的模拟数据为例，对关于自变量 X 的异常值进行分析。在利用最小二乘法得到经验回归模型后，首先计算各个自变量的杠杆值 h_{ii}，$i=1, 2, \cdots, n$，如表4.12前 4 行所示，发现 A 点的杠杆值大于 2 倍的 $\bar{h}$，可以认为 A 点是杠杆值点。其次计算各个自变量的库克距离，如表4.12后 4 行所示，发现所有点的库克距离均小于 1，A 点的库克距离为 0.634，所以 A 点是杠杆点，但不是异常值点。

表 4.12 杠杆值和库克距离

编号	1	2	3	4	5	6	7	8	9	10	11
杠杆值	0.048	0.063	0.048	0.063	0.061	0.048	0.051	0.050	0.058	0.063	0.061
编号	12	13	14	15	16	17	18	19	20	**21**	
杠杆值	0.053	0.137	0.054	0.085	0.049	0.048 9	0.068	0.048	0.048	**0.796**	
编号	1	2	3	4	5	6	7	8	9	10	11
库克距离	0.077	0.002	0.011	0.046	0.055	0.004	0.060	0.000	0.050	0.006	0.013
编号	12	13	14	15	16	17	18	19	20	**21**	
库克距离	0.018	0.116	0.031	0.091	0.029	0.058	0.006	0.006	0.002	**0.634**	

异常观测值不能简单地剔除，有时异常观测值是正确的，它可以为调整回归模型带来启发。遗漏关键的自变量或者选择了错误的回归函数形式都有可能导致异常值的出现。如果一个异常值数据是准确的，但是找不到对它的合理解释，那么与剔除这个观测值相比，一种更稳健的方法是抑制它的影响。最小绝对离差和法是一种稳健估计方法，它具有对异常值和不合适模型不敏感的性质。最小绝对离差和法是寻找参数 β_0，β_1，$\cdots$，β_p 的估计值 $\hat{\beta}_0$，$\hat{\beta}_1$，$\cdots$，$\hat{\beta}_p$，使绝对离差和达到极小，即寻找 $\hat{\beta}_0$，$\hat{\beta}_1$，$\cdots$，$\hat{\beta}_p$，满足

$$Q(\hat{\boldsymbol{\beta}}) = \min_{\boldsymbol{\beta}} \sum_{i=1}^{n} |Y_i - \beta_0 - \beta_1 X_{i1} - \cdots - \beta_p X_{ip}|$$

上式求得的 $\hat{\beta}_0$，$\hat{\beta}_1$，$\cdots$，$\hat{\beta}_p$ 称为回归系数 β_0，β_1，$\cdots$，β_p 的绝对离差和估计。

4.5 Box-Cox 变换

变换的作用通常是为了使模型参数的估计更精确，并增加统计检验的敏感性。本节将介绍一类常用的消除异方差性或自相关性的方法——Box-Cox 变换。

若希望对因变量 Y 进行变换来修正非正态性或异方差性，一类常用的变换是幂变换 Y^λ，λ 为待定的参数。Box 和 Cox 证明了如何使用最大似然法同时估计回归参数与 λ。但当 λ 接近 0 时，Y^λ 会接近于 1，即因变量取值等于常数，这是没有意义的。解决这个问题 (通常称其为在 $\lambda=0$ 处不连续) 的方法是以 $(Y^\lambda-1)/\lambda$ 作为因变量，因为随着 λ 趋近于零，$(Y^\lambda-1)/\lambda$ 会达到 $\log Y$。但仍然存在问题，随着 λ 的变化，$(Y^\lambda-1)/\lambda$ 会剧烈变化，所以对于 λ 值不同的模型，难以比较模型的汇总统计量。

Box 和 Cox 于 1964 年提出 Box-Cox 变换，它是对因变量 Y 做如下变换：

$$\boldsymbol{Y}^{(\lambda)}=\begin{cases}\dfrac{\boldsymbol{Y}^{\lambda}-\mathbf{1}}{\lambda}, & \lambda\neq 0\\ \log\boldsymbol{Y}, & \lambda=0\end{cases}$$

式中，λ 是待定参数；$\mathbf{1}=(1,1,\cdots,1)$，长度为 n。使用此变换时要求 $\boldsymbol{Y}$ 的各分量都大于 0，否则可用下面推广的 Box-Cox 变换：

$$\boldsymbol{Y}^{(\lambda)}=\begin{cases}\dfrac{(\boldsymbol{Y}+a\cdot\mathbf{1})^{\lambda}-\mathbf{1}}{\lambda}, & \lambda\neq 0\\ \log(\boldsymbol{Y}+a\cdot\mathbf{1}), & \lambda=0\end{cases}$$

即对 $\boldsymbol{Y}$ 进行平移，使得 $\boldsymbol{Y}+a\cdot\mathbf{1}$ 的各个分量都大于 0 后再做 Box-Cox 变换。这是一个应用非常广泛的变换族，不同的 λ 对应不同的变换。它包含了一些常用变换，如对数变换 $(\lambda=0)$、平方根变换 $(\lambda=1/2)$ 和倒数变换 $(\lambda=-1)$。对因变量进行变换的目的是寻找合适的 λ，使得 $\boldsymbol{Y}^{(\lambda)}=(Y_1^{(\lambda)},Y_2^{(\lambda)},\cdots,Y_n^{(\lambda)})^{\top}$ 变换后满足

$$\boldsymbol{Y}^{(\lambda)}=\boldsymbol{X\beta}+\boldsymbol{\varepsilon},\quad \boldsymbol{\varepsilon}\sim N(\mathbf{0},\sigma^2\boldsymbol{I})$$

即通过因变量的变换，使得 $\boldsymbol{Y}^{(\lambda)}$ 符合线性回归模型的各项假设：误差各分量同方差、不相关等。事实上，Box-Cox 变换不仅可以处理异方差和自相关问题，还能处理误差非正态、回归函数非线性等情况。

研究者用最大似然估计法来确定 λ。因为 $\boldsymbol{Y}^{(\lambda)}\sim N(\boldsymbol{X\beta},\sigma^2\boldsymbol{I})$，所以对固定的 λ，$\boldsymbol{\beta}$ 和 σ^2 的似然函数为：

$$L(\boldsymbol{\beta},\sigma^2)=\frac{1}{(\sqrt{2\pi}\sigma)^n}\exp\left\{-\frac{1}{2\sigma^2}(\boldsymbol{Y}^{(\lambda)}-\boldsymbol{X\beta})^{\top}(\boldsymbol{Y}^{(\lambda)}-\boldsymbol{X\beta})\right\}J$$

式中，J 为变换的雅可比行列式：

$$J=\prod_{i=1}^{n}\left|\frac{\mathrm{d}Y_i^{(\lambda)}}{\mathrm{d}Y_i}\right|=\prod_{i=1}^{n}Y_i^{\lambda-1}$$

因此，当 λ 固定时，J 是不依赖于参数 $\boldsymbol{\beta}$ 和 σ^2 的常数因子。对 $L(\boldsymbol{\beta},\sigma^2)$ 的其余部分关于 $\boldsymbol{\beta}$ 和 σ^2 求导数，并令其等于零，可以求得 $\boldsymbol{\beta}$ 和 σ^2 的最大似然估计

$$\hat{\boldsymbol{\beta}}(\lambda)=(\boldsymbol{X}^{\top}\boldsymbol{X})^{-1}\boldsymbol{X}^{\top}\boldsymbol{Y}^{(\lambda)} \tag{4.5.1}$$

$$\hat{\sigma}^2(\lambda)=\frac{1}{n}\boldsymbol{Y}^{(\lambda)^{\top}}(\boldsymbol{I}-\boldsymbol{X}(\boldsymbol{X}^{\top}\boldsymbol{X})^{-1}\boldsymbol{X}^{\top})\boldsymbol{Y}^{(\lambda)}=\frac{1}{n}\mathrm{SSE}(\lambda,\boldsymbol{Y}^{(\lambda)})$$

这里残差平方和为：

$$\mathrm{SSE}(\lambda,\boldsymbol{Y}^{(\lambda)})=\boldsymbol{Y}^{(\lambda)^{\top}}(\boldsymbol{I}-\boldsymbol{X}(\boldsymbol{X}^{\top}\boldsymbol{X})^{-1}\boldsymbol{X}^{\top})\boldsymbol{Y}^{(\lambda)}$$

对应的似然函数最大值为：

$$\begin{aligned}L_{\max}(\lambda)&=L(\hat{\boldsymbol{\beta}}(\lambda),\hat{\sigma}^2(\lambda))\\&=(2\pi\sigma)^{-\frac{n}{2}}\cdot J\cdot\left(\frac{\mathrm{SSE}(\lambda,\boldsymbol{Y}^{(\lambda)})}{n}\right)^{-\frac{n}{2}}\end{aligned} \tag{4.5.2}$$

这是 λ 的一元函数，通过求它的最大值来确定 λ。因 $\log x$ 是 x 的单调函数，问题可以转化为求 $\log L_{\max}(\lambda)$ 的最大值。对式 (4.5.2) 取对数，略去与 λ 无关的常数项，得

$$\begin{aligned}\log L_{\max}(\lambda) &= -\frac{n}{2}\log \mathrm{SSE}(\lambda,\ \boldsymbol{Y}^{(\lambda)}) + \log J \\ &= -\frac{n}{2}\log\left[\frac{\boldsymbol{Y}^{(\lambda)\top}}{J^{1/n}}(\boldsymbol{I}-\boldsymbol{X}(\boldsymbol{X}^\top\boldsymbol{X})^{-1}\boldsymbol{X}^\top)\frac{\boldsymbol{Y}^{(\lambda)}}{J^{1/n}}\right] \\ &= -\frac{n}{2}\log \mathrm{SSE}(\lambda,\ \boldsymbol{Z}^{(\lambda)}) \end{aligned} \tag{4.5.3}$$

式中

$$\mathrm{SSE}(\lambda,\ \boldsymbol{Z}^{(\lambda)}) = \boldsymbol{Z}^{(\lambda)^\top}(\boldsymbol{I}-\boldsymbol{X}(\boldsymbol{X}^\top\boldsymbol{X})^{-1}\boldsymbol{X}^\top)\boldsymbol{Z}^{(\lambda)} \tag{4.5.4}$$

$$\boldsymbol{Z}^{(\lambda)} = (Z_1^{(\lambda)},\ Z_2^{(\lambda)},\ \cdots,\ Z_n^{(\lambda)})^\top = \frac{\boldsymbol{Y}^{(\lambda)}}{J^{1/n}}$$

$$Z_i^{(\lambda)} = \begin{cases} \dfrac{Y_i^\lambda - 1}{\lambda\left(\prod\limits_{i=1}^n Y_i\right)^{\frac{\lambda-1}{n}}}, & \lambda \neq 0 \\ (\log Y_i)\left(\prod\limits_{i=1}^n Y_i\right)^{\frac{1}{n}}, & \lambda = 0 \end{cases} \tag{4.5.5}$$

式 (4.5.3) 对 Box-Cox 变换在计算机上的实现带来了很大方便，因为求 $\log L_{\max}(\lambda)$ 的最大值，只需要求残差平方和 $\mathrm{SSE}(\lambda,\ \boldsymbol{Z}^{(\lambda)})$ 的最小值。虽然找出使 $\mathrm{SSE}(\lambda,\ \boldsymbol{Z}^{(\lambda)})$ 达到最小值的 λ 的解析表达式是非常困难的，但对于一系列 λ 的给定值，通过最普通的求最小二乘估计的回归程序，可以很容易地计算出对应的 $\mathrm{SSE}(\lambda,\ \boldsymbol{Z}^{(\lambda)})$。画出 $\mathrm{SSE}(\lambda,\ \boldsymbol{Z}^{(\lambda)})$ 关于 λ 的曲线，从图中可以近似地找出使 $\mathrm{SSE}(\lambda,\ \boldsymbol{Z}^{(\lambda)})$ 达到最小值的 $\hat{\lambda}$。

Box-Cox 变换的具体步骤归纳如下：

(1) 对给定的 λ 值，代入式 (4.5.5) 计算 $Z_i^{(\lambda)}$。

(2) 利用式 (4.5.4) 计算残差平方和 $\mathrm{SSE}(\lambda,\ \boldsymbol{Z}^{(\lambda)})$。

(3) 对一系列 λ 的值，重复上述步骤，得到相应的残差平方和 $\mathrm{SSE}(\lambda,\ \boldsymbol{Z}^{(\lambda)})$ 的一组值，以 λ 为横轴、$\mathrm{SSE}(\lambda,\ \boldsymbol{Z}^{(\lambda)})$ 为纵轴，画出相应的曲线。用直观方法找出使 $\mathrm{SSE}(\lambda,\ \boldsymbol{Z}^{(\lambda)})$ 达到最小值的点 $\hat{\lambda}$。

(4) 利用式 (4.5.1)，求出 $\hat{\boldsymbol{\beta}}(\hat{\lambda})$。

例 4.10 一家公司为了研究产品的营销策略，对产品的销售情况进行了调查。设 Y 表示某地区该产品的家庭人均购买量，X 表示家庭人均收入。表4.13记录了 53 个家庭的家庭人均收入与家庭人均购买量数据。

表 4.13 家庭人均收入与家庭人均购买量数据 单位：英寸

序号	X	Y	序号	X	Y
1	679	0.790	4	483	0.790
2	292	0.440	5	582	2.700
3	1 012	0.560	6	1 156	3.640

续表

序号	X	Y	序号	X	Y
7	997	4.730	31	1 428	7.580
8	2 189	9.500	32	1 777	4.990
9	1 097	4.730	33	370	0.590
10	2 078	6.850	34	2 316	8.190
11	1 818	5.840	35	1 130	4.790
12	1 700	5.210	36	463	0.510
13	747	3.250	37	770	1.740
14	2 030	4.430	38	724	4.100
15	1 643	3.160	39	808	3.940
16	414	0.550	40	790	0.960
17	354	0.170	41	783	3.290
18	1 276	1.880	42	406	0.440
19	745	0.770	43	1 242	3.240
20	435	1.390	44	658	2.140
21	540	0.560	45	1 746	5.710
22	874	1.560	46	468	0.640
23	1 543	5.280	47	1 114	1.900
24	1 029	0.640	48	413	0.510
25	710	4.000	49	1 787	8.330
26	1 434	0.310	50	3 560	14.940
27	837	4.200	51	1 495	5.110
28	1 255	2.630	52	2 221	3.850
29	1 748	4.880	53	1 526	3.930
30	1 381	3.480			

资料来源：王松桂. 线性模型引论. 北京：科学出版社，2004.

对 Y 建立关于 X 的一元线性回归方程，利用最小二乘法得到经验回归方程：

$$\hat{Y} = -0.840 + 0.003\,68X$$

相应的残差和拟合值的关系如图4.12所示，直观上容易看出，残差图从左向右逐渐散开呈漏斗状，这是误差方差不相等的一个征兆。对 Y 进行 Box-Cox 变换，表4.14给出了 12 个不同的 λ 值对应的残差平方和。通过比较可以看出，当 $\lambda = 0.5$ 时，残差平方和达到最小，因此可以近似认为 0.5 就是变换参数 λ 的最优选择。

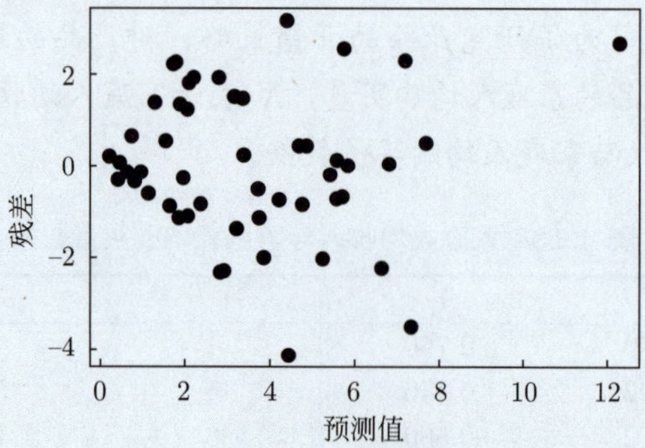

图 4.12　残差图

表 4.14 不同 λ 值的对比

λ	−2	−1	−0.5	0	0.125	0.25
SSE	34 101.04	986.04	291.59	134.10	119.20	107.21
λ	0.375	0.5	0.625	0.75	1	2
SSE	100.26	96.95	97.29	101.69	127.87	1 275.56

4.6 广义最小二乘估计

在对实际数据建立线性回归模型进行分析时，回归模型关于随机误差项的等方差性和无自相关性的基本假设常常无法满足，误差的方差可能不相等，也可能彼此相关。此时误差向量的协方差矩阵 $\mathrm{Cov}(\boldsymbol{\varepsilon})=\sigma^2\boldsymbol{\Sigma}$，这里的 $\boldsymbol{\Sigma}$ 是一个正定阵，当然 $\boldsymbol{\Sigma}$ 往往包含未知参数。为方便介绍广义最小二乘估计的性质，本节讨论时假设 $\boldsymbol{\Sigma}$ 是完全已知的，那么线性回归模型将具有如下形式：

$$\boldsymbol{Y}=\boldsymbol{X\beta}+\boldsymbol{\varepsilon},\quad E(\boldsymbol{\varepsilon})=\boldsymbol{0},\quad \mathrm{Cov}(\boldsymbol{\varepsilon})=\sigma^2\boldsymbol{\Sigma} \tag{4.6.1}$$

式 (4.6.1) 中，随机误差之间具有相关性且方差不相等，不满足高斯–马尔可夫条件。广义最小二乘估计法对因变量、自变量和随机误差进行了适当的变换，将式 (4.6.1) 变换成了一个新的线性回归模型，使其满足高斯–马尔可夫条件，然后采用最小二乘法求解参数的估计值。具体地，因为 $\boldsymbol{\Sigma}$ 是正定阵，故存在 $n\times n$ 阶正交阵 $\boldsymbol{P}$ 使其对角化：

$$\boldsymbol{\Sigma}=\boldsymbol{P}^\top\boldsymbol{\Gamma P}$$

式中，$\boldsymbol{\Gamma}=\mathrm{diag}(\lambda_1,\ \lambda_2,\ \cdots,\ \lambda_n)$，$\lambda_i>0\ (i=1,\ 2,\ \cdots,\ n)$ 是 $\boldsymbol{\Gamma}$ 的特征值。令

$$\boldsymbol{\Sigma}^{-\frac{1}{2}}=\boldsymbol{P}^\top\mathrm{diag}(\lambda_1^{-\frac{1}{2}},\ \lambda_2^{-\frac{1}{2}},\ \cdots,\ \lambda_n^{-\frac{1}{2}})\boldsymbol{P}$$

则 $(\boldsymbol{\Sigma}^{-\frac{1}{2}})^2=\boldsymbol{\Sigma}^{-1}$。记 $\boldsymbol{Z}=\boldsymbol{\Sigma}^{-\frac{1}{2}}\boldsymbol{Y}$，$\boldsymbol{U}=\boldsymbol{\Sigma}^{-\frac{1}{2}}\boldsymbol{X}$，$\boldsymbol{\epsilon}=\boldsymbol{\Sigma}^{-\frac{1}{2}}\boldsymbol{\varepsilon}$，由 $\mathrm{Cov}(\boldsymbol{\epsilon})=\sigma^2\boldsymbol{\Sigma}^{-\frac{1}{2}}\boldsymbol{\Sigma}\boldsymbol{\Sigma}^{-\frac{1}{2}}$ 可以得到如下线性回归模型：

$$\boldsymbol{Z}=\boldsymbol{U\beta}+\boldsymbol{\epsilon},\quad E(\boldsymbol{\epsilon})=\boldsymbol{0},\quad \mathrm{Cov}(\boldsymbol{\epsilon})=\sigma^2\boldsymbol{I} \tag{4.6.2}$$

这是线性回归模型的基本形式。由式 (4.6.2)，$\boldsymbol{\beta}$ 的最小二乘估计为：

$$\boldsymbol{\beta}^*=(\boldsymbol{U}^\top\boldsymbol{U})^{-1}\boldsymbol{U}^\top\boldsymbol{Z}=(\boldsymbol{X}^\top\boldsymbol{\Sigma}^{-1}\boldsymbol{X})^{-1}\boldsymbol{X}^\top\boldsymbol{\Sigma}^{-1}\boldsymbol{Y}$$

一般将 $\boldsymbol{\beta}^*$ 称为 $\boldsymbol{\beta}$ 的广义最小二乘估计。下面列出了 $\boldsymbol{\beta}^*$ 的统计性质。

性质 4.2 对于线性回归模型式 (4.6.2)：

(a) $E(\boldsymbol{\beta}^*)=\boldsymbol{\beta}$;

(b) $\mathrm{Cov}(\boldsymbol{\beta}^*)=\sigma^2(\boldsymbol{X}^\top\boldsymbol{\Sigma}^{-1}\boldsymbol{X})^{-1}$;

(c) 对任意 p 维已知向量 $\boldsymbol{c}$，$\boldsymbol{c}^\top\boldsymbol{\beta}^*$ 为 $\boldsymbol{c}^\top\boldsymbol{\beta}$ 唯一的最小方差线性无偏估计。

上述性质的证明和前面章节关于普通最小二乘估计性质的证明相同，具体细节可以参考Karlsson (2007)。从性质 (c) 可以看出，当回归模型式 (4.6.1) 的随机误差项不满足基本假设时，$\boldsymbol{\beta}$ 的普通最小二乘估计不再是最小方差线性无偏估计，广义最小二乘估计 $\boldsymbol{\beta}^*$ 总是优于普通最小二乘估计。

4.7 小结与评注

本章介绍了回归模型随机误差项违背基本假设的诊断与修正方法，以及异常值的识别和补救。随机误差序列方差不同或存在相关分别对应了违背基本假设的异方差性和自相关现象。残差图分析是诊断两者最直观的方式，但比较粗糙。

当残差图呈现无任何规律的分布时，可认为无异方差和自相关；若残差图有明显的规律性，依据经验知识，则可诊断残差具有异方差、自相关或别的违背基本假设的状况。而对于既无明显分布规律，分布似乎又不随机的情况，则需要使用更为准确的诊断方法。比如，借助等级相关系数检验或其他方法来诊断是否具有异方差性；通过自相关系数或 DW 检验等方法考察自相关是否存在。

当根据某种检验方法认为存在异方差时，可以用自变量的幂函数作为权函数，做加权最小二乘回归，以解决异方差带来的问题。多元线性回归构造权函数时，需要计算每个自变量 X_j 与残差绝对值的等级相关系数，选取等级相关系数最大的自变量构造权函数。在实际应用中，实际工作者可能更多地从实际背景方面去分析和判断是否可能存在异方差以及权函数的形式。异方差的检验有一个共同的思路，即设法检验 ε_i 的方差与解释变量 $\boldsymbol{X}_i$ 的相关性，一般是通过 ε_i 的估计值 e_i 来进行这些检验。如果 ε_i 与某一 X_{ij} 之间存在相关性，则模型存在异方差。

当模型存在异方差时，用得最多的消除异方差影响的方法是加权最小二乘法。需要注意的是，加权最小二乘估计并不能消除异方差，只能够消除或减弱异方差的不良影响。当存在异方差时，普通最小二乘估计不再具有最小方差线性无偏估计的良好性质，而加权最小二乘估计可以改进估计的性质。加权最小二乘估计给方差小的误差项施加一个大的权数，给方差大的误差项施加一个小的权数，因此加强了小方差项的地位，使离差平方和中各项的作用相同。如果把误差项加权，那么加权的误差项 $\sqrt{\omega_i}\varepsilon_i$ 是等方差的。从残差图来看，普通最小二乘估计只能照顾到大残差项，而小残差项往往有整体的正偏或负偏。加权最小二乘估计的残差图对大残差和小残差拟合得都较好，大残差和小残差都没有整体的正偏或负偏。

存在异方差时，研究者还常常考虑对因变量进行方差稳定变换 (如 Box-Cox 变换)，使得对于变换过后的数据，误差的方差能够近似相等，即方差比较稳定。方差稳定变换在改变误差项方差的同时，也会改变误差项的分布和回归函数的形式。因而当误差项服从正态分布，因变量与自变量之间遵从线性回归函数关系，只是误差项存在异方差时，应该采用加权最小二乘估计，以消除异方差的影响。当误差项不仅存在异方差，而且误差项不服从正态分布，因变量与自变量之间也不遵从线性回归函数关系时，应该采用方差稳定变换。

DW 检验是检验随机误差项自相关性最常用的一种方法，但 DW 检验有一些局限性。不仅因为其不适合随机误差项具有高阶自相关的检验，还因为其有两个不能确定结果的区域，这种状况一般需要增大样本量。但在实际问题的研究中，样本量的获取往往受到一定限制。为了克服 DW 检验的这一局限，杜宾和沃特森给出了一个近似的检验，在使用下界 d_L 和上界 d_U 的 DW 检验得不到确定结果时可以使用。另外在 DW 表中，变量个数较多、样本量 n 较小时会出现 $d_U > 2$ 的情形，这正是该方法的一个不太合理的地方。在多元线性回归中，一定要注意 n 与 p 的匹配问题。

当模型存在自相关时，常使用迭代法或差分法消除自相关性。但要注意的是，用迭代法处理自相关并不总是有效。主要原因是当误差项正自相关时，$\hat{\rho}$ 往往低估自相关系数 ρ。如果这种偏差严重，就会显著地降低迭代法的效率。一阶差分法是自相关系数 $\rho = 1$ 时的迭代法，一阶差分模型的一个重要特征是它没有截距项，得到的差分回归线通过原点。一阶差分法是对原始数据的一种修正，有时一阶差分法可能会过度修正，使得差分数据中出现负自相关的误差项。因此，从一定意义上说，差分法要慎用。只有当 $\rho = 1$ 或者接近 1 时，差分法的效果才会好。

异常值的识别和处理是优化回归方程的必要部分。通过散点图可以简单直观地对某些点进行甄别，而更准确的方法则是通过计算删除学生化残差、杠杆值、库克统计量等对异常值进行判断。识别出异常值后，需要对其产生的原因进行诊断，不能简单地剔除。有时异常值是正确的观测，出现的原因可能是模型遗漏了关键的自变量，或模型设定错误，这将为模型的修正带来启发。

4.8 附录：SPSS 操作演示

1. 异方差的诊断及处理

首先在 SPSS 中导入“IncomeDeposit.csv”数据文件，导入的数据如图4.13所示。接着依次点击“分析”→“回归”→“线性”，并在弹出的对话框中选入自变量和因变量。然后点击右上方的“保存”按钮，在“残差”一栏中勾选“未标准化”，如图4.14所示，依次点击“继续”和“确定”，即可得到回归模型的 OLS 残差。图4.15中新增的变量“RES_1”即为新产生的 OLS 残差。

为了检测可能存在的异方差问题，依次点击“分析”→“相关”→“双变量”，在弹出的“双变量相关性”窗口中选择自变量 x 和回归模型的残差作为变量，勾选“斯皮尔曼”相关系数、“双尾”显著性检验和“标记显著性相关性”，接着点击“确定”，操作如图4.16所示。输出结果见图4.17，Spearman 相关系数为 0.027，p 值接近 0，说明存在异方差问题。

为了尝试处理异方差问题，接下来使用加权最小二乘（WLS）法，并采用自变量幂函数的倒数这一形式作为权重。依次点击“分析”→“回归”→“权重估算”，在弹出的“权重估算”窗口中将“y”选为因变量，“x”选为自变量以及权重变量，并在右下方的“选

图 4.13 SPSS 异方差的诊断及改进示意图 1

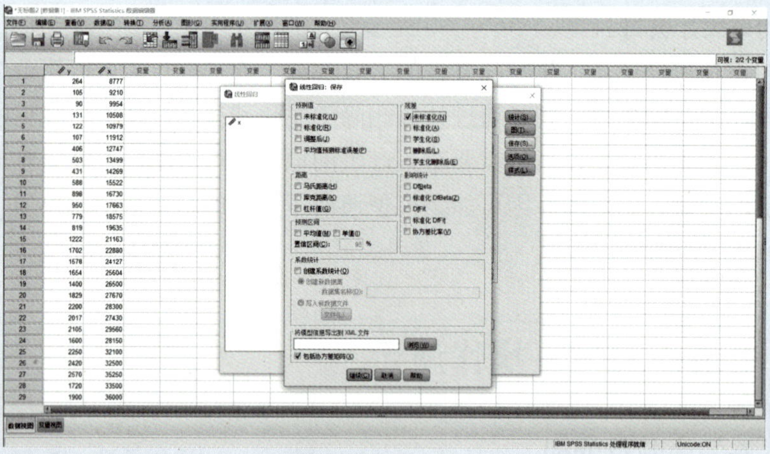

图 4.14 SPSS 异方差的诊断及改进示意图 2

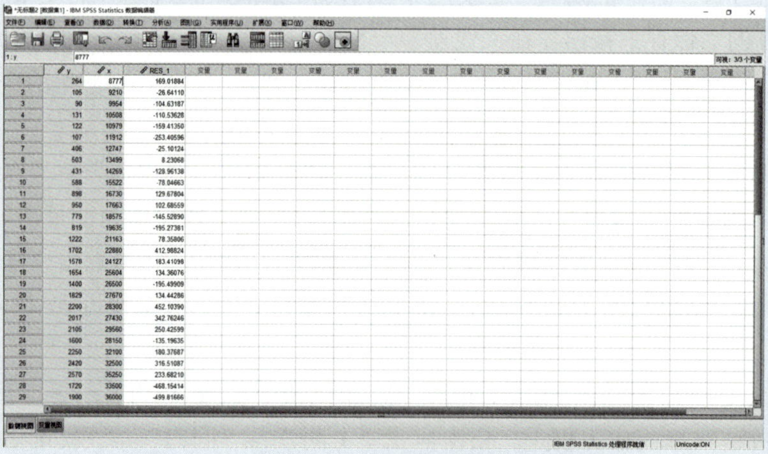

图 4.15 SPSS 异方差的诊断及改进示意图 3

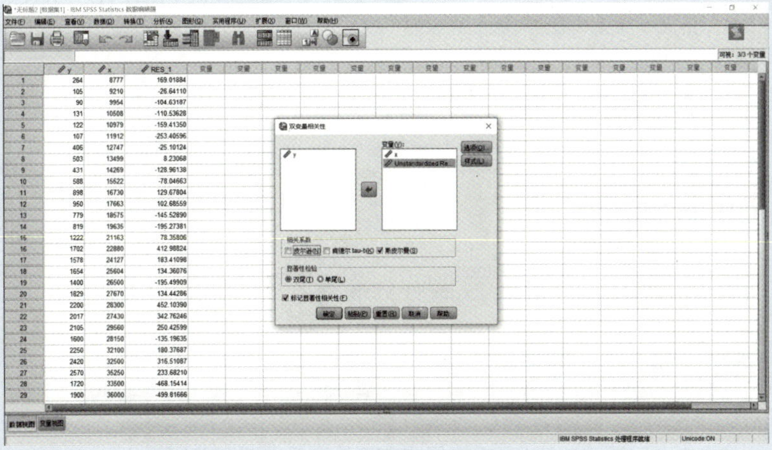

图 4.16 SPSS 异方差的诊断及改进示意图 4

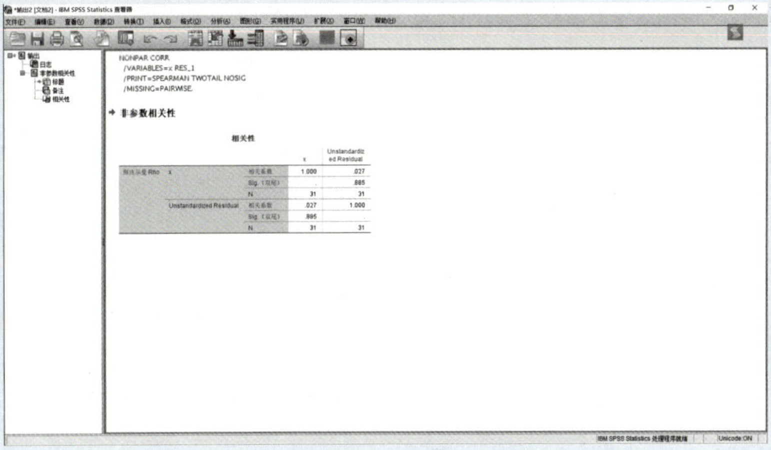

图 4.17 SPSS 异方差的诊断及改进示意图 5

项”按钮中勾选“将最佳权重保存为新变量”，接着依次点击“继续”和“确定”，如图4.18和图4.19所示。图4.20展示了使用不同的幂次构造权重时模型的拟合效果，并输出了最佳的幂次。图4.21展示了数据窗口中新增的变量“WGT_1”，即为估计出的最佳权重。然后采用 WLS 估计模型，只需要在构建回归模型时，将权重变量选为“WLS”权重，就可以得到新的 WLS 模型和 WLS 残差，具体操作见图4.22和图4.23，结果见图4.24。

基于上面的 WLS 操作，数据窗口中新增的“RES_2”变量即为 WLS 残差。为了检验 WLS 是否解决了异方差问题，下面画出 OLS 和 WLS 残差的散点图。依次点击数据窗口工具栏中的“图形”→“旧对话框”→“散点图/点图”→“简单散点图”，在弹出的“简单散点图”窗口中分别选取 WLS 和 OLS 的残差作为“X 轴”和“Y 轴”，点击“确定”，操作如图4.25所示。图4.26展示了画出的 WLS 和 OLS 残差的散点图，散点基本处于一条直线上，说明 WLS 和 OLS 的结果并没有非常明显的差别，可能是用自变量幂函数的倒数作为权重的效果并不理想或是幂次的范围还有更好的选择。

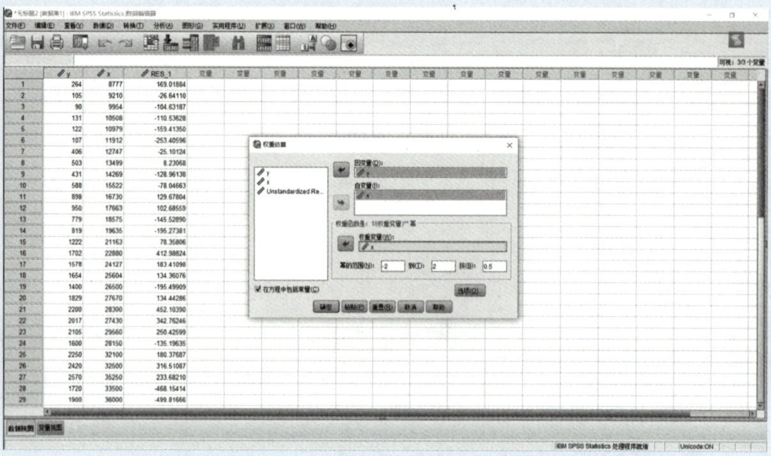

图 4.18　SPSS 异方差的诊断及改进示意图 6

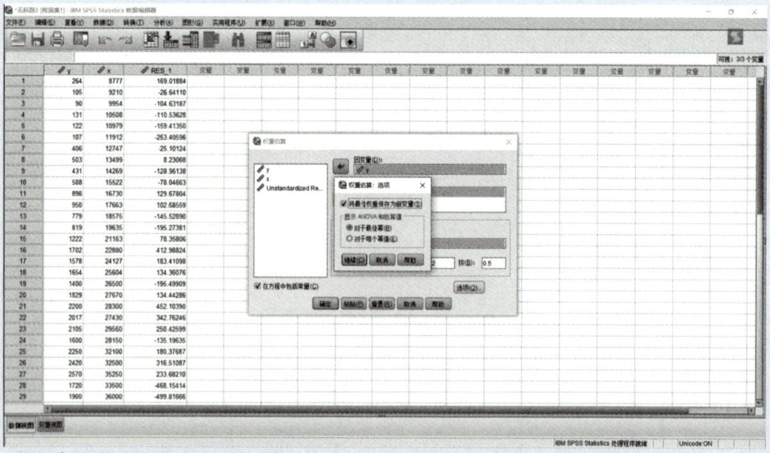

图 4.19　SPSS 异方差的诊断及改进示意图 7

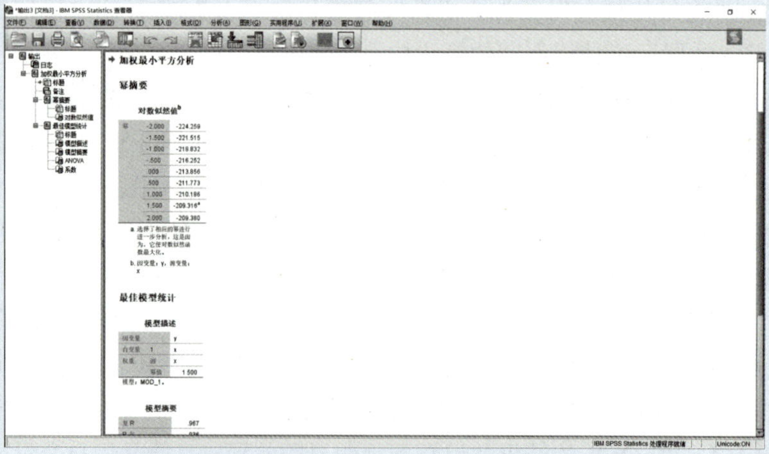

图 4.20　SPSS 异方差的诊断及改进示意图 8

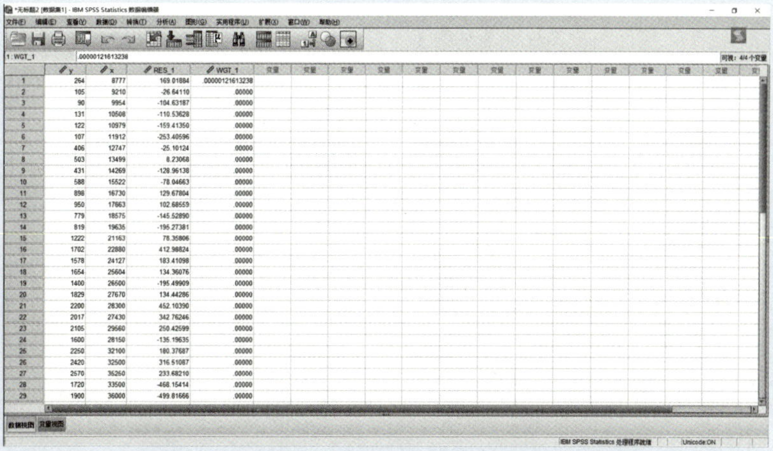

图 4.21　SPSS 异方差的诊断及改进示意图 9

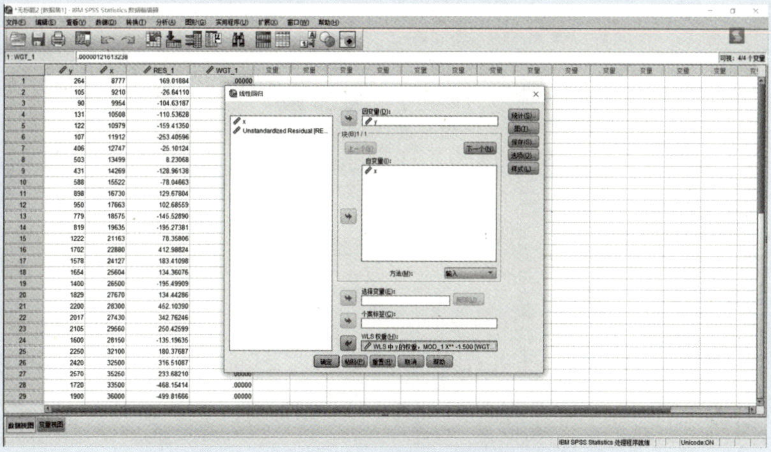

图 4.22　SPSS 异方差的诊断及改进示意图 10

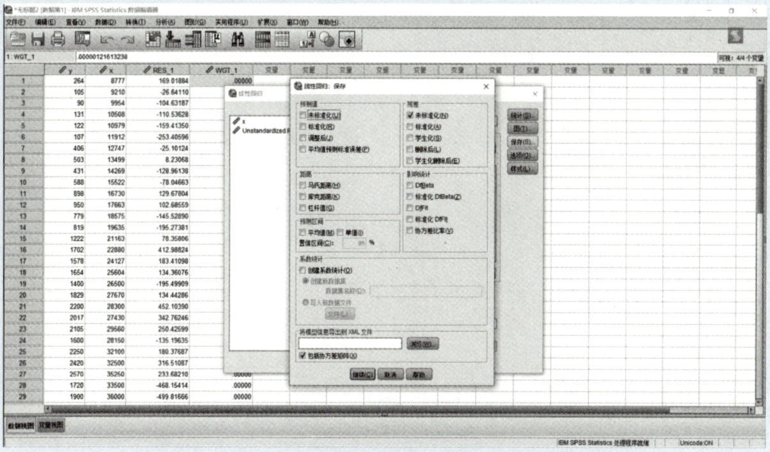

图 4.23　SPSS 异方差的诊断及改进示意图 11

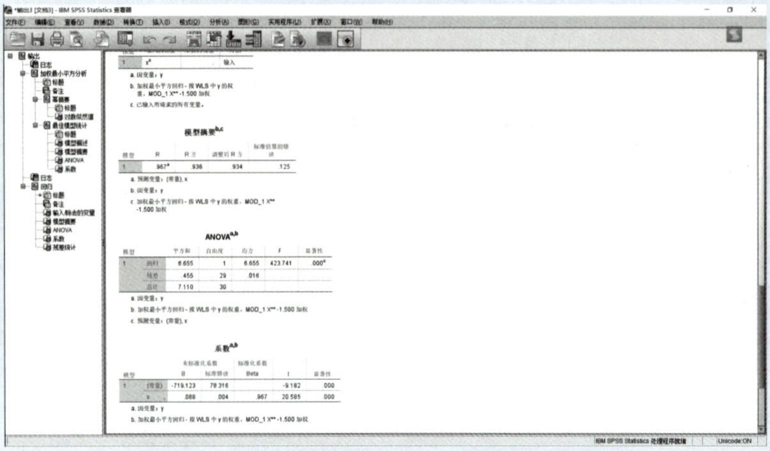

图 4.24　SPSS 异方差的诊断及改进示意图 12

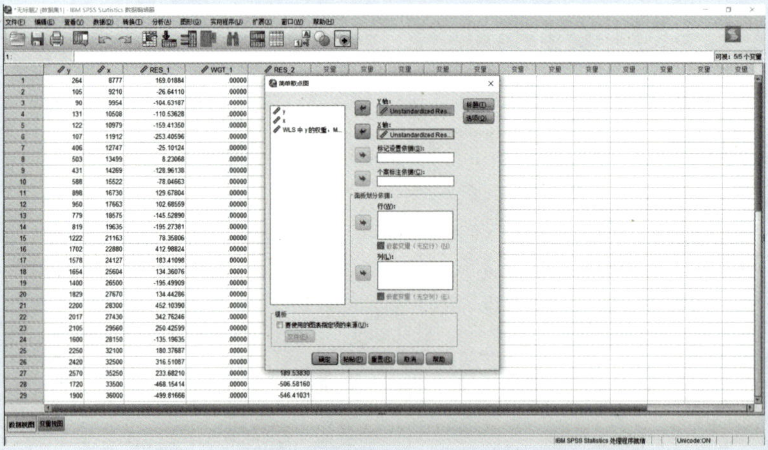

图 4.25　SPSS 异方差的诊断及改进示意图 13

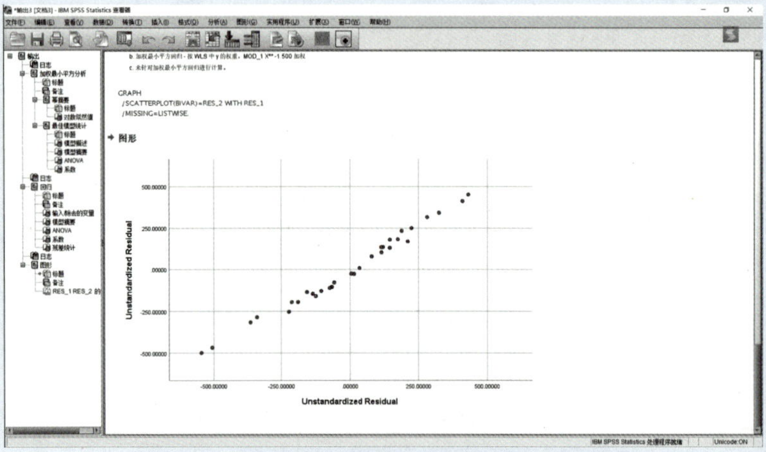

图 4.26　SPSS 异方差的诊断及改进示意图 14

2. 自相关的诊断及处理

首先在 SPSS 中导入数据文件“IncomeComsumption.csv”。使用类似步骤进行线性回归，选取自变量和因变量，并在“统计”按钮中额外勾选“残差”一栏中的“德宾–沃森”，如图4.27所示，接着依次点击“继续”和“确定”。图4.28展示了模型估计结果，其中第一个表格“模型摘要”的最后一列即为“德宾–沃森”统计量值，为 0.530。另外可以在拟合模型时保存未标准化的残差，并画出年份与残差的散点图，如图4.29所示。“德宾–沃森”统计量和残差散点图均显示可能存在一定的自相关性。

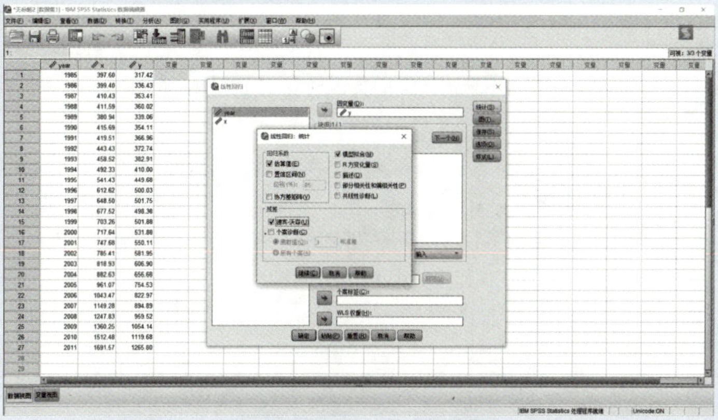

图 4.27　SPSS 自相关的诊断及改进示意图 1

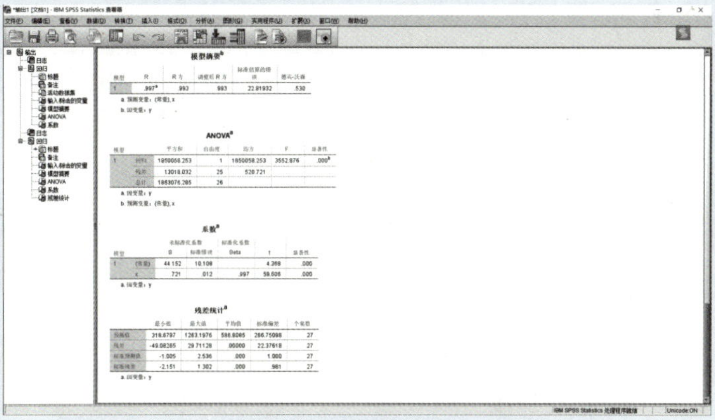

图 4.28　SPSS 自相关的诊断及改进示意图 2

下面计算自相关系数，在数据窗口的工具栏依次选择“分析”→“时间序列预测”→“自相关”，在弹出的“自相关性”窗口中将残差选入变量框，同时勾选“显示”一栏中的“自相关性”，点击“确定”，步骤见图4.30。结果如图4.31所示，一阶自相关系数为 0.728。

为了解决自相关问题，尝试使用迭代法。首先分别复制因变量“y”的第 1 ~ 26 行和第 2 ~ 27 行并粘贴至空白的第 5 列和第 6 列，并点击左下角的“变量视图”，将新创建的两个变量的变量名分别修改为“yt”和“yt_lag1”，此时的数据表格如图4.32所示。接着点击工具栏中的“转换”→“计算变量”，在弹出窗口的“目标变量”文本框中输入“y_trans”，

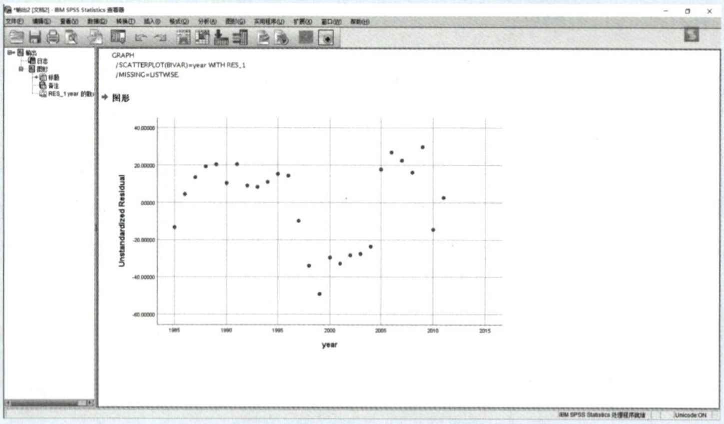

图 4.29　SPSS 自相关的诊断及改进示意图 3

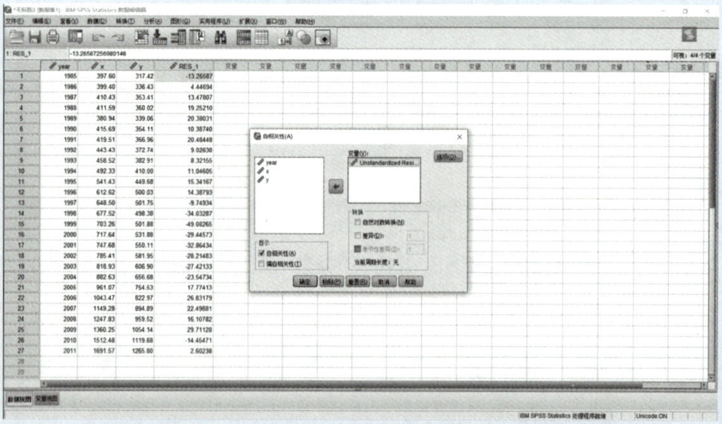

图 4.30　SPSS 自相关的诊断及改进示意图 4

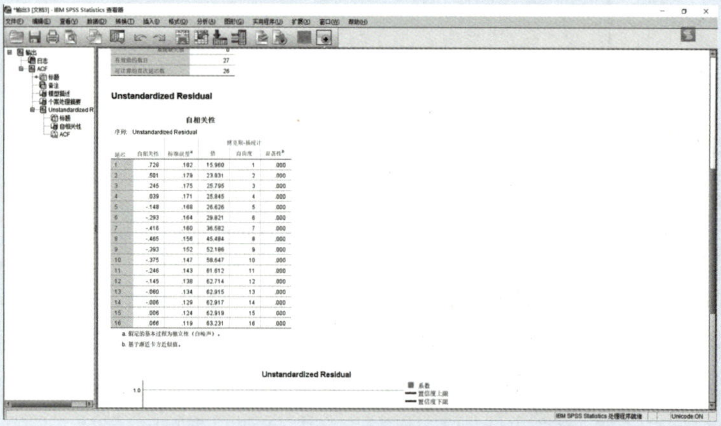

图 4.31　SPSS 自相关的诊断及改进示意图 5

在数字表达式中输入“yt-0.728*yt_lag1”并点击确定，构建新的因变量“y_trans”，步骤见图4.33。重复类似步骤，构建新的自变量“x_trans”，完整数据框见图4.34。根据图4.35至

图4.37所示操作，使用新的因变量和自变量构建线性回归模型，其 DW 统计量显示不存在自相关问题，并且残差的散点图也相对随机分布，自相关问题得到一定解决。

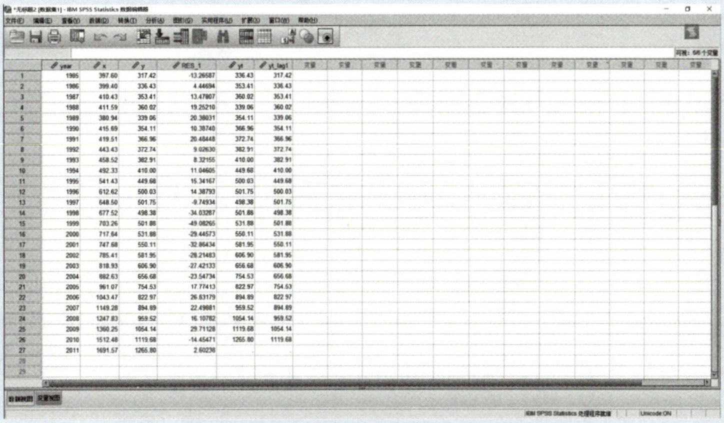

图 4.32 SPSS 自相关的诊断及改进示意图 6

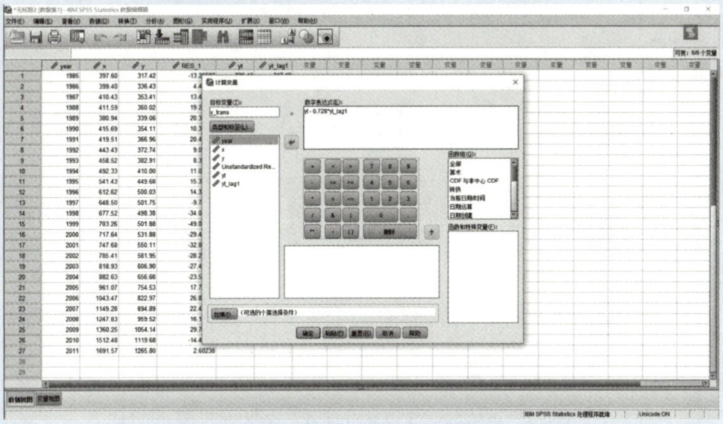

图 4.33 SPSS 自相关的诊断及改进示意图 7

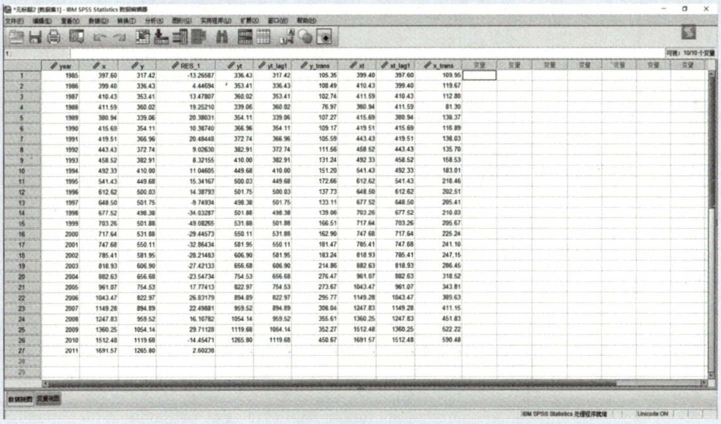

图 4.34 SPSS 自相关的诊断及改进示意图 8

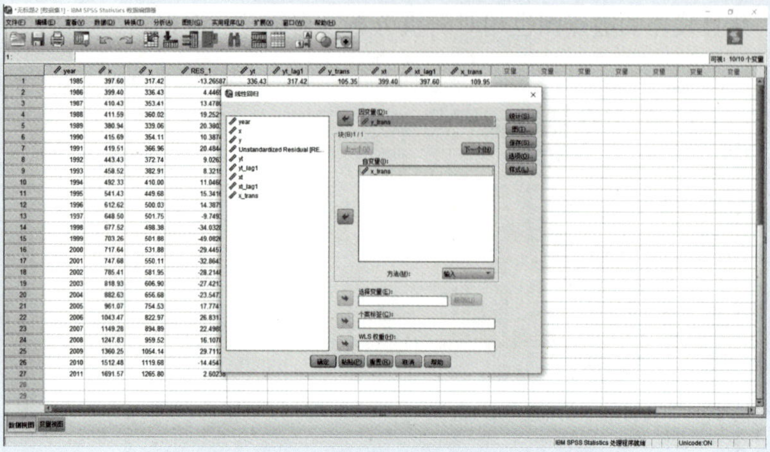

图 4.35　SPSS 自相关的诊断及改进示意图 9

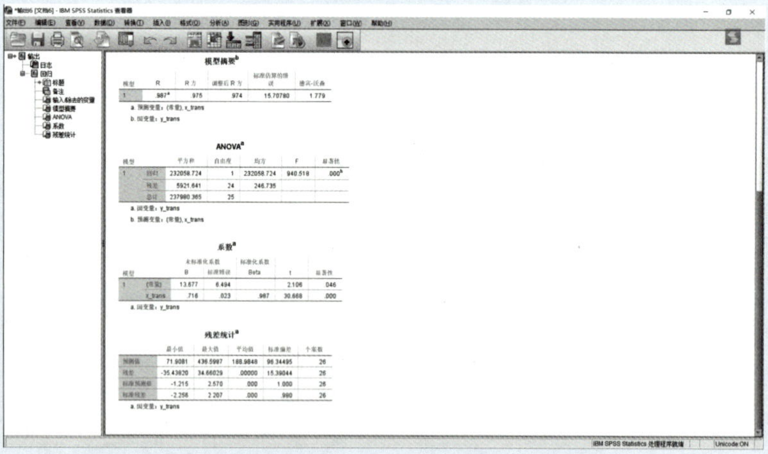

图 4.36　SPSS 自相关的诊断及改进示意图 10

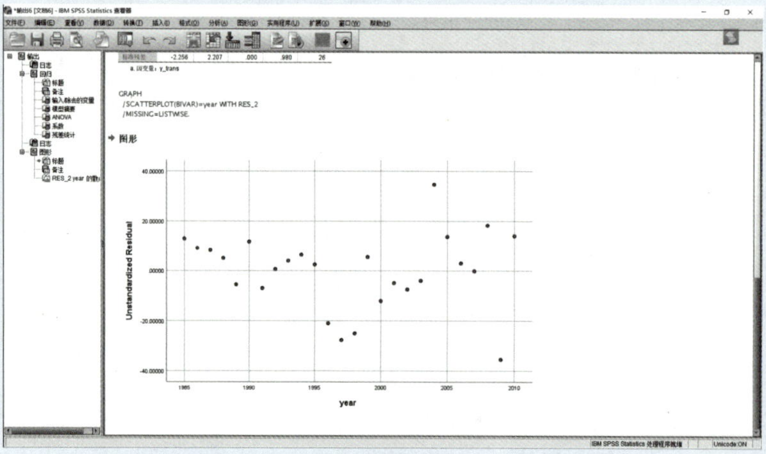

图 4.37　SPSS 自相关的诊断及改进示意图 11

3. 异常值的判定

首先在 SPSS 中导入数据文件“SimulationOutlier1.csv”。构建“Y”作为因变量，“X”作为自变量的线性回归模型，如图4.38所示。点击右上方的“保存”按钮，在“残差”一栏中勾选“学生化”和“学生化删除后”，在“距离”一栏中勾选“库克距离”和“杠杆值”，如图4.39所示。依次点击“继续”和“确定”。基于以上操作，数据窗口的“数据视图”中给出了各个指标的运算结果，如图4.40所示。“变量视图”中给出了各个变量的含义以及属性等信息，如图4.41所示。

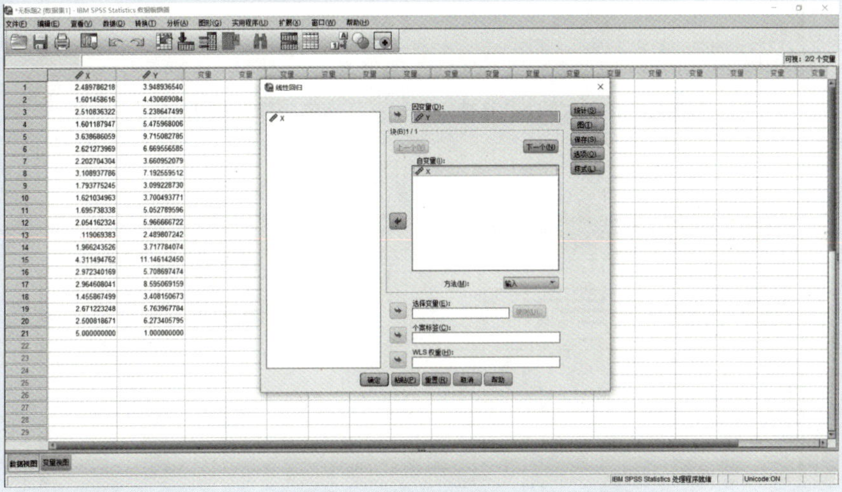

图 4.38 SPSS 因变量 Y 的异常值判定示意图 1

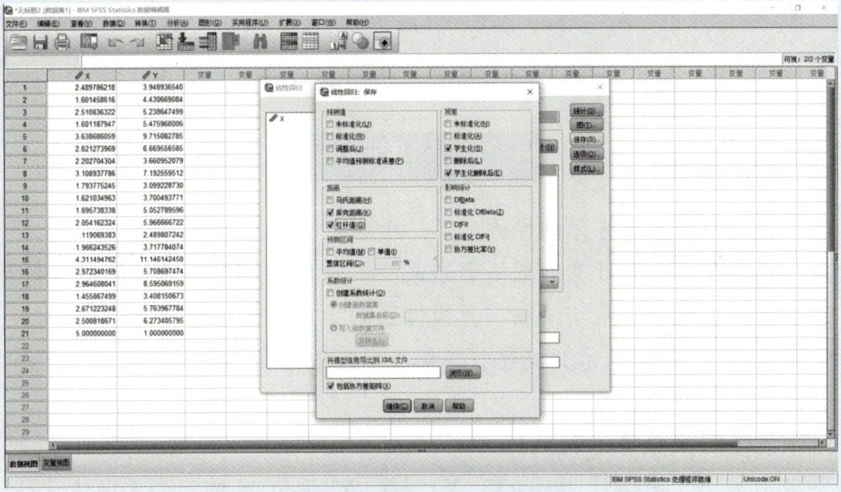

图 4.39 SPSS 因变量 Y 的异常值判定示意图 2

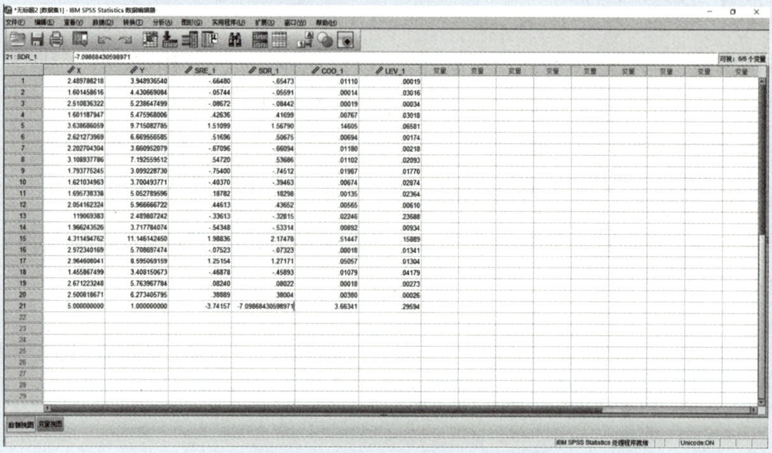

图 4.40 SPSS 因变量 $\boldsymbol{Y}$ 的异常值判定示意图 3

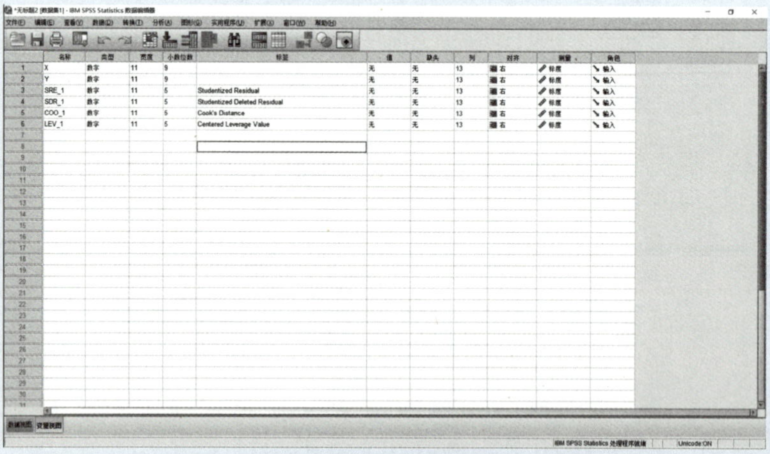

图 4.41 SPSS 因变量 $\boldsymbol{Y}$ 的异常值判定示意图 4

习 题

4.1 试举例说明产生异方差的原因。

4.2 异方差存在时，为什么参数的普通最小二乘估计的显著性检验会失效？

4.3 简述用加权最小二乘法消除一元线性回归异方差性的思想和方法。

4.4 验证式 (4.2.2) 中一元加权最小二乘回归系数估计公式。

4.5 验证式 (4.3.2)。

4.6 对于线性回归模型式 (4.6.1):

(1) 证明此时最小二乘估计 $\hat{\boldsymbol{\beta}}=(\boldsymbol{X}^\top\boldsymbol{X})^{-1}\boldsymbol{X}^\top\boldsymbol{Y}$ 仍是 $\boldsymbol{\beta}$ 的一个无偏估计。

(2) 证明 $\mathrm{Cov}(\hat{\boldsymbol{\beta}})=\sigma^2(\boldsymbol{X}^\top\boldsymbol{X})^{-1}\boldsymbol{X}^\top\boldsymbol{\Sigma}\boldsymbol{X}(\boldsymbol{X}^\top\boldsymbol{X})^{-1}$。

(3) 记 $\hat{\sigma}^2=\boldsymbol{Y}^\top(\boldsymbol{I}-\boldsymbol{X}(\boldsymbol{X}^\top\boldsymbol{X})^{-1}\boldsymbol{X}^\top)\boldsymbol{Y}/(n-p)$，证明:

$$E(\hat{\sigma}^2)=\frac{\sigma^2}{n-p}\mathrm{tr}[\boldsymbol{\Sigma}(\boldsymbol{I}-\boldsymbol{X}(\boldsymbol{X}^\top\boldsymbol{X})^{-1}\boldsymbol{X}^\top)]$$

4.7　对于存在异方差的一元线性回归模型，如果将因变量 Y 和自变量 X 分别取对数，以 $\ln Y$ 和 $\ln X$ 作为新的因变量和自变量建立回归模型，是否可以降低异方差的影响？经变换后的线性模型的残差有什么意义？

4.8　试举一个可能产生随机误差自相关的经济例子，并分析其原因。

4.9　自相关性带来的严重后果是什么？

4.10　当回归模型中的随机误差项存在一阶自相关时，仍用普通最小二乘法估计回归系数，为什么会低估回归系数的标准误差？

4.11　验证 DW 统计量和自相关系数 ρ 的对应关系，思考 DW 检验的前提条件和局限。

4.12　在回归模型 $Y_t=\beta_1+\beta_2X_t+u_t$ 中，u_t 无自相关。如果错误地判定模型中有一阶自相关，即 $u_t=\rho u_{t-1}+v_t$，并使用了广义差分模型 $Y_t-Y_{t-1}=\beta_1(1-\rho)+\beta_2(X_t-\rho X_{t-1})+v_t$，将会产生什么问题？

4.13　考虑模型

$$\boldsymbol{Y}=\boldsymbol{X}_1\boldsymbol{\beta}_1+\boldsymbol{X}_2\boldsymbol{\beta}_2+\boldsymbol{\varepsilon}$$

误差项满足：$E(\boldsymbol{\varepsilon})=\boldsymbol{0}$，且 $\mathrm{Var}(\boldsymbol{\varepsilon})=\sigma^2\boldsymbol{V}$。假设 σ^2 与 $\boldsymbol{V}$ 已知。请对假设

$$H_0\text{: }\boldsymbol{\beta}_2=\boldsymbol{0},\quad H_1\text{: }\boldsymbol{\beta}_2\neq\boldsymbol{0}$$

推导合适的检验统计量，并给出零假设和备择假设下检验统计量的分布。

4.14　表4.15是我国 31 个省、自治区、直辖市 (不含港澳台) 原保险保费收入 (X) 和赔付支出 (Y) 情况。根据样本资料建立回归模型，分析赔付支出与原保险保费收入的关系，并判断模型是否存在异方差；如果存在异方差，选用最简单的方法进行修正。

表 4.15　各地区原保险保费收入和赔付支出　　单位：亿元

地区	原保险保费收入	赔付支出	地区	原保险保费收入	赔付支出
北京	1 972.96	577.72	湖北	1 347.28	406.48
天津	564.96	154.90	湖南	1 109.70	376.70
山西	823.21	259.88	广东	3 275.81	885.33
河北	1 713.89	547.54	广西	565.11	181.83
内蒙古	570.06	186.50	海南	164.83	49.08
辽宁	946.00	279.85	重庆	744.00	256.83
吉林	641.39	175.11	四川	1 937.64	583.29
黑龙江	931.44	240.51	贵州	389.31	153.80
上海	1 587.19	548.73	云南	612.66	218.11
江苏	3 449.27	983.66	西藏	28.01	12.39
浙江	1 844.41	540.07	陕西	869.01	260.06
安徽	1 107.36	397.70	甘肃	366.38	119.18
福建	831.84	253.99	青海	80.20	29.25
江西	727.29	216.87	宁夏	165.29	49.55
山东	2 341.09	710.78	新疆	523.48	173.44
河南	2 019.92	625.58			

资料来源：国家统计局. 中国统计年鉴 (2018). 北京：中国统计出版社，2018.

4.15 表4.16是北京市城镇居民 1978—2017 年家庭生活基本情况数据。

(1) 建立居民收入–消费函数;

(2) 检验模型中存在的问题，并采取适当的补救措施予以处理;

(3) 对模型结果进行经济解释。

表 4.16 北京市城镇居民 1978—2017 年家庭生活基本情况数据

年份	人均可支配收入 (元)	人均消费支出 (元)	城市居民家庭恩格尔系数 (%)	每个城镇就业者负担人数 (人)
1978	365	360	58.70	1.86
1979	415	409	57.90	1.83
1980	501	490	55.30	1.80
1981	514	511	57.70	1.72
1982	561	535	59.30	1.66
1983	591	574	58.80	1.65
1984	694	667	56.80	1.63
1985	908	923	50.60	1.66
1986	1 068	1 067	50.90	1.66
1987	1 182	1 148	52.70	1.65
1988	1 437	1 456	51.10	1.71
1989	1 597	1 520	55.30	1.52
1990	1 787	1 646	54.20	1.52
1991	2 040	1 860	54.70	1.47
1992	2 364	2 135	52.80	1.43
1993	3 296	2 940	47.80	1.42
1994	4 731	4 134	46.40	1.41
1995	5 868	5 020	48.50	1.41
1996	6 886	5 730	46.60	1.41
1997	7 813	6 532	43.70	1.43
1998	8 472	6 971	41.10	1.40
1999	9 183	7 499	39.50	1.41
2000	10 350	8 494	36.30	1.41
2001	11 578	8 923	36.20	1.39
2002	12 464	10 286	33.80	1.41
2003	13 883	11 124	31.70	1.39
2004	15 638	12 200	32.20	1.44
2005	17 653	13 244	31.80	1.39
2006	19 978	14 825	30.80	1.40
2007	21 989	15 330	32.20	1.40
2008	24 725	16 460	33.80	1.40
2009	26 738	17 893	33.20	1.40
2010	29 073	19 934	32.10	1.40
2011	32 903	21 984	31.40	1.50
2012	36 469	24 046	31.30	1.40
2013	40 321	26 275	31.10	1.50
2014	43 910	28 009	30.80	1.50
2015	52 859	36 642	22.10	1.50
2016	57 275	38 256	21.10	1.56
2017	62 406	40 346	19.80	1.58

资料来源：北京市统计局. 北京统计年鉴 (2018). 北京：中国统计出版社，2018.

4.16 为研究国内市场与国际股票市场的运行关系，以上证指数和道琼斯工业平均指数为研究对象进行考察。表4.17是上证指数和道琼斯工业平均指数 2018 年 3 月 23 日前后 47 期数据。

表 4.17 2018/2/22—2018/4/27 上证指数和道琼斯工业平均指数数据

日期	上证指数	道琼斯工业平均指数 +1 日	日期	上证指数	道琼斯工业平均指数 +1 日
2018/2/22	3 268.56	24 797.78	2018/3/27	3 166.65	24 202.60
2018/2/23	3 289.02	24 962.48	2018/3/28	3 122.29	23 857.71
2018/2/26	3 329.57	25 309.99	2018/3/29	3 160.53	23 848.42
2018/2/27	3 292.07	25 709.27	2018/4/2	3 163.18	24 103.11
2018/2/28	3 259.41	25 410.03	2018/4/3	3 136.63	23 644.19
2018/3/1	3 273.75	25 029.20	2018/4/4	3 131.11	24 033.36
2018/3/2	3 254.53	24 608.98	2018/4/5	3 131.11	24 264.30
2018/3/5	3 256.93	24 538.06	2018/4/6	3 131.11	24 505.22
2018/3/6	3 289.64	24 874.76	2018/4/9	3 138.29	23 932.76
2018/3/7	3 271.67	24 884.12	2018/4/10	3 190.32	23 979.10
2018/3/8	3 288.41	24 801.36	2018/4/11	3 208.08	24 408.00
2018/3/9	3 307.17	24 895.21	2018/4/12	3 180.16	24 189.45
2018/3/12	3 326.70	25 335.74	2018/4/13	3 159.05	24 483.05
2018/3/13	3 310.24	25 178.61	2018/4/16	3 110.65	24 360.14
2018/3/14	3 291.38	25 007.03	2018/4/17	3 066.80	24 573.04
2018/3/15	3 291.11	24 758.12	2018/4/18	3 091.40	24 786.63
2018/3/16	3 269.88	24 873.66	2018/4/19	3 117.38	24 748.07
2018/3/19	3 279.25	24 946.51	2018/4/20	3 071.54	24 664.89
2018/3/20	3 290.64	24 610.91	2018/4/23	3 068.01	24 462.94
2018/3/21	3 280.95	24 727.27	2018/4/24	3 128.93	24 448.69
2018/3/22	3 263.48	24 682.31	2018/4/25	3 117.97	24 024.13
2018/3/23	3 152.76	23 957.89	2018/4/26	3 075.03	24 083.83
2018/3/26	3 133.72	23 533.20	2018/4/27	3 082.23	24 322.34

资料来源：Wind 数据库.

(1) 根据样本资料建立上证指数对道琼斯工业平均指数的线性回归模型；

(2) 检验 (1) 中模型是否存在自相关；若存在，尝试用适当的方法消除自相关。

4.17 表4.18是 2017 年我国 31 个省、自治区、直辖市 (不含港澳台) 居民人均可支配收入与人均消费支出的数据。

(1) 试根据上述数据建立 2017 年各地区居民人均消费支出对人均可支配收入的线性回归模型；

(2) 选用适当的方法检验模型是否存在异方差，并说明存在异方差的原因；

(3) 如果存在异方差，用适当方法加以修正。

表 4.18　各地区居民人均可支配收入与人均消费支出

单位：元

地区	人均可支配收入	人均消费支出	地区	人均可支配收入	人均消费支出
北京	57 230	37 425	湖北	23 757	16 938
天津	37 022	27 841	湖南	23 103	17 160
河北	21 484	15 437	广东	33 003	24 820
山西	20 420	13 664	广西	19 905	13 424
内蒙古	26 212	18 946	海南	22 553	15 403
辽宁	27 835	20 463	重庆	24 153	17 898
吉林	21 368	15 632	四川	20 580	16 180
黑龙江	21 206	15 578	贵州	16 704	12 970
上海	58 988	39 792	云南	18 348	12 658
江苏	35 024	23 469	西藏	15 457	10 320
浙江	42 046	27 079	陕西	20 635	14 900
安徽	21 863	15 752	甘肃	16 011	13 120
福建	30 048	21 249	青海	19 001	15 503
江西	22 031	14 459	宁夏	20 562	15 350
山东	26 930	17 281	新疆	19 975	15 087
河南	20 170	13 730			

资料来源：国家统计局. 中国统计年鉴 (2018). 北京：中国统计出版社，2018.

第 5 章 多重共线性

第 4 章介绍了如何判断随机误差项是否满足高斯–马尔可夫假定，以及当违背该假定时应当怎样处理。本章将从设计矩阵的角度出发，介绍设计矩阵中产生多重共线性问题给回归分析带来的影响，以及如何诊断并处理该类问题。

事实上，第 3 章曾强调在建立 p 元线性回归模型时，研究者往往假定设计矩阵是列满秩的，即 $\text{rank}(\boldsymbol{X}) = p + 1 < n$。只有在这样的设定下，研究者才可以将估计系数 $\hat{\beta}_1$ 解释为，在模型中其他变量保持不变时，自变量 X_1 每变化一个单位，因变量 Y 平均变化 $\hat{\beta}_1$ 个单位。

然而，当自变量间存在较强的相关性时，设计矩阵不再满足列满秩条件，即 $\text{rank}(\boldsymbol{X}) < p+1$，这将导致 $|\boldsymbol{X}^\top \boldsymbol{X}| \approx 0$ (甚至 $|\boldsymbol{X}^\top \boldsymbol{X}| = 0$)，如果继续使用普通最小二乘法估计系数，会造成估计系数的方差较大，引发显著性检验失效等问题。另外，自变量间存在强相关性意味着其中一个发生变化，其他相关的自变量也会随之变化，难以保证其保持不变，这给估计系数的解释也带来了挑战。研究者称这种由变量间强相关性引发的问题为多重共线性，该问题用数学语言也可以表示为，存在一组不全为零的常数 a_0，a_1，$\cdots$，a_p，使得

$$a_0 + a_1 x_{i1} + a_2 x_{i2} + \cdots + a_p x_{ip} \approx 0, \qquad i = 1，2，\cdots，n \tag{5.0.1}$$

成立，或者有

$$a_0 + a_1 x_{i1} + a_2 x_{i2} + \cdots + a_p x_{ip} = 0, \qquad i = 1，2，\cdots，n \tag{5.0.2}$$

一般来讲，自变量完全正交只发生在实验设计数据中，否则每个数据都存在不同程度的多重共线性。本章将围绕多重共线性产生的原因、影响以及处理办法三方面展开讨论。在具体叙述本章内容之前，请看如下示例。

例 5.1 美国新车销量的数据如表5.1所示。[①] 试建立新车销量 (Y，单位：十万辆) 与新车消费者价格指数 (X_1，未经季节调整，1967 年为 100%)、消费者价格指数 (X_2，全部项目，1967 年为 100%)、个人可支配收入 (X_3，单位：百亿美元)、利率 (X_4) 和民间就业劳动人数 (X_5，单位：百万人) 的线性回归方程，并简要分析结果。

表 5.1 新车销量数据

年份	Y	X_1	X_2	X_3	X_4	X_5
1971	102.27	112.0	121.3	77.68	4.89	79.367
1972	108.72	111.0	125.3	83.96	4.55	82.153
1973	113.50	111.1	133.1	94.98	7.38	85.064

① 参见Gujarati and Porter (2009)。

续表

年份	Y	X_1	X_2	X_3	X_4	X_5
1974	87.75	117.5	147.7	103.84	8.61	86.794
1975	85.39	127.6	161.2	114.28	6.16	85.846
1976	99.94	135.7	170.5	125.26	5.22	88.752
1977	110.46	142.9	181.5	137.93	5.50	92.017
1978	111.64	153.8	195.3	155.12	7.78	96.048
1979	105.59	166.0	217.7	172.93	10.25	98.824
1980	89.79	179.3	247.0	191.80	11.28	99.303
1981	85.35	190.2	272.3	212.76	13.73	100.397
1982	79.80	197.6	286.6	226.14	11.20	99.526
1983	91.79	202.6	297.4	242.81	8.69	100.834
1984	103.94	208.5	307.6	267.06	9.65	105.005
1985	110.39	215.2	318.5	284.11	7.75	107.150
1986	114.50	224.4	323.4	302.21	6.31	109.597

在建立回归方程前，首先通过散点图矩阵观察各变量间的关系与各自的分布情况，见图5.1。其中，横纵轴分别表示变量“新车销量 (Y)”“新车消费者价格指数 (X_1)”“消费

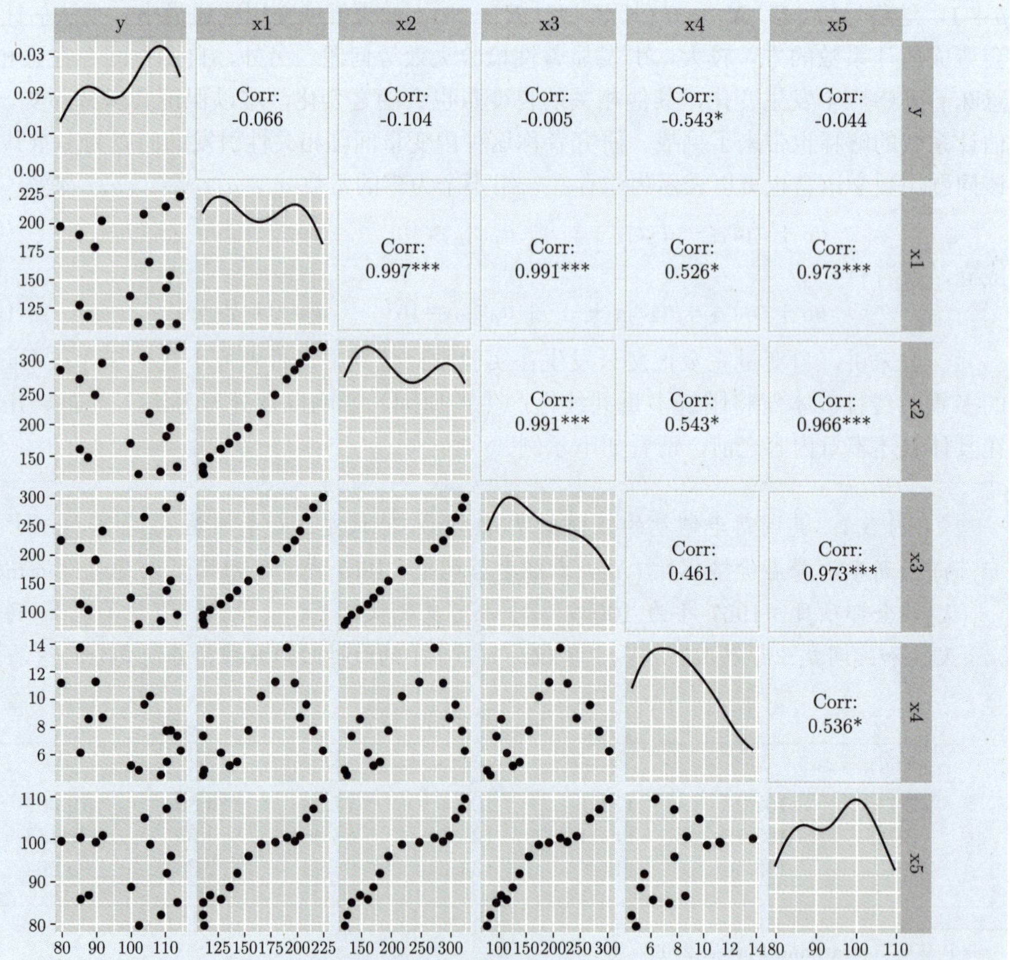

图 5.1　各变量的散点图矩阵

者价格指数 (X_2)”“个人可支配收入 (X_3)”“利率 (X_4)”“民间就业劳动人数 (X_5)”。由图5.1可知，各变量间大体上具有一定的相关关系，特别是变量民间就业劳动人数 (X_5) 与新车消费者价格指数 (X_1)、消费者价格指数 (X_2)、个人可支配收入 (X_3) 间存在高度相关关系。

然后在此基础上，利用 R 软件建立线性回归方程，得到：

$$\hat{Y} = 26.526 + 0.482X_1 - 1.012X_2 + 0.603X_3 - 1.090X_4 + 1.288X_5$$

方程 F 检验的 p 值约为 $0.007 < \alpha = 0.05$，则在 0.05 的显著性水平下，可以认为通过了 F 检验，新车销量 (Y) 与新车消费者价格指数 (X_1)、消费者价格指数 (X_2)、个人可支配收入 (X_3)、利率 (X_4)、民间就业劳动人数 (X_5) 间的回归方程整体显著。其中各个变量系数的 t 检验见表5.2。

表 5.2　系数检验

变量名称	系数估计	标准误差	t 值	p 值
截距项	26.526	83.632	0.317	0.758
X_1	0.482	0.707	0.681	0.511
X_2	−1.012	0.520	−1.960	0.078
X_3	0.603	0.375	1.607	0.139
X_4	−1.090	1.533	−0.712	0.493
X_5	1.288	1.265	1.019	0.332
n=16	R^2=0.755	R_a^2=0.632	F= 6.161	p=0.007

由表5.2可知，尽管方程整体通过了 F 检验，但是在 0.05 的显著性水平下，5 个自变量的系数均不显著，这显然是有违常理的。另外，从解释的角度来看，新车消费者价格指数 (X_1) 的系数为 0.482，意味着当其他 3 个自变量不变时，新车消费者价格指数每增加 1 个单位，新车销量 (Y) 会平均增加 0.482 个单位。这似乎与图5.1显示的内容并不相符，与经济学解释也存在着矛盾。

讨论到现在，读者基本上可以猜到，导致例5.1出现问题的原因正是前面提到的多重共线性。到底为什么会出现上述情况，又如何处理多重共线性呢？读者将在以下内容的学习中找到答案。

5.1 原因与影响

1. 原因

多重共线性是回归分析中常见的问题之一。在确定与研究目标相关的自变量时，除了正交实验设计数据外，研究者往往很难从众多因素中选出一组完全不相关的变量，这是引发多重共线性的直接原因。特别地，以下两种情况常常也会导致回归分析中出现多重共线性问题。

一是抽样方法使用不当可能导致多重共线性。在抽取样本时，如果只在式 (5.0.1) 或者式 (5.0.2) 表示的空间中抽取样本，则会导致多重共线性。举个例子，从直观上看，图5.1中消费者价格指数 (X_2) 和个人可支配收入 (X_3) 的散点图显示，个人可支配收入越高，消费者价格指数也相对较高，两个自变量间存在一定的正相关关系；当这种相关关系较强时，就会引发多重共线性问题。假如该数据并非来自总体，而是来自总体中满足式 (5.0.1) 或者式 (5.0.2) 的一个子空间，那么该散点图上的左上、右下部分的样本则有可能没有被抽到，即缺少了个人可支配收入较低、消费者价格指数较高的信息 (或者个人可支配收入较高、消费者价格指数较低的信息)，才导致两者间呈现出这样的关系。但事实上，只有在这两部分信息完整且样本分布与总体相一致的情况下，才能得出自变量间的真实关系以及它们对因变量的真实效应。

二是对模型或者研究总体的约束可能导致多重共线性。比如，研究人的身高、体重对其血压的影响时，一般来讲身高越高，体重的取值也会越大，这是变量间自然存在的关系，在这种自然约束下，只要引入这两项变量，无论使用什么抽样方法，都不能避免多重共线性。特别是在一些带有滞后变量的时间序列数据或者关系密切的经济类截面数据中，这种现象更为普遍。

一般地，在实际研究中，由于研究目标的复杂性，往往会有多种因素对其产生影响。研究者很难从中找到一组互不相关但是同时对因变量产生显著作用的自变量，从而避免多重共线性。因此，研究人员只有正确地认识、理解多重共线性问题，才能找到相应的解决办法。

2. 多重共线性的影响

本小节将结合实例，具体从估计与预测两个角度进一步探究多重共线性给回归分析带来的影响。

(1) 对估计的影响。

当研究者更加关注回归方程对现象的解释作用时，多重共线性的存在会使方程中估计系数的方差增大，有效性降低，进而导致系数检验失常、系数符号不符合实际意义等问题，不利于解释作用的实现。在例5.1中，新车消费者价格指数 (X_1)、消费者价格指数 (X_2)、个人可支配收入 (X_3)、利率 (X_4)、民间就业劳动人数 (X_5) 这几个自变量间存在明显的强相关关系。因此在预测新车销量 (Y) 时，各变量提供的信息有所重叠，导致自变量系数检验出现问题，相应的系数符号也会有所变化。

由定义可知，当存在完全多重共线性时，设计矩阵无法满足列满秩条件，即 $\text{rank}(\boldsymbol{X}) < p+1$，此时会有 $|\boldsymbol{X}^\top\boldsymbol{X}|=0$ (或者存在近似多重共线性时，即使满足了列满秩条件，也会有 $|\boldsymbol{X}^\top\boldsymbol{X}|\approx 0$)。记 $\lambda_1\geqslant\lambda_2\geqslant\cdots\geqslant\lambda_p>0$ 为矩阵 $\boldsymbol{X}^\top\boldsymbol{X}$ 的特征值，由线性代数相关知识可知，$(\boldsymbol{X}^\top\boldsymbol{X})^{-1}$ 的特征值为 $\dfrac{1}{\lambda_i}$，$i=1$，2，$\cdots$，p，且

$$\sum_{i=1}^{p}\lambda_i=\text{tr}(\boldsymbol{X}^\top\boldsymbol{X}),\qquad \prod_{i=1}^{p}\lambda_i=|\boldsymbol{X}^\top\boldsymbol{X}|$$

当 $|\boldsymbol{X}^\top\boldsymbol{X}|=0$ (或 $|\boldsymbol{X}^\top\boldsymbol{X}|\approx 0$) 时，必有某些特征值 λ_i 很接近 0，从而使 $\dfrac{1}{\lambda_i}$ 变得非常大。此时如果继续使用最小二乘法估计回归系数，就容易造成估计系数的方差之和

$$E(||\hat{\beta}-\beta||^2)=\sigma^2\,\mathrm{tr}(\boldsymbol{X}^\top\boldsymbol{X})^{-1}=\sigma^2\sum_{i=1}^{p}\frac{1}{\lambda_i}$$

急剧增大，系数估计的精度降低。这意味着当研究人员抽取不同的样本分别对模型参数进行估计时，得到的估计量波动范围较大，十分不稳定。

另外，当回归模型中存在多重共线性时，估计系数的符号容易与实际情况相悖。举个简单的例子，假定有 4 个自变量 X_1、X_2、X_3、X_4，研究者试图建立因变量 Y 与这 4 个自变量间的线性回归模型，估计方程为：

$$\hat{Y}=\hat{\beta}_1X_1+\hat{\beta}_2X_2+\hat{\beta}_3X_3+\hat{\beta}_4X_4$$

不失一般性，不妨令 $\hat{\beta}_i>0$，$i=1，2，3，4$，如果 X_2、X_3 两个自变量间存在完全多重共线性，有等式 $X_2=-3X_3$ 成立，则在利用最小二乘法估计系数时，有

$$\begin{aligned}\hat{Y}&=\hat{\beta}_1X_1+\hat{\beta}_2X_2+\hat{\beta}_3X_3+\hat{\beta}_4X_4\\&=\hat{\beta}_1X_1+(\hat{\beta}_3-3\hat{\beta}_2)X_3+\hat{\beta}_4X_4\\&=\hat{\beta}_1X_1+(\hat{\beta}_2-1/3\hat{\beta}_3)X_2+\hat{\beta}_4X_4\end{aligned}$$

读者可以发现，由于 X_2、X_3 两个自变量间的完全相关关系，在估计这两个变量对应的系数时极易受到彼此估计系数的影响，这也是导致估计系数符号发生错乱的重要原因。

同时，在对回归系数进行显著性检验时，检验统计量具有如下形式：

$$t_j=\frac{\hat{\beta}_j}{\sqrt{l_{jj}}\hat{\sigma}}$$

由于检验统计量的分母取值较大，容易导致回归系数难以通过显著性检验。这些情况在例5.1中也得到了充分体现。

(2) 对预测的影响。

一般地，自变量间存在较强的相关关系时，如果在未来时期这种相关关系的类型仍然与建模时期一致，则可以利用建立的回归方程对未来时期的因变量进行预测，但是对预测结果仍需持审慎态度。下面通过实例进行说明。

例 5.2　以 Y 为因变量，X_1、X_2 为自变量做如下数值模拟。其中，$(X_1，X_2)\sim N(0，\boldsymbol{\Sigma})$，$\boldsymbol{\Sigma}=\begin{pmatrix}1&\rho\\\rho&1\end{pmatrix}$ 为自变量间的协方差矩阵，ρ 刻画了 X_1、X_2 的相关程度；$Y=X_1+X_2+\varepsilon$，$\varepsilon\sim N(0，a)$，分别在 R^2 取值 (0.1，0.9) 时按照 $\rho=0.2$、$\rho=0.5$ 生成数据，样本量均为 $n=1\ 000$，其中 70%的样本作为训练集，30%的样本作为测试集。在训练集上建立回归模型，对测试集按照公式

$$\text{PE} = \frac{1}{n_t}\sum_{i=1}^{n_t}(Y_i - X_i\hat{\beta})^2$$

计算平均预测误差。重复该过程 200 次。

通过数值模拟结果比较在变量间相关性较弱 ($\rho = 0.2$) 与相关性较强 ($\rho = 0.5$) 的情况下，如果保持变量间的相关性不变，预测效果的差异。当变量间的相关性较强 ($\rho = 0.5$) 时，重新生成 $n_0 = 300$ 的测试集数据，将 X_1、X_2 的相关性由 0.5 调整为 0.7，比较其预测结果与相关性保持不变时有何不同。结果见图5.2。

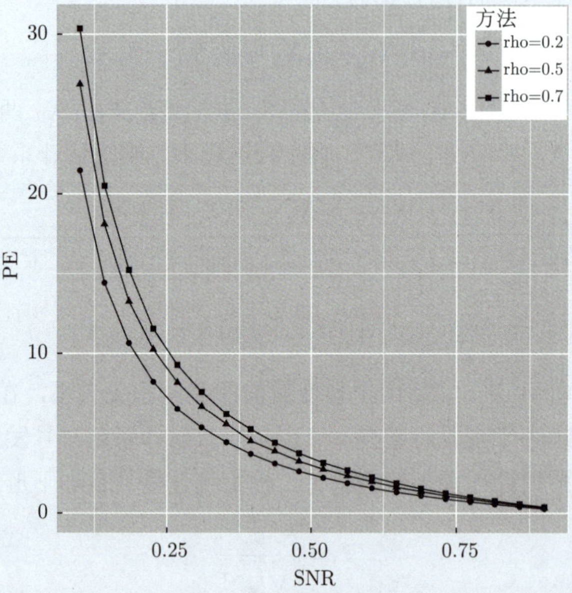

图 5.2　预测误差图

由图5.2可以发现，随着拟合优度 R^2 的提升，不同情况下预测误差均逐渐减小。与 X_1、X_2 的相关性较弱 ($\rho = 0.2$) 时相比，即使在 X_1、X_2 的相关性为 $\rho = 0.5$ 的情况下，只要保证预测时变量间的相关性与建模时期一致，就可以利用该模型进行预测，但是预测误差略大于相关性较弱时的情况，其预测效果会受到一定程度的影响。同样，如果在预测时变量 X_1、X_2 的相关性由建模时期的 0.5 变为 0.7 (或者相关类型发生变化)，预测误差也会因此有所上升。特别地，随着拟合优度 R^2 的提升，这种预测效果的差异会逐渐减小。

综上，多重共线性的影响大小取决于研究人员进行回归分析的目的。当研究者更加关注模型的解释作用，希望通过回归进行经济结构分析时，要尽量避免多重共线性；如果只是希望利用模型进行预测，只要保证未来时期自变量间相关关系的类型与建模时期一致，就可以利用建立的回归方程对未来时期的因变量进行预测，然而对预测结果仍需持审慎态度。然而当自变量间相关关系的类型发生变化时，就不能轻易使用模型来进行预测，需要采取一定的措施消除多重共线性。相关内容见 5.3 节。

5.2 诊断方法

那么在什么情况下，可以确认存在多重共线性问题呢？本节将分别对几种多重共线性的诊断方法进行介绍，主要包括方差膨胀因子诊断法、特征值判定法以及一些其他诊断方法。

1. 方差膨胀因子诊断法

当模型的自变量间存在严重的多重共线性问题时，如果继续使用最小二乘法对回归系数进行估计，所得估计量的方差将会急剧增大。这是研究者在讨论多重共线性的影响时就已经提及的。利用这种思想，方差膨胀因子诊断法认为，当回归系数估计的方差“膨胀”的幅度较大时，模型中就可能存在多重共线性。

所谓方差膨胀因子 (variance inflation factor，VIF)，是指用来度量自变量间高度相关导致的 $\hat{\boldsymbol{\beta}}$ 的方差增加幅度的一种工具。假定对自变量 $\boldsymbol{X}$ 进行中心化得到 $\boldsymbol{X}^*$，则 $\boldsymbol{R}=\boldsymbol{X}^{*\top}\boldsymbol{X}^*$ 表示自变量的协方差矩阵。令

$$\boldsymbol{L}=(l_{ij})=(\boldsymbol{X}^{*\top}\boldsymbol{X}^*)^{-1}$$

那么矩阵 $\boldsymbol{L}$ 的主对角元就称为各个自变量的方差膨胀因子。根据公式

$$\mathrm{Var}(\hat{\beta}_i)=l_{ii}\sigma^2,\qquad i=1,\ 2,\ \cdots,\ p$$

利用矩阵 $\boldsymbol{L}$ 的主对角元 l_{ii} $(i=1,\ 2,\ \cdots,\ p)$ 来度量方差“膨胀”的幅度是很直观的。同时可以证明，第 i 个自变量 X_i 的方差膨胀因子为：

$$l_{ii}=\frac{1}{1-R_i^2}$$

式中，R_i^2 表示自变量 X_i 对其余 $p-1$ 个自变量的复决定系数，反映了第 i 个自变量对其余 $p-1$ 个自变量的线性相关程度。显然，这种相关程度越高意味着自变量间的多重共线性越严重。而当 R_i^2 趋于 0 时，方差膨胀因子 l_{ii} 趋于 1，这时多重共线性几乎不存在。因此，可以利用方差膨胀因子的大小衡量多重共线性的严重程度。这进一步印证了本小节开始时提及的利用方差膨胀因子进行诊断的思想。

那么，估计量方差到底比原来增大多少 (或者变量间相关性达到什么程度) 才认为自变量间存在多重共线性呢？经验表明，当任何自变量的方差膨胀因子超过 5 或 10 时，可认为该自变量与其他自变量间存在多重共线性。除了分别看每个自变量的方差膨胀因子之外，也可以利用 p 个自变量方差膨胀因子的均值来度量多重共线性，即

$$\overline{\mathrm{VIF}}=\frac{1}{p}\sum_{j=1}^{p}\mathrm{VIF}_j$$

当 $\overline{\mathrm{VIF}}$ 远远大于 1 时，说明存在严重的多重共线性。

下面以例5.1为例，利用 R 分别计算 5 个自变量的方差膨胀因子。代码如下：

```
> # 输入数据
> y=c(10227,10872,11350,8775,8539,9994,11046,11164,
+     10559,8979,8535,7980,9179,10394,11039,11450)/100
> x1=c(112,111,111.1,117.5,127.6,135.7,142.9,153.8,
```

```
+       166,179.3,190.2,197.6,202.6,208.5,215.2,224.4)
> x2=c(121.3,125.3,133.1,147.7,161.2,170.5,181.5,
+       195.3,217.7,247,272.3,286.6,297.4,307.6,318.5,323.4)
> x3=c(776.8,839.6,949.8,1038.4,1142.8,1252.6,1379.3,
+       1551.2,1729.3,1918,2127.6,2261.4,2428.1,2670.6,2841.1,3022.1)/10
> x4=c(4.89,4.55,7.38,8.61,6.16,5.22,5.5,7.78,10.25,
+       11.28,13.73,11.2,8.69,9.65,7.75,6.31)
> x5=c(79637,82153,85064,86794,85846,88752,92017,96048,
+       98824,99303,100397,99526,100834,105005,107150,109597)/1000

> data.use=data.frame(y,x1,x2,x3,x4,x5)          # 合并为数据框
> head(data.use)                                 # 显示前6条记录

> # 绘制散点图
> library(GGally)
> p=ggpairs(data.use)
> p

> # 拟合模型
> data.use=as.data.frame(apply(data.use,2,
+           FUN=function(x){scale(x,center=T,scale=T)}))
> model1=lm(data.use$y~.,data=data.use)
> summary(model1)                                # 总结模型，查看结果

Call:
lm(formula=data.use$y~.,data=data.use)

Residuals:
    Min       1Q   Median       3Q      Max
-0.9616 -0.2187  0.1038  0.3332  0.8786

Coefficients:
              Estimate Std. Error t value Pr(>|t|)
(Intercept) -8.407e-17  1.516e-01   0.000   1.0000
x1           1.686e+00  2.475e+00   0.681   0.5112
x2          -6.450e+00  3.291e+00  -1.960   0.0784 .
x3           3.847e+00  2.394e+00   1.607   0.1391
x4          -2.477e-01  3.480e-01  -0.712   0.4929
x5           1.021e+00  1.003e+00   1.019   0.3324
---
Signif. codes:  0 '***' 0.001 '**' 0.01 '*' 0.05 '.' 0.1 ' ' 1

Residual standard error: 0.6063 on 10 degrees of freedom
Multiple R-squared:  0.7549, Adjusted R-squared:  0.6324
F-statistic: 6.161 on 5 and 10 DF,  p-value: 0.007366

> # 方差膨胀因子诊断法，分别计算每个变量的方差膨胀因子
> data.use2=data.use[,-1]
> model2=lm(x1~.,data=data.use2)
> # 拟合x1与其他自变量的回归模型，读取复决定系数
> summary(model2)

Multiple R-squared:  0.996,  Adjusted R-squared:  0.9945

> # 计算方差膨胀因子
> v1=1/(1-0.996)

[1] 250
```

```
> model3=lm(x2~.,data=data.use2)
> summary(model3)

Multiple R-squared:  0.9977, Adjusted R-squared:  0.9969

> v2=1/(1-0.9977)

[1] 434.7826

> model4=lm(x3~.,data=data.use2)
> summary(model4)

Multiple R-squared:  0.9957, Adjusted R-squared:  0.9942

> v3=1/(1-0.9957)

[1] 232.5581

> model5=lm(x4~.,data=data.use2)
> summary(model5)

Multiple R-squared:  0.7976, Adjusted R-squared:  0.724

> v4=1/(1-0.7976)

[1] 4.940711

> model6=lm(x5~.,data=data.use2)
> summary(model6)

Multiple R-squared:  0.9756, Adjusted R-squared:  0.9668

> v5=1/(1-0.9756)

[1] 40.98361

> vif=c(v1,v2,v3,v4,v5)
> # 平均方差膨胀因子
> mean(vif)

[1] 192.653
```

5 个自变量的方差膨胀因子的均值 $\overline{\text{VIF}} \approx 192.653$。由此可以做出判断，模型中确实存在多重共线性。

一般情况下，当多个自变量的方差膨胀因子超过 5 或 10 时，意味着该模型的多重共线性可能是由这几个自变量引起的，这部分变量间存在一定的相关性。这为后续解决多重共线性提供了一些思路。

2. 特征值判定法

由定义可知，当自变量间存在多重共线性时，有 $|\boldsymbol{X}^\top\boldsymbol{X}| \approx 0$。从该角度出发，研究者可以通过对矩阵 $\boldsymbol{X}^\top\boldsymbol{X}$ 的特征值进行分析来诊断多重共线性。

从直观上看，当有 $|\boldsymbol{X}^\top\boldsymbol{X}| \approx 0$ 成立时，有 $\prod_{i=1}^{p}\lambda_i \approx 0$。$\lambda_i\ (i=1,\ 2,\ \cdots,\ p)$ 为 $|\boldsymbol{X}^\top\boldsymbol{X}|$

的特征值 (重根按重数计算)。因为矩阵行列式的值等于其特征值的连乘积。这表明，当 $|\boldsymbol{X}^\top\boldsymbol{X}|$ 至少存在一个近似为零的特征值时，认为自变量间存在多重共线性。

但是在什么情况下可以认为特征值近似为零呢？为解决这个问题，研究人员引入条件数的概念。令 λ_m 表示矩阵 $\boldsymbol{X}^\top\boldsymbol{X}$ 的最大特征值，则

$$k_i=\sqrt{\frac{\lambda_m}{\lambda_i}},\quad i=1,\ 2,\ \cdots,\ p$$

为特征值 λ_i 对应的条件数。也有教材中将条件数定义为 $k_i=\dfrac{\lambda_m}{\lambda_i}$。

条件数这个概念度量了矩阵 $\boldsymbol{X}^\top\boldsymbol{X}$ 特征值的分散程度，可以借此来判断多重共线性的严重程度。k_i 取值越大意味着多重共线性越严重。一般地，当条件数小于 10 时，认为设计矩阵 $\boldsymbol{X}$ 没有明显的多重共线性；当条件数在 $10\sim100$ 之间时，认为设计矩阵 $\boldsymbol{X}$ 具有较强的多重共线性；而当条件数超过 100 时，说明存在严重的多重共线性。较大条件数 (比如 $k_i\geqslant 1\,000$) 的特征值数量表明了模型中存在多重共线性关系的个数。

但需要注意的是，与方差膨胀因子不同，仅仅根据条件数，研究者无法直接发现哪几个变量间存在多重共线性。令 $\boldsymbol{c}=(c_1,\ c_2,\ \cdots,\ c_p)$ 表示矩阵 $\boldsymbol{X}^\top\boldsymbol{X}$ 的特征值 $\boldsymbol{\lambda}=(\lambda_1,\ \lambda_2,\ \cdots,\ \lambda_p)$ 对应的特征向量，在多重共线性下有 $\boldsymbol{X}^\top\boldsymbol{X}\boldsymbol{c}=\boldsymbol{\lambda}\boldsymbol{c}\approx\boldsymbol{0}$ (或者 $=\boldsymbol{0}$)，进而可以得出 $\boldsymbol{X}\boldsymbol{c}\approx\boldsymbol{0}$ (或者 $=\boldsymbol{0}$)，因此，根据特征向量，研究者可以判断多重共线性发生在哪些变量间。为了更清晰地探究这一点，将特征向量 $\boldsymbol{c}_i^\top$ $(i=1,\ 2,\ \cdots,\ p)$ 按照特征值大小排列成一个 $p\times p$ 阶矩阵，矩阵中每个元素平方后除以其对应的特征值，然后按照列进行归一化 (即每个元素除以其所在列的数据之和)，这样就会得到每个特征值下各个自变量对应的方差比例。如果在某个特征值或者条件数下，有几个自变量的方差比例值在某一行且同时较大，则可以认为这几个自变量间存在多重共线性。

读者可以仿照例5.2生成数据，并计算对应的条件数。例如，考虑两个标准正态随机变量 X_1 和 X_2，其相关系数为 0.999，样本量为 20。则 $\boldsymbol{X}^\top\boldsymbol{X}$ 的两个特征值分别为 33.129 和 0.013 8，最大特征值为 33.129，所以条件数分别为 1 和 2 406.9。由于 $2\,406.9>1\,000$，因此可以认为在该例中存在较严重的多重共线性。代码如下。

```
> library(MASS)
> set.seed(1)
> n<-20
> a<-0                    # X的均值
> rho0<-0.999
> P<-2                    # 变量维数
> Sigma0<-matrix(c(1,rho0,rho0,1),2,2,byrow=T)
> X0<-mvrnorm(n=n,mu=rep(a,P),Sigma=Sigma0)
> xx<-t(X0)%*%X0
> eig.value<-eigen(xx)$values
> print(eig.value)
[1] 33.1292937  0.0137643
> k<-max(eig.value)/eig.value
> print(k)
[1]    1.0 2406.9
```

3. 直观判断方法

除上述两种诊断方法以外，还可以利用一些其他的“小线索”从直观上对多重共线性进行简单的诊断。当出现这些“小线索”时，读者就要警惕模型中是否存在多重共线性问题，并对其进行进一步诊断。

一是自变量间的协方差矩阵中包含较大的元素。从直观上讲，当自变量间具有较强的线性相关关系时，可以认为变量间存在多重共线性。因此，读者可以通过矩阵 $\boldsymbol{R}=\boldsymbol{X}^{\top}\boldsymbol{X}$ 的非对角元的大小对多重共线性进行简单的度量。如果自变量 X_i 与 X_j 是高度相关的，则矩阵 $\boldsymbol{R}$ 中的元素 $|r_{ij}|$ 应接近 1。以例5.1新车销量数据为例，在对各自变量标准化后计算协方差矩阵，得到

$$\boldsymbol{R}=\begin{pmatrix}1.000 & 0.997 & 0.991 & 0.526 & 0.973\\ & 1.000 & 0.991 & 0.543 & 0.966\\ & & 1.000 & 0.461 & 0.973\\ & & & 1.000 & 0.536\\ & & & & 1.000\end{pmatrix}$$

由协方差矩阵可以看出，自变量 X_1 与 X_2、X_3、X_5 间的协方差 $|r_{1j}|$ ($j=2$，3，5) 均高于 0.9，具有高度的线性相关性。审视该协方差矩阵，可以认为在该模型中自变量间存在一定的多重共线性。但需要注意的是，协方差矩阵只是用来初步探测两两自变量间的相关程度，当多重共线性涉及的自变量多于两个时，未必能保证协方差矩阵中两两自变量间的协方差元素取较大的值，即协方差矩阵中元素取值较小并不意味着多重共线性一定不存在。比如，现有如表5.3所示的数据，其中自变量 X_1、X_2 分别从正态分布中随机生成，

表 5.3　模拟数据

Y	X_1	X_2	X_3	X_4	X_5
3.170	0.586	2.559	1.874	1.107	0.019
−1.056	0.709	3.912	0.123	0.925	1.952
6.534	−0.109	−0.289	1.162	0.707	1.131
8.086	−0.453	−2.106	0.101	1.549	1.349
11.610	0.606	−2.195	0.170	1.293	1.538
−8.310	−1.818	4.610	0.777	1.089	1.134
5.949	0.630	0.037	0.364	1.515	1.121
−1.574	−0.276	2.241	0.838	1.323	0.839
−0.320	−0.284	2.224	0.759	1.313	0.928
5.596	−0.919	0.675	1.949	0.566	0.485
−0.631	−0.116	2.624	0.609	0.383	0.755
−0.851	1.817	5.394	0.380	0.795	0.906
−6.013	0.371	5.098	0.984	0.588	0.009
−2.224	0.520	4.265	0.321	0.559	0.515
−2.492	−0.751	1.509	0.090	0.683	0.710
3.170	0.817	1.982	0.800	0.944	0.187
−2.250	−0.886	0.352	0.279	0.774	0.033
7.210	−0.332	−2.324	0.672	0.813	0.663
−0.177	1.121	4.535	0.944	0.875	0.697
2.684	0.299	1.052	0.185	0.098	0.808

X_3、X_4、X_5 三个变量从 (0，1) 的均匀分布中生成，且满足条件 $\sum_{i=1}^{3}\sum_{j=1}^{10}x_{ij}=1$，因变量

$$Y=3X_1-2X_2+4X_3-X_4+3X_5+\varepsilon,\qquad \varepsilon\sim N(0,\ 1)$$

考虑到数据生成机制，利用该数据进行回归分析会引发多重共线性问题 (事实上，由特征值判定法可知，最大的条件数约为 $108>100$，说明多重共线性确实存在)。但是标准化数据后各个自变量间的协方差矩阵为：

$$\boldsymbol{R}=\begin{pmatrix}1.000 & 0.284 & -0.112 & -0.021 & 0.038\\ & 1.000 & 0.139 & -0.277 & -0.205\\ & & 1.000 & -0.069 & -0.476\\ & & & 1.000 & 0.363\\ & & & & 1.000\end{pmatrix}$$

由该矩阵发现，任意两个自变量间的相关系数并没有大到令人怀疑的程度。

二是回归系数估计量的正负号以及意义解释。当回归方程中某些自变量系数估计的符号、意义解释与实际情况相违背时，要警惕多重共线性问题。例5.1新车销量的例子中，新车消费者价格指数 (X_1) 的系数估计意味着当其他三个自变量不变时，新车消费者价格指数每增加 1 个单位，新车销量 Y 会平均增加 0.482 个单位，这实际上与经济学解释存在着矛盾。

三是回归系数估计量的标准误差与 t 检验结果。当回归系数估计的标准误差较大时，认为可能存在多重共线性问题。这其实是方差膨胀因子诊断法的一个直观体现。比如，表5.2中自变量 X_1 的标准误差相对于 X_1 的估计系数而言已经是较大的取值。另外，较大的标准误差容易导致估计系数无法通过 t 检验。因此，如果一些实际意义比较重要的自变量在回归方程中却并不显著，就需要警惕模型中存在多重共线性的可能。

四是估计系数对数据的敏感程度。比如，当在方程中增加或剔除一个自变量或者改变一个观测值，回归系数估计值发生较大变化时，也需要注意回归方程的多重共线性问题。

目前，基于方差膨胀因子和矩阵 $\boldsymbol{X}^\top\boldsymbol{X}$ 的特征值对多重共线性进行诊断是比较常用的方法。

5.3 处理方法

当回归方程中存在多重共线性问题时，研究人员需要设法处理以消除其带来的不良影响。从产生原因与诊断方法的角度出发，有许多措施可以解决多重共线性问题，具体来看可以分为以下三类。

一是增加样本量。当多重共线性是由抽样方法不当引起的时，通过增大样本量可以避免只在总体的某个子空间中抽样，从而取得与总体分布相一致的样本，消除多重共线性。在例5.1中，假如该数据来自满足式 (5.0.1) 或者式 (5.0.2) 的总体的一个子空间，通过增加样本量便可以在个人可支配收入较低、消费者价格指数较高 (或者个人可支配收入较高、消费者价格指数较低) 的样本点多收集一些信息，进而规避多重共线性的出现。另外，在一些

医学研究或者行为研究中，如果样本数据太少也容易产生多重共线性。增加样本量有利于减小回归系数估计的方差，可以有效削弱多重共线性的影响。

二是重新设定模型。由于设定不同，模型引入的自变量间可能本身就具有一定的相关性，这样也会产生多重共线性问题。在这种情况下，对模型进行重新设定可以降低多重共线性的影响。常见的模型重新设定的方法之一是重新定义回归变量。比如在例5.1中，自变量中新车消费者价格指数 (X_1)、消费者价格指数 (X_2)、个人可支配收入 (X_3) 具有高度相关关系，可以设法找到一个关于这三个变量的函数，如 $X=X_1X_2X_3$、$X=(X_1+X_2)/X_3$ 等，使得既能保留变量原有的大部分信息，又能降低多重共线性的影响。另一种重新设定方法是进行变量剔除。当自变量间具有高度相关性时，可以根据方差膨胀因子的大小依次对变量进行剔除，直到消除多重共线性为止。

三是使用回归系数的有偏估计。在前文中研究者提到，当自变量间存在多重共线性时，如果继续使用最小二乘法对系数进行估计，会导致较大的估计方差，估计的有效性会降低。一类新的方法是以牺牲估计系数的无偏性为代价来达到提高估计系数稳定性的目的，从而削弱多重共线性的影响。常见的方法有主成分法、偏最小二乘法、岭回归法等。

5.4　岭估计

1. 岭回归的定义

岭估计 (ridge estimate) 最早由霍尔 (A.E. Hoerl) 于 1962 年提出，是一种对普通最小二乘法的改进。其解决多重共线性问题的思路非常清晰——既然多重共线性带来的估计问题源于 $|\boldsymbol{X}^\top\boldsymbol{X}|=0$ (或者 $|\boldsymbol{X}^\top\boldsymbol{X}|\approx 0$)，那么给矩阵 $\boldsymbol{X}^\top\boldsymbol{X}$ 添加一个正常数矩阵，使其行列式值不为零，问题是不是就迎刃而解了呢？答案是肯定的。岭回归 (ridge regression) 就是利用这种思想在最小二乘法的正规方程 $(\boldsymbol{X}^\top\boldsymbol{X})\hat{\boldsymbol{\beta}}=\boldsymbol{X}^\top\boldsymbol{Y}$ 的基础上加以修正，给 $\boldsymbol{X}^\top\boldsymbol{X}$ 加上了一个正常数矩阵 $k\boldsymbol{I}$ $(k>0)$，使得 $|\boldsymbol{X}^\top\boldsymbol{X}+k\boldsymbol{I}|$ 接近零的程度与 $|\boldsymbol{X}^\top\boldsymbol{X}|$ 相比更小。此时，得到的估计

$$\hat{\boldsymbol{\beta}}(k)=(\boldsymbol{X}^\top\boldsymbol{X}+k\boldsymbol{I})^{-1}\boldsymbol{X}^\top\boldsymbol{Y} \tag{5.4.1}$$

就是回归系数 $\boldsymbol{\beta}$ 的岭估计。显然，系数的岭估计是一个有偏估计，岭参数 k 就是对岭估计量偏差的一种反映。特别地，当 $k=0$ 时，岭估计就是普通最小二乘估计。下面将详细讨论关于该参数的选择问题。

不妨思考一下，既然岭估计是一个有偏估计，为什么还要倾向于使用它来代替普通最小二乘估计以解决多重共线性问题呢？事实上，当存在多重共线性时，使用普通最小二乘法估计系数会导致估计量方差过大，这时尽管理论上可以得到系数的无偏估计，但是由于估计的有效性较低，最小二乘估计的抽样分布会比较扁平，很难在一次估计中使得系数估计落在真值附近。因此从有效性的角度看，这并不是一个理想的估计。虽然岭估计存在一定的偏差，但是考虑到其对正规方程的改进是给 $\boldsymbol{X}^\top\boldsymbol{X}$ 加上了一个正常数矩阵 $k\boldsymbol{I}$ $(k>0)$，可以大大减小估计系数的方差，所以岭估计的抽样分布会相对集中，落在真值附近的概率较大。

下面，我们尝试利用数值模拟来说明上述情况。令 Y、X_1、X_2、X_3、X_4 分别表示因变量和四个自变量，X_1 从均值为 1、方差为 2 的正态分布中生成，X_2 从 $(-0.5, 0.5)$ 的均匀分布中生成，其余两个变量 $X_3 = 0.9X_1 + 0.3X_2 + \varepsilon_1$，$X_4 = 0.5X_2 + \varepsilon_2$，因变量 $Y = X_1 + X_2 + X_3 + X_4 + \varepsilon_3$，其中 ε_1、ε_2 是两个与 X_1 同分布的随机误差项，ε_3 服从均值为 2、方差为 4 的正态分布。然后分别利用最小二乘法、岭回归法对生成的模拟数据拟合回归模型。重复上述过程 1 000 次，观察自变量 X_2 对应系数的最小二乘估计、岭估计的近似抽样分布 (见图5.3)。由图5.3可知，尽管和岭估计相比，最小二乘估计的均值与真值更为接近，但是考虑到岭估计抽样分布的形状较为“瘦高”，其落在真值附近的概率更大。

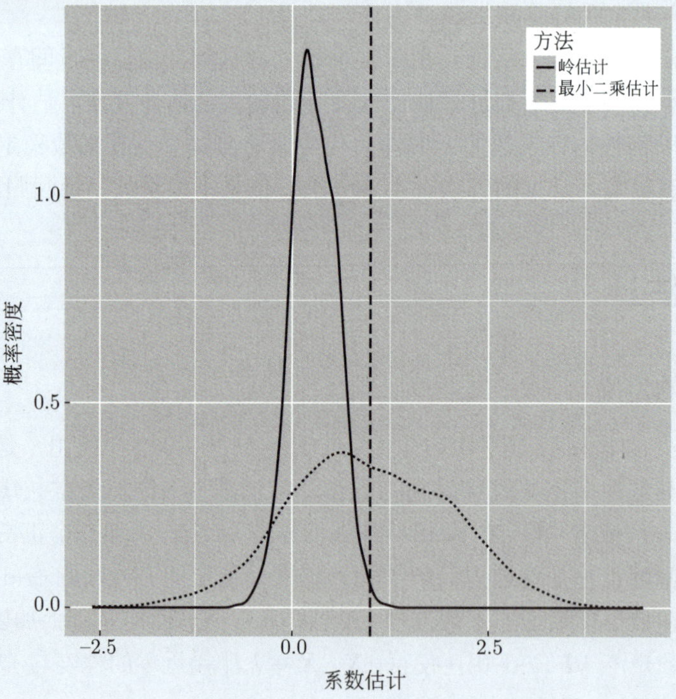

图 5.3　岭估计与最小二乘估计的抽样分布图

2. 岭估计的性质

在读者对岭估计的概念有所了解后，本节将对岭回归估计量的性质进行简要介绍。

性质 5.1　假设岭参数 k 与 $\boldsymbol{Y}$ 无关，则岭估计 $\hat{\boldsymbol{\beta}}(k) = (\boldsymbol{X}^\top\boldsymbol{X} + k\boldsymbol{I})^{-1}\boldsymbol{X}^\top\boldsymbol{Y}$ 可以看作最小二乘估计的一个线性变换。

证明：

$$\begin{aligned}\hat{\boldsymbol{\beta}}(k) &= (\boldsymbol{X}^\top\boldsymbol{X} + k\boldsymbol{I})^{-1}\boldsymbol{X}^\top\boldsymbol{Y} \\ &= (\boldsymbol{X}^\top\boldsymbol{X} + k\boldsymbol{I})^{-1}(\boldsymbol{X}^\top\boldsymbol{X})\hat{\boldsymbol{\beta}} \\ &= \boldsymbol{Z}_k\hat{\boldsymbol{\beta}}\end{aligned}$$

其中 $\boldsymbol{Z}_k=(\boldsymbol{X}^\top\boldsymbol{X}+k\boldsymbol{I})^{-1}(\boldsymbol{X}^\top\boldsymbol{X})$。显然，岭估计也是 $\boldsymbol{Y}$ 的线性函数。同时，$E(\hat{\boldsymbol{\beta}}(k))=E(\boldsymbol{Z}_k\hat{\boldsymbol{\beta}})=\boldsymbol{Z}_k\boldsymbol{\beta}$，$\boldsymbol{Z}_k$ 的具体形式阐明了为什么岭估计是一种有偏估计，以及常数 k 对估计量偏差的度量作用。 □

需要注意的是，在实际情况中，研究人员往往会利用数据对岭参数进行选择，不能完全保证岭参数 k 与 $\boldsymbol{Y}$ 无关。因此该性质一般只在理论上成立。

性质 5.2 对任意 $k>0$，$||\hat{\boldsymbol{\beta}}||_2^2\neq 0$，总有公式

$$||\hat{\boldsymbol{\beta}}(k)||_2^2<||\hat{\boldsymbol{\beta}}||_2^2$$

式中，$||\cdot||_2$ 表示向量的模，等于向量各分量平方和的平方根。该性质说明 $\hat{\boldsymbol{\beta}}(k)$ 可以看作由最小二乘估计 $\hat{\boldsymbol{\beta}}$ 进行了某种朝着原点方向的压缩。且当 $k\to+\infty$ 时，$\hat{\boldsymbol{\beta}}(k)\to\mathbf{0}$，即 $\hat{\boldsymbol{\beta}}(k)$ 转变为零向量。

性质 5.3 当 $k>0$ 时，随着 k 的增加，岭回归估计量 $\hat{\boldsymbol{\beta}}(k)$ 的偏差也会增加，但是方差会随之减小。而且当 $\boldsymbol{\beta}^\top\boldsymbol{\beta}$ 有界时，存在非零的 k 值使得岭回归估计量 $\hat{\boldsymbol{\beta}}(k)$ 的均方误差 (MSE) 小于最小二乘估计的均方误差。

证明： 由上可知，$\hat{\boldsymbol{\beta}}(k)$ 的协方差矩阵为：

$$\mathrm{Var}(\hat{\boldsymbol{\beta}}(k))=\sigma^2(\boldsymbol{X}^\top\boldsymbol{X}+k\boldsymbol{I})^{-1}(\boldsymbol{X}^\top\boldsymbol{X})(\boldsymbol{X}^\top\boldsymbol{X}+k\boldsymbol{I})^{-1}$$

因此，其均方误差为：

$$\begin{aligned}\mathrm{MSE}(\hat{\boldsymbol{\beta}}(k))&=\mathrm{Var}(\hat{\boldsymbol{\beta}}(k))+[\mathrm{bias}(\hat{\boldsymbol{\beta}}(k))]^2\\&=\sigma^2\,\mathrm{tr}[(\boldsymbol{X}^\top\boldsymbol{X}+k\boldsymbol{I})^{-1}(\boldsymbol{X}^\top\boldsymbol{X})(\boldsymbol{X}^\top\boldsymbol{X}+k\boldsymbol{I})^{-1}]+k^2\boldsymbol{\beta}^\top(\boldsymbol{X}^\top\boldsymbol{X}+k\boldsymbol{I})^{-2}\boldsymbol{\beta}\\&=\sigma^2\sum_{j=1}^{p}\frac{\lambda_j}{(\lambda_j+k)^2}+k^2\boldsymbol{\beta}^\top(\boldsymbol{X}^\top\boldsymbol{X}+k\boldsymbol{I})^{-2}\boldsymbol{\beta}\end{aligned}$$

λ_1，λ_2，$\cdots$，λ_p 是 $\boldsymbol{X}^\top\boldsymbol{X}$ 的特征值。式中第一项为岭回归估计量的方差之和，第二项表示估计量的偏差。根据该式可以明显地发现，随着 k 的增加，$\hat{\boldsymbol{\beta}}(k)$ 的偏差会增加，但是方差会随之减小。 □

关于该性质后半部分的证明可以参见文献 Hoerl and Kennard (1970)。

3. 岭参数的选择

上文提到，岭参数是岭回归估计量偏差的一种反映，且在一定的假设条件下，存在正常数 k 使得岭回归估计量的均方误差小于最小二乘估计量。那么，估计时如何选择一个合适的岭参数呢？当然，研究人员希望选择的 k 可以使估计量的均方误差达到最小，但这种最优的 k 值往往依赖于未知参数 $\boldsymbol{\beta}$ 和 σ^2，并且这种依赖关系具体有怎样的函数形式尚未清楚。近年来，许多统计学者对此做了相应的研究工作，提出了一些岭参数的选择方法。为解决实际的应用问题，下面简要介绍几种常用的方法。

(1) 岭迹法。

岭估计随着岭参数的变化而变化的曲线称为岭迹。在实际应用中通过岭迹不仅能了解各自变量的作用及自变量间的相互关系，也可以对岭参数或者自变量进行选择。

当模型中存在着严重的多重共线性时，回归系数的不稳定性将通过岭迹明显表现出来。随着 k 的增加，某些回归系数估计会有较大幅度的波动，而在 k 的某些取值处，岭回归估计量 $\hat{\boldsymbol{\beta}}(k)$ 会相对稳定。研究者的目的就是找到一个合理的较小的 k 值，在该取值处，岭回归估计量 $\hat{\boldsymbol{\beta}}(k)$ 是稳定的。同时，也可以结合估计系数的符号、解释、残差平方和的变化等信息进行选择。

然而，通过审视岭迹来选择参数是一种主观性较强的方法，缺乏严格的理论依据，对分析人员自身的素质有较高的要求。这是岭迹法的一个明显的缺点。

(2) 方差膨胀因子法。

也曾有学者提出使用方差膨胀因子来选择 k。该原则是选择的 k 值应使方差膨胀因子的最大值在 1~10 之间，越接近 1 越好。

使用该方法的原因在于方差膨胀因子可以有效度量多重共线性的严重程度，当方差膨胀因子大于 10 时，一般认为存在严重的多重共线性。由前文给出的岭回归估计量的协方差矩阵 $\sigma^2(\boldsymbol{X}^\top\boldsymbol{X}+k\boldsymbol{I})^{-1}(\boldsymbol{X}^\top\boldsymbol{X})(\boldsymbol{X}^\top\boldsymbol{X}+k\boldsymbol{I})^{-1}$ 可以看出，当 k 取值越大时，岭回归估计量的方差膨胀程度越小。因此可以通过控制方差膨胀因子的最大值来对岭参数进行选择，在这样的参数下可以得到相对稳定的估计量。

(3) 残差平方和。

研究者还可以根据残差平方和 (SS_k) 来选择岭参数。岭回归估计量的残差平方和为：

$$\begin{aligned}\mathrm{SS}_k &= (\boldsymbol{Y}-\boldsymbol{X}\hat{\boldsymbol{\beta}}(k))^\top(\boldsymbol{Y}-\boldsymbol{X}\hat{\boldsymbol{\beta}}(k))\\ &= (\boldsymbol{Y}-\boldsymbol{X}\hat{\boldsymbol{\beta}})^\top(\boldsymbol{Y}-\boldsymbol{X}\hat{\boldsymbol{\beta}})+(\hat{\boldsymbol{\beta}}(k)-\hat{\boldsymbol{\beta}})^\top(\boldsymbol{X}^\top\boldsymbol{X})(\hat{\boldsymbol{\beta}}(k)-\hat{\boldsymbol{\beta}})\end{aligned}$$

式中右边第一项为最小二乘估计的残差平方和。由该式可见，随着 k 的增加，岭回归估计量的偏差也会增加，最终导致残差平方和增大。因此，研究者往往通过将残差平方和限制在一定范围内来确定岭参数 k。比如，给定一个大于 1 的常数 c，使得

$$\mathrm{SS}_k < c\,\mathrm{SSE}$$

成立的最大 k 值即为所求。

除了以上三种方法外，还可以根据一些其他原则来选择岭参数。参见文献Goldstein and Smith (1974)、Obenchain (1975) 等。

在了解了岭回归的相关概念与方法后，读者不妨回到本章最开始提出的例子，利用例5.1简要阐述岭回归的实现。根据前文，读者已经明确在例5.1 中由于自变量间存在高度相关关系，直接建立线性回归模型会引发多重共线性，因此不妨利用 R 进行岭回归以解决该问题。在进行岭回归之前，需要思考的一个关键问题是岭参数 k 的选择，此处利用岭迹图选择参数。代码如下：

```
> library(MASS)
> # 岭参数的取值范围
```

```
> lambda=seq(0,30,0.001)
> # 岭回归
> model.r=lm.ridge(y~.,data=data.use,lambda=lambda)
> df=data.frame(t(model.r$coef),(model.r$lambda))
> colnames(df)=c("x1","x2","x3","x4","x5","lambda")
> dat=data.frame(系数估计=c(df$x1,df$x2,df$x3,df$x4,df$x5),岭参数k=c(df$lambda,
+         df$lambda,df$lambda,df$lambda,df$lambda),
+         变量名称=c(rep("新车消费者价格指数",length(lambda)),
+         rep("消费者价格指数",length(lambda)),
+         rep("个人可支配收入",length(lambda)),rep("利率",length(lambda)),
+         rep("民间就业劳动人数",length(lambda))))

> # 绘制岭迹图, 见图5.4
> g=ggplot(dat,aes(x=岭参数k,y=系数估计,lty=变量名称))+geom_line()+
+         theme(legend.position=c(0.9,0.9))
> g=g+theme(legend.position=c(0.9,0.9))+geom_vline(xintercept=5,lty=4)
> g

> # 选择岭参数lambda=5后进行岭回归
> model.rf=lm.ridge(y~.,data=data.use,lambda=5)
> model.rf

                           x1            x2            x3            x4
1.804482e-16 -3.800120e-02 -1.223854e-01  8.119048e-02 -4.965565e-01
          x5
2.942919e-01
```

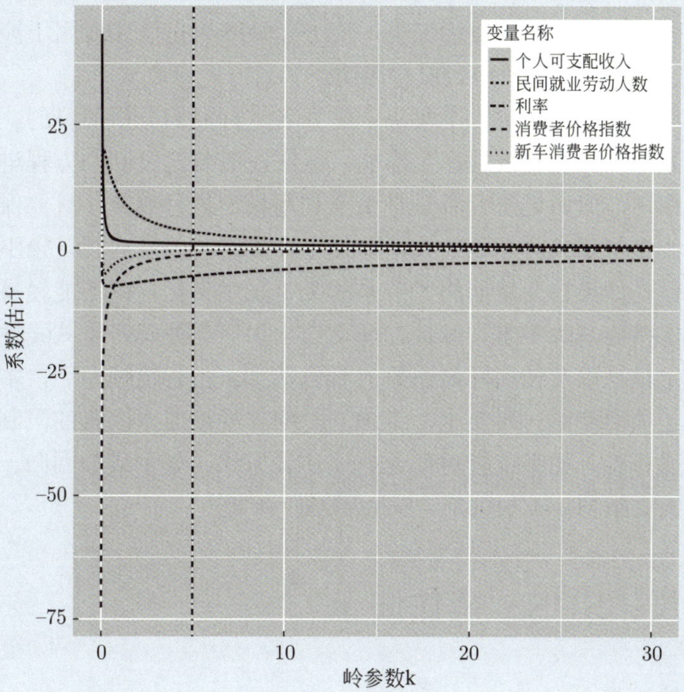

图 5.4　岭迹图

最终得出的估计结果见表5.4。

表 5.4 岭估计系数

变量名称	X_1	X_2	X_3	X_4	X_5
估计系数	−0.038	−0.122	0.081	−0.497	0.294

结果显示，自变量新车消费者价格指数 (X_1)、消费者价格指数 (X_2)、利率 (X_4) 对新车销量均呈现负向影响，个人可支配收入 (X_3) 和民间就业劳动人数 (X_5) 对新车销量均呈现正向影响，从经济学角度看符合相关解释。

5.5 小结与评注

多重共线性是回归分析中常见的问题之一。本章从多重共线性产生的原因出发，针对多重共线性对回归系数的估计与回归方程的预测产生的影响进行分析，并给出了几种相应的诊断方法与处理手段。事实上，在回归分析中，除了正交实验设计数据外，研究者往往很难在影响因变量的众多因素中选出一组完全不相关的变量，因此多重共线性在实际问题的研究中或多或少都会存在，这也要求研究者在选取指标变量时应当尽可能选择相关性较低的变量。

在多重共线性的诊断方法中，直观上可以通过协方差矩阵中的元素进行大致的判断，即协方差矩阵中如果存在较大的元素，则可以初步认为该元素对应的行变量与列变量间可能存在多重共线性。但需要注意的是，协方差矩阵只能用来初步探测两两自变量间的相关程度。当多重共线性涉及两个以上自变量时，未必能保证协方差矩阵中两两自变量间的协方差元素取较大的值。因此，一般情况下，协方差矩阵判定法在应用于涉及两个以上自变量的复杂多重共线性的判定时，应当保持谨慎。

特别地，多重共线性的影响大小取决于研究者进行回归分析的目的。多重共线性的存在虽然会对回归系数估计的有效性产生影响，无法在需要通过回归方程进行经济结构分析或者解释时发挥作用，但如果研究者只是希望利用模型进行预测，只要保证未来时期自变量间相关关系的类型与建模时期相一致，即使存在多重共线性问题，也不会对预测结果产生太大的影响。但是如果自变量间相关关系的类型发生变化，就不能轻易使用模型进行预测，需要采取一定措施消除多重共线性。前文给出了三类处理多重共线性的方法，即增加样本量、重新设定模型以及使用回归系数的有偏估计。由于篇幅原因，本章只对有偏估计中的岭估计进行了简要介绍。事实上，考虑到时间、经济成本因素的限制，增加研究的样本量往往缺乏可操作性，如果读者对其他有偏估计方法，如主成分回归、偏最小二乘回归感兴趣，可以参阅文献 Massy (1965)、Schweppe (1970)。

5.6 附录：SPSS 操作演示

1. 共线性的诊断

首先打开例5.1中的相关数据“Bus.csv”，选择“分析” → “回归” → “线性”，在打开的对话框中输入自变量与因变量，见操作界面图5.5至图5.7。如果需要对模型进行多重共线性的诊断，需要在线性回归的对话框中，单击“统计”选项，并勾选“共线性诊断”复选框，选择“确定”，见图 5.8。结果见图5.9和表5.5。

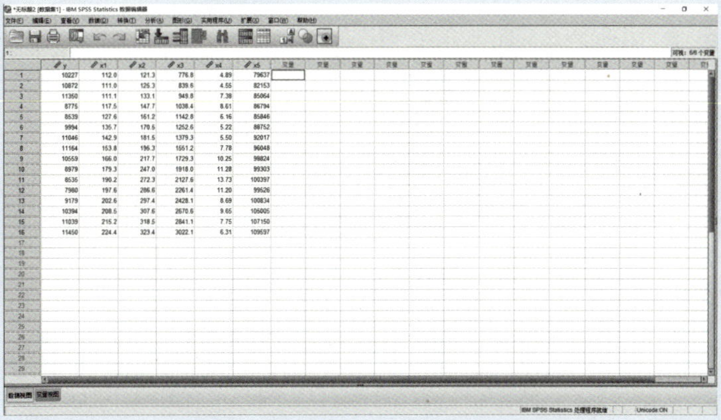

图 5.5　SPSS 数据界面示意图

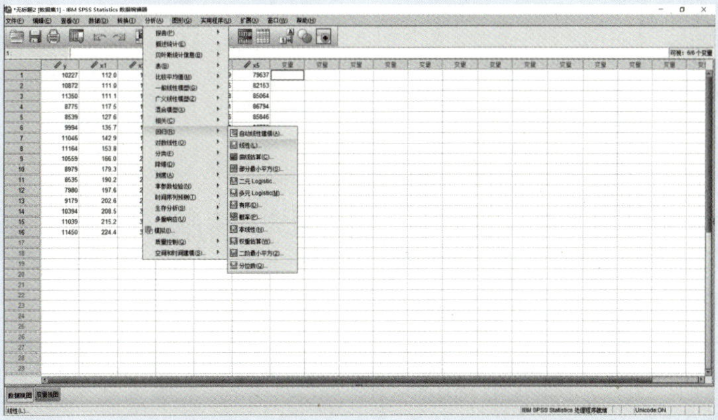

图 5.6　SPSS 线性回归操作示意图

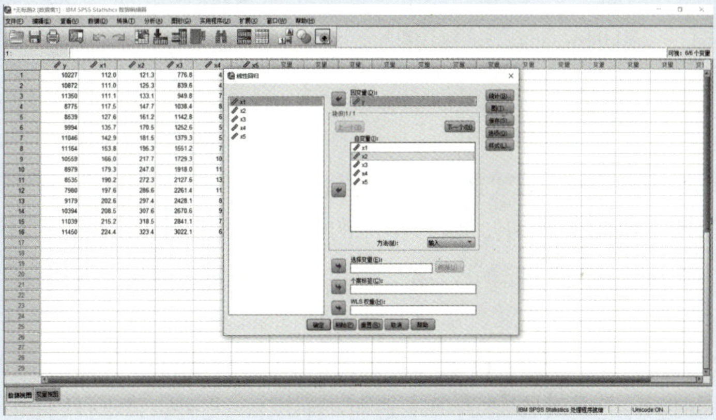

图 5.7　SPSS 线性回归对话框示意图

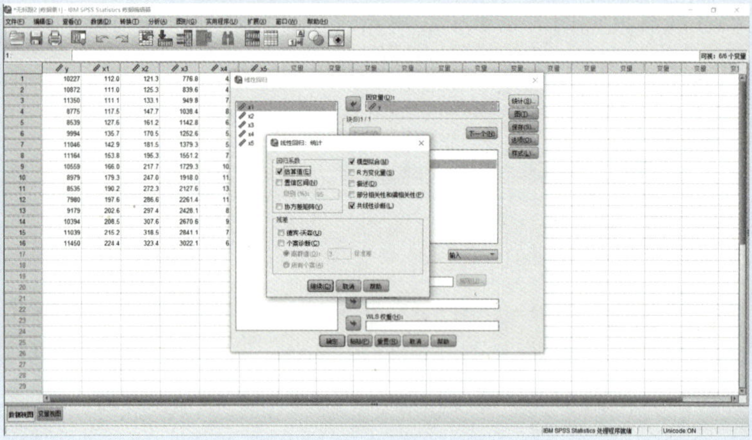

图 5.8 SPSS 共线性诊断示意图

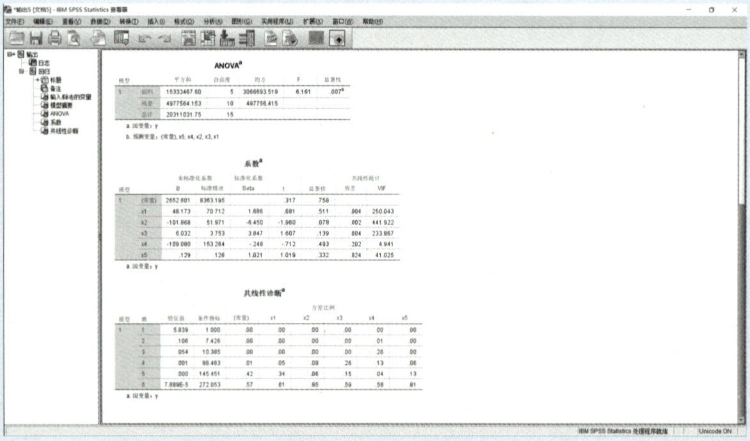

图 5.9 SPSS 共线性诊断结果示意图

表 5.5 方差膨胀因子

变量名称	X_1	X_2	X_3	X_4	X_5
VIF	250.043	441.922	233.867	4.941	41.025

2. 岭估计

首先打开例5.1中的相关数据“Bus.csv”，点击“文件”→“新建”→“语法”，如图5.10所示。在弹出的“语法 1”对话框中，输入相应的语法内容，见图5.11，其中第一行读取岭回归语法模块，第二行调用岭回归指令，第三行设置岭参数的范围。接着在“语法 1”对话框的工具栏中点击“运行”→“全部”运行程序，如图5.12所示。自变量的估计系数随岭参数变化的岭迹图如图5.13所示。使用特定岭参数进行模型拟合的指令见图5.14，在指令的第三行有所区别，比如这里指定岭参数为 0.1 进行岭回归。此外，不同软件中的岭回归系数估计方法可能存在差异，请读者自行查阅软件的说明文档等资料加以区分，本书不再赘述。

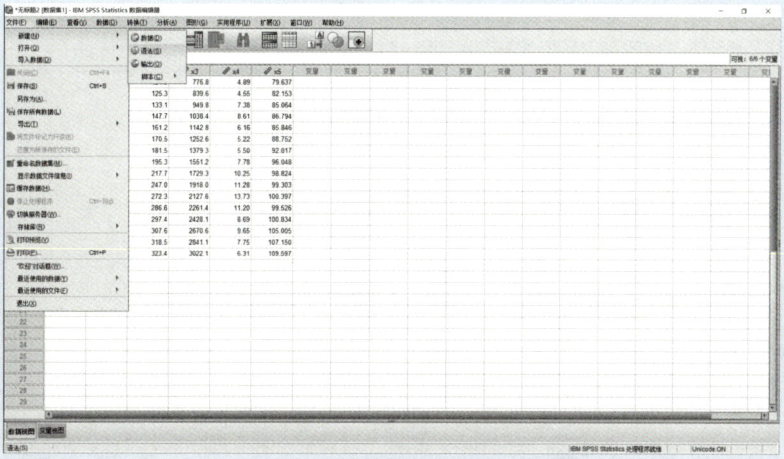

图 5.10　SPSS 岭估计操作示意图

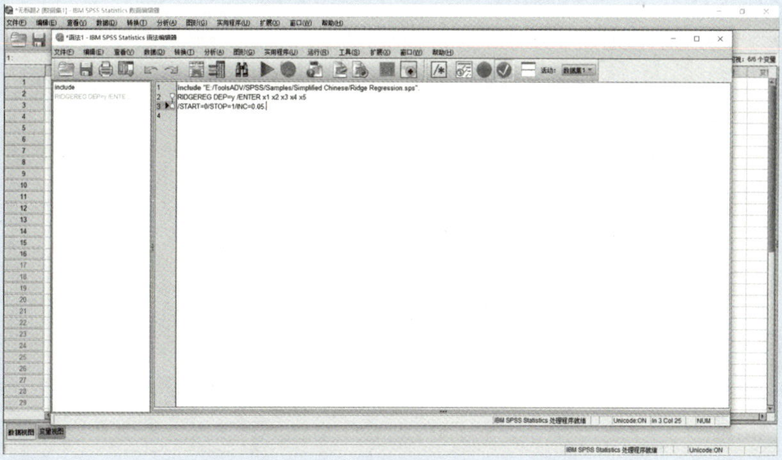

图 5.11　SPSS 岭估计语法示意图

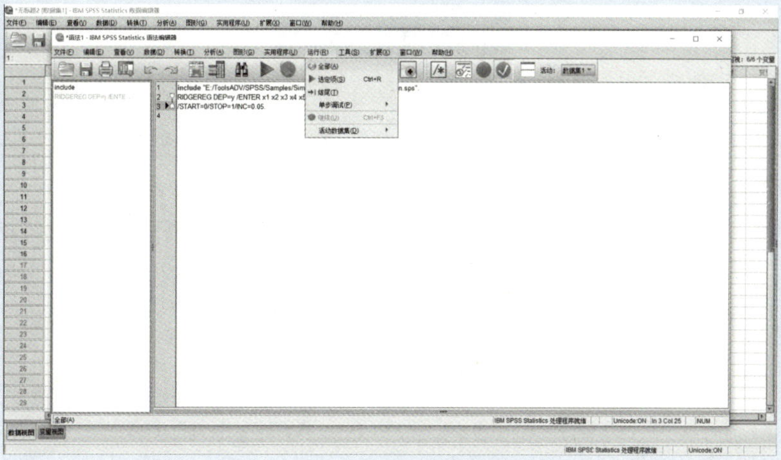

图 5.12　SPSS 语法运行示意图

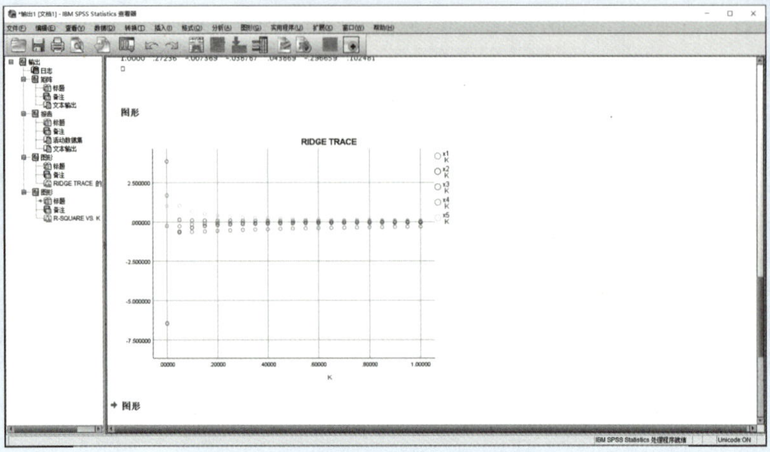

图 5.13　SPSS 岭参数输入示意图

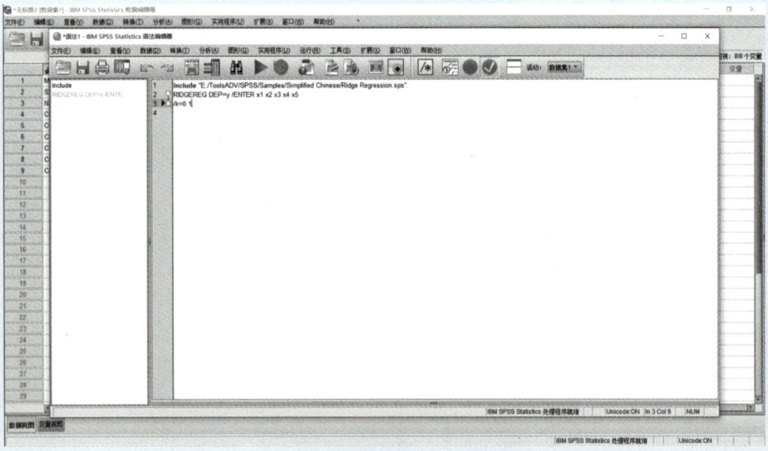

图 5.14　SPSS 岭估计语法运行意图

习　题

5.1　请举例说明当回归方程中存在严重的多重共线性时，是否可以用于经济预测。

5.2　请读者思考，多重共线性的产生与样本量、自变量数量是否有关。

5.3　请利用岭估计的方法处理例5.2中对应回归模型的多重共线性。

5.4　现有数据见表5.6，请以 Y 为因变量、其余变量为自变量建立线性回归模型，并尝试回答在这样的线性回归模型中是否存在多重共线性。如果存在，请读者利用课内外的方法对线性回归方程进行修正。

表 5.6　习题 5.4 的数据

编号	Y	X_1	X_2	X_3	X_4
1	0.9	67.3	6.8	5	51.9
2	1.1	111.3	19.8	16	90.9

续表

编号	Y	X_1	X_2	X_3	X_4
3	4.8	173.0	7.7	17	73.7
4	3.2	80.8	7.2	10	14.5
5	7.8	199.7	16.5	19	63.2
6	2.7	16.2	2.2	1	2.2
7	1.6	107.4	10.7	17	20.2
8	12.5	185.4	27.1	18	43.8
9	1.0	96.1	1.7	10	55.9
10	2.6	72.8	9.1	14	64.3
11	0.3	64.2	2.1	11	42.7
12	4.0	132.2	11.2	23	76.7
13	0.8	58.6	6.0	14	22.8
14	3.5	174.6	12.7	26	117.1
15	10.2	263.5	15.6	34	146.7
16	3.0	79.3	8.9	15	29.9
17	0.2	14.8	0.6	2	42.1
18	0.4	73.5	5.9	11	25.3
19	1.0	24.7	5.0	4	13.4
20	6.8	139.4	7.2	28	64.3
21	11.6	368.2	16.8	32	163.9
22	1.6	95.7	3.8	10	44.5
23	1.2	109.6	10.3	14	67.9
24	7.2	196.2	15.8	16	39.7
25	3.2	102.2	12.0	10	97.1

5.5　请思考，选择岭参数时需要注意哪些原则。

5.6　在有偏估计中，除了岭回归可以处理多重共线性问题外，还有主成分回归与偏最小二乘回归。请结合课外阅读了解相关内容，并对比分析几种有偏估计的优劣。

第6章 模型选择

模型选择包括两部分内容：其一，模型形式的选择；其二，模型中自变量的选择。模型形式的选择是指研究者对模型假设的定义。比如，自变量对因变量的影响是线性的还是非线性的？又如，误差项的分布是正态的还是偏态的？等等。本书围绕一般线性模型和广义线性模型展开讨论，因此本章讨论的模型选择是关于自变量的选择这一范畴。在建立回归模型时，自变量的选择是一个十分重要的问题，既要满足回归模型精度的要求，又要满足选择的自变量对因变量的影响有合理的解释性。一般情况下，首先要根据实际问题及研究目的选择合适的自变量。例如，在生物医学领域对疾病的研究需要考虑患者的临床信息甚至基因数据；在社会经济领域对企业盈利的研究需要考虑公司的股票记录和运营数据，等等。即使不是在高维情况下，自变量的选择也需要考虑。例如本章实例，在 NBA 比赛中，一个球员在某一赛季中的综合实力可以通过“霍林格效率值”(PER) 评价，而 PER 的计算方式十分复杂，因此希望可以仅通过赛季基础数据，即直接通过各球员球场上的表现建立对 PER 的回归模型。而根据 NBA 官方列表，基础数据有众多分类，例如得分、篮板、助攻、抢断、盖帽等，是否应将所有分类都纳入回归模型，哪些分类记录的球场表现会对球员的 PER 有直接影响，这是建立回归模型不得不考虑的问题。在可以考虑的若干变量中，如何确定哪些变量需要纳入模型？是否纳入模型的变量越多越好？当可以考虑的变量特别多时如何选出真正有影响的变量？这些问题都将在本章讨论。若选择的自变量过少，遗漏了某些重要变量，则会影响模型的估计，产生遗漏变量偏差 (omitted variable bias)；若选择的自变量过多，而有些变量对所研究的问题并不重要，同样会对回归模型的估计和预测产生影响，并且增加计算量及数据收集和测量的成本，不利于模型的应用。本章加“*”的章节为选学内容，读者可根据需要选择学习。

6.1 全模型与选模型

假设对于某个要研究的实际问题，因变量记为 Y，涉及的自变量共有 m 个，记为 X_1，X_2，$\cdots$，X_m，则其构成的回归模型为：

$$Y=\beta_0+\beta_1X_1+\beta_2X_2+\cdots+\beta_mX_m+\varepsilon \tag{6.1.1}$$

由于式 (6.1.1) 中包含所有涉及的自变量，因此式 (6.1.1) 称为全模型。若从所有可供选择的 m 个自变量中挑选出 p $(p<m)$ 个自变量[①]，由所选的 p 个自变量建立的回归模

① 为了方便，不妨记为 X_1，X_2，$\cdots$，X_p，但注意不一定是前 p 个变量，可以是按照某种规则的任意 p 个变量。

型为：

$$Y = \alpha_0 + \alpha_1 X_1 + \alpha_2 X_2 + \cdots + \alpha_p X_p + \eta \tag{6.1.2}$$

相对于全模型而言，式 (6.1.2) 仅包含选出的 p 个变量，因此称式 (6.1.2) 为选模型。在实际问题的自变量选择中，选择全模型还是选模型是一个问题。若所研究的问题应该用全模型式 (6.1.1) 而误用了选模型式 (6.1.2)，则有如下两个性质。

性质 6.1 在选模型下得到的估计不是参数的无偏估计。

记全模型中的变量集合为全集 Ω，选模型中的变量集合为 $\mathcal{A}$，全模型与选模型变量的差集为 $\mathcal{A}^C$。将全模型和选模型分别写成矩阵形式为 (为了叙述方便，假定所有变量已经标准化，因此不包含截距项)：

$$\boldsymbol{Y} = \boldsymbol{X}_\Omega \boldsymbol{\beta} + \boldsymbol{\varepsilon}$$

$$\boldsymbol{Y} = \boldsymbol{X}_\mathcal{A} \boldsymbol{\alpha} + \boldsymbol{\eta}$$

选模型的最小二乘估计为：

$$\hat{\boldsymbol{\alpha}} = (\boldsymbol{X}_\mathcal{A}^\top \boldsymbol{X}_\mathcal{A})^{-1} \boldsymbol{X}_\mathcal{A}^\top \boldsymbol{Y}$$

因为全模型是真实模型，所以上式可以写成：

$$\hat{\boldsymbol{\alpha}} = (\boldsymbol{X}_\mathcal{A}^\top \boldsymbol{X}_\mathcal{A})^{-1} \boldsymbol{X}_\mathcal{A}^\top (\boldsymbol{X}_\Omega \boldsymbol{\beta} + \boldsymbol{\varepsilon}) = (\boldsymbol{X}_\mathcal{A}^\top \boldsymbol{X}_\mathcal{A})^{-1} \boldsymbol{X}_\mathcal{A}^\top \boldsymbol{X}_\Omega \boldsymbol{\beta} + (\boldsymbol{X}_\mathcal{A}^\top \boldsymbol{X}_\mathcal{A})^{-1} \boldsymbol{X}_\mathcal{A}^\top \boldsymbol{\varepsilon}$$

记 $\boldsymbol{X}_\Omega = (\boldsymbol{X}_\mathcal{A}, \boldsymbol{X}_{\mathcal{A}^C})$，$\boldsymbol{\beta} = (\boldsymbol{\beta}_\mathcal{A}^\top, \boldsymbol{\beta}_{\mathcal{A}^C}^\top)^\top$，则 $\hat{\boldsymbol{\alpha}}$ 的期望为：

$$\begin{aligned}
E(\hat{\boldsymbol{\alpha}}) &= (\boldsymbol{X}_\mathcal{A}^\top \boldsymbol{X}_\mathcal{A})^{-1} \boldsymbol{X}_\mathcal{A}^\top \boldsymbol{X}_\Omega \boldsymbol{\beta} \\
&= (\boldsymbol{X}_\mathcal{A}^\top \boldsymbol{X}_\mathcal{A})^{-1} \boldsymbol{X}_\mathcal{A}^\top (\boldsymbol{X}_\mathcal{A}, \boldsymbol{X}_{\mathcal{A}^C}) \begin{pmatrix} \boldsymbol{\beta}_\mathcal{A} \\ \boldsymbol{\beta}_{\mathcal{A}^C} \end{pmatrix} \\
&= \boldsymbol{\beta}_\mathcal{A} + (\boldsymbol{X}_\mathcal{A}^\top \boldsymbol{X}_\mathcal{A})^{-1} \boldsymbol{X}_\mathcal{A}^\top \boldsymbol{X}_{\mathcal{A}^C} \boldsymbol{\beta}_{\mathcal{A}^C}
\end{aligned}$$

若 $\boldsymbol{X}_{\mathcal{A}^C}$ 中的每个变量都可以与 $\boldsymbol{X}_\mathcal{A}$ 建立一个回归方程，例如

$$X_m = b_{1m} X_1 + b_{2m} X_2 + \cdots + b_{pm} X_p + e_m$$

即 $\boldsymbol{X}_{\mathcal{A}^C}$ 中的每个变量都可以用选模型中的变量 $\boldsymbol{X}_\mathcal{A}$ 建立一个线性回归方程，其系数向量记为 $\boldsymbol{b}_i = (b_{1i}, b_{2i}, \cdots, b_{pi})^\mathrm{T}$，$i = p+1, p+2, \cdots, m$。将 $\boldsymbol{b}_i$ 按列排成一个 $p \times (m-p)$ 阶矩阵 $\boldsymbol{B}$，有

$$E(\hat{\boldsymbol{\alpha}}) = \boldsymbol{\beta}_\mathcal{A} + \boldsymbol{B} \boldsymbol{\beta}_{\mathcal{A}^C}$$

因此，选模型的回归系数估计的偏差与矩阵 $\boldsymbol{B}$ 有关，若希望选模型的估计是无偏的，需要 $\boldsymbol{B}$ 中的元素为零，即选模型中的变量 $\boldsymbol{X}_\mathcal{A}$ 对 X_{p+1}，X_{p+2}，$\cdots$，X_m 中任何一个变量建立的回归方程的系数都为零，这在实际问题中是不常见的。

性质 6.2 在选模型下参数估计的方差会比全模型相应参数估计的方差小。

考虑选模型估计系数的方差–协方差矩阵，$\mathrm{Var}(\hat{\boldsymbol{\alpha}})=\sigma_\varepsilon^2(\boldsymbol{X}_{\mathcal{A}}^\top\boldsymbol{X}_{\mathcal{A}})^{-1}$，若仅考虑第一个变量 X_1 对应的回归系数估计的方差，记 $\boldsymbol{Z}=(X_2,X_3,\cdots,X_p)$，则可以写为：

$$\mathrm{Var}(\hat{\boldsymbol{\alpha}})=\sigma_\varepsilon^2\begin{pmatrix}\boldsymbol{X}_1^\top\boldsymbol{X}_1 & \boldsymbol{X}_1^\top\boldsymbol{Z}\\ \boldsymbol{Z}^\top\boldsymbol{X}_1 & \boldsymbol{Z}^\top\boldsymbol{Z}\end{pmatrix}^{-1}$$

采用分块矩阵的求逆公式，将上式写为：

$$\mathrm{Var}(\hat{\boldsymbol{\alpha}})=\sigma_\varepsilon^2\begin{pmatrix}(\boldsymbol{X}_1^\top\boldsymbol{X}_1-\boldsymbol{X}_1^\top\boldsymbol{Z}(\boldsymbol{Z}^\top\boldsymbol{Z})^{-1}\boldsymbol{Z}^\top\boldsymbol{X}_1)^{-1} & \boldsymbol{D}\\ \boldsymbol{E} & \boldsymbol{F}\end{pmatrix}$$

式中，$\boldsymbol{D}$ 和 $\boldsymbol{E}$ 是一个向量，$\boldsymbol{F}$ 是一个矩阵。因此，选模型中第一个变量 X_1 对应的回归系数估计 $\hat{\alpha}_1$ 的方差为：

$$\mathrm{Var}(\hat{\alpha}_1)=\sigma_\varepsilon^2\left(\boldsymbol{X}_1^\top\boldsymbol{X}_1-\boldsymbol{X}_1^\top\boldsymbol{Z}(\boldsymbol{Z}^\top\boldsymbol{Z})^{-1}\boldsymbol{Z}^\top\boldsymbol{X}_1\right)^{-1}$$

而 $\boldsymbol{X}_1^\top\boldsymbol{X}_1-\boldsymbol{X}_1^\top\boldsymbol{Z}(\boldsymbol{Z}^\top\boldsymbol{Z})^{-1}\boldsymbol{Z}^\top\boldsymbol{X}_1$ 恰是变量 $X_2,X_3,\cdots,X_p$ 对 X_1 的回归方程的残差平方和，记为 $\mathrm{SSE}_{1,\,23\cdots p}$，所以

$$\mathrm{Var}(\hat{\alpha}_1)=\sigma_\varepsilon^2/\mathrm{SSE}_{1,\,23\cdots p}$$

同理，全模型中同样的第一个变量 X_1 对应的回归系数估计 $\hat{\beta}_1$ 的方差为：

$$\mathrm{Var}(\hat{\beta}_1)=\sigma_\varepsilon^2/\mathrm{SSE}_{1,\,23\cdots m}$$

式中，$\mathrm{SSE}_{1,\,23\cdots m}$ 是变量 $X_2,X_3,\cdots,X_m$ 对 X_1 的回归方程的残差平方和。当自变量个数增加时，回归方程的残差平方和不会增加，因此 $\mathrm{SSE}_{1,\,23\cdots m}\leqslant\mathrm{SSE}_{1,\,23\cdots p}$，所以有

$$\mathrm{Var}(\hat{\alpha}_1)\leqslant\mathrm{Var}(\hat{\beta}_1)$$

因此选模型参数估计的方差会比全模型相应参数估计的方差小。

同理，若所研究的问题应该用选模型式 (6.1.2) 而误用了全模型式 (6.1.1)，则也有如下两个性质。

性质 6.3 在全模型下得到的估计仍是参数的无偏估计。

性质 6.4 在全模型下参数估计的方差会比选模型相应参数估计的方差大。

在实际问题的自变量选择中，选择全模型还是选模型是一个问题，实际上自变量的选择过程也是一个平衡回归系数的无偏性和有效性的过程。若丢掉一些对因变量 Y 有影响的变量，由选模型估计的保留变量的回归系数的方差要比由全模型估计的相应变量的回归系数的方差小，但其付出的代价是估计量有偏；若在模型中多引入了一些没有影响或者影响不大的自变量，虽然不会产生估计的偏差，但是会增大估计的方差，降低估计的有效性，

模型的预测精度也会下降。因此自变量的选择有重要的实际意义，考虑到估计的均方误差，建立模型时选择自变量的准则应该是少而精，尽可能剔除那些影响不大的自变量。

6.2　全子集回归

在一个回归模型中，因变量记为 Y，m 个可供选择的自变量记为 X_1，X_2，$\cdots$，X_m，由于每个自变量都有入选和不入选两种情况，因此对于 Y 建立的回归模型有 2^m 种可能的情况 (若去掉仅含常数项的情况，即要求每个回归模型中至少包含一个自变量，则 Y 关于这些自变量的所有可能的情况为 2^m-1 种)。在这 2^m 个可能的回归子集中，需要寻找一个最优子集，这个子集既不会太小以至于遗漏重要的变量，也不会太大，即引入了一些不重要的变量，使得模型既复杂，精度又不高。

本节将讨论自变量选择的准则，即比较不同的回归子集模型的准则。若从模型拟合优劣的角度出发，很自然地，会考虑到用残差平方和作为比较各模型的准则，认为残差平方和越小的模型越好。但实际上，仅用残差平方和作为评价准则存在明显的不足。因为每引入一个新的自变量，残差平方和就会减小，若以残差平方和越小越好作为准则来评价回归模型，则选择自变量子集时引入的自变量越多越好。在之前的讨论中可以得到，引入过多的自变量会使模型不稳定，影响模型的预测精度。因此给出如下几个准则，虽然提出的角度不同，但在形式上都是既考虑到模型的拟合优劣，又考虑到模型的复杂度 (包含自变量的个数)。

1. 调整的 R^2

调整的 R^2 (adjusted R^2) 记为 R_a^2，是对样本决定系数 R^2 的一个修正，修正了 R^2 随着模型中自变量个数的增加而增大的问题。由于 $R^2=1-\dfrac{\text{SSE}}{\text{SST}}$，残差平方和 (SSE) 随着变量个数的增加而减小，R^2 随之增大，因此若以 R^2 作为准则，则会一味地引入自变量，无论其是否重要。因此定义 R_a^2

$$R_a^2=1-\frac{\text{SSE}/(n-p-1)}{\text{SST}/(n-1)}=1-\frac{n-1}{n-p-1}(1-R^2) \tag{6.2.1}$$

式中，n 为样本量，p 为自变量的个数。这个修正使得只有加入了有意义的变量时，R_a^2 才会增加。若增加一个对因变量有较大影响的自变量时，残差平方和的减小比 $n-p-1$ 的减小更显著，则 R_a^2 增加；若增加一个对因变量没有很大影响的自变量时，残差平方和的减小没有 $n-p-1$ 的减小明显，则 R_a^2 减小。因此 R_a^2 比 R^2 更加准确地反映了自变量对因变量的解释程度。若采用 R_a^2 作为准则，R_a^2 最大者对应的模型是最优回归模型。

相应地，用残差平方和作为模型拟合优劣的准则也有其调整，其调整就是回归误差项 σ^2 的无偏估计

$$\hat{\sigma}^2=\frac{1}{n-p-1}\text{SSE}$$

实际上，用 $\hat{\sigma}^2$ 作为选择自变量的准则和用 R_a^2 作为选择自变量的准则是等价的。$\hat{\sigma}^2$ 考虑

了模型中未知参数的个数，其分母部分 $n-p-1$ 相当于一个惩罚因子。当自变量的个数从零开始增加时，SSE 减小，$n-p-1$ 也随之减小，但由于 SSE 减小的速度更快，因而 $\hat{\sigma}^2$ 是减小的。当自变量的数目增加到一定程度时，重要的自变量基本已经进入模型当中，这时再增加自变量，SSE 减小的幅度不大，慢于 $n-p-1$ 减小的速度，从而导致 $\hat{\sigma}^2$ 增加。因此对应最小 $\hat{\sigma}^2$ 的模型就是最优回归模型。

2. AIC 准则

赤池信息量准则 (Akaike information criterion，AIC) 是日本统计学家赤池弘次 (Akaike) 于 1974 年提出的一种模型选择准则。AIC 准则除了可以对回归方程的自变量进行选择外，在其他方面的应用也十分广泛。一般而言，设模型的似然函数为 $L(\boldsymbol{\theta}, \boldsymbol{x})$，$\boldsymbol{\theta}$ 是维数为 p 的参数，$\boldsymbol{x}$ 为随机样本，则 AIC 定义为：

$$\text{AIC} = -2\log\left[L(\hat{\boldsymbol{\theta}}_L, \boldsymbol{x})\right] + 2p \tag{6.2.2}$$

式中，$\hat{\boldsymbol{\theta}}_L$ 为 $\boldsymbol{\theta}$ 的最大似然估计，p 为未知参数的个数。AIC 准则的第一项是似然函数对数的 -2 倍，在估计中追求大的似然函数，即第一项越小越好；第二项是未知参数个数的 2 倍，这一项越大，表示模型中包含的参数个数越多，模型越复杂，因而使 AIC 达到最小的模型是最优模型。若对于一个模型，包含很多参数可以使其似然函数达到很大，则在 AIC 准则中第一项很小而第二项比较大，那么这个模型仍然不是一个好的模型，因此在这个意义上可以将第二项看作一个惩罚因子，防止为了一味追求大的似然函数而使模型变得复杂。

下面讨论把 AIC 准则用于回归模型的选择。假定回归模型的随机误差项 ε 服从正态分布，即 $\varepsilon \sim N(0, \sigma^2)$。在这个正态假定下，回归参数的最大似然估计为：

$$\log L_{\max} = -\frac{n}{2}\log(2\pi) - \frac{n}{2}\log\hat{\sigma}_L^2 - \frac{1}{2\hat{\sigma}_L^2}\text{SSE}$$

将 $\hat{\sigma}_L^2 = \frac{1}{n}\text{SSE}$ 代入，得

$$\log L_{\max} = -\frac{n}{2}\log(2\pi) - \frac{n}{2}\log\frac{\text{SSE}}{n} - \frac{n}{2}$$

将上式代入式 (6.2.2)，这里似然函数的未知参数个数为 $p+2$，略去与 p 无关的常数，得到回归模型的 AIC 准则公式为：

$$\text{AIC} = n\log\text{SSE} + 2p \tag{6.2.3}$$

建立回归模型时，对每个回归子集计算 AIC，其中 AIC 最小者所对应的模型是最优回归模型。

3. BIC 准则

贝叶斯信息准则 (Bayes information criterion，BIC) 是 Schwarz 于 1978 年提出的另一种常用的模型选择准则，BIC 的定义为：

$$\text{BIC} = -2\log\left[L(\hat{\boldsymbol{\theta}}_L, \boldsymbol{x})\right] + \log n \cdot p \tag{6.2.4}$$

同样可以得到在随机误差项 ε 服从正态分布时，回归模型的 BIC 准则公式为：

$$\text{BIC} = n\log \text{SSE} + \log n \cdot p \tag{6.2.5}$$

建立回归模型时，对每个回归子集计算 BIC，其中 BIC 最小者所对应的模型是最优回归模型。

需要注意的是，虽然 BIC 准则与 AIC 准则的形式相似，但构造的角度不同。BIC 准则是基于渐近后验概率构造的准则，其具体构造方法可参考Seber and Lee (2012) 第 12 章，这里仅讨论其在回归分析中用于自变量选择时的形式式 (6.2.5)。BIC 的惩罚因子与 AIC 不同，当模型中的未知参数个数 p 固定时，随着样本量的增加，AIC 准则式 (6.2.3) 的第一项也随之增加，而第二项 (即惩罚因子项) 保持不变。然而，在 BIC 准则式 (6.2.5) 中，随着样本量的增加，惩罚因子项也随之增加，其增长速度慢于第一项的增长速度。关于在更多实际问题中 AIC 准则和 BIC 准则的讨论，有兴趣的读者可参考Yang (2005)。

4. C_p 准则

C_p 统计量是 1964 年 Mallows 从预测的角度提出的一个可以用来选择自变量的统计量。C_p 准则不仅可以用来选择自变量，也是模型平均领域中选择各模型权重的一个常用准则。

对于一个回归模型：

$$\boldsymbol{Y} = \boldsymbol{X}\boldsymbol{\beta} + \boldsymbol{\varepsilon} = \boldsymbol{\mu} + \boldsymbol{\varepsilon} \tag{6.2.6}$$

式中，$\boldsymbol{\mu} = E(\boldsymbol{Y})$，可以用偏差平方和 $\|\boldsymbol{\mu} - \boldsymbol{X}\hat{\boldsymbol{\beta}}\|^2$ 衡量用自变量 $\boldsymbol{X}$ 建立的线性回归模型对因变量 $\boldsymbol{Y}$ 的期望的预测情况。C_p 准则的原理就是最小化 $E\left(\|\boldsymbol{\mu} - \boldsymbol{X}\hat{\boldsymbol{\beta}}\|^2\right)$，但由于 $\boldsymbol{\mu}$ 未知，需要找到 $E\left(\|\boldsymbol{\mu} - \boldsymbol{X}\hat{\boldsymbol{\beta}}\|^2\right)$ 的一个估计。

$$\begin{aligned}
E\left(\|\boldsymbol{\mu} - \boldsymbol{X}\hat{\boldsymbol{\beta}}\|^2\right) &= E\left(\|\boldsymbol{\mu} - \boldsymbol{H}\boldsymbol{Y}\|^2\right) = E\left(\|\boldsymbol{\mu} - \boldsymbol{H}(\boldsymbol{\mu} + \boldsymbol{\varepsilon})\|^2\right) \\
&= E\left(\|(\boldsymbol{I}_n - \boldsymbol{H})\boldsymbol{\mu} - \boldsymbol{H}\boldsymbol{\varepsilon}\|^2\right) \\
&= E\left(\|(\boldsymbol{I}_n - \boldsymbol{H})\boldsymbol{\mu}\|^2\right) + E\left(\|\boldsymbol{H}\boldsymbol{\varepsilon}\|^2\right) \\
&= \boldsymbol{\mu}^\top(\boldsymbol{I}_n - \boldsymbol{H})\boldsymbol{\mu} + \sigma^2(p+1)
\end{aligned}$$

注意到残差平方和的期望

$$\begin{aligned}
E(\text{SSE}) &= E\left(\boldsymbol{Y}^\top(\boldsymbol{I}_n - \boldsymbol{H})\boldsymbol{Y}\right) \\
&= \boldsymbol{\mu}^\top\left(\boldsymbol{I}_n - \boldsymbol{H}\right)\boldsymbol{\mu} + \sigma^2(n-p-1) \\
&= E\left(\|\boldsymbol{\mu} - \boldsymbol{X}\hat{\boldsymbol{\beta}}\|^2\right) + \sigma^2(n-2p-2)
\end{aligned}$$

所以可以得到

$$\frac{E\left(\|\boldsymbol{\mu} - \boldsymbol{X}\hat{\boldsymbol{\beta}}\|^2\right)}{\sigma^2} = \frac{E(\text{SSE})}{\sigma^2} - n + 2(p+1)$$

因此可以用

$$C_p = \frac{\text{SSE}}{\hat{\sigma}^2} - n + 2(p+1) \tag{6.2.7}$$

作为 $E\left(\|\boldsymbol{\mu}-\boldsymbol{X}\hat{\boldsymbol{\beta}}\|^2\right)/\sigma^2$ 的估计，其中 $\hat{\sigma}^2$ 常用全模型中 σ^2 的无偏估计，即 $\hat{\sigma}^2 = \dfrac{\text{SSE}_m}{n-m-1}$。$C_p$ 值越小，表示用回归模型做预测时预测值与期望值的相对偏差平方和越小。建立回归模型时，选择使 C_p 最小的自变量子集，这个自变量子集对应的回归模型就是最优回归模型。

例 6.1 表6.1给出了某地区 2018 年某种消费品的销售情况。其中 y 表示某种消费品的销售额 (百万元)，x_1 表示居民可支配收入 (元)，x_2 表示该类消费品的价格指数 (%)，x_3 表示其他消费品的平均价格指数 (%)。试建立该地区该消费品销售额的预测方程。对所有可能建立的 7 个回归模型分别计算其 R_a^2、C_p、AIC 和 BIC 值，并据此确定最优回归方程。

表 6.1 某地区 2018 年某种消费品销售表

序号	x_1	x_2	x_3	y	序号	x_1	x_2	x_3	y
1	81.2	85.0	87.0	7.8	10	126.4	101.5	101.2	12.3
2	82.9	92.0	94.0	8.4	11	131.2	102.0	102.5	13.5
3	83.2	91.5	95.0	8.7	12	148.0	105.0	104.0	14.2
4	85.9	92.9	95.5	9.0	13	153.0	106.0	105.9	14.9
5	88.0	93.0	96.0	9.6	14	161.0	109.0	109.5	15.9
6	99.9	96.0	97.0	10.3	15	170.0	112.0	111.0	18.5
7	102.0	95.0	97.5	10.6	16	174.0	112.5	112.0	19.5
8	105.3	95.6	97.0	10.9	17	185.0	113.0	112.3	19.9
9	117.7	98.9	98.0	11.3	18	189.0	114.0	113.0	20.5

资料来源：何晓群，刘文卿. 应用回归分析. 5 版. 北京：中国人民大学出版社，2019.

```
> saledata<-read.csv("Sales.csv")[,-1]
> library(leaps)
> # 调整的R^2
> sale.r2adj<-leaps(x=saledata[,-4],y=saledata[,4],method="adjr2")
> cbind(sale.r2adj$which,adjRsq=sale.r2adj$adjr2)
  1 2 3    adjRsq
1 1 0 0 0.9711381
1 0 1 0 0.9539085
1 0 0 1 0.9477441
2 1 0 1 0.9755260
2 1 1 0 0.9713517
2 0 1 1 0.9518900
3 1 1 1 0.9770636
> # Cp准则
> sale.cp<-leaps(x=saledata[,-4],y=saledata[,4],method="Cp")
> cbind(sale.cp$which,cp=sale.cp$Cp)
  1 2 3        cp
1 1 0 0  6.133517
1 0 1 0 18.152594
1 0 0 1 22.452757
2 1 0 1  4.005598
```

```
2 1 1 0  6.735513
2 0 1 1 19.463104
3 1 1 1  4.000000
> # AIC和BIC准则
> x<-saledata[,-4]
> y<-saledata[,4]
> sale.aic<-sale.bic<-NULL
> for(j in 1:nrow(sale.r2adj$which)){
+     x.subset<-as.matrix(x[,sale.r2adj$which[j,]])
+     lm.subset<-lm(y~x.subset)
+     sale.aic<-c(sale.aic,AIC(lm.subset))
+     sale.bic<-c(sale.bic,BIC(lm.subset))}
> cbind(sale.cp$which,aic=sale.aic,bic=sale.bic)
  1 2 3      aic      bic
1 1 0 0 43.11407 45.78519
1 0 1 0 51.54000 54.21112
1 0 0 1 53.79944 56.47055
2 1 0 1 40.98402 44.54551
2 1 1 0 43.81870 47.38019
2 0 1 1 53.14981 56.71129
3 1 1 1 40.57416 45.02602
```

综合各准则所得结果见表6.2。由表6.2可知，依据不同的全子集回归准则得到的最优回归方程不尽相同，通过 R_a^2、C_p、AIC 得到的最优模型包含变量 $\{x_1, x_2, x_3\}$，而通过 BIC 得到的最优模型仅包含变量 $\{x_1, x_3\}$ 。

表 6.2　全子集回归确定例 6.1 最优回归方程

自变量子集	R_a^2	C_p	AIC	BIC
$\{x_1\}$	0.971	6.134	43.114	45.785
$\{x_2\}$	0.954	18.153	51.540	54.211
$\{x_3\}$	0.948	22.453	53.799	56.471
$\{x_1, x_3\}$	0.976	4.006	40.984	44.546
$\{x_1, x_2\}$	0.971	6.736	43.819	47.380
$\{x_2, x_3\}$	0.952	19.463	53.150	56.711
$\{x_1, x_2, x_3\}$	0.977	4.000	40.574	45.026

6.3 逐步回归

将可供选择的自变量个数记为 m，则所有可能建立的回归模型的个数为 2^m (若去掉仅含常数项的情况，所有可能的回归模型的个数为 2^m-1)。当 m 不太大时，可以用全子集回归构造所有可能的回归方程，然后用几个准则选择最优的回归方程，但是当 m 较大时，构造所有可能的回归方程是非常困难的。为了避免拟合所有可能的回归方程，需要考虑一些较为快速的方法，逐步地选择自变量子集。目前常用的方法有前进法、后退法和逐步回归法。

对于回归模型式 (6.1.1)

$$Y=\beta_0+\beta_1X_1+\beta_2X_2+\cdots+\beta_mX_m+\varepsilon$$

回顾 3.3 节中定义的偏 F 统计量

$$F_j = \frac{\mathrm{SSR} - \mathrm{SSR}_j}{\mathrm{SSE}/(n-p-1)} = \frac{\Delta_j}{\mathrm{SSE}/(n-p-1)} \tag{6.3.1}$$

偏 F 检验与 t 检验等价，用来检验自变量 X_j 对因变量 Y 的影响是否显著。同时，偏 F 检验也可以理解为检验两个模型的差异，其中一个模型是包含全部自变量的模型，其回归平方和为 SSR，另一个模型是剔除 X_j 之后，包含其余 $m-1$ 个自变量的模型，回归平方和记为 SSR_j。在后面的讨论中，以偏 F 统计量为准则，引入或者剔除变量。

1. 前进法

前进法的思想是将变量由少到多地引入模型，每次引入一个变量，直至没有可引入的变量为止。其具体做法是从一个仅包含常数项的模型开始，首先将全部 m 个自变量分别对因变量 Y 建立 m 个一元线性回归方程，并分别计算这 m 个一元线性回归方程的 m 个回归系数的 F 统计量，记为 $\{F_1^1, F_2^1, \cdots, F_m^1\}$，选择其最大者，记为：

$$F_j^1 = \max\left\{F_1^1, F_2^1, \cdots, F_m^1\right\}$$

给定显著性水平 α，若 $F_j^1 \geqslant F_\alpha(1, n-2)$，则首先将 X_j 引入回归方程，为了方便，设 X_j 就是 X_1。

接下来，因变量 Y 分别与 (X_1, X_2)，(X_1, X_3)，$\cdots$，(X_1, X_m) 建立 $m-1$ 个二元线性回归方程，对这 $m-1$ 个二元线性回归方程中 X_2，X_3，$\cdots$，X_m 的回归系数进行偏 F 检验，计算偏 F 统计量，记为 $\{F_2^2, F_3^2, \cdots, F_m^2\}$，选择其最大者，记为：

$$F_j^2 = \max\left\{F_2^2, F_3^2, \cdots, F_m^2\right\}$$

若 $F_j^2 \geqslant F_\alpha(1, n-3)$，则继续将 X_j 引入回归方程。按照上述方法继续进行下去，直至所有未被引入方程的自变量的偏 F 统计量均小于 $F_\alpha(1, n-p-1)$ 为止。这时得到的回归方程即为最终确定的方程。

具体流程如算法 6.1 所示。

算法 6.1　前进法

Input: 因变量 Y 及自变量 X_1，X_2，$\cdots$，X_m；显著性水平 α。

Output: 回归方程。

令 $t=1$，将 X_1，X_2，$\cdots$，X_m 分别对 Y 建立 m 个一元线性回归方程，并计算 m 个回归方程系数的 F 统计量 $\{F_1^1, F_2^1, \cdots, F_m^1\}$；

for $\max\left\{F_{j1}^t, F_{j2}^t, \cdots, F_{j_{m-t+1}}^t\right\} \geqslant F_\alpha(1, n-t-1)$ **do**

　将最大 F 值对应的自变量引入回归方程；

　$t = t+1$；

　将不在回归方程中的每个变量分别加入当前回归方程，建立 $m-t+1$ 个回归方程，并计算这些变量在对应回归方程中系数的偏 F 统计量 $\left\{F_{j1}^t, F_{j2}^t, \cdots, F_{j_{m-t+1}}^t\right\}$；

end

return 引入每一步中的自变量组成的回归方程。

---

2. 后退法

后退法与前进法相反，其思想是从一个全模型开始，将变量逐个从模型中剔除，每次剔除一个最不重要的变量，直至没有可剔除的变量为止。其具体做法是首先用全部 m 个变量建立一个回归方程，并分别计算 m 个回归系数的偏 F 统计量，记为 $\{F_1^m,\ F_2^m,\ \cdots,\ F_m^m\}$，选其最小者记为：

$$F_j^m = \min\{F_1^m,\ F_2^m,\ \cdots,\ F_m^m\}$$

给定显著性水平 α，若 $F_j^m \leqslant F_\alpha(1,\ n-m-1)$，则首先将 X_j 从回归方程中剔除，为了方便，设 X_j 就是 X_m。

接下来对剩下的 $m-1$ 个自变量重新建立回归方程，计算 $m-1$ 个回归系数的偏 F 统计量，记为 $\left\{F_1^{m-1},\ F_2^{m-1},\ \cdots,\ F_{m-1}^{m-1}\right\}$，选择其最小者记为：

$$F_j^{m-1} = \min\left\{F_1^{m-1},\ F_2^{m-1},\ \cdots,\ F_{m-1}^{m-1}\right\}$$

若 $F_j^{m-1} \leqslant F_\alpha(1,\ n-m)$，则将 X_j 剔除。重新建立 Y 关于 $m-2$ 个自变量的回归方程，依此类推，直至回归方程中剩余的 p 个自变量的偏 F 统计量均大于临界值 $F_\alpha(1,\ n-p-1)$，没有可剔除的自变量为止。这时得到的回归方程即为最终确定的方程。

具体流程如算法 6.2 所示。

算法 6.2　后退法

Input: 因变量 Y 及自变量 X_1，X_2，$\cdots$，X_m；显著性水平 α。

Output: 回归方程。

令 $t=1$，用全部 m 个自变量 X_1，X_2，$\cdots$，X_m 对 Y 建立一个回归方程，并计算 m 个回归方程系数的偏 F 统计量 $\left\{F_1^1,\ F_2^1,\ \cdots,\ F_m^1\right\}$；

for $\min\left\{F_{j_1}^t,\ F_{j_2}^t,\ \cdots,\ F_{j_{m-t+1}}^t\right\} \leqslant F_\alpha(1,\ n-t-1)$ **do**

　　将最小 F 值对应的自变量剔除；

　　$t=t+1$；

　　对剩下的 $m-t+1$ 个自变量重新建立回归方程，并计算各变量回归系数的偏 F 统计量 $\left\{F_{j_1}^t,\ F_{j_2}^t,\ \cdots,\ F_{j_{m-t+1}}^t\right\}$；

end

return 剔除每一步中的变量后其余自变量组成的回归方程。

---

3. 逐步回归法

前进法和后退法都有明显的不足。在前进法中，一个变量一旦被引入回归方程就不会再被剔除；而在后退法中，一个变量一旦被剔除就再也没有机会进入回归方程了。如果研究的问题涉及的自变量 X_1，X_2，$\cdots$，X_m 是完全独立的 (或不相关的)，那么在相同的显著性水平 α 下，前进法与后退法所建立的回归方程是相同的。然而对于实际中所研究的绝大部分问题，自变量间都有一定的相关性，这就使得对于同一个数据，前进法和后退法会建立不同的回归方程。因此，产生了逐步回归法，它结合了前进法和后退法的优点。在逐步回归法中，一个变量被引入模型后，若因为一个新变量的引入而变得不显著，则该变量还有机会被剔除。

逐步回归的思想是有进有出，将变量逐个引入，每引入一个自变量后，对已选入的变量要逐个进行检验，当先引入的变量由于后面变量的引入而变得不再显著时，就将其剔除。从一个仅包含常数项的模型开始，按照前进法选择偏 F 统计量最大的自变量 X_j，若其偏 F 统计量 $F_j^1 \geqslant F_{\alpha_{\text{in}}}(1，n-2)$，则将 X_j 引入回归方程。接着按照前进法引入第二个变量，然后对第一步引入的变量 X_j 进行偏 F 检验，若其偏 F 统计量 $F_j^2 \leqslant F_{\alpha_{\text{out}}}(1，n-3)$，则将 X_j 剔除；若 $F_j^2 > F_{\alpha_{\text{out}}}(1，n-3)$，则继续引入第三个变量。重复该过程直到既无变量被引入又无变量被剔除为止。每次引入一个新的变量都要对回归方程中原有的变量进行偏 F 检验，以确保方程中只包含显著的变量，最终得到的回归方程即为最终确定的方程。

具体流程如算法 6.3 所示。

算法 6.3　逐步回归法

Input: 因变量 Y 及自变量 X_1，X_2，$\cdots$，X_m；显著性水平 α_{in} 和 α_{out}。
Output: 回归方程。
令 $t=1$，将 X_1，X_2，$\cdots$，X_m 分别对 Y 建立 m 个一元回归方程，并计算每个回归方程系数的 F 统计量 $\{F_1^1，F_2^1，\cdots，F_m^1\}$；
for $\max\left\{F_{j_1}^t，F_{j_2}^t，\cdots，F_{j_{m-t+1}}^t\right\} \geqslant F_{\alpha_{\text{in}}}(1，n-t-1)$ **do**
　将最大 F 值对应的自变量引入回归模型；
　对当前回归方程中的所有变量进行偏 F 检验，并剔除偏 F 值小于 $F_{\alpha_{\text{out}}}(1，n-t-1)$ 的自变量；
　$t=t+1$；
　将不曾进入回归方程的变量分别加入当前回归模型中，重新建立 $m-t+1$ 个回归方程，并计算这些变量在对应回归方程中系数的偏 F 统计量 $\left\{F_{j_1}^t，F_{j_2}^t，\cdots，F_{j_{m-t+1}}^t\right\}$；
end
return 每一步中进入回归方程且未被剔除的变量组成的回归方程。

在逐步回归法中需要注意的一个问题是，引入自变量和剔除自变量的显著性水平 α 值是不同的，要求引入自变量的显著性水平 α_{in} 小于剔除自变量的显著性水平 α_{out}，否则若 $\alpha_{\text{in}} \geqslant \alpha_{\text{out}}$，可能会导致某个自变量的显著性 p 值在 α_{in} 与 α_{out} 之间，那么这个自变量将被引入、剔除、再引入、再剔除，进入“死循环”。

对于同一个数据，前进法、后退法和逐步回归法三种方法得到的回归方程不一定是相同的。当各自变量相互独立时，逐步回归法中引入的自变量不会被剔除，剔除的自变量也不会被再次引入，此时逐步回归法与前进法是相同的，下面来看一个例子。

例 6.2　模拟生成一个服从正态分布 $N(\mathbf{0}，\boldsymbol{\Sigma})$ 的自变量 $\boldsymbol{X}=(X_1，X_2，\cdots，X_{10})$，误差项 $\varepsilon \sim N(0，1.5)$，真实的回归系数 $\boldsymbol{\beta}=(1，2，-1，1，-1.5，-0.01，0.5，-0.5，0.01，0.000\,1)^{\top}$，因变量由

$$Y_i = \boldsymbol{X}_i\boldsymbol{\beta} + \varepsilon_i，\quad i=1，2，\cdots，n，\quad n=100$$

生成。考虑自变量间不存在相关性 (即 $\boldsymbol{\Sigma}=\boldsymbol{I}$) 以及自变量间存在相关性两种情况，设定 $\boldsymbol{X}$ 的协方差矩阵为 $\boldsymbol{\Sigma}=(\sigma_{ij})_{10\times 10}=(0.5^{|i-j|})_{10\times 10}$。

```
> library(mvtnorm)
> # 模拟生成数据，并根据前进法、后退法和逐步回归法确定最终回归方程
> # 当各变量之间相互独立时，数据按照如下代码生成
> set.seed(1234)
> n<-100
> p<-10
> beta<-c(1,2,-1,1,-1.5,-0.01,0.5,-0.5,0.01,0.0001)
> X<-rmvnorm(n,mean=rep(0,p),sigma=diag(p))
> colnames(X)<-paste("X",1:p,sep="")
> epsilon<-rnorm(n,mean=0,sd=1.5)
> Y<-X%*%beta+epsilon
> data.sim<-data.frame(Y,X)

> # 当各变量之间存在相关性时，数据按照如下代码生成
> set.seed(1234)
> n<-100
> p<-10
> beta<-c(1,2,-1,1,-1.5,-0.01,0.5,-0.5,0.01,0.0001)
> Sigma.matrix<-matrix(NA,p,p)          # Sigma.matrix是X的方差-协方差矩阵
> for(i in 1:p)
+     for(j in 1:p)
+       Sigma.matrix[i,j]<-0.5^abs(i-j)

> X<-rmvnorm(n,mean=rep(0,p),sigma=Sigma.matrix)
> colnames(X)<-paste("X",1:p,sep="")
> epsilon<-rnorm(n,mean=0,sd=1.5)
> Y<-X%*%beta+epsilon
> data.sim<-data.frame(Y,X)

> # 以自变量间存在相关性为例
> # 前进法
> # 从一个空模型开始，建立m个一元回归方程，计算偏F统计量
> add1(lm(Y~1,data=data.sim),Y~X1+X2+X3+X4+X5+X6+X7+X8+X9+X10,test="F")
Single term additions

Model:
Y~1
       Df Sum of Sq     RSS    AIC F value    Pr(>F)
<none>              1042.20 236.39
X1      1    423.95  618.25 186.17 67.2012 9.590e-13 ***
X2      1    523.96  518.24 168.53 99.0805 < 2.2e-16 ***
X3      1     48.15  994.05 233.66  4.7467  0.031751 *
X4      1      2.42 1039.78 238.16  0.2282  0.633889
X5      1    152.69  889.51 222.55 16.8225 8.484e-05 ***
X6      1     88.24  953.96 229.54  9.0651  0.003314 **
X7      1      9.98 1032.22 237.43  0.9472  0.332837
```

```
X8       1       0.00 1042.20 238.39  0.0003  0.987397
X9       1       2.10 1040.10 238.19  0.1980  0.657353
X10      1      48.70  993.50 233.61  4.8038  0.030766 *
---
Signif. codes:  0 '***' 0.001 '**' 0.01 '*' 0.05 '.' 0.1 ' ' 1

> # X2的偏F统计量最大且通过偏F检验，引入模型
> add1(lm(Y~X2,data=data.sim),Y~X1+X2+X3+X4+X5+X6+X7+X8+X9+X10,test="F")
Single term additions

Model:
Y~X2
       Df Sum of Sq    RSS    AIC F value    Pr(>F)
<none>                518.24 168.53
X1      1    88.368 429.88 151.83 19.9400 2.160e-05 ***
X3      1    27.862 490.38 165.00  5.5113  0.020926 *
X4      1     7.027 511.22 169.16  1.3333  0.251048
X5      1   188.315 329.93 125.37 55.3652 4.058e-11 ***
X6      1    90.154 428.09 151.42 20.4278 1.750e-05 ***
X7      1    12.931 505.31 168.00  2.4822  0.118396
X8      1    35.669 482.57 163.40  7.1697  0.008708 **
X9      1    17.247 501.00 167.14  3.3393  0.070719 .
X10     1     1.024 517.22 170.33  0.1921  0.662179
---
Signif. codes:  0 '***' 0.001 '**' 0.01 '*' 0.05 '.' 0.1 ' ' 1

> # 将X5引入模型
> add1(lm(Y~X2+X5,data=data.sim),
+        Y~X1+X2+X3+X4+X5+X6+X7+X8+X9+X10,test="F")
Single term additions

Model:
Y~X2+X5
       Df Sum of Sq    RSS    AIC F value    Pr(>F)
<none>                329.93 125.37
X1      1    65.054 264.87 105.41 23.5780 4.651e-06 ***
X3      1    12.144 317.78 123.62  3.6685  0.058428 .
X4      1    33.025 296.90 116.82 10.6781  0.001505 **
X6      1     1.809 328.12 126.82  0.5292  0.468716
X7      1     0.404 329.52 127.25  0.1178  0.732181
X8      1     3.750 326.18 126.23  1.1037  0.296086
X9      1     8.689 321.24 124.70  2.5967  0.110369
X10     1     1.563 328.37 126.90  0.4569  0.500688
---
Signif. codes:  0 '***' 0.001 '**' 0.01 '*' 0.05 '.' 0.1 ' ' 1

> # 将X1引入模型
> add1(lm(Y~X2+X5+X1,data=data.sim),
+        Y~X1+X2+X3+X4+X5+X6+X7+X8+X9+X10,test="F")
Single term additions
```

```
Model:
Y~X2+X5+X1
       Df Sum of Sq    RSS    AIC F value    Pr(>F)
<none>                264.87 105.41
X3      1    14.942 249.93 101.60  5.6795 0.0191544 *
X4      1    35.863 229.01  92.86 14.8768 0.0002089 ***
X6      1     0.453 264.42 107.24  0.1628 0.6875252
X7      1     0.762 264.11 107.12  0.2742 0.6017253
X8      1     3.240 261.63 106.18  1.1766 0.2807994
X9      1     4.096 260.78 105.85  1.4921 0.2249069
X10     1     4.325 260.55 105.76  1.5768 0.2123042
---
Signif. codes:  0 '***' 0.001 '**' 0.01 '*' 0.05 '.' 0.1 ' ' 1

> # 将X4引入模型
> add1(lm(Y~X2+X5+X1+X4,data=data.sim),
+       Y~X1+X2+X3+X4+X5+X6+X7+X8+X9+X10,test="F")
Single term additions

Model:
Y~X2+X5+X1+X4
       Df Sum of Sq    RSS    AIC F value    Pr(>F)
<none>                229.01 92.860
X3      1    41.344 187.67 74.950 20.7085 1.597e-05 ***
X6      1     0.864 228.15 94.482  0.3560    0.5522
X7      1     0.744 228.27 94.535  0.3063    0.5813
X8      1     3.776 225.24 93.198  1.5757    0.2125
X9      1     2.880 226.13 93.594  1.1973    0.2767
X10     1     3.052 225.96 93.519  1.2696    0.2627
---
Signif. codes:  0 '***' 0.001 '**' 0.01 '*' 0.05 '.' 0.1 ' ' 1

> # 将X3引入模型
> add1(lm(Y~X2+X5+X1+X4+X3,data=data.sim),
+       Y~X1+X2+X3+X4+X5+X6+X7+X8+X9+X10,test="F")
Single term additions

Model:
Y~X2+X5+X1+X4+X3
       Df Sum of Sq    RSS    AIC F value Pr(>F)
<none>                187.67 74.950
X6      1    1.5011 186.17 76.147  0.7499 0.3887
X7      1    3.6250 184.04 75.000  1.8318 0.1792
X8      1    3.5526 184.12 75.039  1.7945 0.1836
X9      1    3.1130 184.56 75.278  1.5687 0.2135
X10     1    3.0688 184.60 75.302  1.5460 0.2168

> # 后退法
> # 从全模型开始, 建立一个多元回归方程, 计算偏F统计量
> drop1(lm(Y~X1+X2+X3+X4+X5+X6+X7+X8+X9+X10,data=data.sim),test="F")
Single term deletions
```

```
Model:
Y~X1+X2+X3+X4+X5+X6+X7+X8+X9+X10
       Df Sum of Sq     RSS     AIC  F value    Pr(>F)
<none>               166.07  72.726
X1      1    80.036 246.11 110.061  42.8915 3.620e-09 ***
X2      1   216.063 382.14 154.061 115.7896 < 2.2e-16 ***
X3      1    46.971 213.04  95.633  25.1720 2.662e-06 ***
X4      1    61.238 227.31 102.115  32.8179 1.357e-07 ***
X5      1   133.244 299.32 129.634  71.4066 5.146e-13 ***
X6      1     0.105 166.18  70.790   0.0565   0.81264
X7      1     6.495 172.57  74.563   3.4808   0.06538 .
X8      1     5.922 172.00  74.230   3.1738   0.07824 .
X9      1     2.252 168.33  72.073   1.2067   0.27494
X10     1     7.693 173.77  75.255   4.1229   0.04529 *
---
Signif. codes:  0 '***' 0.001 '**' 0.01 '*' 0.05 '.' 0.1 ' ' 1

> # X6的偏F统计量最小且没有通过偏F检验，剔除X6
> drop1(lm(Y~X1+X2+X3+X4+X5+X7+X8+X9+X10,data=data.sim),test="F")
Single term deletions

Model:
Y~X1+X2+X3+X4+X5+X7+X8+X9+X10
       Df Sum of Sq     RSS     AIC  F value    Pr(>F)
<none>               166.18  70.790
X1      1    81.112 247.29 108.540  43.9289 2.444e-09 ***
X2      1   216.583 382.76 152.224 117.2980 < 2.2e-16 ***
X3      1    47.204 213.38  93.792  25.5649 2.237e-06 ***
X4      1    61.139 227.32 100.118  33.1120 1.186e-07 ***
X5      1   185.266 351.45 143.688 100.3373 2.635e-16 ***
X7      1     9.147 175.33  74.148   4.9540   0.02853 *
X8      1     5.970 172.15  72.319   3.2330   0.07552 .
X9      1     2.178 168.36  70.092   1.1798   0.28030
X10     1     7.886 174.07  73.426   4.2709   0.04164 *
---
Signif. codes:  0 '***' 0.001 '**' 0.01 '*' 0.05 '.' 0.1 ' ' 1

> # 剔除X9
> drop1(lm(Y~X1+X2+X3+X4+X5+X7+X8+X10,data=data.sim),test="F")
Single term deletions

Model:
Y~X1+X2+X3+X4+X5+X7+X8+X10
       Df Sum of Sq     RSS     AIC  F value    Pr(>F)
<none>               168.36  70.092
X1      1    85.876 254.23 109.308  46.4173 1.008e-09 ***
X2      1   214.405 382.76 150.225 115.8895 < 2.2e-16 ***
X3      1    47.360 215.72  92.880  25.5990 2.172e-06 ***
X4      1    64.247 232.60 100.417  34.7266 6.332e-08 ***
X5      1   185.373 353.73 142.337 100.1972 2.434e-16 ***
X7      1    10.752 179.11  74.283   5.8114   0.01793 *
```

```
X8      1    12.959 181.32  75.507   7.0046   0.00958 **
X10     1     5.896 174.25  71.534   3.1869   0.07756 .
---
Signif. codes:  0 '***' 0.001 '**' 0.01 '*' 0.05 '.' 0.1 ' ' 1

> # 剔除X10
> drop1(lm(Y~X1+X2+X3+X4+X5+X7+X8,data=data.sim),test="F")
Single term deletions

Model:
Y~X1+X2+X3+X4+X5+X7+X8
       Df Sum of Sq    RSS     AIC  F value    Pr(>F)
<none>              174.25  71.534
X1      1    82.015 256.27 108.106  43.3012 2.827e-09 ***
X2      1   238.340 412.59 155.729 125.8355 < 2.2e-16 ***
X3      1    47.064 221.32  93.443  24.8480 2.904e-06 ***
X4      1    66.130 240.38 101.707  34.9143 5.760e-08 ***
X5      1   191.492 365.75 143.677 101.1012 < 2.2e-16 ***
X7      1     9.861 184.12  75.039   5.2064   0.02481 *
X8      1     9.789 184.04  75.000   5.1682   0.02533 *
---
Signif. codes:  0 '***' 0.001 '**' 0.01 '*' 0.05 '.' 0.1 ' ' 1

> # 逐步回归法
> # 从一个空模型开始，建立m个一元回归方程，计算偏F统计量
> add1(lm(Y~1,data=data.sim),
+       Y~X1+X2+X3+X4+X5+X6+X7+X8+X9+X10,test="F")
Single term additions

Model:
Y~1
       Df Sum of Sq     RSS    AIC F value    Pr(>F)
<none>              1042.20 236.39
X1      1    423.95  618.25 186.17 67.2012 9.590e-13 ***
X2      1    523.96  518.24 168.53 99.0805 < 2.2e-16 ***
X3      1     48.15  994.05 233.66  4.7467  0.031751 *
X4      1      2.42 1039.78 238.16  0.2282  0.633889
X5      1    152.69  889.51 222.55 16.8225 8.484e-05 ***
X6      1     88.24  953.96 229.54  9.0651  0.003314 **
X7      1      9.98 1032.22 237.43  0.9472  0.332837
X8      1      0.00 1042.20 238.39  0.0003  0.987397
X9      1      2.10 1040.10 238.19  0.1980  0.657353
X10     1     48.70  993.50 233.61  4.8038  0.030766 *
---
Signif. codes:  0 '***' 0.001 '**' 0.01 '*' 0.05 '.' 0.1 ' ' 1

> # X2的偏F统计量最大且通过偏F检验，引入模型
> add1(lm(Y~X2,data=data.sim),
+      Y~X1+X2+X3+X4+X5+X6+X7+X8+X9+X10,test="F")
Single term additions
```

```
Model:
Y~X2
       Df Sum of Sq    RSS    AIC F value    Pr(>F)
<none>              518.24 168.53
X1      1    88.368 429.88 151.83 19.9400 2.160e-05 ***
X3      1    27.862 490.38 165.00  5.5113  0.020926 *
X4      1     7.027 511.22 169.16  1.3333  0.251048
X5      1   188.315 329.93 125.37 55.3652 4.058e-11 ***
X6      1    90.154 428.09 151.42 20.4278 1.750e-05 ***
X7      1    12.931 505.31 168.00  2.4822  0.118396
X8      1    35.669 482.57 163.40  7.1697  0.008708 **
X9      1    17.247 501.00 167.14  3.3393  0.070719 .
X10     1     1.024 517.22 170.33  0.1921  0.662179
---
Signif. codes:  0 '***' 0.001 '**' 0.01 '*' 0.05 '.' 0.1 ' ' 1

> # 接着引入第二个变量X5，并对此时模型中包含的变量进行偏F检验
> add1(lm(Y~X2+X5,data=data.sim),
+        Y~X1+X2+X3+X4+X5+X6+X7+X8+X9+X10,test="F")
Single term additions

Model:
Y~X2+X5
       Df Sum of Sq    RSS    AIC F value    Pr(>F)
<none>              329.93 125.37
X1      1    65.054 264.87 105.41 23.5780 4.651e-06 ***
X3      1    12.144 317.78 123.62  3.6685  0.058428 .
X4      1    33.025 296.90 116.82 10.6781  0.001505 **
X6      1     1.809 328.12 126.82  0.5292  0.468716
X7      1     0.404 329.52 127.25  0.1178  0.732181
X8      1     3.750 326.18 126.23  1.1037  0.296086
X9      1     8.689 321.24 124.70  2.5967  0.110369
X10     1     1.563 328.37 126.90  0.4569  0.500688
---
Signif. codes:  0 '***' 0.001 '**' 0.01 '*' 0.05 '.' 0.1 ' ' 1

> drop1(lm(Y~X2+X5,data=data.sim),test="F")
Single term deletions

Model:
Y~X2+X5
       Df Sum of Sq    RSS    AIC F value    Pr(>F)
<none>              329.93 125.37
X2      1    559.58 889.51 222.55 164.518 < 2.2e-16 ***
X5      1    188.32 518.24 168.53  55.365 4.058e-11 ***
---
Signif. codes:  0 '***' 0.001 '**' 0.01 '*' 0.05 '.' 0.1 ' ' 1

> # 模型中的变量均能通过检验，接着引入第三个变量X1
> add1(lm(Y~X2+X5+X1,data=data.sim),
+        Y~X1+X2+X3+X4+X5+X6+X7+X8+X9+X10,test="F")
```

```
Single term additions

Model:
Y~X2+X5+X1
       Df Sum of Sq    RSS    AIC F value    Pr(>F)
<none>              264.87 105.41
X3      1    14.942 249.93 101.60  5.6795 0.0191544 *
X4      1    35.863 229.01  92.86 14.8768 0.0002089 ***
X6      1     0.453 264.42 107.24  0.1628 0.6875252
X7      1     0.762 264.11 107.12  0.2742 0.6017253
X8      1     3.240 261.63 106.18  1.1766 0.2807994
X9      1     4.096 260.78 105.85  1.4921 0.2249069
X10     1     4.325 260.55 105.76  1.5768 0.2123042
---
Signif. codes:  0 '***' 0.001 '**' 0.01 '*' 0.05 '.' 0.1 ' ' 1

> drop1(lm(Y~X2+X5+X1,data=data.sim),test="F")
Single term deletions

Model:
Y~X2+X5+X1
       Df Sum of Sq    RSS    AIC F value    Pr(>F)
<none>              264.87 105.41
X2      1   224.829 489.70 164.86  81.486 1.831e-14 ***
X5      1   165.001 429.88 151.83  59.802 1.038e-11 ***
X1      1    65.054 329.93 125.37  23.578 4.651e-06 ***
---
Signif. codes:  0 '***' 0.001 '**' 0.01 '*' 0.05 '.' 0.1 ' ' 1

> # 模型中的变量均能通过检验，接着引入第四个变量X4
> add1(lm(Y~X2+X5+X1+X4,data=data.sim),
+       Y~X1+X2+X3+X4+X5+X6+X7+X8+X9+X10,test="F")
Single term additions

Model:
Y~X2+X5+X1+X4
       Df Sum of Sq    RSS    AIC F value    Pr(>F)
<none>              229.01 92.860
X3      1    41.344 187.67 74.950 20.7085 1.597e-05 ***
X6      1     0.864 228.15 94.482  0.3560    0.5522
X7      1     0.744 228.27 94.535  0.3063    0.5813
X8      1     3.776 225.24 93.198  1.5757    0.2125
X9      1     2.880 226.13 93.594  1.1973    0.2767
X10     1     3.052 225.96 93.519  1.2696    0.2627
---
Signif. codes:  0 '***' 0.001 '**' 0.01 '*' 0.05 '.' 0.1 ' ' 1

> drop1(lm(Y~X2+X5+X1+X4,data=data.sim),test="F")
Single term deletions

Model:
```

```
Y~X2+X5+X1+X4
       Df Sum of Sq    RSS    AIC F value    Pr(>F)
<none>               229.01  92.86
X2      1   190.487 419.50 151.39  79.019 3.905e-14 ***
X5      1   197.211 426.22 152.98  81.808 1.819e-14 ***
X1      1    67.892 296.90 116.82  28.163 7.283e-07 ***
X4      1    35.863 264.87 105.41  14.877 0.0002089 ***
---
Signif. codes:  0 '***' 0.001 '**' 0.01 '*' 0.05 '.' 0.1 ' ' 1

> # 模型中的变量均能通过检验，接着引入第五个变量X3
> add1(lm(Y~X2+X5+X1+X4+X3,data=data.sim),
+       Y~X1+X2+X3+X4+X5+X6+X7+X8+X9+X10,test="F")
Single term additions

Model:
Y~X2+X5+X1+X4+X3
       Df Sum of Sq    RSS    AIC F value Pr(>F)
<none>               187.67 74.950
X6      1    1.5011 186.17 76.147  0.7499 0.3887
X7      1    3.6250 184.04 75.000  1.8318 0.1792
X8      1    3.5526 184.12 75.039  1.7945 0.1836
X9      1    3.1130 184.56 75.278  1.5687 0.2135
X10     1    3.0688 184.60 75.302  1.5460 0.2168

> drop1(lm(Y~X2+X5+X1+X4+X3,data=data.sim),test="F")
Single term deletions

Model:
Y~X2+X5+X1+X4+X3
       Df Sum of Sq    RSS    AIC F value    Pr(>F)
<none>               187.67  74.95
X2      1   231.384 419.05 153.28 115.897 < 2.2e-16 ***
X5      1   210.940 398.61 148.28 105.657 < 2.2e-16 ***
X1      1    74.270 261.94 106.29  37.201 2.350e-08 ***
X4      1    62.265 249.93 101.60  31.187 2.264e-07 ***
X3      1    41.344 229.01  92.86  20.709 1.597e-05 ***
---
Signif. codes:  0 '***' 0.001 '**' 0.01 '*' 0.05 '.' 0.1 ' ' 1

> lm(Y~X1+X2+X3+X4+X5,data=data.sim)
Call:
lm(formula=Y~X1+X2+X3+X4+X5,data=data.sim)
Coefficients:
(Intercept)          X1          X2          X3          X4          X5
   -0.07945     0.96588     1.93318    -0.84333     1.15672    -1.80187
```

从输出结果中可见，前进法依次引入变量 X_2、X_5、X_1、X_4 和 X_3，最优回归模型为：

$$\hat{Y}=-0.079+0.966X_1+1.933X_2-0.843X_3+1.157X_4-1.802X_5$$

后退法及逐步回归法结果同理，当自变量间不相关时，三种方法的过程见表6.3左半边；当自变量间存在相关性时，三种方法的过程见表6.3右半边。可以看到，当自变量之间不相关时，前进法按照顺序引入变量 X_2、X_5、X_4、X_1、X_3、X_8 和 X_7，最终确定的回归方程由这些变量组成。后退法按照顺序剔除 X_6、X_9 和 X_{10}，最终确定的回归方程与前进法相同。这时逐步回归的过程和前进法是相同的。当自变量之间有相关性时，前进法按照顺序引入变量 X_2、X_5、X_1、X_4 和 X_3，最终确定的回归方程由这些变量组成，与自变量不相关时得到的回归方程不同。后退法按照顺序剔除 X_6、X_9 和 X_{10}，最终确定的回归方程与前进法不相同。

表 6.3 三种方法的数值模拟结果

		自变量不相关										自变量相关									
		X_1	X_2	X_3	X_4	X_5	X_6	X_7	X_8	X_9	X_{10}	X_1	X_2	X_3	X_4	X_5	X_6	X_7	X_8	X_9	X_{10}
前进法	第一步		✓										✓								
	第二步		✓			✓							✓			✓					
	第三步		✓		✓	✓						✓	✓			✓					
	第四步	✓	✓		✓	✓						✓	✓		✓	✓					
	第五步	✓	✓	✓	✓	✓						✓	✓	✓	✓	✓					
	第六步	✓	✓	✓	✓	✓			✓												
	第七步	✓	✓	✓	✓	✓		✓	✓												
后退法	第一步	✓	✓	✓	✓	✓		✓	✓	✓	✓	✓	✓	✓	✓	✓		✓	✓	✓	✓
	第二步	✓	✓	✓	✓	✓		✓	✓		✓	✓	✓	✓	✓	✓		✓	✓		✓
	第三步	✓	✓	✓	✓	✓		✓	✓			✓	✓	✓	✓	✓		✓	✓		
逐步回归法	第一步		✓										✓								
	第二步		✓			✓							✓			✓					
	第三步		✓		✓	✓						✓	✓			✓					
	第四步	✓	✓		✓	✓						✓	✓		✓	✓					
	第五步	✓	✓	✓	✓	✓						✓	✓	✓	✓	✓					
	第六步	✓	✓	✓	✓	✓			✓												
	第七步	✓	✓	✓	✓	✓		✓	✓												

6.4 基于惩罚的模型选择

变量选择通常假定自变量是稀疏的。所谓稀疏性，即对于一个要研究的问题，在众多涉及的自变量中仅有少数自变量会对因变量产生影响，需要纳入模型中，而识别哪些自变量对因变量有影响就是本章的目标。上面讨论的方法，无论是全子集回归还是逐步回归，都可以理解为通过一些准则来确定最终的回归方程，从而达到选择自变量的目的。然而这些方法都是一个离散的过程，即只考虑一个变量要么被保留要么被丢弃，因此通常会有较大的方差。本节将讨论一种新的变量选择方法，能够同时实现变量的选择和系数的估计。经典的书籍可参考Hastie et al. (2009)。

1. 带有惩罚项的目标函数

线性回归模型的最小二乘估计是在参数空间中找到这样的 $\hat{\boldsymbol{\beta}}$，使得

$$\hat{\boldsymbol{\beta}} = \arg\min\left\{\sum_{i=1}^{n}(Y_i - \boldsymbol{X}_i^{\top}\boldsymbol{\beta})^2\right\} \tag{6.4.1}$$

等式右边括号中的 $\sum_{i=1}^{n}(Y_i - \boldsymbol{X}_i^{\top}\boldsymbol{\beta})^2$ 称为关于 $\boldsymbol{\beta}$ 的目标函数，即残差平方和，自变量越多，残差平方和越小。当涉及的自变量比较多时，最小化式 (6.4.1) 的目标函数并不能够起到选择自变量的作用。类似于 AIC 准则既考虑到拟合优劣又考虑到模型的复杂度，残差平方和可以反映模型的拟合情况，若能够在目标函数中加入一项来约束模型的复杂度，就可以通过优化目标函数来同时实现变量选择和参数估计，约束模型复杂度的这一项称为惩罚项。此时目标函数具有如下形式：

$$\sum_{i=1}^{n}(Y_i - \boldsymbol{X}_i^{\top}\boldsymbol{\beta})^2 + \rho_{\lambda}(\boldsymbol{\beta}) \tag{6.4.2}$$

式中，$\rho_{\lambda}(\boldsymbol{\beta})$ 即为惩罚项，调节系数 λ 代表惩罚力度的大小。与全子集回归不同，全子集回归是每次先固定进入模型中的自变量，然后通过式 (6.4.1) 得到对应系数的估计，最后比较各模型的 AIC 等各准则的取值大小。通过最小化目标函数式 (6.4.2) 得到的估计，可以同时实现自变量的选择和参数的估计，而不必事先遍历所有可能的回归模型，因此可以处理可选自变量维数更高的情况。

惩罚项 $\rho_{\lambda}(\boldsymbol{\beta})$ 通常是系数向量 $\boldsymbol{\beta}$ 的函数，最常用的向量函数是向量的范数。设任一向量 $\boldsymbol{\beta} = (\beta_1,\ \beta_2,\ \cdots,\ \beta_m)^{\top} \in \mathbf{R}^m$，其某一实值函数记作 $\|\boldsymbol{\beta}\|$，若满足下列条件：

(1) 非负性：$\|\boldsymbol{\beta}\| \geqslant 0$，当且仅当 $\boldsymbol{\beta} = \mathbf{0}$ 时等号成立，

(2) 齐次性：$\|k\boldsymbol{\beta}\| = |k|\|\boldsymbol{\beta}\|$，$k \in \mathbf{R}$，

(3) 三角不等式：对任意 $\boldsymbol{\beta}_1$，$\boldsymbol{\beta}_2 \in \mathbf{R}^m$，有 $\|\boldsymbol{\beta}_1 + \boldsymbol{\beta}_2\| \leqslant \|\boldsymbol{\beta}_1\| + \|\boldsymbol{\beta}_2\|$，

则称 $\|\boldsymbol{\beta}\|$ 为向量 $\boldsymbol{\beta}$ 的范数。上一章中介绍的岭估计实际上就是最小化带有惩罚项的目标函数得到的估计，此时的惩罚项是系数 $\boldsymbol{\beta}$ 的 L_2 范数，即

$$\hat{\boldsymbol{\beta}}_{\lambda}^{\text{ridge}} = \arg\min\left\{\sum_{i=1}^{n}(Y_i - \boldsymbol{X}_i^{\top}\boldsymbol{\beta})^2 + \lambda\|\boldsymbol{\beta}\|_2^2\right\} \tag{6.4.3}$$

式中，$\|\boldsymbol{\beta}\|_2^2 = \sum_{j=1}^{m}\beta_j^2$ 为所有涉及的自变量系数估计向量的 L_2 范数的平方，这里的惩罚项等价于约束 $\sum_{j=1}^{m}\beta_j^2 \leqslant s$。岭回归牺牲一部分估计的偏差以减小估计的方差，且岭回归的系数估计不具有稀疏性。

2. 几种基于惩罚的变量选择方法

下面介绍几种惩罚函数，可以将比较小的系数估计值压缩为零，在实现估计的同时达到自变量选择的目的。

(1) Lasso。

Lasso (least absolute shrinkage and selection operator) 是Tibshirani (1996) 首次提出的一种压缩估计，它综合了全子集回归和岭回归的优点，既能像全子集回归一样得到一个可解释的稀疏模型，又能像岭回归一样具有较小的估计方差。Lasso 的惩罚项采用 L_1 范数

$$\hat{\boldsymbol{\beta}}_\lambda^{\text{Lasso}} = \arg\min\left\{\sum_{i=1}^{n}(Y_i - \boldsymbol{X}_i^\top\boldsymbol{\beta})^2 + \lambda\|\boldsymbol{\beta}\|_1\right\} \tag{6.4.4}$$

式中，$\|\boldsymbol{\beta}\|_1 = \sum_{j=1}^{m}|\beta_j|$ 为所有涉及的自变量系数估计向量的 L_1 范数，这里的惩罚项等价于约束 $\sum_{j=1}^{m}|\beta_j| \leqslant s$。当所有自变量之间相互独立时，Lasso 估计系数 $\hat{\beta}_j^{\text{Lasso}}$ 与最小二乘估计系数 $\hat{\beta}_j$ 之间有如下关系：

$$\hat{\beta}_j^{\text{Lasso}} = \text{sgn}\left(\hat{\beta}_j\right)\left(|\hat{\beta}_j| - \gamma\right)_+$$

当 $|\hat{\beta}_j| < \gamma$ 时，$\hat{\beta}_j^{\text{Lasso}} = 0$，这里 γ 是由条件 $\sum_{j=1}^{m}|\beta_j| \leqslant s$ 决定的，s 不同，压缩系数至零的能力也不同。在式 (6.4.4) 中，调节系数 λ 决定了惩罚的力度，进而决定了选出的自变量的个数。若 $\lambda = 0$，Lasso 估计就是最小二乘估计，随着 λ 的增大，惩罚项在目标函数中的作用也增大，对于估计系数的压缩力度也增大。Lasso 可以得到稀疏估计而岭回归得不到稀疏估计的原因如图6.1所示，为了画图方便，图6.1是 $p = 2$ 的情况，图6.1(a) 是求解岭回归目标函数的示意图，图6.1(b) 是求解 Lasso 目标函数的示意图。

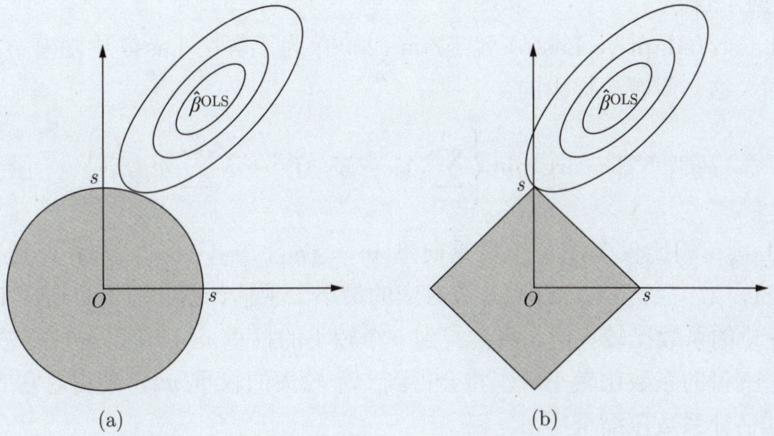

图 6.1　岭回归和 Lasso 目标函数的求解示意图

目标函数中的第一项

$$\begin{aligned}\sum_{i=1}^{n}(Y_i - \boldsymbol{X}_i^\top\boldsymbol{\beta})^2 &= (\boldsymbol{Y} - \boldsymbol{X}\boldsymbol{\beta})^\top(\boldsymbol{Y} - \boldsymbol{X}\boldsymbol{\beta})\\ &= \boldsymbol{Y}^\top\boldsymbol{Y} - \boldsymbol{Y}^\top\boldsymbol{X}\boldsymbol{\beta} - \boldsymbol{\beta}^\top\boldsymbol{X}^\top\boldsymbol{Y} + \boldsymbol{\beta}^\top\boldsymbol{X}^\top\boldsymbol{X}\boldsymbol{\beta}\end{aligned}$$

与函数

$$\left(\boldsymbol{\beta}-\hat{\boldsymbol{\beta}}^{\mathrm{OLS}}\right)^{\top}\boldsymbol{X}^{\top}\boldsymbol{X}\left(\boldsymbol{\beta}-\hat{\boldsymbol{\beta}}^{\mathrm{OLS}}\right)=\left(\boldsymbol{\beta}-(\boldsymbol{X}^{\top}\boldsymbol{X})^{-1}\boldsymbol{X}^{\top}\boldsymbol{Y}\right)^{\top}\boldsymbol{X}^{\top}\boldsymbol{X}\left(\boldsymbol{\beta}-(\boldsymbol{X}^{\top}\boldsymbol{X})^{-1}\boldsymbol{X}^{\top}\boldsymbol{Y}\right)$$
$$=\boldsymbol{Y}^{\top}\boldsymbol{X}(\boldsymbol{X}^{\top}\boldsymbol{X})^{-1}\boldsymbol{X}^{\top}\boldsymbol{Y}-\boldsymbol{Y}^{\top}\boldsymbol{X}\boldsymbol{\beta}-\boldsymbol{\beta}^{\top}\boldsymbol{X}^{\top}\boldsymbol{Y}+\boldsymbol{\beta}^{\top}\boldsymbol{X}^{\top}\boldsymbol{X}\boldsymbol{\beta}$$

在数据给定之后等价 (仅相差一个常数项)。当 $p=2$ 时，目标函数有如下形式：

$$\left(\boldsymbol{\beta}-\hat{\boldsymbol{\beta}}^{\mathrm{OLS}}\right)^{\top}\boldsymbol{X}^{\top}\boldsymbol{X}\left(\boldsymbol{\beta}-\hat{\boldsymbol{\beta}}^{\mathrm{OLS}}\right)=\sum_{i=1}^{n}X_{i1}^{2}\left(\beta_1-\hat{\beta}_1^{\mathrm{OLS}}\right)^2+\sum_{i=1}^{n}X_{i2}^{2}\left(\beta_2-\hat{\beta}_2^{\mathrm{OLS}}\right)^2$$
$$+2\sum_{i=1}^{n}X_{i1}X_{i2}\left(\beta_1-\hat{\beta}_1^{\mathrm{OLS}}\right)\left(\beta_2-\hat{\beta}_2^{\mathrm{OLS}}\right)$$

图6.1中的椭圆即为此函数的轮廓线，各椭圆以最小二乘估计 $\hat{\boldsymbol{\beta}}^{\mathrm{OLS}}=(\hat{\beta}_1^{\mathrm{OLS}}，\hat{\beta}_2^{\mathrm{OLS}})$ 为核心。图中的阴影部分体现为目标函数中惩罚项等价的约束条件，图6.1(a) 中岭回归的约束为 L_2 范数 $\beta_1^2+\beta_2^2\leqslant s^2$，阴影部分是一个圆形；图6.1(b) 中 Lasso 的约束为 L_1 范数 $|\beta_1|+|\beta_2|\leqslant s$，阴影部分是一个正方形。目标函数的解为椭圆轮廓与阴影部分首次接触到的点。图6.1(b) 中 Lasso 首次相触易发生在正方形的角上，即此时有一个系数的估计值为零；图6.1(a) 中岭回归首次相触不易发生在坐标轴上，因此不会使得系数的估计值为零。

对于 Lasso 的惩罚项 $\rho_\lambda(\boldsymbol{\beta})=\lambda\sum\limits_{j=1}^{m}|\beta_j|$，$\beta_j$ 越大，惩罚的力度越大，因此当 λ 足够大时，所有系数的估计都将被压缩至零，没有自变量被选出，但这并不是研究者所希望的。当一个变量的系数比较大时，并不需要很大的惩罚力度；当一个变量的系数比较小时，才需要一定的惩罚力度将其估计压缩为零，以达到选择自变量的目的。

(2) 自适应 Lasso。

自适应 Lasso (adaptive Lasso) 就是Zou (2006) 为了解决 Lasso 中随着 β_j 的增大，惩罚力度一直增大这一问题而提出的。

$$\hat{\boldsymbol{\beta}}_{\lambda}^{\mathrm{aLasso}}=\arg\min\left\{\sum_{i=1}^{n}(Y_i-\boldsymbol{X}_i^{\top}\boldsymbol{\beta})^2+\lambda\sum_{j=1}^{m}w_j|\beta_j|\right\}\tag{6.4.5}$$

其惩罚项与 Lasso 相比仅多了一个权重向量 $\boldsymbol{w}=(w_1，w_2，\cdots，w_m)^{\top}$，通常定义 $w_i=1/|\hat{\beta}_i|^{\gamma}$，$i=1，2，\cdots，m$，其中 $\hat{\beta}_i$ 取对应的最小二乘估计值。对于自适应 Lasso 的惩罚项，当一个变量的系数比较大时，将会得到一个较小的权重 w_j，使得对它的惩罚力度较小；反之，当一个变量的系数比较小时，将会得到一个较大的权重 w_j，使得对它的惩罚力度较大，可以将其估计系数压缩至零。

(3) SCAD。

SCAD (smoothly clipped absolute deviation) 是 Fan and Li (2001) 提出的，其惩罚函数相对比较复杂，定义为：

$$\hat{\boldsymbol{\beta}}_{\lambda}^{\mathrm{SCAD}}=\arg\min\left\{\sum_{i=1}^{n}(Y_i-\boldsymbol{X}_i^{\top}\boldsymbol{\beta})^2+\sum_{j=1}^{m}\rho_\lambda(|\beta_j|)\right\}\tag{6.4.6}$$

$$
\rho_\lambda(|\beta_j|) = \begin{cases} \lambda|\beta_j|, & 0 \leqslant |\beta_j| < \lambda \\ -\dfrac{|\beta_j|^2 - 2a\lambda|\beta_j| + \lambda^2}{2(a-1)}, & \lambda \leqslant |\beta_j| < a\lambda \\ \dfrac{(a+1)\lambda^2}{2}, & |\beta_j| \geqslant a\lambda \end{cases}
$$

SCAD 惩罚函数以 λ 和 $a\lambda$ 为节点，是一个有界函数，当 $|\beta_j| \geqslant a\lambda$ 时，惩罚函数是一个常数，这可以使得较大的系数有一个无偏估计。这里，λ 和 a 都是调节参数，控制惩罚力度的大小。

(4) MCP。

MCP (minimax concave penalty) 是 Zhang (2010) 提出的，其惩罚函数定义为：

$$
\hat{\boldsymbol{\beta}}_\lambda^{\text{MCP}} = \arg\min\left\{\sum_{i=1}^n (Y_i - \boldsymbol{X}_i^\top \boldsymbol{\beta})^2 + \sum_{j=1}^m \rho_\lambda(|\beta_j|)\right\} \tag{6.4.7}
$$

式中，$\rho_\lambda(|\beta_j|) = \lambda \displaystyle\int_0^{|\beta_j|} (1 - x/(\gamma\lambda))_+ \,\mathrm{d}x$，这里的 γ 是一个正则化参数。

(5) 弹性网。

弹性网 (elastic net) 是 Zou and Hastie (2005) 提出的，它能够解决自变量之间的相关性比较强时的变量选择问题。此时若使用 L_1 惩罚的 Lasso 方法，在相关性比较强的那些变量中，仅有极少的几个变量的估计系数不为零；若采用 L_2 惩罚的岭估计，则不具备选择变量的能力。因此弹性网的惩罚项是 L_1 惩罚和 L_2 惩罚的一个结合。

$$
\hat{\boldsymbol{\beta}}_{\lambda 1,\ \lambda_2}^{\text{en}} = \arg\min\left\{\sum_{i=1}^n (Y_i - \boldsymbol{X}_i^\top \boldsymbol{\beta})^2 + \lambda_1 \sum_{j=1}^m |\beta_j| + \lambda_2 \sum_{j=1}^m \beta_j^2\right\} \tag{6.4.8}
$$

上述这些变量选择方法都是基于惩罚项对系数估计的压缩功能从而实现自变量的选择，可以通过图6.2直观地看到这几种变量选择方法的惩罚效果。以 $p = 1$ 为例，图6.2的横坐标是系数 β 的大小，纵坐标是固定调节参数时，惩罚函数 $\rho_\lambda(\beta)$ 取值的大小。对于 Lasso，固定 $\lambda = 1$；对于 SCAD，固定 $\lambda = 1$，$a = 3.7$；对于 MCP，固定 $\lambda = 1$，$\gamma = 2.5$；对于弹性网，固定 $\lambda_1 = \lambda_2 = 0.5$。当系数值较小时，SCAD 和 Lasso 的惩罚力度相同，使得较小系数压缩为零，以达到变量选择的目的。随着系数值的增大，SCAD 和 MCP 的惩罚力度为一个常数，这两种方法对回归系数采取有差别的惩罚，与自适

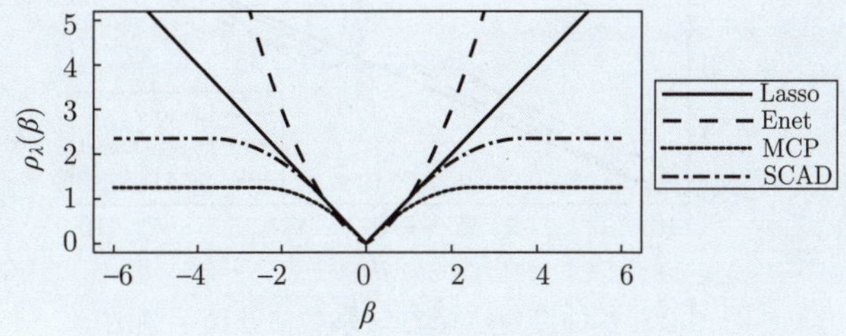

图 6.2　多种变量选择方法的惩罚函数曲线

应 Lasso 相同，对于绝对值较小的系数给予一定的惩罚力度使其压缩至零，对于绝对值较大的系数给予较小的惩罚力度甚至不惩罚以得到较好的估计，这就是下面即将介绍的 Oracle 性质。上述变量选择方法在 R 中均可实现，常用的包有 glmnet 和 ncvreg 等。

3. Oracle 性质

在上述多种似然函数带有惩罚项的变量选择方法中，有些方法可以称为 Oracle 方法，如果该方法满足 Oracle 性质。Oracle 性质是 2001 年 Fan 和 Li 在提出 SCAD 时首先说明的。这里额外引入一个概念：真模型集合。本节前面提过稀疏性的假设，即在众多涉及的自变量中，只有少数一部分自变量会对因变量产生影响，也就是对于真实的回归系数，$\boldsymbol{\beta}=(\beta_1，\beta_2，\cdots，\beta_m)$ 中只有一部分 $\beta_j\neq 0$，$j\in\{1，2，\cdots，m\}$，而真模型集合就是系数不为零的自变量组成的集合。记 $\mathcal{A}=\{j：\beta_j\neq 0\}$ 且 $|\mathcal{A}|=m_0<m$。变量选择的 Oracle 性质为：

$$\begin{cases}\left\{j：\hat{\beta}_j\neq 0\right\}=\mathcal{A}\\ \sqrt{n}(\hat{\boldsymbol{\beta}}_{\mathcal{A}}-\boldsymbol{\beta}_{\mathcal{A}})\xrightarrow{\mathrm{d}}N(\mathbf{0}，\boldsymbol{\Sigma})\end{cases}$$

Oracle 性质包括的这两点中，第一点针对自变量的选择，Oracle 性质要求该方法选出的自变量集合就是真模型集合，也称为模型选择的相合性；第二点针对系数的估计，对于非零系数的估计要和已知真模型时的估计一样好。这两点性质都与真模型有关且都要求与真模型相近，而在实际问题中并不知道真模型 (只有哲人才知道真模型)，因此称为 Oracle 性质。前面列举的变量选择方法并非都是 Oracle 方法。例如，Lasso 对于绝对值大的系数施加的惩罚过大，使得其估计产生了一定的偏差，因此并不满足 Oracle 性质中的第二点。自适应 Lasso、SCAD 和 MCP 都满足 Oracle 性质，可以通过图6.3看到加入不同的惩罚项后对系数的影响。图6.3的横坐标是原始的系数值，纵坐标是加入惩罚项后的系数值，图中实线 $y=x$ 作为参考表示惩罚项对系数没有影响。Lasso、自适应 Lasso 和 SCAD 三种惩罚都可以将较小的系数压缩为零，其中 Lasso 对于所有系数的惩罚力度相同，因此 Lasso 的估计一直与图中实线 $y=x$ 平行。而自适应 Lasso 和 SCAD 对于更大的系数有更小的惩罚力度，因此这两者的估计在两边逐渐与 $y=x$ 重合，这可以使得在选择合适的调节参数后，能够选出真正重要的变量，且其对应的系数估计与已知真模型时一样好。

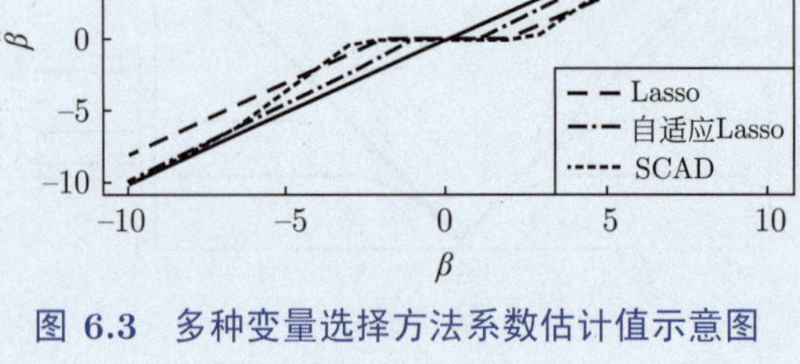

图 6.3　多种变量选择方法系数估计值示意图

例 6.3　用一个例子反映不同变量选择方法在同一个数据集上的结果。对于一个模拟生成的数据集，用不同方法得到的系数估计值见表6.4。在数据生成过程中，样本量 $n=50$，自变量的个数 $p=10$，重要变量的个数为 5，自变量 $X_1 \sim X_{10}$ 相互独立且均服从标准正态分布，随机误差项 $\varepsilon \sim N(0,\ 1)$，因变量 Y 按照如下回归方程产生:

$$Y = 1 + X_1 + 0.5X_2 + 0.333X_3 + 0.25X_4 + 0.2X_5 + \varepsilon$$

表 6.4　不同变量选择方法的系数估计值

	β_0	β_1	β_2	β_3	β_4	β_5	β_6	β_7	β_8	β_9	β_{10}
参数真值	1.000	1.000	0.500	0.333	0.250	0.200	0	0	0	0	0
最小二乘	1.104	1.098	0.465	0.387	0.254	0.232	−0.037	0.021	0.074	0.042	−0.402
岭回归	1.097	0.970	0.414	0.364	0.227	0.202	−0.066	−0.009	0.107	0.073	−0.361
Lasso	1.054	1.049	0.394	0.315	0.166	0.171	–	–	0.036	–	−0.319
自适应 Lasso	1.074	1.113	0.455	0.369	0.215	0.214	–	–	–	–	−0.386
SCAD	1.085	1.116	0.473	0.393	0.246	0.240	–	–	0.013	–	−0.410
MCP	1.083	1.118	0.474	0.392	0.246	0.242	–	–	0.005	–	−0.410
弹性网	1.053	1.011	0.384	0.312	0.163	0.164	–	–	0.051	–	−0.314

```
> # 模拟生成数据，采用不同的方法估计回归系数。按照如下代码生成模拟数据
> library(mvtnorm)
> set.seed(1234)
> p=10
> n=50
> beta0<-1
> beta.true=c(1,1/2,1/3,1/4,1/5,0,0,0,0,0)
> X<-rmvnorm(n,mean=rep(0,p),sigma=diag(p))
> epsilon<-rnorm(n)
> Y<-X%*%beta.true+epsilon+beta0
>
> # 通过lm函数可以得到系数的最小二乘估计
> as.vector(round(lm(Y~X)$coefficients,3))
 [1]  1.104  1.098  0.465  0.387  0.254  0.232
 [7] -0.037  0.021  0.074  0.042 -0.402

> library(glmnet)
> # 岭回归
> ridge.mod=glmnet(X,Y,alpha=0)
> cv.ridge=cv.glmnet(X,Y,alpha=0)
> as.vector(round(coef(ridge.mod,s=cv.ridge$lambda.min),3))
 [1]  1.097  0.970  0.414  0.364  0.227  0.202
 [7] -0.066 -0.009  0.107  0.073 -0.361

> # Lasso
> lasso.mod=glmnet(X,Y,alpha=1)
> cv.lasso=cv.glmnet(X,Y,alpha=1)
> as.vector(round(coef(lasso.mod,s=cv.lasso$lambda.min),3))
 [1]  1.054  1.049  0.394  0.315  0.166  0.171
 [7]  0.000  0.000  0.036  0.000 -0.319

> # 弹性网
```

```
> enet.mod=glmnet(X,Y,alpha=0.5)
> cv.enet=cv.glmnet(X,Y,alpha=0.5)
> as.vector(round(coef(enet.mod,s=cv.enet$lambda.min),3))
 [1]  1.053  1.011  0.384  0.312  0.163  0.164
 [7]  0.000  0.000  0.051  0.000 -0.314

> # 自适应Lasso
> library(glmnet)
> penalty.factor=abs(lm(Y~X)$coefficients[-1])^(-1)
> adalasso.mod=glmnet(X,Y,alpha=1,penalty.factor=penalty.factor)
> cv.adalasso=cv.glmnet(X,Y,alpha=1,penalty.factor=penalty.factor)
> as.vector(round(coef(adalasso.mod,s=cv.adalasso$lambda.min),3))
 [1]  1.074  1.113  0.455  0.369  0.215  0.214
 [7]  0.000  0.000  0.000  0.000 -0.386
>
> library(ncvreg)

> # SCAD
> scad.mod<-ncvreg(X,Y,penalty="SCAD")
> cv.scad<-cv.ncvreg(X,Y,penalty="SCAD")
> as.vector(round(scad.mod$beta[,cv.scad$min],3))
 [1]  1.085  1.116  0.473  0.393  0.246  0.240
 [7]  0.000  0.000  0.013  0.000 -0.410

> # MCP
> mcp.mod<-ncvreg(X,Y,penalty="MCP")
> cv.mcp<-cv.ncvreg(X,Y,penalty="MCP")
> as.vector(round(mcp.mod$beta[,cv.mcp$min],3))
 [1]  1.083  1.118  0.474  0.392  0.246  0.242
 [7]  0.000  0.000  0.005  0.000 -0.410
```

从表6.4中的系数估计值可以看出，最小二乘估计和岭估计均不能进行变量选择，所有自变量对应的参数估计值均不为零。其他各方法都能使某些系数的估计值压缩至零，但在该模拟数据集中，不同变量选择方法得到的选择结果不同，因此在样本量有限的实际问题中如何判定哪种变量选择方法是最好的，将是下一节讨论的问题。

对于该模拟数据集，可以绘制其求解路径 (solution path)。Lasso 的求解路径如图6.4所示，图中横坐标是调节参数 λ 的大小，从左至右 λ 依次减小，表示对于估计系数的

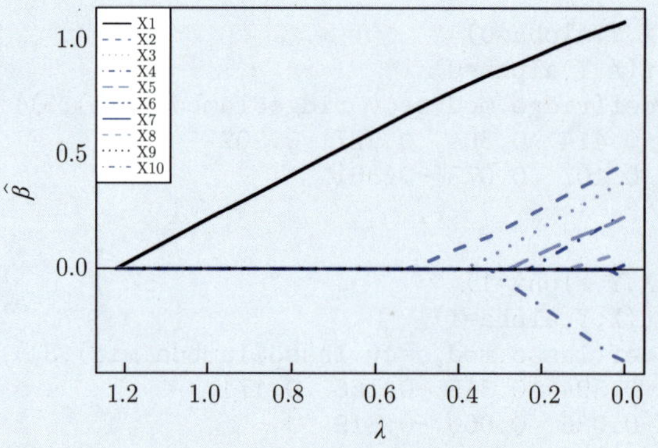

图 6.4 Lasso 方法的求解路径

惩罚力度依次减小，纵坐标是参数估计值。当惩罚力度很大，即 λ 较大时，所有参数的估计都被压缩至零，随着惩罚力度的减小，即 λ 取值的减小，有些变量对应系数的估计值非零，直到 $\lambda = 0$ 时，所有参数估计值都非零。通常，在求解路径中，越早出现非零估计的自变量对因变量的影响越大，在图6.4所示的 Lasso 求解路径中，变量 X_1 最先出现非零估计，X_2 次之，而这两个变量在模拟设定中系数最大。

6.5 模型选择的评价准则*

6.4 节中提到的几种变量选择方法有一些具有 Oracle 性质，在样本量趋于无穷时可以选出真正重要的自变量，但当样本量有限时 (实际问题的样本量都是有限的)，不同模型选择方法的变量选择结果也很可能并不相同 (如例 6.2 所示)，此时应该相信哪种方法呢？因此需要一个评价准则来评价各种变量选择方法以便指导实际，不同评价准则的侧重各有不同。当真实模型已知时，可以通过变量选择的准确性来评价各方法的准确性。定义准确率 (Precision) 和召回率 (Recall) 分别为：

$$\text{Precision} = \frac{I(\hat{\beta} \neq 0)I(\beta \neq 0)}{I(\hat{\beta} \neq 0)}$$

$$\text{Recall} = \frac{I(\hat{\beta} \neq 0)I(\beta \neq 0)}{I(\beta \neq 0)}$$

准确率表示选出的变量是真实重要变量的比例，召回率表示真实重要变量被选出来的比例。在此基础上还定义了 F 值和 G 值。F 值是准确率和召回率的调和平均值，G 值是准确率和召回率的几何平均值，F 值和 G 值越大，表示该变量选择方法选择的变量越准确。然而，对于一个实际研究的问题，真实模型往往未知，也有学者研究了真实模型未知时模型选择准确率的估计，有兴趣的读者可参考 Nan and Yang (2014)。准确率可以评价一种变量选择方法在一个数据集上的表现，而通常同一种变量选择方法在来自同一个总体的不同数据集上的选择结果也不同，这是因为变量选择方法的不确定性。本节重点关注在实际问题中当真正重要的变量未知时，如何评价各种变量选择方法的不确定性。

1. 模型置信界

回顾数理统计中区间估计的概念，即找到一个区间使得其包含参数真值的可能性相当大。给定一个较小的数 α $(0 < \alpha < 1)$，称满足

$$P(\hat{\theta}_L \leqslant \theta \leqslant \hat{\theta}_U) \geqslant 1 - \alpha \tag{6.5.1}$$

的区间估计 $\left[\hat{\theta}_L,\ \hat{\theta}_U\right]$ 是置信水平为 $1 - \alpha$ 的置信区间。在置信区间的构造过程中，研究者往往寻找这样的区间估计，使其在满足式 (6.5.1) 的情况下，区间长度尽可能短。在给定置信水平 $1 - \alpha$ 的情况下，区间长度越短表示估计的方差越小，即估计的不确定性越小。

同理，对于一个参数的估计可以拓展到对于一个模型的估计，也可以考虑构造这样的一个区间，使得其包含真实模型 m^* 的可能性相当大，此时这个区间里的每个元素

不再是一个数，而是一个模型，这样的一个区间就是一些模型的集合，称为模型置信集 (model confidence set，MCS)。同样，类似于区间估计存在置信下界 $\hat{\theta}_L$ 和置信上界 $\hat{\theta}_U$ 且满足 $\hat{\theta}_L \leqslant \hat{\theta}_U$，模型置信集中也存在下界模型 (lower bound model，LBM) $\hat{m}_L$ 和上界模型 (upper bound model，UBM) $\hat{m}_U$ 且满足上界模型包含下界模型，即 $\hat{m}_L \subseteq \hat{m}_U$，即下界模型中的变量也会在上界模型中。

给定置信水平 $1-\alpha$，称满足

$$P(\hat{m}_L \subseteq m^* \subseteq \hat{m}_U) \geqslant 1-\alpha \tag{6.5.2}$$

的一对模型 $\{\hat{m}_L，\hat{m}_U\}$ 为 $1-\alpha$ 模型置信界 (model confidence bounds，MCB)，称包含在下界模型和上界模型中的所有模型的集合

$$\hat{\mathcal{M}}_\alpha = \{\hat{m} : \hat{m}_L \subseteq \hat{m} \subseteq \hat{m}_U\}$$

为 $1-\alpha$ 模型置信集。定义下界模型和上界模型中变量个数的差 $w = |\hat{m}_U| - |\hat{m}_L|$ 为 MCB 宽度。对于每种变量选择方法，都可以构造其对应的 $1-\alpha$ 模型置信界，MCB 宽度越小表示以相同的可能性包含真模型需要的模型集合越小，变量选择方法的不确定性越小。极端地，若 $w=0$，此时上界模型和下界模型相同，该模型就以 $1-\alpha$ 的概率是真模型。关于 MCB 的概念可参考 Li et al. (2019)。

类似于区间估计中构造置信区间，构造模型置信界就是找到这样的一对嵌套的模型 $m_1 \subseteq m_2$，在给定置信水平 $1-\alpha$ 时，满足包含真模型 m^* 的概率大于等于 $1-\alpha$ 且使得宽度 $|m_2|-|m_1|$ 最小。需要注意的是，在实际问题中，真模型 m^* 未知，包含真模型的概率未知，因此采用 Bootstrap 方法，用 Bootstrap 覆盖率 (Bootstrap coverage rate，BCR) 估计包含真模型的概率。给定数据集后，采用残差 Bootstrap 方法产生 B 个 Bootstrap 样本，用某种变量选择方法在第 b 个 Bootstrap 样本上能够得到一个模型估计 $\hat{m}^{(b)}$，从而能够得到一个 Bootstrap 模型集合 $\mathcal{M}_{\text{boot},\ B} = \left\{\hat{m}^{(b)},\ b=1,\ 2,\ \cdots,\ B\right\}$。定义模型 $m_1 \subseteq m_2$ 的 BCR 为：

$$\hat{r}(m_1,\ m_2) = \sum_{b=1}^{B} I(m_1 \subseteq \hat{m}^{(b)} \subseteq m_2)/B \tag{6.5.3}$$

因此，构造 MCB，即构造一对上界模型和下界模型 $(\hat{m}_L，\hat{m}_U)$，使得

$$(\hat{m}_L,\ \hat{m}_U) = \arg\min\{|m_2|-|m_1|:\ \text{s.t.}\hat{r}(m_1,\ m_2) \geqslant 1-\alpha\} \tag{6.5.4}$$

对于构造模型置信界的详细算法，有兴趣的读者可参考 Li et al. (2019)。

2. 模型选择不确定性评价

给定宽度 $w = |\hat{m}_U| - |\hat{m}_L|$，可以得到满足该宽度的最大 Bootstrap 覆盖率，记为 $\text{CR}(w)$。$\text{CR}(w)$ 是宽度 w 的一个函数，且是一个单调不减函数，若取宽度为所有自变量的个数 p，则 $\text{CR}(p)=1$，因为任意变量选择方法在任意 Bootstrap 样本上的估计模型都应该在空模型和全模型之间。类似于区间估计，一种好的变量选择方法应该是在给定覆盖率时区间宽度较小，或者是在给定区间宽度时覆盖率较大，因此在这个准则下，模型选择的不确定性可以通过模型不确定性曲线 (model uncertainty curve，MUC) 评价。

MUC 是由一系列以 w/p 为横坐标、CR(w) 为纵坐标的点连接而成的，类似于 ROC。某种变量选择方法的不确定性越小，其对应的 MUC 越靠近左上角。最左上角坐标为 (0，1) 的点表示当 $w/p=0$ 时，CR(w) = 1，说明该变量选择方法在所有的 Bootstrap 样本上得到的模型估计都是相同的，即不存在不确定性。越靠近左上角的曲线表示越可能在较小的区间宽度上达到越高的覆盖率，模型选择的不确定性越小。除了 MUC 外，还可以使用 MUC 下的面积 (AMUC) 作为数值标准衡量模型选择的不确定性。AMUC 值越大，表示变量选择方法的不确定性越小，稳定性越好。下面用一个例子在模拟生成的数据集上绘制几种变量选择方法的 MUC。

例 6.4 在数据生成过程中，样本量 $n=100$，自变量的个数 $p=10$，重要变量的个数为 5，自变量 $X_1 \sim X_{10}$ 相互独立且均服从标准正态分布，随机误差项 $\varepsilon \sim N(0,\ \sigma^2)$，$\sigma^2=1$，因变量 Y 按照如下的回归方程产生：

$$Y = X_1 + X_2 + X_3 + X_4 + X_5 + \varepsilon$$

对于该数据集，分别绘制 Lasso、自适应 Lasso、MCP 以及 SCAD 的 MUC，如图6.5所示。

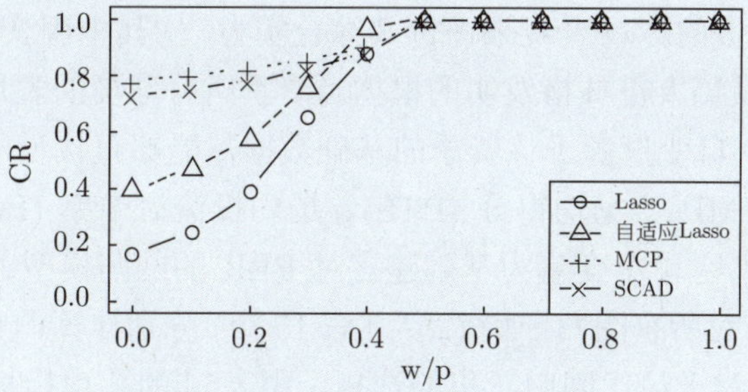

图 6.5 各变量选择方法的 MUC

```
> # 模拟生成数据，通过MUC评价各种变量选择方法的不确定性
> library(mvtnorm)
> set.seed(1234)
> n=100
> p=10
> beta.true=c(1,1,1,1,1,0,0,0,0,0)
> X<-rmvnorm(n,mean=rep(0,p),sigma=diag(p))
> epsilon=rnorm(n)
> Y<-X%*%beta.true+epsilon
> # 采用mcb包中的mcb函数可以得到各变量选择方法的模型置信界
> # 设置Bootstrap次数为100次，置信水平为95%的置信区间
> library(mcb)
> mcb_adalasso<-mcb(X,Y,B=100,method="aLasso",lambda=0.01,level=0.95)
> mcb_lasso<-mcb(X,Y,B=100,method="Lasso",level=0.95)
> mcb_mcp<-mcb(X,Y,B=100,method="MCP",level=0.95)
> mcb_scad<-mcb(X,Y,B=100,method="SCAD",level=0.95)
> adalasso=mcb_adalasso$mcbframe
> lasso=mcb_lasso$mcbframe
> mcp=mcb_mcp$mcbframe
> scad=mcb_scad$mcbframe
```

```
> par(family='STSongti-SC-Regular')
> width=lasso$width/p
> plot(width,lasso$bcr,xlab="w/p",ylab="CR",
+     type="b",lty=1,pch=1,col=1,ylim=c(0,1))
> points(width,adalasso$bcr,type="b",lty=2,pch=2,col=2)
> points(width,mcp$bcr,type="b",lty=3,pch=3,col=3)
> points(width,scad$bcr,type="b",lty=4,pch=4,col=4)
> legend("bottomright",c("Lasso","自适应Lasso","MCP","SCAD"),
+     lty=c(1,2,3,4),pch=c(1,2,3,4),col=c(1,2,3,4),cex=0.8)
```

如图6.5所示，随着区间宽度的增加，覆盖率 CR 也增加，当 $w/p = 0.5$ (即$w = 5$) 时，所有方法都有 CR = 1，即当上界模型和下界模型相差 5 个变量时，在所有 Bootstrap 样本上得到的模型估计都包含于模型上下界之间。而且，对于该数据而言，MCP 的 MUC 更接近左上角，这表示 MCP 的不确定性最小。

6.6 实例分析

在 NBA 比赛中，一个球员的球场表现显然会影响其综合实力。本例选取 NBA 2018—2019 赛季中 100 名球员的球场表现来评价其综合实力。① 其中因变量为"霍林格效率值"(PER)，是 ESPN 前撰稿人霍林格发明的根据当赛季所有球员的表现来综合评定某位球员赛季表现的进阶数据，自变量源于该赛季的基础数据，能够直接反映球场上的表现。自变量包括场均上场时间 (MP)、场均得分 (PTS)、场均投篮命中率 (FG.) 以及场均失误次数 (TOV) 4 个变量。试以这 4 个变量为基础建立对 PER 的回归模型。由于自变量个数不多，可以采用全子集回归，对所有回归子集 ($2^4 - 1 = 15$ 个) 分别计算调整的 R^2、AIC、BIC 及 C_p 准则，比较各准则对于最优回归子集的选择。由表6.5的几项指标均可得出 MP、PTS、FG. 是最优子集。

```
> NBAer<-read.csv("NBA.csv")[,-1]
> NBAer.screen<-NBAer[,c("MP","PTS","FG.","TOV","PER")]
> library(leaps)
> NBAer.screen.r2adj<-leaps(x=NBAer.screen[,-5],
+  y=NBAer.screen[,5],method="adjr2")
> cbind(NBAer.screen.r2adj$which,adjRsq=NBAer.screen.r2adj$adjr2)
> NBAer.screen.cp<-leaps(x=NBAer.screen[,-5],y=NBAer.screen[,5],method="Cp")
> cbind(NBAer.screen.cp$which,cp=NBAer.screen.cp$Cp)
> x<-NBAer.screen[,-5]
> y<-NBAer.screen[,5]
> NBAer.screen.aic<-NBAer.screen.bic<-NULL
> for(j in 1:nrow(NBAer.screen.r2adj$which)){
+   x.subset<-as.matrix(x[,NBAer.screen.r2adj$which[j,]])
+   lm.subset<-lm(y~x.subset)
+   NBAer.screen.aic<-c(NBAer.screen.aic,AIC(lm.subset))
+   NBAer.screen.bic<-c(NBAer.screen.bic,BIC(lm.subset))
 }
> cbind(NBAer.screen.cp$which,aic=NBAer.screen.aic,bic=NBAer.screen.bic)
```

① Basketball Refernce 网站。数据请见文件"NBA.csv"。

表 6.5 NBA 数据：全子集回归

MP	PTS	FG.	TOV	R_a^2	AIC	BIC	C_p
		✓		0.632	535.027	542.843	41.368
	✓			0.370	588.758	596.574	139.091
			✓	0.204	612.134	619.950	201.000
✓				0.179	615.218	623.034	210.303
	✓	✓		0.719	509.034	519.455	9.828
		✓	✓	0.696	517.029	527.450	18.470
✓		✓		0.659	528.393	538.813	32.005
✓	✓			0.405	584.039	594.460	125.815
	✓		✓	0.376	588.844	599.264	136.633
✓			✓	0.217	611.467	621.888	195.183
✓	✓	✓		0.740	502.153	515.179	3.005
	✓	✓	✓	0.716	510.984	524.010	11.775
✓		✓	✓	0.693	519.004	532.030	20.441
✓	✓		✓	0.413	583.702	596.728	122.736
✓	✓	✓	✓	0.737	504.149	519.780	5.000

通过全子集回归可以看到，并非所有的自变量都对因变量有影响，接下来可以尝试通过前进法、后退法和逐步回归法确定回归方程。前进法、后退法和逐步回归法确定的最终回归模型均为 MP、PTS、FG.（见表 6.6），与全子集回归相同。

```
> # 前进法
> add1(lm(PER~1,data=NBAer.screen),PER~MP+PTS+FG.+TOV,test="F")
> add1(lm(PER~FG.,data=NBAer.screen),PER~MP+PTS+FG.+TOV,test="F")
> add1(lm(PER~PTS+FG.,data=NBAer.screen),PER~MP+PTS+FG.+TOV,test="F")
> add1(lm(PER~PTS+FG.+MP,data=NBAer.screen),PER~MP+PTS+FG.+TOV,test="F")
> # 后退法
> drop1(lm(PER~MP+PTS+FG.+TOV,data=NBAer.screen),test="F")
> drop1(lm(PER~MP+PTS+FG.,data=NBAer.screen),test="F")
> # 逐步回归法
> add1(lm(PER~1,data=NBAer.screen),PER~MP+PTS+FG.+TOV,test="F")
> add1(lm(PER~FG.,data=NBAer.screen),PER~MP+PTS+FG.+TOV,test="F")
> add1(lm(PER~PTS+FG.,data=NBAer.screen),PER~MP+PTS+FG.+TOV,test="F")
> drop1(lm(PER~PTS+FG.,data=NBAer.screen),test="F")
> add1(lm(PER~PTS+FG.+MP,data=NBAer.screen),PER~MP+PTS+FG.+TOV,test="F")
> drop1(lm(PER~PTS+FG.+MP,data=NBAer.screen),test="F")
```

表 6.6 NBA 数据：前进法、后退法和逐步回归法的结果

	前进法	后退法	逐步回归法
第一步	FG.	MP+PTS+FG.+TOV	FG.
第二步	FG.+PTS	MP+PTS+FG.	FG.+PTS
第三步	FG.+PTS+MP		FG.+PTS+MP

篮球作为一项复杂的运动，对于球员的综合实力的评价不应该仅局限于得分和命中，因此本例考虑更多更细致的球场表现作为自变量。额外引入自变量年龄 (Age)、场均三分命中率 (X3P)、场均二分命中率 (X2P)、场均罚球命中率 (FT)、场均篮板 (TRB)、场均助攻 (AST)、场均抢断 (STL)、场均盖帽 (BLK) 以及场均犯规次数 (PF)，加上之前的 4 个自变量共 13 个自变量。并非所有自变量都会对因变量有影响，若考虑全子集回归，所有回归子集的个数多达 $2^{13}-1$ 个，计算成本较大。因此本例考虑基于惩罚的变量选择方法，比较各方法选出的自变量。对因变量进行中心化并分别对自变量进行标准化处理。

不同的变量选择方法选出的模型不尽相同，各回归模型的系数估计也不相同。有 8 个变量在所有的方法中均被选出，其中，MP 和 TOV 对球员的综合评价有负的影响；PTS、FG.、FT、TRB、AST 和 STL 对球员的综合评价有正的影响。对于本例，采用模型置信界的思想评价各方法对模型选择的不确定性，绘制各方法的 MUC。从图 6.6 中可以看出，相较于 Lasso 和自适应 Lasso，SCAD 和 MCP 的 MUC 更接近左上角，表示更有可能在较小的区间宽度上达到较高的覆盖率，对于本例的数据，模型选择的不确定性越小。

```
> Y<-NBAer[,14]
> X<-as.matrix(NBAer[,-14])
> Y<-scale(Y)
> X<-apply(X,2,scale)
> # Lasso
> library(glmnet)
> set.seed(123456)
> lasso.mod=glmnet(X,Y,alpha=1)
> cv.lasso=cv.glmnet(X,Y,alpha=1)
> coef(lasso.mod,s=cv.lasso$lambda.min)
> # 弹性网
> set.seed(123456)
> enet.mod=glmnet(X,Y,alpha=0.5)
> cv.enet=cv.glmnet(X,Y,alpha=0.5)
> coef(enet.mod,s=cv.enet$lambda.min)
> # 自适应Lasso
> library(glmnet)
> set.seed(123456)
> penalty.factor=abs(lm(Y~X)$coefficients[-1])^(-1)
> adalasso.mod=glmnet(X,Y,alpha=1,penalty.factor=penalty.factor)
> cv.adalasso=cv.glmnet(X,Y,alpha=1,penalty.factor=penalty.factor)
> coef(adalasso.mod,s=cv.adalasso$lambda.min)
> # SCAD
> library(ncvreg)
> set.seed(123456)
> scad.mod<-ncvreg(X,Y,penalty="SCAD")
> cv.scad<-cv.ncvreg(X,Y,penalty="SCAD")
> scad.mod$beta[,cv.scad$min]
> # MCP
```

```
> library(ncvreg)
> set.seed(123456)
> mcp.mod<-ncvreg(X,Y,penalty="MCP")
> cv.mcp<-cv.ncvreg(X,Y,penalty="MCP")
> mcp.mod$beta[,cv.mcp$min]
```

基于惩罚的变量选择结果如表 6.7 所示。

表 6.7　NBA 数据：基于惩罚的变量选择

自变量	Lasso	弹性网	自适应 Lasso	SCAD	MCP
Age	−0.017	−0.018	–	–	–
MP	−0.416	−0.375	−0.493	−0.611	−0.608
PTS	0.439	0.395	0.539	0.654	0.651
FG.	0.645	0.639	0.629	0.621	0.615
X3P	0.014	0.015	–	0.002	–
X2P	−0.020	−0.018	–	−0.011	–
FT	0.214	0.212	0.214	0.228	0.230
TRB	0.264	0.265	0.242	0.284	0.283
AST	0.284	0.271	0.323	0.372	0.374
STL	0.097	0.090	0.083	0.144	0.144
BLK	–	–	–	–	–
TOV	−0.212	−0.183	−0.273	−0.387	−0.386
PF	−0.056	−0.069	–	–	–

```
> # 绘制各方法的MUC
> library(mcb)
> set.seed(123456)
> mcb_adalasso<-mcb(X,Y,B=100,method="aLasso",lambda=0.01,level=0.95)
> mcb_lasso<-mcb(X,Y,B=100,method="Lasso",level=0.95)
> mcb_mcp<-mcb(X,Y,B=100,method="MCP",level=0.95)
> mcb_scad<-mcb(X,Y,B=100,method="SCAD",level=0.95)
> adalasso=mcb_adalasso$mcbframe
> lasso=mcb_lasso$mcbframe
> mcp=mcb_mcp$mcbframe
> scad=mcb_scad$mcbframe
> width=lasso$width/ncol(X)
> par(family='STSongti-SC-Regular')
> plot(width,lasso$bcr,xlab="w/p",ylab="CR",type="b",
+  col=1,lty=1,pch=1,ylim=c(0,1))
> points(width,adalasso$bcr,type="b",col=2,lty=2,pch=2)
> points(width,mcp$bcr,type="b",col=3,lty=3,pch=3)
> points(width,scad$bcr,type="b",col=4,lty=4,pch=4)
> legend("bottomright",c("Lasso","自适应Lasso","MCP","SCAD"),
+        lty=c(1,2,3,4),pch=c(1,2,3,4),col=c(1,2,3,4),cex=0.8)
```

绘制的 MUC 如图 6.6 所示。

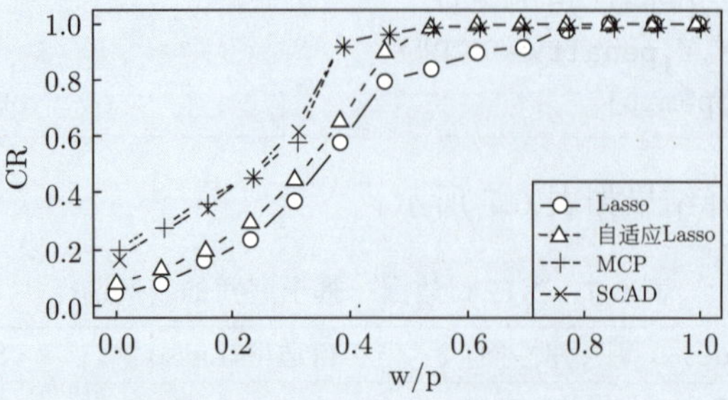

图 6.6 NBA 数据：各方法的 MUC

6.7 小结与评注

本章在考虑模型为线性回归模型的情况下，对模型选择的讨论主要集中于对自变量选择。在实际问题涉及的众多自变量中，如何选择一组自变量，既不会丢掉重要的变量也不会多引入无意义的变量？当所涉及的自变量个数不多时，可以采用全子集回归，分别建立 2^m-1 个回归模型，按照问题研究的侧重选择合适的准则以选取最优模型。当所涉及的自变量的个数较多时，建立 2^m-1 个模型费时费力，此时可以考虑前进法、后退法和逐步回归法，根据偏 F 统计量决定在某一步中是否引入或剔除某个自变量，逐步进行，从而得到最终的回归方程。需要再次说明的是，由选择的自变量子集并不能够完全决定要使用的模型，还需要考虑自变量是否为线性的，是否要采用对数变换形式或加入高阶项，以及模型中是否应该包含交互作用等，这些问题可以看作数据预处理。本章所介绍的自变量选择方法假定已考虑好这些问题，已决定好回归模型的函数形式。

当收集到的众多自变量中仅有少数自变量会对因变量产生影响，需要将其纳入模型 (即自变量存在稀疏性) 时，本章介绍了一些近年来比较常用的基于惩罚的模型选择方法，可以在优化目标函数的同时实现变量选择和系数估计。这些变量选择方法在高维问题中十分常用。所谓高维，即自变量的个数大于样本量，例如，在成千上万的基因中选取影响疾病产生和发展的基因；在众多收入消费借贷行为中选取影响个人信用的行为；在复杂的股票和营运记录中选取影响公司市盈率的特征。例 6.2 中生成的数据各自变量相互独立，而在实际问题中自变量之间往往有较强的相关性，甚至存在成组结构和更为复杂的网络结构，在这些情况下，如何准确地选出重要的自变量，有兴趣的读者可自行研究 (参考Yuan and Lin (2006) 以及Huang et al. (2009) 等)。本章还通过定义模型置信界来评价各种模型选择方法的不确定性。模型选择方法准确性的评价当然也是研究者感兴趣的一方面，然而在实际问题中由于未知的真实且重要的变量，因此很难评价某种方法选出的模型的准确性。若某种方法选出的模型对样本十分敏感，样本的微小变动都会引起模型的巨大变化，即该方法的不确定性较大，那么即使它在某个样本中选出的模型比较准确，也不能说是一种好的模型选择方法。

6.8 附录：SPSS 操作演示

1. 全子集回归

在 SPSS 中，依次点击左上角工具栏中的“文件”→“导入数据”→“CSV 数据”，选择需要导入的数据“Sales.csv”。然后点击“分析”→“回归”→“自动线性建模”，将因变量“y”放入“目标”变量框中，将自变量“x1”“x2”“x3”放入“预测变量 (输入)”变量框中。再在“构建选项”中选择“模型选择”，方法选择“最佳子集”，可以通过“输入/除去条件”选择不同的准则。操作见图6.7和图6.8。

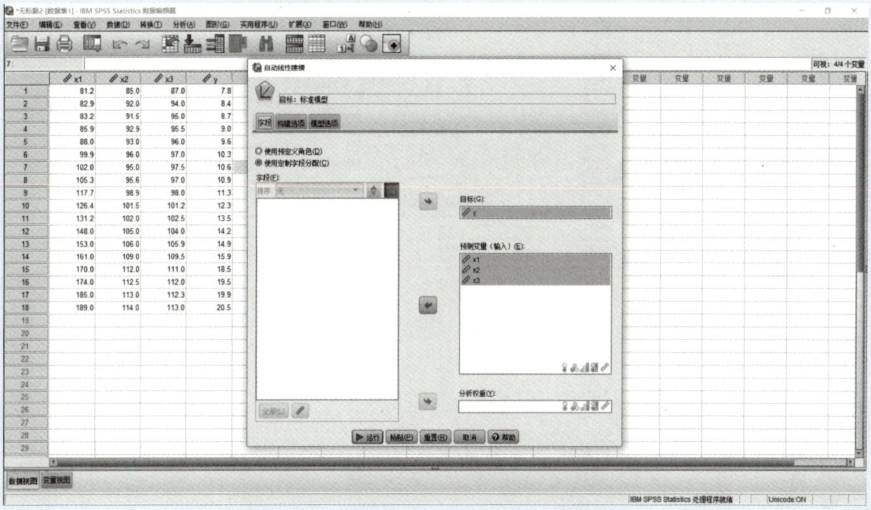

图 6.7　SPSS 全子集回归示意图 1

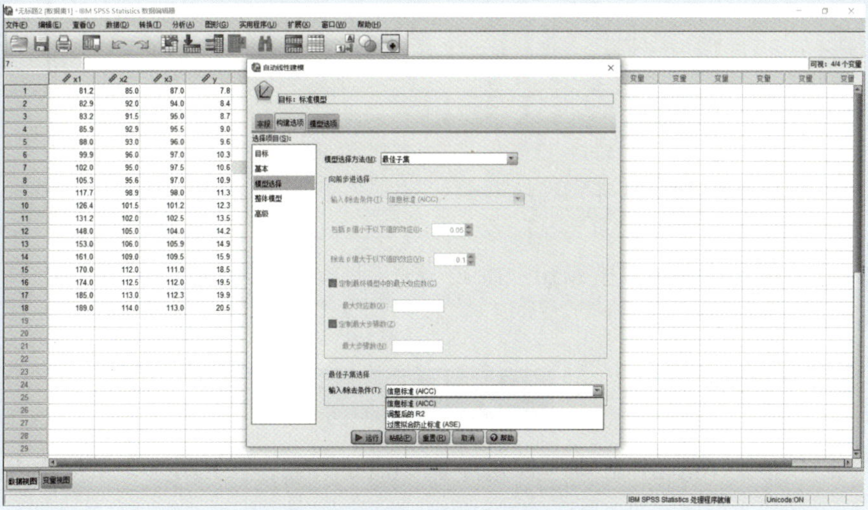

图 6.8　SPSS 全子集回归示意图 2

2. 逐步回归

以自变量间存在相关性为例，在 SPSS 中，首先导入模拟数据。然后点击“分析”→“回归”→“线性”，进入线性回归对话框，将各变量分别选入相应的因变量和自变量对话框中，然后在“方法”下拉框中可以选择“前进”“后退”“步进”，分别对应前进法、后退法和逐步回归法。操作见图6.9，输出结果见图6.10。

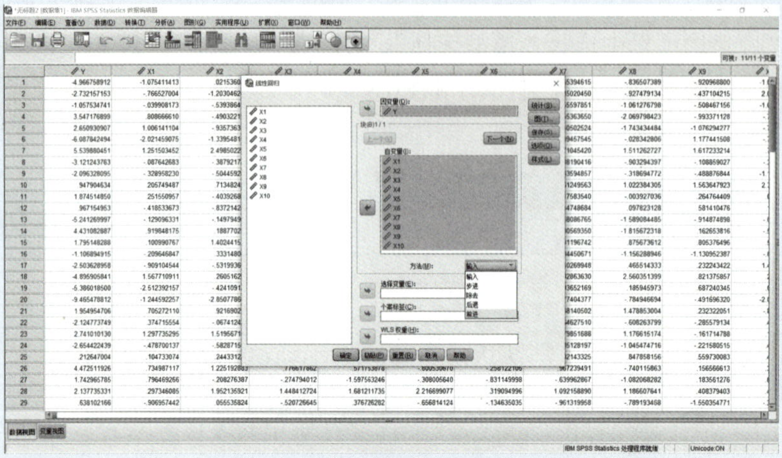

图 6.9　SPSS 逐步回归示意图 1

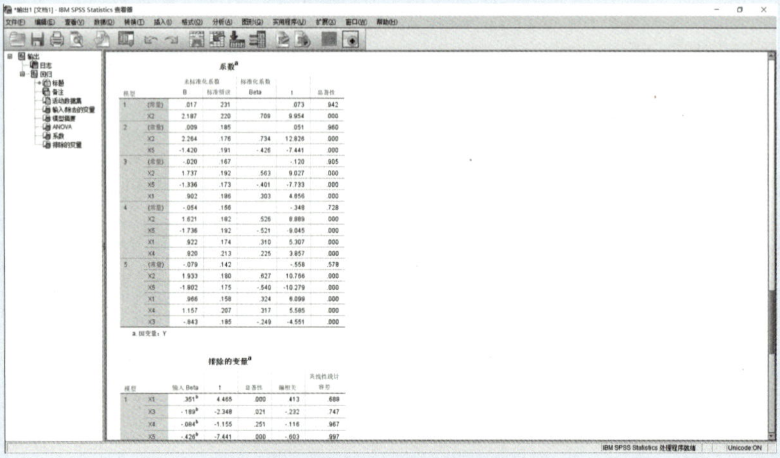

图 6.10　SPSS 逐步回归示意图 2

习　题

6.1　证明当式 (6.1.2) 正确但误用了式 (6.1.1) 后，有 $E(\hat{\beta}_1)=\alpha_1$ 且 $\mathrm{Var}(\hat{\beta}_1)\geqslant\mathrm{Var}(\hat{\alpha}_1)$。

6.2　证明式 (6.2.1) 成立，并讨论 R_a^2 与 R^2 的大小关系。

6.3 证明在全子集回归中，用 $\hat{\sigma}^2$ 作为选择自变量的准则和用 R_a^2 是等价的。

6.4 请简述前进法和后退法的优点与不足。

6.5 在运用逐步回归法时，α_{in} 和 α_{out} 的赋值原则是什么？如果希望回归方程中多保留一些自变量，α_{in} 应如何赋值？

6.6 在前进法、后退法和逐步回归法中，除了偏 F 统计量之外，还可以通过哪些指标决定每一步中引入或剔除的变量？简述具体步骤。

6.7 用表 6.8 中的数据对所有可能的回归模型求调整后的 R^2、AIC、BIC 和 C_p 值，并比较结果，判断哪一个是最好的回归模型。

表 6.8　习题 6.7 的数据

Y	X_1	X_2	X_3
5	1	1 004	6.0
6	200	806	7.3
8	−50	1 058	11.0
9	909	100	13.0
11	506	505	13.1

6.8 (经典的 Hald 水泥问题) 研究人员拟研究水泥成分如何影响水泥凝固过程中产生的热量，因此测量并记录了 13 批水泥的数据，包括因变量 y——每克水泥硬化过程中释放出的热量；自变量 x_1——铝酸三钙的百分比，x_2——硅酸三钙的百分比，x_3——铁铝酸四钙的百分比，x_4——硅酸二钙的百分比。数据见表6.9。请分别采用前进法、后退法和逐步回归法选择自变量。

表 6.9　习题 6.8 的 Hald 水泥数据

y	x_1	x_2	x_3	x_4
78.5	7	26	6	60
74.3	1	29	15	52
104.3	11	56	8	20
87.6	11	31	8	47
95.9	7	52	6	33
109.2	11	55	9	22
102.7	3	71	17	6
72.5	1	31	22	44
93.1	2	54	18	22
115.9	21	47	4	26
83.8	1	40	23	34
113.3	11	66	9	12
109.4	10	68	8	12

6.9 试采用 R 中自带的汽车数据集 mtcars，以每加仑里程 (mpg) 作为因变量，其余 10 个指标作为自变量，用三种变量选择方法选出对 mpg 有影响的自变量。三种方法选择的自变量一样吗？删去前 1 个或 2 个样本，相同的变量选择方法得到的结果一样吗？

6.10 对于一个系数的估计 $\hat{\boldsymbol{\beta}}=(\hat{\beta}_1, \hat{\beta}_2, \cdots, \hat{\beta}_p)$，有

$$\hat{\boldsymbol{\beta}}=\arg\min\left\{\frac{1}{2n}\sum_{i=1}^{n}(Y_i-\boldsymbol{X}_i^{\top}\boldsymbol{\beta})^2+\lambda\sum_{j=1}^{p}|\beta_j|^q\right\}$$

当 $q=1$ 时，即为 Lasso，可以得到稀疏的估计；当 $q=2$ 时，即为岭回归，无法得到稀疏的估计。那么当 q 为其他值时呢？(可参考Hastie et al. (2009) 中的 3.4 节。)

第 7 章 广义线性回归

第 2~6 章系统介绍了一般线性回归模型的相关知识。在一般线性回归模型中，有两个基本假定：其一，响应变量 Y 为连续型变量且服从正态分布；其二，响应变量 Y 的条件均值为预测变量 X 的线性函数。然而，实际研究中相当一部分数据无法满足这两个假定。比如，考察患者在接受治疗后是否痊愈的响应变量是二分类名义变量 (1 表示痊愈，0 表示未痊愈)，通常假定其服从伯努利分布。又如，一段时间内通过收费站的车辆数量是计数变量，通常假定其服从泊松分布。上述两种情况下，响应变量 Y 都不服从正态分布。另外，此时预测变量与响应变量的关系也不再是线性的，可能是较为复杂、形式繁多的非线性关系。

1912 年 4 月 14 日，当时世界上体积最庞大、内部设施最豪华的客运轮船，号称“永不沉没”的泰坦尼克号因为与一座冰山相撞，在船体受损后沉入大西洋底。在这一事件中，社会学家对如下问题感兴趣：是否可以根据乘客的社会属性 (如性别、年龄等) 来预测其是否生还？相比男性乘客，女性乘客是否具有更高的生还概率？如果是，大概高多少？性别因素是否还与其他因素 (如年龄、社会地位) 存在交互作用？在该问题中，响应变量 Y 是服从伯努利分布的二分类名义变量 (1 表示乘客生还，0 表示乘客遇难)；而响应变量的条件均值 (生还概率) 也不是预测变量的线性函数。如果继续使用一般线性回归模型，其预测值极有可能会出现不合理的结果 (例如，预测的生还概率小于 0 或超过 1)。此外，设第 i 名乘客对应的响应变量 (是否生还) 服从均值为 p_i 的伯努利分布，则其方差为 $p_i(1-p_i)$。由于不同样本点的均值 p_i 各不相同，因此不同样本的方差也不尽相同，即存在异方差问题。

当响应变量为非正态分布时，研究者引入广义线性回归模型 (McCullagh and Nelder, 1989) 解决问题。顾名思义，广义线性回归模型是一般线性回归模型的推广，其适用于响应变量为连续型、二分类名义型、多分类名义型 (有序和无序)、计数型等情况。特别地，当响应变量服从正态分布时，广义线性回归模型等价于一般线性回归模型。

7.1 模型形式

1. 指数分布族

广义线性回归模型假设响应变量服从指数族分布。一般线性回归模型中，假设随机误差项服从正态分布，因此，在给定预测变量的条件下，响应变量也服从正态分布。正态分布属于指数分布族，因此广义线性回归模型是对一般线性回归模型的推广，正如指数分布族是对正态分布的推广。

在介绍广义线性回归模型的基本形式之前，读者需对指数分布族的具体形式和基本性质有一定的了解。称变量 Y 为指数分布族随机变量，如果其概率密度函数 $f(y;\ \theta,\ \phi)$ 具有以下形式：

$$f(y;\ \theta,\ \phi)=\exp\left[\frac{y\theta-b(\theta)}{a(\phi)}+c(y,\ \phi)\right],\quad y\in A$$

式中，θ 为标准参数，是随机变量 Y 的期望 μ 的函数，记为 $\theta(\mu)$；$b(\theta)$ 为标准参数的函数；$a(\phi)>0$ 为规模参数 ϕ 的函数，与 Y 的方差有关；而 $c(y,\ \phi)$ 则为观测值与规模参数的函数；A 表示 y 的值域，不依赖于 θ。

不难验证正态分布属于指数分布族。记正态分布随机变量 Y 的概率密度函数 (probability density function) 为：

$$f(y;\ \mu,\ \sigma^2)=\frac{1}{(2\pi\sigma^2)^{1/2}}\exp\left[-\frac{1}{2\sigma^2}(y-\mu)^2\right]$$

则该密度函数可以改写成指数分布族的形式，即

$$f(y;\ \mu,\ \sigma^2)=\exp\left[\frac{\left(y\mu-\dfrac{\mu^2}{2}\right)}{\sigma^2}-\frac{1}{2}\left(\frac{y^2}{\sigma^2}+\log(2\pi\sigma^2)\right)\right]$$

式中，$y\in\mathbb{R}$ 不依赖于未知参数 μ 与 σ^2。

对于二项分布，记响应变量 Y 表示在 m 次实验中成功的次数，且单次成功概率为 p，则其概率质量函数 (probability mass function，pmf) 为：

$$f(y;\ p)=C_m^y p^y(1-p)^{m-y}$$

将其改写成指数分布族的形式，即

$$f(y;\ p)=\exp\left[y\log\frac{p}{1-p}+m\log(1-p)+\log C_m^y\right]$$

式中，$y\in\{0,\ 1,\ \cdots,\ m\}$ 不依赖于未知参数 p。①

对于泊松分布，设响应变量 Y 的均值和方差为 μ，则其概率质量函数为：

$$f(y;\ \mu)=\frac{\mu^y e^{-\mu}}{y!}$$

将其改写成指数分布族的形式，即

$$f(y;\ \mu)=\exp\left[y\log\mu-\mu-\log(y!)\right]$$

式中，$y\in\{0,\ 1,\ 2,\ \cdots\}$ 不依赖于未知参数 μ。

对于以上三种重要的分布，通过对概率密度函数 (或概率质量函数) 进行简单的变形，

① 为了保持统一，下文将二项分布的均值 mp 表示为 μ，特别地，如果 $m=1$，二项分布退化为伯努利分布，则有 $\mu=p$。

可以得到其对应于指数分布族中各个成分的具体表达式，如表7.1 所示。特别地，若 Y 服从均值为 p 的伯努利分布 (即 $m=1$)，则 $b(\theta)=\log(1+\mathrm{e}^{\theta})$。

表 7.1　正态分布、二项分布及泊松分布对应的指数分布族的各成分

分布	$a(\phi)$	θ	$b(\theta)$	$c(y,\phi)$
正态分布	σ^2	μ	$\dfrac{\theta^2}{2}$	$-\dfrac{1}{2}\left(\dfrac{y^2}{\phi}+\log(2\pi\phi)\right)$
二项分布	1	$\log\dfrac{p}{1-p}$	$m\log(1+\mathrm{e}^{\theta})$	$\log C_m^y$
泊松分布	1	$\log\mu$	e^{θ}	$-\log(y!)$

除了正态分布、二项分布与泊松分布，在常见的概率分布中，属于指数分布族的还有 Gamma 分布、Beta 分布以及逆正态分布等。在使用广义线性回归模型拟合实际数据时，研究者可以通过先验信息以及样本分布，对响应变量所服从的分布作出更合理的假设，以尽可能地符合实际情况，而不是仅仅局限于正态分布。值得注意的是，随机变量 Y 的取值域 A 必须不依赖于分布中的未知参数，否则不是指数分布族 (参见习题 7.2)。

指数分布族具有良好的分析性质。假设 Y 为服从指数分布族的随机变量，可以证明其均值为 $E(Y)=b'(\theta)$，方差为 $\mathrm{Var}(Y)=a(\phi)b''(\theta)$。

证明： 首先，显然有 $\int f(y;\ \theta,\ \phi)\mathrm{d}y=1$，等式两边同时对 θ 求导，有

$$\frac{\mathrm{d}}{\mathrm{d}\theta}\int f(y;\ \theta,\ \phi)\mathrm{d}y=\frac{\mathrm{d}}{\mathrm{d}\theta}1=0$$

若积分与求导的次序可交换，则有

$$\int\frac{\mathrm{d}f(y;\ \theta,\ \phi)}{\mathrm{d}\theta}\mathrm{d}y=0$$

由 $f(y;\ \theta,\ \phi)=\exp\left[\dfrac{y\theta-b(\theta)}{a(\phi)}+c(y,\ \phi)\right]$，可知：

$$\begin{aligned}\int\frac{\mathrm{d}f(y;\ \theta,\ \phi)}{\mathrm{d}\theta}\mathrm{d}y&=\int\frac{y-b'(\theta)}{a(\phi)}\exp\left[\frac{y\theta-b(\theta)}{a(\phi)}+c(y,\ \phi)\right]\mathrm{d}y\\&=\frac{1}{a(\phi)}\left[E(Y)-b'(\theta)\right]=0\end{aligned}$$

于是可得 $E(Y)=b'(\theta)$。类似地，若积分与二阶导的次序可交换，有

$$\int\frac{\mathrm{d}^2f(y;\ \theta,\ \phi)}{\mathrm{d}\theta^2}\mathrm{d}y=0$$

那么，可以推得：

$$\begin{aligned}\int\frac{\mathrm{d}^2f(y;\ \theta,\ \phi)}{\mathrm{d}\theta^2}\mathrm{d}y&=\int\frac{\mathrm{d}}{\mathrm{d}\theta}\left\{\frac{\mathrm{d}f(y;\ \theta,\ \phi)}{\mathrm{d}\theta}\right\}\mathrm{d}y\\&=\int\frac{\mathrm{d}}{\mathrm{d}\theta}\left\{\frac{y-b'(\theta)}{a(\phi)}\exp\left[\frac{y\theta-b(\theta)}{a(\phi)}+c(y,\ \phi)\right]\right\}\mathrm{d}y\end{aligned}$$

$$= \int \frac{[y-b'(\theta)]^2 - a(\phi)b''(\theta)}{a^2(\phi)} \exp\left[\frac{y\theta - b(\theta)}{a(\phi)} + c(y,\ \phi)\right] \mathrm{d}y$$

$$= \frac{1}{a^2(\phi)} \{E(Y^2) + [b'(\theta)]^2 - 2E(Y)b'(\theta) - a(\phi)b''(\theta)\}$$

$$= \frac{1}{a^2(\phi)} \{E(Y^2) - [b'(\theta)]^2 - a(\phi)b''(\theta)\}$$

$$= 0$$

从而可得 $E(Y^2) = [b'(\theta)]^2 + a(\phi)b''(\theta)$，因此 $\mathrm{Var}(Y) = E(Y^2) - E^2(Y) = [b'(\theta)]^2 + a(\phi)b''(\theta) - [b'(\theta)]^2 = a(\phi)b''(\theta)$。 □

其中，可以把 $b''(\theta)$ 表示为关于 μ 的函数，即方差函数 $V(\mu)$。读者可以对三种常见的特定分布验证这一结论，得到表 7.2 中的结果。特别地，若 Y 服从均值为 p 的伯努利分布 (即 $m=1$)，则 $\mu = p$，方差函数为 $\mu(1-\mu) = p(1-p)$。

表 7.2　正态分布、二项分布及泊松分布的均值、方差及方差函数

分布	$E(Y)$	$\mathrm{Var}(Y)$	$V(\mu)$
正态分布	μ	σ^2	1
二项分布	mp	$mp(1-p)$	$\mu(m-\mu)/m$
泊松分布	μ	μ	μ

2. 模型构成

广义线性回归模型包含三个组成部分：

(1) 随机成分 (random component)，即随机变量 $Y_i \sim f(y_i;\ \theta_i,\ \phi)$，其中 $f(\cdot)$ 是一个指数分布族的概率密度函数。

(2) 系统成分 (systematic component)，即预测变量的线性组合；对于 p 个预测变量，系统成分为 $\eta_i = \sum_{j=0}^{p} \beta_j X_{ij}$。与一般线性回归模型类似，系统成分中的参数反映了不同预测变量对响应变量的影响程度。

(3) 连接函数 (link function)，即连接响应变量的条件均值 μ_i 和系统成分 η_i 的函数 $g(\cdot)$，使得 $\eta_i = g(\mu_i)$。在广义线性回归模型中，通常假设响应变量与预测变量之间的关系不一定是线性的，函数 $g(\cdot)$ 是这种非线性关系的具体形式。当研究者对响应变量所服从的分布做出假设后，就可以确定连接函数来建立响应变量与预测变量之间的关系。

在确定连接函数的过程中，读者需注意上一节中证明的"当 Y_i 是服从指数分布族的随机变量时，$\mu_i = E(Y_i) = b'(\theta_i)$"。由该结论可知，连接函数 $g(\cdot)$ 在正则参数 θ_i 与系统成分 η_i 之间建立了连接，即 $\eta_i = g(b'(\theta_i))$。通常研究者假定 $g(\cdot)$ 是一个一一对应、连续且可微的函数，存在逆函数 $g^{-1}(\cdot)$。特别地，称使得 $\eta_i = g(b'(\theta_i)) = \theta_i$ 成立的 $g(\cdot)$ 为典型连接函数 (canonical link function)。为保证 $\eta_i = g(b'(\theta_i)) = \theta_i$，$g(b'(\cdot))$ 必须为等值连接函数，即 $g(b'(x)) = x$。

根据这一准则，对于响应变量服从不同分布的情形，读者可以求出对应的典型连接函数(为了方便起见，以下简称连接函数)。例如，当响应变量服从伯努利分布时，$b'(\theta)=\dfrac{e^{\theta}}{1+e^{\theta}}$，可知连接函数满足 $g\left(\dfrac{e^{\theta}}{1+e^{\theta}}\right)=\theta$。令 $p_i=\dfrac{e^{\theta_i}}{1+e^{\theta_i}}$，于是有 $\eta_i=g(p_i)=\log\dfrac{p_i}{1-p_i}$，通常称这一函数为 logit 连接函数。通过类似的简单推导，可以得到假定响应变量服从正态分布或泊松分布时对应的连接函数，如表 7.3所示。

表 7.3 响应变量服从正态分布、伯努利分布及泊松分布时广义线性回归模型的构成

分布	随机成分	系统成分	连接函数	连接函数表达式
正态分布	$Y_i\sim N(\mu_i,\ \sigma^2)$	$\eta_i=\sum_{j=0}^{p}\beta_j X_{ij}$	等值连接函数	$\eta_i=g(\mu_i)=\mu_i$
伯努利分布	$Y_i\sim B(p_i)$		logit 连接函数	$\eta_i=g(p_i)=\log\dfrac{p_i}{1-p_i}$
泊松分布	$Y_i\sim \text{Poisson}(\mu_i)$		对数连接函数	$\eta_i=g(\mu_i)=\log\mu_i$

掌握了本节的知识后，读者在分析泰坦尼克号数据时，便可以假设响应变量 (1 表示乘客生还，0 表示乘客遇难) 是服从伯努利分布的随机变量，并通过 logit 连接函数将预测变量 (性别、年龄等) 的线性组合与其建立联系，拟合广义线性回归模型 (二分类 Logistic 回归模型)。正如拟合一般线性回归模型，在拟合该模型时，需要回答以下问题：如何估计模型中的未知参数，得到模型的具体表达式？如何判断模型中的未知参数是否和零有显著差异，从而推断预测变量对响应变量的影响？如何根据模型对新样本的结局进行预测，并评估模型的预测能力？后续小节将介绍如何在广义线性回归模型中进行模型拟合、参数估计与模型诊断，并对响应变量进行预测；另外，分别以二分类 Logistic 回归模型、多分类 Logistic 回归模型、泊松回归模型为例，展示应用广义线性回归模型进行实际数据分析的过程。

7.2 参数估计与统计推断

1. 参数估计

由于响应变量与预测变量间存在复杂的函数关系，广义线性回归模型中的参数估计通常无法得到类似于一般线性回归模型的显式解。例如，当响应变量为服从伯努利分布的二分类变量时，由连接函数可知 $\text{logit}(P(y_i=1))=\boldsymbol{X}_i\boldsymbol{\beta}$，显然系数无法直接由 y_i 与 $\boldsymbol{X}_i$ 解析得到。对于一般线性回归模型，使用最大似然法进行参数估计，可以得到等价于最小二乘估计的估计量 $\widehat{\boldsymbol{\beta}}=(\boldsymbol{X}^\top\boldsymbol{X})^{-1}\boldsymbol{X}^\top\boldsymbol{y}$。那么，在广义线性回归模型中，同样使用最大似然法，可否得到类似形式的估计？如果该估计不具有显式解，那么具体该如何求解？下面证明使用最大似然法对广义线性回归模型的参数进行估计时，其结果具有加权最小二乘估计的形式，并且可以通过迭代的方式进行近似求解 (Agresti, 2015)。

证明：考虑最大似然估计，似然函数为：

$$\begin{aligned}L(\boldsymbol{\beta}) &= \prod_{i=1}^{n} f\left(y_i|\theta_i,\ \phi\right) \\ &= \prod_{i=1}^{n} \exp\left(\frac{y_i\theta_i - b\left(\theta_i\right)}{a(\phi)} + c\left(y_i,\ \phi\right)\right) \\ &= \exp\left(\frac{\sum\limits_{i=1}^{n}\left(y_i\theta_i - b\left(\theta_i\right)\right)}{a(\phi)} + \sum_{i=1}^{n} c\left(y_i,\ \phi\right)\right)\end{aligned}$$

因此，对数似然函数可表示为：

$$l(\boldsymbol{\beta}) = \sum_{i=1}^{n}\left(\frac{y_i\theta_i - b\left(\theta_i\right)}{a(\phi)} + c\left(y_i,\ \phi\right)\right) = \sum_{i=1}^{n} l_i(\boldsymbol{\beta})$$

分别对 $\beta_j\ (j=1,\ 2,\ \cdots,\ p)$ 求导，由于 $\mu_i = b'(\theta_i)$，$g\left(\mu_i\right) = \eta_i = \boldsymbol{X}_i\boldsymbol{\beta}$，根据矩阵求导的链式法则，有

$$\begin{aligned}U_j(\boldsymbol{\beta}) &= \frac{\partial l(\boldsymbol{\beta})}{\partial \beta_j} = \sum_{i=1}^{n}\frac{\partial l_i(\boldsymbol{\beta})}{\partial \beta_j} \\ &= \sum_{i=1}^{n}\frac{\partial l_i(\boldsymbol{\beta})}{\partial \theta_i}\frac{\partial \theta_i}{\partial \mu_i}\frac{\partial \mu_i}{\partial \eta_i}\frac{\partial \eta_i}{\partial \beta_j}\end{aligned}$$

其中，各部分导数分别为：

$$\frac{\partial l_i(\boldsymbol{\beta})}{\partial \theta_i} = \frac{y_i - b'(\theta_i)}{a(\phi)} = \frac{y_i - \mu_i}{a(\phi)}$$

$$\frac{\partial \theta_i}{\partial \mu_i} = \left(\frac{\partial \mu_i}{\partial \theta_i}\right)^{-1} = \left(\frac{\partial b'(\theta_i)}{\partial \theta_i}\right)^{-1} = \left(b''(\theta_i)\right)^{-1} = \left(V\left(\mu_i\right)\right)^{-1}$$

$$\frac{\partial \mu_i}{\partial \eta_i} = \left(\frac{\partial \eta_i}{\partial \mu_i}\right)^{-1} = \left(\frac{\partial g(\mu_i)}{\partial \mu_i}\right)^{-1} = \left(g'\left(\mu_i\right)\right)^{-1}$$

$$\frac{\partial \eta_i}{\partial \beta_j} = \frac{\partial(\boldsymbol{X}_i\boldsymbol{\beta})}{\partial \beta_j} = X_{ij}$$

于是有

$$U_j(\boldsymbol{\beta}) = \sum_{i=1}^{n}\frac{y_i - \mu_i}{a(\phi)}\left(V\left(\mu_i\right)\right)^{-1}\left(g'\left(\mu_i\right)\right)^{-1} X_{ij}$$

为了求解 $\boldsymbol{\beta}$，令得分函数 $U_j(\boldsymbol{\beta}) = 0\ (j=1,\ 2,\ \cdots,\ p)$，即

$$\begin{aligned}U_j(\boldsymbol{\beta}) &= \sum_{i=1}^{n}\frac{y_i - \mu_i}{a(\phi)}\left(V\left(\mu_i\right)\right)^{-1}\left(g'\left(\mu_i\right)\right)^{-1} X_{ij} \\ &= \sum_{i=1}^{n}\frac{1}{V\left(\mu_i\right)a(\phi)\left(g'\left(\mu_i\right)\right)^2} X_{ij}\left(y_i - \mu_i\right) g'\left(\mu_i\right) = 0\end{aligned}$$

令 $w_i = \dfrac{1}{V(\mu_i)\,a(\phi)\,(g'(\mu_i))^2}$，则上式可以表示成：

$$U_j(\boldsymbol{\beta}) = \sum_{i=1}^{n} \omega_i X_{ij} (y_i - \mu_i)\, g'(\mu_i) = 0$$

定义 $z_i = \eta_i + (y_i - \mu_i)\, g'(\mu_i)$，则有

$$U_j(\boldsymbol{\beta}) = \sum_{i=1}^{n} \omega_i X_{ij} (z_i - \eta_i) = 0$$

令 $\boldsymbol{W} = \mathrm{diag}(w_1, w_2, \cdots, w_n)$ 表示对角元为 $w_1, w_2, \cdots, w_n$ 的 $n\times n$ 阶权重矩阵，$\boldsymbol{z} = (z_1, z_2, \cdots, z_n)^\top$，$\boldsymbol{\eta} = (\eta_1, \eta_2, \cdots, \eta_n)^\top$，令 $\boldsymbol{U}(\boldsymbol{\beta}) = (U_1(\boldsymbol{\beta}), U_2(\boldsymbol{\beta}), \cdots, U_n(\boldsymbol{\beta}))^\top$，于是有

$$\boldsymbol{U}(\boldsymbol{\beta}) = \boldsymbol{X}^\top \boldsymbol{W}(\boldsymbol{z} - \boldsymbol{\eta}) = \boldsymbol{0}$$

又因为 $\boldsymbol{\eta} = \boldsymbol{X}\boldsymbol{\beta}$，所以上式等价于 $\boldsymbol{X}^\top\boldsymbol{W}\boldsymbol{z} = \boldsymbol{X}^\top\boldsymbol{W}\boldsymbol{X}\boldsymbol{\beta}$，这是一个加权最小二乘问题，$\boldsymbol{\beta}$ 的估计为 $\hat{\boldsymbol{\beta}} = \left(\boldsymbol{X}^\top\boldsymbol{W}\boldsymbol{X}\right)^{-1}\boldsymbol{X}^\top\boldsymbol{W}\boldsymbol{z}$。 □

回顾一般线性回归模型，容易验证此时 $\boldsymbol{W} = \dfrac{1}{\sigma^2}\boldsymbol{I}_n$，且 $\boldsymbol{z} = \boldsymbol{y}$，于是有

$$\hat{\boldsymbol{\beta}} = \left(\boldsymbol{X}^\top\boldsymbol{W}\boldsymbol{X}\right)^{-1}\boldsymbol{X}^\top\boldsymbol{W}\boldsymbol{z} = \left(\boldsymbol{X}^\top\boldsymbol{X}\right)^{-1}\boldsymbol{X}^\top\boldsymbol{y}$$

与第 3 章的结论一致。

根据第 4 章的讨论，参数估计时可以使用加权最小二乘来“纠偏”以解决异方差问题，$\boldsymbol{W}$ 就是与异方差有关的权重矩阵。在广义线性回归模型中，响应变量服从的特定分布往往会导致异方差问题[①]，而最大似然法推导得到的估计也具有加权最小二乘的形式。注意，$\boldsymbol{X}$ 是已有的设计矩阵，求解系数的关键在于求解 $\boldsymbol{W}$ 与 $\boldsymbol{z}$。然而，$\boldsymbol{W}$ 与 $\boldsymbol{z}$ 的取值又依赖于 $\boldsymbol{\beta}$，因此可以使用迭代法进行求解，即：先给定 $\boldsymbol{\beta}$ 的初始估计值，更新 $\boldsymbol{W}$ 与 $\boldsymbol{z}$；再由此更新 $\boldsymbol{\beta}$ 的估计值，迭代上述步骤直至估计值收敛。这就是求解广义线性回归模型的参数时经典的迭代加权最小二乘算法，其具体流程如算法 7.1 所示。

算法 7.1 迭代加权最小二乘算法求解广义线性回归模型的参数

Input: 响应变量 $\boldsymbol{y}$；预测变量设计矩阵 $\boldsymbol{X}$；初始值 $\hat{\boldsymbol{\beta}}^{(0)}$；阈值 ε。

Output: 系数 $\boldsymbol{\beta}$ 的估计值 $\hat{\boldsymbol{\beta}}$。

$t = 1$;

repeat

  计算 $\boldsymbol{\eta} = \boldsymbol{X}\hat{\boldsymbol{\beta}}^{(t-1)}$，$\boldsymbol{\mu} = g^{-1}(\boldsymbol{\eta})$;

  更新矩阵 $\boldsymbol{W} = \mathrm{diag}\left(\left[V(\boldsymbol{\mu})a(\phi)\,(g'(\boldsymbol{\mu}))^2\right]^{-1}\right)$;

  更新向量 $\boldsymbol{z} = \boldsymbol{\eta} + (\boldsymbol{y} - \boldsymbol{\mu})g'(\boldsymbol{\mu})$;

  更新估计值 $\hat{\boldsymbol{\beta}}^{(t)} = \left(\boldsymbol{X}^\top\boldsymbol{W}\boldsymbol{X}\right)^{-1}\boldsymbol{X}^\top\boldsymbol{W}\boldsymbol{z}$;

  $t = t + 1$;

until $||\hat{\boldsymbol{\beta}}^{(t)} - \hat{\boldsymbol{\beta}}^{(t-1)}||_\infty < \varepsilon$;

return $\hat{\boldsymbol{\beta}} = \hat{\boldsymbol{\beta}}^{(t)}$。

① 例如伯努利分布和泊松分布的方差都与均值有关，而通常假定不同个体均值不同，方差自然也不同。

其中，$||\boldsymbol{x}||_\infty = \max_i |x_i|$ 表示向量 $\boldsymbol{x}$ 的无穷范数，即该向量中所有元素的绝对值取最大；ε 是决定迭代次数的调节参数，如果当前所得的估计值与上一步迭代所得结果之差的无穷范数小于该值，则跳出循环，返回当前迭代的估计值作为最终估计值。许多统计软件包都基于该算法来实现对广义线性回归模型中变量系数的估计。除此之外，还可以使用 Newton-Raphson 算法或利用 Fisher 信息矩阵 (Dobson and Barnett, 2018) 来估计模型的未知参数，可以证明这两种方法与上述迭代加权最小二乘算法是等价的。

2. 置信区间

在得到参数的点估计后，可以进一步构造其置信区间。如第 3 章中所述，若响应变量服从正态分布，可直接写出给定置信水平下的置信区间上下界的表达式，并基于样本进行估计。当响应变量服从其他分布时，置信区间的构建需要依赖基于中心极限定理的大样本性质。当响应变量是独立的指数分布族随机变量时，参数估计具有以下大样本性质：

$$\hat{\boldsymbol{\beta}} \xrightarrow{\text{d}} N\left(\boldsymbol{\beta},\ \boldsymbol{I}(\boldsymbol{\beta})^{-1}\right)$$

式中，$\boldsymbol{I}(\boldsymbol{\beta}) = -E\left(\dfrac{\partial^2 l(\boldsymbol{\beta})}{\partial\boldsymbol{\beta}\partial\boldsymbol{\beta}^\top}\right)$，是 Fisher 信息矩阵。可以证明，在广义线性回归模型中，信息矩阵即为：

$$\boldsymbol{I}(\boldsymbol{\beta}) = \boldsymbol{X}^\top\boldsymbol{W}\boldsymbol{X}$$

因此，有

$$\hat{\boldsymbol{\beta}} \xrightarrow{\text{d}} N\left(\boldsymbol{\beta},\ (\boldsymbol{X}^\top\boldsymbol{W}\boldsymbol{X})^{-1}\right)$$

对于单个系数 β_j，有

$$\hat{\beta}_j \xrightarrow{\text{d}} N\left(\beta_j,\ s^2\left(\hat{\beta}_j\right)\right)$$

式中，$s^2\left(\hat{\beta}_j\right)$ 表示矩阵 $(\boldsymbol{X}^\top\boldsymbol{W}\boldsymbol{X})^{-1}$ 的第 j 个对角元。在大样本条件下，可以得到 β_j 的 $1-\alpha$ 置信区间为：

$$\left(\hat{\beta}_j - \hat{s}\left(\hat{\beta}_j\right)z_{1-\alpha/2},\ \hat{\beta}_j + \hat{s}\left(\hat{\beta}_j\right)z_{1-\alpha/2}\right)$$

式中，$\hat{s}\left(\hat{\beta}_j\right)$ 是 $s\left(\hat{\beta}_j\right)$ 的估计值。

特别地，一般线性回归模型中假设响应变量服从正态分布，使用等值连接函数。此时权重矩阵 $\boldsymbol{W} = \dfrac{1}{\sigma^2}\boldsymbol{I}_n$，上述近似分布即为以 $\boldsymbol{\beta}$ 为均值、$(\boldsymbol{X}^\top\boldsymbol{X})^{-1}\sigma^2$ 为协方差矩阵的多元正态分布。通常假设总体方差 σ^2 未知，需要用样本方差代替。在广义线性回归模型中，权重矩阵 $\boldsymbol{W}$ 需要估计，而 $\boldsymbol{W}$ 的取值又取决于 $\boldsymbol{\mu}$。实际上，在迭代加权最小二乘算法中，每一步更新 $\boldsymbol{\beta}$ 后，由 $\mu_i = g^{-1}(\eta_i) = g^{-1}(\boldsymbol{X}_i\boldsymbol{\beta})$ 可以更新 μ_i 的取值，同时更新矩阵 $\boldsymbol{W}$。随着未知参数估计越来越稳定，$\boldsymbol{W}$ 的取值也会收敛，最后一步得到的 $\boldsymbol{W}$ 便可以代入上式，计算出相应的置信区间。

3. 假设检验

在求解出未知参数的估计值后，研究者希望像分析一般线性回归模型一样，能够进行统计推断，以分析各个预测变量对响应变量的解释作用，以及模型对数据的拟合程度。由大样本性质，对于单个系数，可以基于正态分布的假设进行检验 (参照置信区间的构造过程)。而对于模型整体的显著性检验，需要基于似然函数构建检验统计量。

在一般线性回归模型中，通常通过残差平方和的大小来判断模型拟合程度的优劣，并基于此进行拟合优度检验。在广义线性回归模型中，要实现与之等价的检验，对应的指标为偏差 (deviance)，也称为对数似然统计量。偏差实质上是当前模型 (使用部分变量拟合的模型) 与全模型 (包含所有变量，且响应变量完全由系统成分决定) 的对数似然之差。使用全模型时，由于没有随机性，可直接使用 $\widetilde{\mu}_i = y_i$ 来估计 μ_i，对应地，令 $\widetilde{\theta}_i$ 表示此时对参数 θ_i 的估计；而在当前模型中，记 μ_i 的估计值为 $\widehat{\mu}_i$，θ_i 的估计值为 $\widehat{\theta}_i$，则偏差的定义为：

$$
\begin{aligned}
D(y,\ \hat{\mu}) &= 2a(\phi)[l(\tilde{\theta}) - l(\hat{\theta})] \\
&= 2a(\phi)\left\{\frac{\sum\limits_{i=1}^{n}\left[y_i\left(\tilde{\theta}_i - \hat{\theta}_i\right) - \left(b\left(\tilde{\theta}_i\right) - b\left(\hat{\theta}_i\right)\right)\right]}{a(\phi)}\right\} \\
&\quad + 2a(\phi)\sum_{i=1}^{n}[c(y_i,\ \phi) - c(y_i,\ \phi)] \\
&= 2\sum_{i=1}^{n}\left[y_i\left(\tilde{\theta}_i - \hat{\theta}_i\right) - \left(b\left(\tilde{\theta}_i\right) - b\left(\hat{\theta}_i\right)\right)\right]
\end{aligned}
$$

在一般线性回归模型中，假设响应变量服从正态分布，那么 $b(\theta_i) = \dfrac{\theta_i^2}{2}$ 且 $\theta_i = \mu_i$。在全模型中，有 $\widetilde{\theta}_i = \widetilde{\mu}_i = y_i$，而在当前模型中，有 $\widehat{\theta}_i = \widehat{\mu}_i$，于是有

$$
\begin{aligned}
D(y,\ \hat{\mu}) &= 2\sum_{i=1}^{n}\left[y_i(y_i - \widehat{\mu}_i) - \frac{y_i^2}{2} + \frac{\widehat{\mu}_i^2}{2}\right] \\
&= \sum_{i=1}^{n}(y_i - \hat{\mu}_i)^2
\end{aligned}
$$

可以看到，此时偏差恰好等价于残差平方和。实际上，偏差正是一般线性回归模型中的残差平方和在广义线性回归模型中的推广。

注意到，在上述偏差的定义中，除了求两个模型的对数似然之差外，还乘上 $a(\phi)$ 进行标准化，故也称为标准化偏差。如果不考虑标准化，那么近似有

$$
\frac{D(y,\ \hat{\mu})}{a(\phi)} = 2[l(\tilde{\theta}) - l(\hat{\theta})] \sim \chi^2(p-m)
$$

式中，p 表示全模型中的变量总数，m 表示当前模型中所包含的变量个数。例如，当响应变量服从正态分布时，$\dfrac{D(y,\ \hat{\mu})}{a(\phi)} = \dfrac{\sum\limits_{i=1}^{n}(y_i - \hat{\mu}_i)^2}{\sigma^2}$ 服从自由度为 $p-m$ 的卡方分布，与多元回归中的结论是一致的。因此，在拟合模型后可以基于偏差进行显著性检验。假设已经

拟合了两个具有嵌套关系的模型 M_0 和 M_1，其中 M_0 是 M_1 的子模型，即两个模型对响应变量的概率分布作出了相同的假设，并且具有相同的连接函数，但在系统成分中，M_0 所包含的变量是 M_1 所包含的变量的子集。假设模型 M_0 中包含 m_0 个变量，模型 M_1 中包含 m_1 个变量，不失一般性，令所有非零系数排在前面，考虑如下假设检验问题：

$$H_0\text{：}\boldsymbol{\beta}=(\beta_0,\ \cdots,\ \beta_{m_0},\ 0,\ \cdots,\ 0)^\top,\qquad H_1\text{：}\boldsymbol{\beta}=(\beta_0,\ \cdots,\ \beta_{m_1},\ 0,\ \cdots,\ 0)^\top$$

其中，$m_0<m_1<p$。对于该检验问题，构造检验统计量：

$$T=\frac{D_0-D_1}{a(\phi)}=2\left[l\left(\tilde{\theta}\right)-l\left(\hat{\theta}_0\right)\right]-2\left[l\left(\tilde{\theta}\right)-l\left(\hat{\theta}_1\right)\right]=2\left[l\left(\hat{\theta}_1\right)-l\left(\hat{\theta}_0\right)\right]$$

式中，$l\left(\hat{\theta}_0\right)$ 和 $l\left(\hat{\theta}_1\right)$ 分别表示模型 M_0 和 M_1 所对应的对数似然函数值，D_0 和 D_1 为两个模型对应的偏差。当模型对数据的拟合程度较好时，有 $\dfrac{D_0}{a(\phi)}\sim\chi^2(p-m_0)$ 与 $\dfrac{D_1}{a(\phi)}\sim\chi^2(p-m_1)$，因此在变量满足独立性条件时，根据卡方分布的性质，有 $T\sim\chi^2(m_1-m_0)$。当由样本计算得到的检验统计量 T 的值大于 $\chi^2(m_1-m_0)$ 的 $100\times(1-\alpha)\%$ 分位点时，就以显著性水平 α 拒绝原假设，说明相比模型 M_0，模型 M_1 在对数据的拟合优度上存在显著优势，所以应该使用后者，反之，如果不拒绝原假设，则说明两个模型在拟合优度上不存在显著差异，倾向于选择更为简单的模型 M_0。

4. 预测

求解出系数 $\hat{\boldsymbol{\beta}}$ 后，就可以对响应变量进行预测了。在广义线性回归模型中，预测实际上是对条件均值 μ_i 的预测。由 $\eta_i=g(\mu_i)$ 可以反解出 $\mu_i=g^{-1}(\eta_i)$，于是有 $\widehat{\mu}_i=g^{-1}(\widehat{\eta}_i)=g^{-1}(\boldsymbol{X}_i\hat{\boldsymbol{\beta}})$。

在一般线性回归模型中，响应变量通常是研究者感兴趣的数值，假设其服从正态分布，由于连接函数 $g(\cdot)$ 与其逆函数 $g^{-1}(\cdot)$ 都是等值连接函数，于是有 $\widehat{\mu}_i=\widehat{\eta}_i=\boldsymbol{X}_i\hat{\boldsymbol{\beta}}$，与一般线性回归模型中的结果等价。注意到这实际上是对 $\mu_i=E\left(Y_i|X_i\right)$ 进行估计，而在一般线性回归模型 $y_i=\boldsymbol{X}_i\boldsymbol{\beta}+\varepsilon_i$ 中，由于假设 ε_i 与 $\boldsymbol{X}_i$ 独立，并且 $\varepsilon_i\sim N(0,\ \sigma^2)$，所以同样有 $\mu_i=E(Y_i|X_i)=\boldsymbol{X}_i\boldsymbol{\beta}$，其估计值 $\widehat{\mu}_i=\boldsymbol{X}_i\hat{\boldsymbol{\beta}}$，只是习惯将 $\widehat{\mu}_i$ 表示成 $\widehat{y}_i$。

7.3 二分类 Logistic 回归模型

1. 模型具体形式

二分类 Logistic 回归模型 (Cramer, 2002) 属于广义线性回归模型，适用于分析响应变量为二分类的数据，例如患者在服用某种药物后是否痊愈、临床实验中被分到实验组的小白鼠是否增加体重等。响应变量 Y 表示研究者感兴趣的事件发生或者不发生，分别用 1 和 0 表示，且有 $P(Y=1)=p$，$P(Y=0)=1-p$，即 Y 服从均值为 p 的伯努利分布。假设有 n 个这样的随机变量的观测值 y_1，y_2，$\cdots$，y_n，彼此独立，并且有 $P(y_i=1)=p_i$。已知观测值 $\boldsymbol{X}_1$，$\boldsymbol{X}_2$，$\cdots$，$\boldsymbol{X}_n$，研究者想要估计每个观测值对应的事件发生概率 p_1，p_2，$\cdots$，p_n；

同时，对于新的样本点 $\boldsymbol{X}_{i+1}$，希望得到它在不同条件下事件发生的概率，以便对其进行控制或干预。这时就可以构建二分类 Logistic 回归模型进行分析。响应变量 Y 的概率密度函数为：

$$f(y;\ p)=p^{y}(1-p)^{1-y},\quad y\in\{0,\ 1\}$$

此时二分类 Logistic 回归模型的连接函数为：

$$\operatorname{logit}(p_i)=\log\frac{p_i}{1-p_i}=\boldsymbol{X}_i\boldsymbol{\beta}$$

2. 参数估计

对于二分类 Logistic 回归模型，求解系数时只需要在算法 7.1 中将连接函数 $g(\cdot)$ 写成 logit 连接函数的具体形式，同时对权重矩阵 $\boldsymbol{W}=\operatorname{diag}(w_1,\ w_2,\ \cdots,\ w_n)$ 进行相应的修改即可。在二分类 Logistic 回归模型中，有 $\alpha(\phi)V(p_i)=\operatorname{Var}(y_i)=p_i(1-p_i)$，且 $g'(p_i)=1/(p_i(1-p_i))$，因此有 $w_i=1/(V(p_i)a(\phi)(g'(p_i))^2)=p_i(1-p_i)$。

3. 置信区间

由大样本性质，在广义线性回归模型中，构造置信区间的重点在于估计 $\operatorname{Var}(\hat{\boldsymbol{\beta}})$。在二分类 Logistic 回归模型中，有

$$\operatorname{Var}(\hat{\boldsymbol{\beta}})=(\boldsymbol{X}^{\top}\boldsymbol{W}\boldsymbol{X})^{-1}$$

式中，权重矩阵 $\boldsymbol{W}=\operatorname{diag}(w_1,\ w_2,\ \cdots,\ w_n)$，$w_i=p_i(1-p_i)$。注意到 w_i 的取值与 p_i 有关，而 p_i 是未知量，因此 $\boldsymbol{W}$ 也需要通过迭代进行估计。

4. 假设检验

进行假设检验，需要先定义二分类 Logistic 回归模型中的偏差。由于假设响应变量服从伯努利分布，那么 $\theta_i=\log\dfrac{p_i}{1-p_i}$ 且 $b(\theta_i)=\log\left(1+\mathrm{e}^{\theta_i}\right)=\log\left(1+\dfrac{p_i}{1-p_i}\right)=\log\dfrac{1}{1-p_i}$。在全模型中，有 $\tilde{\theta}_i=\log\dfrac{\tilde{p}_i}{1-\tilde{p}_i}=\log\dfrac{y_i}{1-y_i}$，而在当前模型中，有 $\hat{\theta}_i=\log\dfrac{\hat{p}_i}{1-\hat{p}_i}$，于是有

$$\begin{aligned}
D(y,\ \hat{p})&=2\sum_{i=1}^{n}\left[y_i\left(\tilde{\theta}_i-\hat{\theta}_i\right)-\left(b\left(\tilde{\theta}_i\right)-b\left(\hat{\theta}_i\right)\right)\right]\\
&=2\sum_{i=1}^{n}\left[y_i\left(\log\frac{y_i}{1-y_i}-\log\frac{\hat{p}_i}{1-\hat{p}_i}\right)-\left(\log\frac{1}{1-y_i}-\log\frac{1}{1-\hat{p}_i}\right)\right]\\
&=2\sum_{i=1}^{n}\left[y_i\log\frac{y_i}{\hat{p}_i}+(1-y_i)\left(\log\frac{1-y_i}{1-\hat{p}_i}\right)\right]
\end{aligned}$$

值得注意的是，此时响应变量只能取 0 或 1，使得 $\log y_i$ 或 $\log(1-y_i)$ 不存在，所以需要根据极限值来定义其取值。当 $y_i=0$ 时，有

$$\lim_{y_i\to 0}y_i\log\frac{y_i}{\hat{p}_i}=\lim_{y_i\to 0}\frac{\log\dfrac{y_i}{\hat{p}_i}}{\dfrac{1}{y_i}}=\lim_{y_i\to 0}\frac{\dfrac{\hat{p}_i}{y_i}\dfrac{1}{\hat{p}_i}}{-\dfrac{1}{y_i^2}}=\lim_{y_i\to 0}-y_i=0$$

因此，当 $y_i=0$ 时，可定义 $y_i\log\dfrac{y_i}{\hat{p}_i}=0$；同理，当 $y_i=1$ 时，可定义 $(1-y_i)\left(\log\dfrac{1-y_i}{1-\hat{p}_i}\right)=0$，由此实现偏差的计算。

综上，可以将偏差简洁地表示为：

$$D(y,\ \hat{p})=-2\sum_{i=1}^{n}[y_i\log\hat{p}_i+(1-y_i)\log(1-\hat{p}_i)]$$

可以这样理解偏差：当 $y_i=1$ 时，偏差的每项退化为 $-2\log\hat{p}_i$，如果每项 $\hat{p}_i$ 接近 1，那么偏差会接近 0，反之，$\hat{p}_i$ 越接近 0，偏差越大；当 $y_i=0$ 时，偏差的每项退化为 $-2\log(1-\hat{p}_i)$，如果每项 $\hat{p}_i$ 接近 0，则偏差接近 0，反之，$\hat{p}_i$ 越接近 1，偏差越大。

5. 模型解释

在得到系数的估计值后，研究者通常希望借此解释对应的预测变量对响应变量的影响。回顾一般线性回归模型，系数 β_j 的含义是“在控制其他变量保持不变时，变量 X_j 每增加一个单位，响应变量的平均变化程度”。而在二分类 Logistic 回归模型中，系数 β_j 表示的含义与优势比 (odds ratio，OR) 有关。对于第 i 个观测，设 $P(Y_i=1)=p_i$，则定义优势为 $\dfrac{p_i}{1-p_i}$，即 Y_i 取 1 相对于 Y_i 取 0 的“优势”。由 $p_i=\dfrac{\exp(\boldsymbol{X}_i\boldsymbol{\beta})}{1+\exp(\boldsymbol{X}_i\boldsymbol{\beta})}$ 可知，$\text{odd}_i=\exp(\boldsymbol{X}_i\boldsymbol{\beta})$。定义观测 i 相对于 j 的优势比为 $\text{OR}=\dfrac{\text{odd}_i}{\text{odd}_j}=\exp[(\boldsymbol{X}_i-\boldsymbol{X}_j)\boldsymbol{\beta}]$。优势比大于 1，表明第 i 个观测相比第 j 个观测，其响应变量 Y 取 1 的可能性更大。

在数据分析中，研究者感兴趣的是某个变量 X_j 变化时对应的优势比，它可以反映该变量对响应变量的影响程度，所以需要控制其他变量保持不变，计算当 X_j 增加一个单位时相比增加前的优势比。例如，在泰坦尼克号的例子中，如果要研究性别因素对乘客是否生还的影响，应该控制其他变量不变，计算男性乘客相比女性乘客的优势比。设模型为：

$$\text{logit}(p_i)=\beta_0+\beta_1\,\text{Age}_i+\beta_2\,\text{Gender}_i+\beta_3\,\text{Pclass2}_i+\beta_4\,\text{Pclass3}_i$$

其中，性别 (Gender) 是二分类变量，取 1 表示男性，取 0 表示女性；年龄 (Age) 是连续型变量；舱位档次 (Pclass) 是有序变量，可以将其视为一个三分类变量，用两个哑变量表示，Pclass2 取 1 表示乘客来自二等舱，Pclass3 取 1 表示乘客来自三等舱，这两个变量都取 0 表示乘客来自一等舱。不妨设存在这样两名乘客 A 和 B，年龄均为 30 岁，均乘坐一等舱，A 为男性，B 为女性。那么，根据上述定义，乘客 A 生还的“优势”为：

$$\text{odd}_\text{A}=\exp(\beta_0+30\beta_1+\beta_2)$$

而乘客 B 生还的“优势”为：

$$\text{odd}_\text{B}=\exp(\beta_0+30\beta_1)$$

优势比 OR 为：

$$\text{OR}=\text{odd}_\text{A}\,/\,\text{odd}_\text{B}=\exp(\beta_2)$$

显然，如果 β_2 显著大于 0，OR 会显著大于 1，表示在其他条件相同时，男性乘客生还的可能性显著大于女性乘客。反之，如果 β_2 显著小于 0，则表示女性乘客生还的“优势”更大。

由上面分析可知，在控制其他变量的条件下，变量 X_j 对应的优势比为 $\mathrm{OR}=\mathrm{e}^{\beta_j}$，其估计值为 $\widehat{\mathrm{OR}}=\mathrm{e}^{\widehat{\beta}_j}$。如果该值显著大于 1 (即 β_j 显著大于 0)，则说明当 X_j 增加一个单位后相比原来更有可能发生感兴趣的事件。特别地，如果 X_j 是一个二分类变量 (比如用 1 和 0 分别表示男性和女性)，优势比显著大于 1 则说明取值为 1 所表示的那一类 (男性) 相比取值为 0 所表示的那一类 (女性) 发生感兴趣的事件的概率更高。

6. 预测

对于二分类 Logistic 回归模型，响应变量表示感兴趣的事件是否发生 (用 1 和 0 表示)，假设其服从伯努利分布，连接函数为 $\eta_i=g(p_i)=\log\dfrac{p_i}{1-p_i}$，其逆函数为 $p_i=g^{-1}(\eta_i)=\dfrac{e^{\eta_i}}{1+e^{\eta_i}}$，于是有预测值为 $\widehat{p_i}=\dfrac{e^{\widehat{\eta_i}}}{1+e^{\widehat{\eta_i}}}=\dfrac{\exp(\boldsymbol{X}_i\hat{\boldsymbol{\beta}})}{1+\exp(\boldsymbol{X}_i\hat{\boldsymbol{\beta}})}$，即感兴趣的事件发生的概率 (也就是响应变量取 1 的概率)。注意到其取值确实是在 (0，1) 区间内，与通常情况下对概率的定义相符。在泰坦尼克号的例子中，如果 1 表示生还，0 表示遇难，则预测值为乘客生还的概率。进一步，如果需要做出明确的预测，研究者可以确定一个阈值 δ，如果 $\hat{p}_i>\delta$，则预测 $\hat{y}_i=1$，否则预测 $\hat{y}_i=0$。例如，当阈值设为 0.5 时，如果某位乘客对应的预测值为 0.7，那么就预测其能生还。

那么，如何评价模型的预测精度呢？将预测值与实际值进行比对，可以得到如表 7.4 所示的混淆矩阵 (confusion matrix)，其中，TP (true positive) 表示真阳性，即实际取 1 且预测值为 1 的观测；FP (false positive) 表示假阳性，即实际取 0 但预测值为 1 的观测；FN (false negative) 表示假阴性，即实际取 1 但预测值为 0 的观测；TN (true negative) 表示真阴性，即实际取 0 且预测值也为 0 的观测。

表 7.4　混淆矩阵

实际值	预测值	
	阳性	阴性
阳性	TP	FN
阴性	FP	TN

根据混淆矩阵，可以得到整体的预测准确率为 acc = (TP+TN)/(TP+FN+FP+TN)。当样本中取 1 和取 0 的观测数量存在不平衡现象时，整体准确率并不是一个合适的评价指标。假设存在这样一个模型，无论输入什么数据，预测值都为 1，而某样本中包含 100 个观测，99 个响应变量取值为 1，仅有 1 个取值为 0，那么这个模型在该样本内可以达到 99%的准确率。但是，这一模型并不是研究者想要的，因为它实际上对于响应变量取值为 0 的观测没有识别能力。要综合评价模型的预测能力，需要引入更全面的指标。真阳性率 (true positive rate，TPR)，或称灵敏度 (sensitivity)，是指实际取 1 的样本中其预测值也为 1 的那部分的占比，表达式为 TPR = TP/(TP + FN)，真阳性率越高，表明模型对取值为 1 的

样本的识别能力越强。真阴性率 (true negative rate，TNR)，也称特异度 (specificity)，是指实际取 0 的样本中其预测值也为 0 的那部分的占比，表达式为 TNR = TN/(TN + FP)，真阴性率越高，表明模型对取值为 0 的样本的识别能力越强。对于某个特定问题，研究者对两类样本的预测精度的要求可能是不同的。例如，在预测犯罪行为时，通常会对模型将平民误判为罪犯的错误有更高的容忍度，后续再对模型筛选出的可疑对象进行人工甄别，以此提高对犯罪分子的打击覆盖率。研究者需要根据所研究问题的实际情况，确定灵敏度与特异度在模型评价时的权重。

当研究者调节阈值 δ 时，模型的预测结果发生变化，灵敏度和特异度也随之改变，得到多组结果。以特异度为横轴、灵敏度为纵轴，可以得到受试者工作特征曲线 (简称 ROC)，如图7.1 所示。可以看到，当取不同的阈值时，模型的特异度与灵敏度会发生变化 (如图中黑色曲线所示)，当较多结果的特异度和敏感度都较高时，曲线上的点会集中分布于坐标轴的左上角，使得整条曲线下方的面积接近 1；而如果模型只是在进行随机猜测 (如图中对角线所示)，则曲线下面积为 0.5。所以，当存在多个备选模型时，研究者可以根据 ROC 下的面积 (AUC) 来比较不同模型的预测能力，AUC 的取值越大，表明模型的预测能力越强。

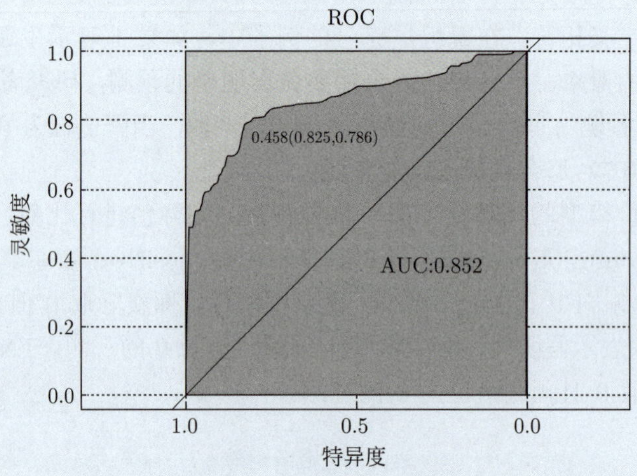

图 7.1　ROC 曲线示例

下面对泰坦尼克号数据实例进行分析。

R 包 titanic (Hendricks, 2015) 所提供的数据记录了著名的泰坦尼克号沉没事件中各位乘客是否生还及其个人信息，例如性别、年龄、舱位档次 (分一等、二等和三等) 等。众所周知，遇难时，由于救生船的数量有限，本着女性优先和尊老爱幼的原则，女性、幼童和老者能优先登上救生船。那么，生还概率与性别和年龄有怎样的关系呢？是否还存在其他因素影响了乘客的生还概率？为了探索这一系列问题，可以将乘客是否生还视为服从伯努利分布的随机变量，使用乘客的个人信息作为预测变量，拟合二分类 Logistic 回归模型，预测不同乘客在这起海难中的生还概率，并比较各个变量所发挥的作用。

为了方便展示，本节所做分析仅基于 titanic 包中的 titanic_train 数据，也就是训练集。只取性别 (Gender)[①]、年龄 (Age)、舱位档次 (Pclass) 这三个预测变量，并且删去了

① 同代码中的 Sex 字段，表示性别。

这三个变量中存在缺失值的观测。最终用于分析的数据包含 714 名乘客的信息，其中前 6 名乘客的数据如表7.5所示。

表 7.5 titanic 数据样表 (前 6 名乘客)

ID	Age	Pclass	Gender	Survived
1	22	3	male	0
2	38	1	female	1
3	26	3	female	1
4	35	1	female	1
5	35	3	male	0
6	54	1	male	0

在拟合模型前，可以先简单探索预测变量与乘客是否生还的关系。取性别 (Gender)、舱位档次 (Pclass) 以及是否生还 (Survived) 这三个变量，得到列联表如表 7.6 所示。为了更直观地反映这一结果，还可以画出如图 7.2 所示的马赛克图。

```
> library(vcd)
> library(titanic)
> tit<-titanic_train                                  # 载入数据
> tit<-as.data.frame(tit)
> tit<-tit[,c("Age","Pclass","Sex","Survived")]       # 取感兴趣的变量
> tit[,2:4]<-apply(tit[,2:4],2,as.factor)             # 类别型变量因子化
> tit<-tit[complete.cases(tit),]                      # 删去有缺失值的个体
> head(tit)                                           # 显示前6条记录
  Age Pclass    Sex Survived
1  22      3   male        0
2  38      1 female        1
3  26      3 female        1
4  35      1 female        1
5  35      3   male        0
7  54      1   male        0

> count<-table(tit$Pclass,tit$Sex,tit$Survived,
+              dnn=list("Pclass","Sex","Survived"))
> ftable(count)                                       # 列联表
           Survived   0   1
Pclass Sex
1      female         3  82
       male          61  40
2      female         6  68
       male          84  15
3      female        55  47
       male         215  38

> mosaic(~Pclass+Sex+Survived,data=count,
+        highlighting="Survived",
+        highlighting_fill=c("skyblue","pink"),
+        direction=c("v","v","h"))                    # 马赛克图
```

表 7.6 乘客性别、舱位档次、是否生还的列联表

舱位档次	性别	是否生还	
		否	是
1	女	3	82
	男	61	40
2	女	6	68
	男	84	15
3	女	55	47
	男	215	38

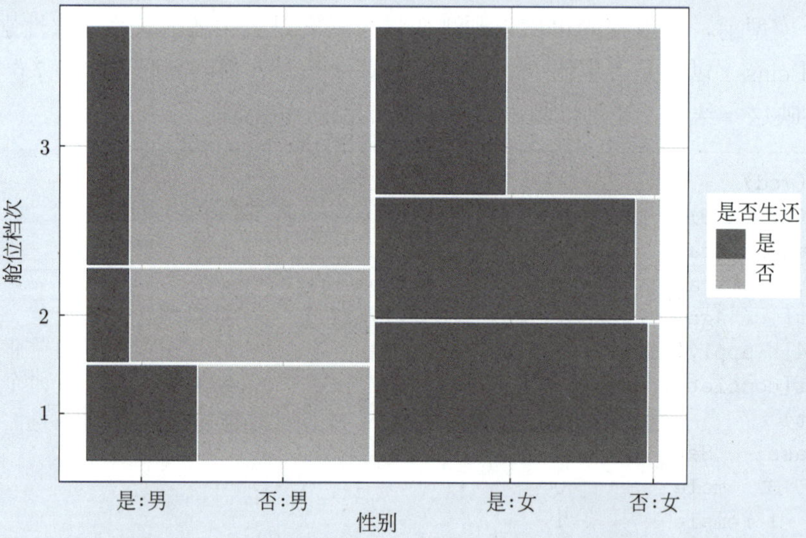

图 7.2 乘客性别、舱位档次、是否生还的马赛克图

结合图表信息，可以看到，不管是在哪个档次的舱位中，女性的生还率都要明显高于男性。例如，在一等舱中，女性的生还率为 $82/(3+82) \approx 96.47\%$，而男性的生还率只有 $40/(61+40) \approx 39.60\%$，确实体现了女性优先的原则。但是，也可以看到，不同的舱位档次之间，生还率的差异也很明显。在三等舱中，女性的生还率为 $47/(55+47) \approx 46.08\%$，而男性的生还率则为 $38/(215+38) \approx 15.02\%$，均远远低于一等舱的生还率。显然，对于一等舱中的乘客来说，其较高的社会地位与经济实力让他们在面对灾难时更有可能获得救援。

下面通过拟合模型进行分析。在该数据集中，响应变量为二分类变量，适用二分类 Logistic 回归模型。预测变量中：性别 (Gender) 是二分类变量，取 1 表示男性，取 0 表示女性；年龄 (Age) 是连续型变量；而舱位档次 (Pclass) 是有序变量，为了方便起见，可以将其视为一个三分类变量，在拟合模型时用两个哑变量表示，Pclass2 取 1 表示乘客来自二等舱，Pclass3 取 1 表示乘客来自三等舱，这两个变量都取 0 表示乘客来自一等舱。由于在 SPSS 中，默认将最大的数值作为参照组，所以需要对各个类别对应的数值进行相应调整。

使用 logit 连接函数，模型可以表示为：

$$\text{logit}(p_i) = \beta_0 + \beta_1 \text{Age}_i + \beta_2 \text{Gender}_i + \beta_3 \text{Pclass2}_i + \beta_4 \text{Pclass3}_i$$

```
> glm_tit<-glm(factor(Survived)~Age+Pclass+Sex,
+              family=binomial(link="logit"),
+              data=tit)          # 拟合二分类Logistic回归模型
> summary(glm_tit)                # 模型拟合结果

Call:
glm(formula=factor(Survived)~Age+Pclass+Sex,
    family=binomial(link="logit"),data=tit)

Deviance Residuals:
    Min       1Q   Median       3Q      Max
-2.7303  -0.6780  -0.3953   0.6485   2.4657

Coefficients:
             Estimate Std. Error z value Pr(>|z|)
(Intercept)  3.777013   0.401123   9.416  < 2e-16 ***
Age         -0.036985   0.007656  -4.831 1.36e-06 ***
Pclass2     -1.309799   0.278066  -4.710 2.47e-06 ***
Pclass3     -2.580625   0.281442  -9.169  < 2e-16 ***
Sexmale     -2.522781   0.207391 -12.164  < 2e-16 ***
---
Signif. codes:  0 '***' 0.001 '**' 0.01 '*' 0.05 '.' 0.1 ' ' 1

(Dispersion parameter for binomial family taken to be 1)

    Null deviance: 964.52  on 713  degrees of freedom
Residual deviance: 647.28  on 709  degrees of freedom
AIC: 657.28

Number of Fisher Scoring iterations: 5

> pre<-ifelse(glm_tit$fitted.values>0.5,1,0) # 预测，阈值为0.5
> ftable(pre,tit$Survived)                    # 预测值与真值的对比(混淆矩阵)
    0   1
pre
0    356  83
1     68 207

> pre_tit<-data.frame(p=glm_tit$fitted.values,
+                     survive=tit$Survived)
> library(ggplot2)
> ggplot(pre_tit,aes(x=p,fill=survive))+
+        geom_histogram(position="identity",bins=40)+theme_bw()
                             # 画出预测生还概率的直方图，按实际是否生还分组
```

模型拟合结果如表 7.7 所示。可以看到，男性 (Gender 取 1) 相比女性 (Gender 取 0) 生还的优势比为 e^{β_2}，其估计值为 $e^{\hat{\beta}_2} = e^{-2.523} \approx 0.080$。同时，性别 (Gender) 所对应的系数估计值为 $\hat{\beta}_2 = -2.523$，其标准误差为 0.207，则 95% 的置信区间为 $(-2.523 - z_{0.975} \times 0.207,\ -2.523 + z_{0.975} \times 0.207) = (-2.929,\ -2.117)$。因此，男性 (Gender 取 1) 相比女性 (Gender 取 0) 的生还优势比的 95% 的置信区间为 $(e^{-2.929},\ e^{-2.117}) = (0.053,\ 0.120)$，该区间不包含 1，表明男性的生还可能性确实显著低于女性。

接下来看乘客所处的舱位档次对生还概率的影响。由于设置了哑变量 Pclass2 与

表 7.7 二分类 Logistic 回归模型拟合结果 (泰坦尼克号数据)

	系数估计	标准误差	z 值	p 值
截距项	3.777	0.401	9.416	<2e-16
Age	−0.037	0.008	−4.831	1.36e-06
Pclass2	−1.310	0.278	−4.710	2.47e-06
Pclass3	−2.581	0.281	−9.169	<2e-16
Sexmale	−2.523	0.207	−12.164	<2e-16

Pclass3，相当于是以一等舱的乘客为参照，所以在估计优势比时应该明确是相对于一等舱乘客的优势比。例如，Pclass2 对应的系数估计值为 $\hat{\beta}_3 = -1.310$，因此二等舱相对于一等舱的生还优势比的估计值为 $e^{\hat{\beta}_3} = e^{-1.310} \approx 0.270$；同理，Pclass3 对应的系数估计值为 $\hat{\beta}_4 = -2.581$，因此三等舱相对于一等舱的生还优势比的估计值为 $e^{\hat{\beta}_4} = e^{-2.581} \approx 0.076$。两个系数的估计值都是统计显著的 (自行验证)，所以可以推断，无论是二等舱还是三等舱，乘客生存下来的可能性都要显著低于一等舱。

年龄对于生还概率也有一定的影响，由其系数估计值为负值可以推断，当控制其他变量不变时，年龄越大者的生还可能性越低。值得注意的是，此处为了方便展示，只是把年龄当成一个连续型变量，而实际上，由于儿童和老者都会在救援中受到优待，生还概率随年龄的增长应该呈先下降后上升的趋势。

为了探究各个年龄段的生还概率是否存在显著差异，更好的方法是将年龄分段，设置成多分类变量，再拟合模型。此外，从图7.2中还可以发现：一等舱和二等舱的女性乘客的生还概率比较接近，到了三等舱才明显下降，而男性的生还概率则是在二等舱和三等舱中较为接近，在一等舱中才明显升高。因此可以考虑在模型中加入性别与舱位档次之间的交互作用项来提高模型的精度。

拟合模型后，可以对每个乘客是否生还进行预测。在模型中用系数的估计值代替其真值，代入每个乘客的个人信息，得到生还概率的预测值。可以确定一个阈值，如 0.5，若预测生还概率超过该值，则预测该乘客生还，否则预测其遇难，如图 7.3 所示。

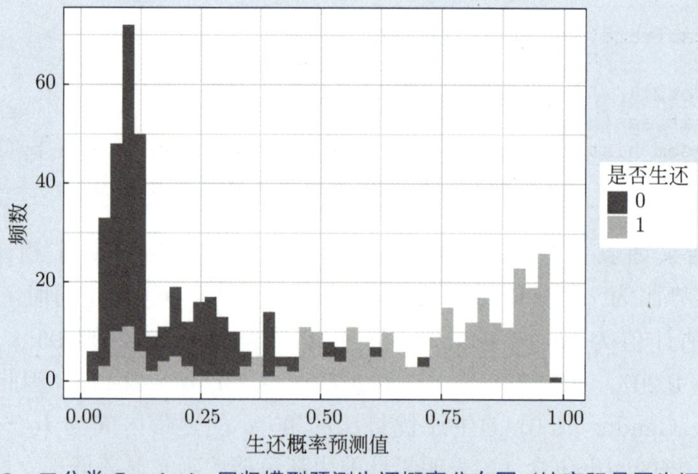

图 7.3 二分类 Logistic 回归模型预测生还概率分布图 (按实际是否生还分组)

通过预测结果与真实值所构成的混淆矩阵 (如表 7.8 所示)，可以看到，整体的预测准确率为 $(356 + 207)/714 \approx 78.85\%$。考虑到只使用了三个预测变量，并且没有对缺失值进行处理，拟合的模型也较为简单，这是可以接受的结果。

表 7.8　预测值与真实值的混淆矩阵

实际值	预测值	
	生还	遇难
生还	207	83
遇难	68	356

在实际分析中，除了使用阈值“一刀切”来确定预测值并得到混淆矩阵，还可以通过考察实际生还人群与实际遇难人群中生还概率预测值的分布来评估模型的预测能力，画出如图7.3 所示的分组直方图。可以看到，在实际遇难组中，生还概率的预测值大都小于 0.5，且集中在小于 0.2 处；而在实际生还的人群中，生还概率的预测值虽然以超过 0.5 的居多，但是分布较为分散。这说明该模型对生还人群的预测精度不高，需要进一步提取特征或改进模型。

当然，以上模型是在训练集上得到的，用它来对训练集的数据进行预测，容易出现过拟合的问题，无法反映模型真实的预测能力。更科学的做法是进行交叉验证。如果对该数据集以及预测乘客生还概率的问题 (不仅限于二分类 Logistic 回归模型) 感兴趣，可以查看 Kaggle 网站上的相关页面 (https://www.kaggle.com/c/titanic) 进一步了解。

7.4　多分类 Logistic 回归模型

1. 模型具体形式

在实际数据分析中，有时响应变量可能存在多个无序的类别。例如，当电影公司想要通过观众的性别、年龄、社会地位等背景信息预测其最喜爱的电影类型时，响应变量就是一个多分类变量，其不同取值代表各种类型的电影。此时，研究者需要借鉴二分类 Logistic 回归模型的思想，使用多分类 Logistic 回归模型进行分析。目前主要有两种思路：一是把多分类问题拆解为多个二分类问题，分别拟合二分类 Logistic 回归模型，而后通过类似机器学习中的弱分类器集成的方式，由多个模型投票预测样本所属的类别；二是假定响应变量服从多项分布，建立相应的广义线性回归模型，直接进行预测。本节简要介绍第一种思路，着重展开第二种思路。

借助二分类 Logistic 回归模型解决多分类问题，有“一对一”和“一对其他”这两种具体的方法。“一对一”是指每次取两个类别的样本，拟合二分类 Logistic 回归模型。如果有 K 个类别，则一共要拟合 C_K^2 个模型。每个模型都会预测样本属于两类中的哪一类，给对应的类“记上一票”。统计所有模型的投票结果，票数最多的那一类就是样本所属类的预测值。“一对其他”是指每次指定 K 个类别的其中一类作为正样本，其他所有类对应的样本作为负样本，视为二分类问题，拟合二分类 Logistic 回归模型。在这种设定下，如果有 K 个类别，则一共要拟合 K 个模型。对于单个样本点，每个模型都可以得到其属于所指定类别的概率预测值，比较 K 个预测值，以最大值对应的类作为该样本点所属类的预测值。

不同于借助二分类 Logistic 回归模型的方法，多分类 Logistic 回归模型直接假定响应变量 Y 是服从重复次数为 1 的多项分布的随机变量，一共可取 $\{1, 2, \cdots, K\}$ 共 K 个值，表示 K 个不同的类别，且有 $\sum\limits_{k=1}^{K} P(Y=k)=1$。注意，此处的取值只是类别的代号，不存在数值上的大小关系，其顺序也没有特殊含义。

沿用此前的记号，可以将 Y_i 取值为 k 的概率表示为以下对数一般线性回归模型的形式：

$$\log\left(P\left(Y_i=k\right)\right)=\boldsymbol{X}_i\boldsymbol{\beta}_k-\log Z$$

式中，$\boldsymbol{X}_i$ 表示第 i 行观测数据，$\boldsymbol{\beta}_k$ 表示第 k 类特定的系数向量，$-\log Z$ 是为了保证取各个类的概率加和为 1 而引入的正则项。由上式，有

$$1=\sum_{k=1}^{K} P\left(Y_i=k\right)=\sum_{k=1}^{K} \frac{\exp\left(\boldsymbol{X}_i\boldsymbol{\beta}_k\right)}{Z}$$

从而解得 $Z=\sum\limits_{k=1}^{K}\exp\left(\boldsymbol{X}_i\boldsymbol{\beta}_k\right)$，因此有

$$P\left(Y_i=k\right)=\frac{\exp\left(\boldsymbol{X}_i\boldsymbol{\beta}_k\right)}{\sum\limits_{j=1}^{K}\exp\left(\boldsymbol{X}_i\boldsymbol{\beta}_j\right)}$$

与二分类 Logistic 回归模型的 logit 连接函数相对应，该式连接了预测变量的线性组合与响应变量取某一值的概率，称作 softmax 连接函数。注意，在该式中，各回归系数不是唯一确定的，当每个系数都加上一个相同的常数后，容易验证响应变量取某类的概率不会发生变化。在实际应用中，为了使系数估计能够被唯一确定，通常需要指定一个类别 k 作为参照水平，将其对应的系数向量 $\boldsymbol{\beta}_k$ 中的各个系数都设为零，在此基础上估计其他类别对应的系数向量。不失一般性，假定选择将第一个类别作为参照水平，则上述模型可改写为：

$$\begin{cases} P\left(Y_i=k\right)=\dfrac{1}{1+\sum\limits_{j=2}^{K}\exp\left(\boldsymbol{X}_i\boldsymbol{\beta}_j\right)}, & k=1 \\ P\left(Y_i=k\right)=\dfrac{\exp\left(\boldsymbol{X}_i\boldsymbol{\beta}_k\right)}{1+\sum\limits_{j=2}^{K}\exp\left(\boldsymbol{X}_i\boldsymbol{\beta}_j\right)}, & k=2，3，\cdots，K \end{cases} \tag{7.4.1}$$

显然，当响应变量只包含两个类别时，该式与 logit 连接函数是完全等价的，因此，多分类 Logistic 回归模型可以看作二分类 Logistic 回归模型的推广。

2. 参数估计与统计推断

在多分类 Logistic 回归模型中，各个类别对应的系数向量依然可以使用基于最大似然思想的方法 (如迭代加权最小二乘法) 进行估计。除此之外，Newton-Raphson 算法或利用 Fisher 信息矩阵进行估计也是有效的方法。

对于第 i 个个体，模型输出的预测值为该个体分属于 K 个类别的概率，即向量 $(p_{i1},\ p_{i2},\ \cdots,\ p_{iK})$，通常取概率最大的一类作为其所属类别的预测值，即 $\arg\max\limits_{k\in\{1,\cdots,K\}} p_{ik}$。

3. 实例分析：学生项目数据

在日常生活中有许多多分类问题的例子，如毕业生的职业选择、消费者在电子商务网站上的购物倾向等，都会受到其社会地位、家庭背景、经济收入等多方面因素的影响。下面以加利福尼亚大学洛杉矶分校 (UCLA) 提供的学生项目数据为例，介绍如何利用多分类 Logistic 回归模型拟合数据，并由此探索可能影响结果的因素。该数据记录了 200 名学生在开学后选择的项目类型 (prog)，包括综合型 (general)、学术型 (academic) 和职业型 (vocation)。此外，还记录了可能对选择结果有影响的两个因素：在社会中的家庭经济地位 (ses，分高、中、低三档)、学生本人的写作分数 (write)。

先通过描述统计分别观察这两个因素与项目选择的关系。根据所选项目的不同画出学生写作分数的分组箱线图，如图7.4所示。可以看到，选择学术型项目的学生写作分数普遍更高，而选择职业型项目的学生的写作分数最低，表明学生对未来发展的规划与其学业成绩可能存在较强的联系。再画出不同项目中学生家庭经济地位的频数分布条形图，如图7.5所示。由该结果可知，家庭经济地位较高的学生明显更倾向于选择学术型项目，而其他学生选择职业型项目的占比更高，表明学生的职业规划还受到家庭条件的牵制。

```
> library(foreign)
> url<-"https://stats.idre.ucla.edu/stat/data/hsbdemo.dta"
> hsb<-read.dta(url)                        #读取数据
> hsb<-hsb[,c('ses','write','prog')]#取家庭经济地位、写作分数、项目类型三个变量
> head(hsb)                                 #查看前6行数据
     ses write     prog
1    low    35 vocation
2 middle    33  general
3   high    39 vocation
4    low    37 vocation
5 middle    31 vocation
6   high    36  general

> hsb$prog<-factor(hsb$prog,levels=c('academic','general','vocation'))
> hsb$ses<-factor(hsb$ses,levels=c('low','middle','high'))
> # 画出不同项目组学生的写作分数分布箱线图，见图7.4
> ggplot(hsb,aes(x=prog,y=write,fill=prog))+
+   geom_boxplot()+
+   scale_fill_viridis_d()+
+   theme_bw()+
+   theme(plot.title=element_text(hjust=0.5))
```

```
> # 再画出不同项目组学生的家庭经济地位频数分布条形图, 见图7.5
> tab<-ftable(hsb$ses,hsb$prog)
> tab                                     # 学生家庭经济地位与项目类型列联表
        academic general vocation

low           19      16       12
middle        44      20       31
high          42       9        7
> tab<-data.frame(count=as.vector(tab),
+                   ses=rep(levels(hsb$ses),3),
+                   prog=rep(levels(hsb$prog),each=3))

> # 画出选择不同项目的学生的家庭经济地位分布条形图
> tab$prog<-factor(tab$prog,levels=c('academic','general','vocation'))
> tab$ses<-factor(tab$ses,levels=c('low','middle','high'))
> ggplot(tab,aes(x=ses,y=count,fill=prog))+
+   geom_bar(stat='identity')+
+   scale_fill_viridis_d()+
+   theme_bw()+
+   theme(plot.title=element_text(hjust=0.5))
```

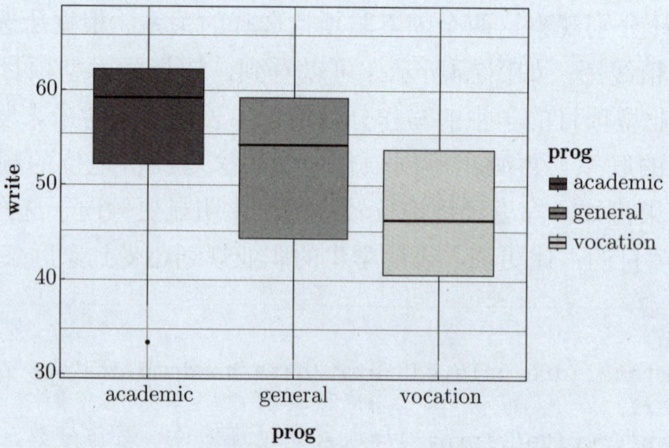

图 7.4　不同项目组学生的写作分数分布箱线图

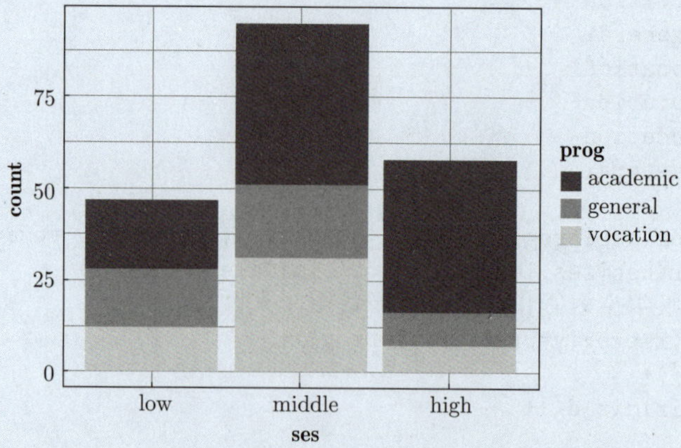

图 7.5　不同项目组学生的家庭经济地位频数分布条形图

接下来以学生的写作分数和家庭经济地位为预测变量，以学生选择的项目类型为响应变量，通过拟合多分类 Logistic 回归模型，分析不同因素对学生所做选择的影响。与二分类 Logistic 回归模型不同，在多分类 Logistic 回归模型中，需要指定作为参照水平的类别。下面以“学术型”作为参照水平，主要考察学生在选择“学术型”与其他类型时写作分数和家庭经济地位的影响。而预测变量中表示家庭经济地位的分类型变量 ses 则以“低”为参照水平，设 ses_high 和 ses_middle 两个哑变量表示三类经济条件，如下所示。

$$\begin{cases} \text{ses\_high} = 1, & \text{高} \\ \text{ses\_high} = 0, & \text{其他} \end{cases}, \quad \begin{cases} \text{ses\_middle} = 1, & \text{中} \\ \text{ses\_middle} = 0, & \text{其他} \end{cases}$$

根据式 (7.4.1)，实际上模型可以表示为以下两部分：

$$\frac{P(\text{prog} = \text{general})}{P(\text{prog} = \text{academic})} = \exp\left(\beta_{10} + \beta_{11}\text{ses\_middle} + \beta_{12}\text{ses\_high} + \beta_{13}\text{write}\right)$$

$$\frac{P(\text{prog} = \text{vocation})}{P(\text{prog} = \text{academic})} = \exp\left(\beta_{20} + \beta_{21}\text{ses\_middle} + \beta_{22}\text{ses\_high} + \beta_{23}\text{write}\right)$$

类似于二分类 Logistic 回归模型中的定义，$P(\text{prog} = \text{general})/P(\text{prog} = \text{academic})$ 表示学生选择综合型项目相对于选择学术型项目的“优势”，而通过拟合模型，可以预估在控制其他变量的条件下，单个变量对该“优势”的影响。例如，当学生的家庭经济地位相同时，写作分数增加一分，则“优势”会是原来的 $\exp(\beta_{13})$ 倍，显然，如果系数 β_{13} 为负，那么说明写作分数高的学生选择综合型项目的倾向更低。

```
> # 以学术型为参照，拟合多分类 Logistic 回归模型
> library(nnet)
> hsb$prog<-relevel(hsb$prog,ref="academic")
> model<-multinom(prog~ses+write,data=hsb)
# weights:  15 (8 variable)
initial  value 219.722458
iter  10 value 179.982880
final  value 179.981726
converged

> summary(model)      # 模型拟合结果
Call:
multinom(formula=prog~ses+write,data=hsb)

Coefficients:
         (Intercept)  sesmiddle    seshigh       write
general     2.852198 -0.5332810 -1.1628226 -0.0579287
vocation    5.218260  0.2913859 -0.9826649 -0.1136037

Std. Errors:
         (Intercept) sesmiddle   seshigh       write
general     1.166441 0.4437323 0.5142196 0.02141097
```

```
vocation     1.163552 0.4763739 0.5955665 0.02221996

Residual Deviance: 359.9635
AIC: 375.9635
```

模型拟合结果如表 7.9 所示，可以看到，写作分数对应的系数均为负值，表明写作分数高的学生更倾向于选择学术型项目；在综合型与学术型这两类的比较中，由于 ses_middle 和 ses_high 的系数都为负，表明家庭经济地位较低的学生相比家庭经济地位较高的学生更可能选择综合型项目；在职业型和学术型这两类的比较中，由 ses_middle 系数为正可以推断家庭经济地位居中的学生更倾向于选择职业型项目，而由 ses_high 系数为负可知家庭经济地位较高的学生更青睐学术型项目。

表 7.9 多分类 Logistic 回归模型拟合结果 (学生项目数据)

	截距项	ses_middle	ses_high	write
综合型	2.852	−0.533	−1.163	−0.058
职业型	5.218	0.291	−0.983	−0.114

7.5 泊松回归模型

1. 模型具体形式

泊松回归模型 (Cameron and Trivedi, 2013) 假设响应变量服从泊松分布，适用于响应变量为计数型数据的情形。所谓计数型数据，是指一定时间或空间内一个特定事件发生的次数。常见的例子包括：吸烟者经过戒烟教育后在一年内的吸烟次数；10 年间某个十字路口发生交通事故的次数等。设响应变量 Y 表示感兴趣事件的发生次数，可以假设其服从均值为 μ 的泊松分布，概率密度函数为：

$$f(y;\ \mu)=\frac{\mu^y \mathrm{e}^{-\mu}}{y!},\quad y\in\{0,\ 1,\ 2,\ \cdots\}$$

此时泊松回归模型的连接函数为：

$$\log\mu_i=\boldsymbol{X}_i\boldsymbol{\beta}$$

在实际应用中，泊松回归模型也适用于预测变量为比例型变量的数据。比例是指一定时间或空间内一个特定事件发生的次数除以“暴露” (exposure) 总数。例如，为了研究某种疾病的发病率与年龄的关系，研究者调查了某城市中各年龄段的发病人数与人口总数，其中发病人数就是感兴趣事件的发生次数，而居民人口数就是“暴露”总数，使用对应年龄段的发病人数除以“暴露”总数得到各年龄段的发病人口比例。注意，在比例的构成中，感兴趣事件的发生次数才是要预测的变量，同样假设其服从泊松分布，而“暴露”总数是已知的，通常的处理方式是在泊松回归模型中把“暴露”作为 offset 项 (偏移量)，即

$$\log\mu_i=\log\mathrm{exposure}_i+\boldsymbol{X}_i\boldsymbol{\beta}$$

等价于

$$\log \mu_i - \log \text{exposure}_i = \log \frac{\mu_i}{\text{exposure}_i} = \boldsymbol{X}_i \boldsymbol{\beta}$$

注意到，在泊松分布中，有 $E(Y) = \text{Var}(Y) = \mu$，所以在假设其分布的同时也假定均值与方差是相等的。实际数据的方差通常会大于均值，出现过度离散 (overdispersion) 的问题，拟合模型时需要进行一定调整。为了简洁起见，在本书中不过多讨论如何解决过度离散的问题，读者如果感兴趣，可以参阅文献 Berk and MacDonald (2008)。

此外，在实际数据分析中，尽管研究者假设数据服从泊松分布，但有时响应变量取零的比例会明显高于泊松分布随机变量理论上取零的概率，如图 7.6 所示，这就是“零膨胀” (zero inflation) 问题。例如，某机构调查学生从小到大的考试作弊次数，那么回答“一次都没有”的学生可能一部分来自“实际上有过作弊行为但是向调查者隐瞒”的子总体，另一部分来自作弊次数服从泊松分布的子总体，并且作弊次数确实为零。此时，由于调查结果中零的频次特别高，直接使用泊松回归模型拟合的效果较差，需要应用零膨胀泊松 (zero-inflated Poisson，ZIP) 回归模型 (Lambert, 1992) 进行拟合。

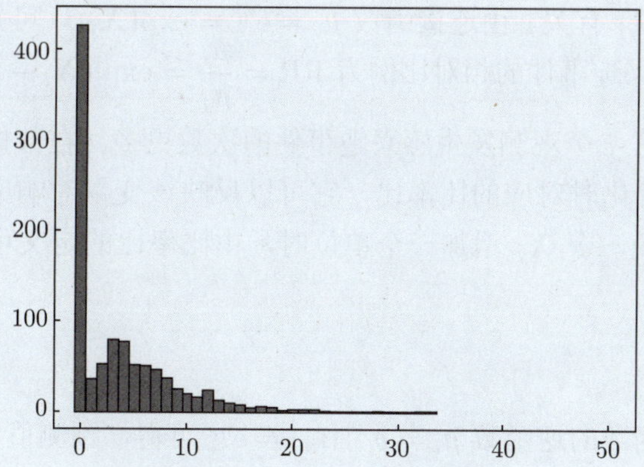

图 7.6 “零膨胀”示意图

2. 参数估计

对于泊松回归模型，求解系数时只需要在算法 7.1 中将连接函数 $g(\cdot)$ 写成 log 连接函数的具体形式，同时对权重矩阵 $\boldsymbol{W} = \text{diag}(w_1, w_2, \cdots, w_n)$ 进行相应的修改即可。在泊松回归模型中，有 $a(\phi)V(\mu_i) = \text{Var}(y_i) = \mu_i$，且 $g'(\mu_i) = 1/\mu_i$，因此有 $w_i = 1/(V(\mu_i)\,a(\phi)\,(g'(\mu_i))^2) = \mu_i$。

3. 置信区间

由大样本性质，在广义线性回归模型中，构造置信区间的重点在于估计 $\text{Var}(\hat{\boldsymbol{\beta}})$。在泊松回归模型中，有

$$\text{Var}(\hat{\boldsymbol{\beta}}) = (\boldsymbol{X}^\top \boldsymbol{W} \boldsymbol{X})^{-1}$$

式中，权重矩阵 $\boldsymbol{W} = \text{diag}(w_1, w_2, \cdots, w_n)$，$w_i = \mu_i$，而 μ_i 是未知量，因此 $\boldsymbol{W}$ 也需要通过迭代进行估计。

4. 假设检验

进行假设检验时需要先定义泊松回归模型中的偏差。由响应变量服从泊松分布，有 $\theta_i = \log \mu_i$，$b(\theta_i) = e^{\theta_i} = \mu_i$，那么在全模型中，有 $\widetilde{\theta}_i = \log \widetilde{\mu}_i = \log y_i$，而在当前模型中，有 $\widehat{\theta}_i = \log \widehat{\mu}_i$，因此偏差为：

$$
\begin{aligned}
D(y,\ \hat{\mu}) &= 2\sum_{i=1}^{n}\left[y_i\left(\tilde{\theta}_i - \hat{\theta}_i\right) - \left(b\left(\tilde{\theta}_i\right) - b\left(\hat{\theta}_i\right)\right)\right] \\
&= 2\sum_{i=1}^{n}\left[y_i\left(\log y_i - \log \widehat{\mu}_i\right) - \left(y_i - \hat{\mu}_i\right)\right] \\
&= 2\sum_{i=1}^{n}\left[y_i \log\left(y_i/\hat{\mu}_i\right) - \left(y_i - \hat{\mu}_i\right)\right]
\end{aligned}
$$

5. 模型解释

在二分类 Logistic 回归模型中，系数 β_j 与优势比有关，而在泊松回归模型中，系数与比率比 (rate ratio，RR) 有关。由连接函数 $\mu_i = e^{\eta_i} = \exp(\boldsymbol{X}_i\boldsymbol{\beta})$ 可知，观测 i 相对于观测 j，平均意义上发生感兴趣事件的相对比例为 $\mathrm{RR} = \dfrac{\mu_i}{\mu_j} = \exp[(\boldsymbol{X}_i - \boldsymbol{X}_j)\boldsymbol{\beta}]$。比率比大于 1，表明第 i 个观测相比第 j 个观测发生感兴趣事件的次数更多。在数据分析中，研究者感兴趣的是某个变量 X_j 变化时对应的比率比，它可以反映该变量对响应变量的影响程度。当控制其他变量保持不变，令 X_j 增加一个单位时，由比率比的定义可知，$\mathrm{RR} = e^{\beta_j}$，其估计值为 $\widehat{\mathrm{RR}} = e^{\widehat{\beta}_j}$。

6. 预测

预测时，由连接函数的逆函数 $\mu_i = g^{-1}(\eta_i) = e^{\eta_i}$ 可得，预测值为 $\widehat{\mu}_i = \exp(\boldsymbol{X}_i\hat{\boldsymbol{\beta}})$。如果存在 offset 项，则预测值为 $\widehat{\mu}_i = \text{exposure}_i \cdot \exp(\boldsymbol{X}_i\hat{\boldsymbol{\beta}})$。

7. 实例分析：斐济妇女育子数据

《世界生育率调查技术公报》(*World Fertility Survey Technical Bulletins*) 提供的儿童出生数据集 (The Children Ever Born Data) (Little, 1978) 记录了斐济不同婚龄、居住地、受教育程度的妇女的育子数据。数据集已经按照不同的社会背景将妇女分为 70 组 (序号为 $1 \sim 71$，第 68 组数据空缺)，并统计每组中的妇女数以及对应的总育子数。变量的具体信息见表 7.10。作为示例，其前 6 组如表 7.11 所示。

表 7.10　斐济儿童出生数据集变量信息

变量	字段名	含义 (取值范围)
婚龄	dur	分 6 个时间段：0~4，5~9，10~14，15~19，20~24，25~29
居住地	res	Suva：斐济首都；urban：城市居民 (非首都)；rural：农村居民
受教育程度	educ	none：未受教育；lower：初级小学；upper：高级小学；sec+：中学或以上
均值	mean	该组每个妇女的平均育子数
方差	var	该组妇女的育子数的样本方差
人数	n	该组妇女的总人数
育子数	y	该组妇女的总育子数

表 7.11　斐济儿童出生数据集 (前 6 组)

dur	res	educ	mean	var	n	y
0~4	Suva	none	0.50	1.14	8	4.00
0~4	Suva	lower	1.14	0.73	21	23.94
0~4	Suva	upper	0.90	0.67	42	37.80
0~4	Suva	sec+	0.73	0.48	51	37.23
0~4	urban	none	1.17	1.06	12	14.04
0~4	urban	lower	0.85	1.59	27	22.95

对于这一数据，研究者想回答的问题是：不同社会背景的妇女的生育率是否存在显著差异？具体来说：是否女性受教育程度越高，生育意愿越低，拥有的孩子越少？生活在都市、拥有更多工作机会的女性相比生活在农村地区、更多居家务农的女性，生育率是否会更低？为了探索这一系列问题，可以将不同组别妇女的育子数视为服从泊松分布的随机变量，使用婚龄、居住地、受教育程度作为预测变量，同时将各组的妇女数作为 offset 项，拟合泊松回归模型，预测不同社会背景的妇女的生育率，并比较各个变量所发挥的作用。

建模之前，先通过数据可视化探索预测变量与响应变量之间的关系。首先画出不同组别妇女育子数的分布直方图，并添加核密度曲线，观察是否可以用泊松分布拟合，结果如图 7.7 所示。可以看到，除了少数极端值，总的来说，育子数的分布与泊松分布较为接近，适合使用泊松回归模型建模。

```
> ceb<-read.csv('ChildrenEverBorn.csv')
> head(ceb)              # 查看数据前6行
  dur    res   educ  mean   var   n      y
1 0-4   Suva   none  0.50  1.14   8   4.00
2 0-4   Suva  lower  1.14  0.73  21  23.94
3 0-4   Suva  upper  0.90  0.67  42  37.80
4 0-4   Suva   sec+  0.73  0.48  51  37.23
5 0-4  urban   none  1.17  1.06  12  14.04
6 0-4  urban  lower  0.85  1.59  27  22.95

> # 转换因子水平，以第一个为参照水平
> ceb$educ[ceb$educ=="sec+"]<-"sec"
> ceb$educ<-factor(ceb$educ,levels=c("none","lower","upper","sec"))
> ceb$res<-factor(ceb$res,levels=c("Suva","urban","rural"))
> ceb$dur<-factor(ceb$dur,levels=c("0-4","5-9","10-14","15-19",
+                 "20-24","25-29"))
> # 育子数分布直方图与核密度曲线
> ggplot(ceb)+
+   geom_histogram(aes(x=y,y=..density..),bins=40,
+                  color="black",fill="white")+
+   geom_density(aes(x=y))+
+   labs(x="Children ever born")+
+   theme_bw()+
+   theme(plot.title=element_text(hjust=0.5))
```

接下来考察三个预测变量 (婚龄、居住地、受教育程度) 与响应变量之间的关系。由于

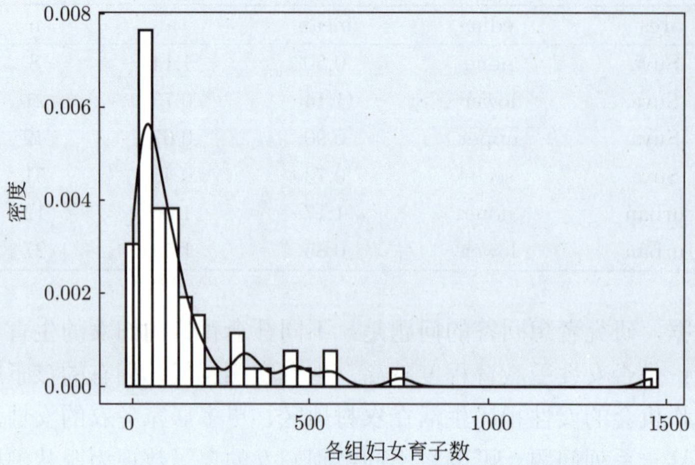

图 7.7　斐济儿童出生数据集中育子数分布直方图

这三个变量都是分类型变量，所以可以画出育子数在不同组别中分布的小提琴图[①]，查看其在各组中的分布是否存在明显差异，结果如图 7.8至图7.10 所示。注意，由于不同组别的妇女数存在较大差异，为了便于直接比较，此处画的是平均育子数 (即变量 mean) 的小提琴图。

```
> # 不同婚龄妇女平均育子数的小提琴图
> ggplot(ceb)+
+   geom_violin(aes(x=dur,y=mean,fill=dur),trim=F)+
+   xlab("Marriage duration")+
+   ylab("Mean children ever born")+
+   scale_fill_viridis_d()+
+   theme_bw()+
+   theme(plot.title=element_text(hjust=0.5))
>
> # 不同居住地妇女平均育子数的小提琴图
> ggplot(ceb)+
+   geom_violin(aes(x=res,y=mean,fill=res),trim=F)+
+   xlab("Residence")+
+   ylab("Mean children ever born")+
+   scale_fill_viridis_d()+
+   theme_bw()+
+   theme(plot.title=element_text(hjust=0.5))
>
> # 不同受教育程度妇女平均育子数的小提琴图
> ggplot(ceb)+
+   geom_violin(aes(x=educ,y=mean,fill=educ),trim=F)+
+   xlab("Education")+
+   ylab("Mean children ever born")+
+   scale_fill_viridis_d()+
+   theme_bw()+
+   theme(plot.title=element_text(hjust=0.5))
```

① 与箱线图类似，左右两边是对称的核密度曲线。

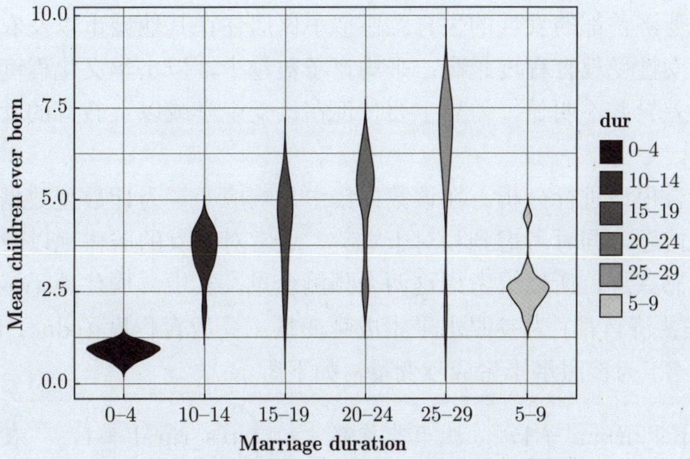

图 7.8　不同婚龄妇女平均育子数的小提琴图

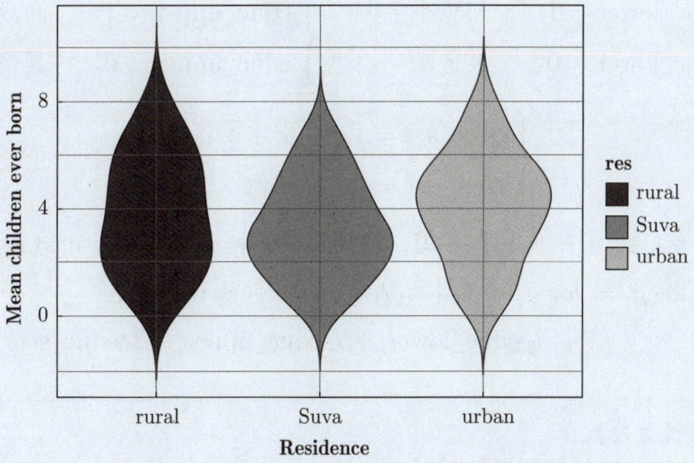

图 7.9　不同居住地妇女平均育子数的小提琴图

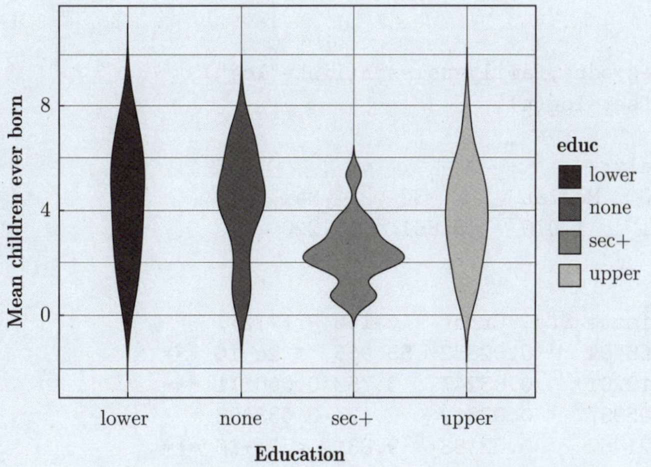

图 7.10　不同受教育程度妇女平均育子数的小提琴图

由小提琴图可知，随着婚龄的增长，平均每个妇女的育子数也在增加，这是合乎常理的现象；居住在斐济首都的女性的生育意愿似乎比居住在其他城市以及农村地区的女性的生育意愿更低；女性受教育程度越高，平均育子数越少，但小学文化程度的女性和未受教育的女性之间的差异并不明显，差异主要体现在接受中学或以上教育的女性与其他三组女性之间。

下面通过拟合模型进行分析。在该数据集中，响应变量为计数型数据，适用泊松回归模型。为了简化问题，同时考虑到相对于婚龄，通常对妇女的居住地以及受教育程度对于育子数的影响更感兴趣，所以只考虑这两个预测变量。其中，居住地 (res) 是多分类变量，取 Suva (居住在斐济首都) 为参照水平生成哑变量；受教育程度 (educ) 也是多分类变量，取 none (未受教育) 为参照水平生成哑变量，如下所示：

$$\begin{cases} \text{res\_urban} = 1, & \text{城市非首都} \\ \text{res\_urban} = 0, & \text{其他} \end{cases}, \quad \begin{cases} \text{res\_rural} = 1, & \text{农村} \\ \text{res\_rural} = 0, & \text{其他} \end{cases}$$

$$\begin{cases} \text{educ\_lower} = 1, & \text{初级小学} \\ \text{educ\_lower} = 0, & \text{其他} \end{cases}, \quad \begin{cases} \text{educ\_upper} = 1, & \text{高级小学} \\ \text{educ\_upper} = 0, & \text{其他} \end{cases}$$

$$\begin{cases} \text{educ\_sec} = 1, & \text{中学或以上} \\ \text{educ\_sec} = 0, & \text{其他} \end{cases}$$

将每组的妇女总数 n 作为 offset 项，使用对数连接函数，模型可以表示为：

$$\begin{aligned} \log \mu_i = & \log n_i + \beta_0 + \beta_1 \text{res\_urban}_i + \beta_2 \text{res\_rural}_i \\ & + \beta_3 \text{educ\_lower}_i + \beta_4 \text{educ\_upper}_i + \beta_5 \text{educ\_sec}_i \end{aligned}$$

```
> # 直接使用似然函数拟合
> glm_ceb1<-glm(y~res+educ,offset=log(n),
+                          family=poisson(link="log"),data=ceb)
> summary(glm_ceb1) # 模型拟合结果

Call:
glm(formula=y~res+educ,family=poisson(link="log"),
    data=ceb,offset=log(n))

Deviance Residuals:
    Min       1Q   Median       3Q      Max
-19.203   -3.411    1.070    3.851   13.220

Coefficients:
            Estimate Std. Error z value Pr(>|z|)
(Intercept)  1.58494    0.02832  55.966  < 2e-16 ***
resurban     0.12201    0.03247   3.758 0.000171 ***
resrural     0.05997    0.02819   2.127 0.033408 *
educlower   -0.21462    0.02183  -9.831  < 2e-16 ***
educupper   -0.61947    0.02917 -21.238  < 2e-16 ***
educsec     -1.22362    0.05215 -23.462  < 2e-16 ***
```

```
---
Signif. codes:  0 '***' 0.001 '**' 0.01 '*' 0.05 '.' 0.1 ' ' 1

(Dispersion parameter for poisson family taken to be 1)

    Null deviance: 3731.5  on 69  degrees of freedom
Residual deviance: 2646.5  on 64  degrees of freedom
AIC: Inf

Number of Fisher Scoring iterations: 5

> # 过度离散检验
> library(qcc)
> qcc.overdispersion.test(ceb$y)

Overdispersion test Obs.Var/Theor.Var Statistic p-value
       poisson data          322.9545  22283.86       0

> # 使用拟似然函数拟合
> glm_ceb2<-glm(y~res+educ,offset=log(n),
+                  family=quasipoisson(link="log"),data=ceb)
> summary(glm_ceb2)      # 模型拟合结果

Call:
glm(formula=y~res+educ,family=quasipoisson(link="log"),
    data=ceb,offset=log(n))

Deviance Residuals:
    Min       1Q   Median       3Q      Max
-19.203   -3.411    1.070    3.851   13.220

Coefficients:
            Estimate Std. Error t value Pr(>|t|)
(Intercept)  1.58494    0.17355   9.133 3.32e-13 ***
resurban     0.12201    0.19895   0.613 0.541876
resrural     0.05997    0.17277   0.347 0.729645
educlower   -0.21462    0.13378  -1.604 0.113578
educupper   -0.61947    0.17874  -3.466 0.000950 ***
educsec     -1.22362    0.31960  -3.829 0.000296 ***
---
Signif. codes:  0 '***' 0.001 '**' 0.01 '*' 0.05 '.' 0.1 ' ' 1

(Dispersion parameter for quasipoisson family taken to be 37.55359)

    Null deviance: 3731.5  on 69  degrees of freedom
Residual deviance: 2646.5  on 64  degrees of freedom
AIC: NA

Number of Fisher Scoring iterations: 5
```

模型拟合结果如表 7.12 所示。可以看到，哑变量 res_urban 对应的系数估计值为 0.122，即居住在其他城市的女性相比居住在斐济首都的女性的育子数的比率比的估计值为

$e^{\hat{\beta}_1} = e^{0.122} \approx 1.130$，表明在控制其他变量不变的条件下，平均意义上，居住在其他城市的女性的育子数更多。同理，居住在农村地区的女性相比居住在斐济首都的女性的育子数也更多。哑变量 educ_lower 的系数估计值为 −0.215，即接受了初级小学教育的女性相比未受教育女性的育子数的比率比的估计值为 $e^{\hat{\beta}_3} = e^{-0.215} \approx 0.807$，表明在控制其他变量不变的条件下，平均意义上，接受初级小学教育的女性比未受教育的女性的育子数更少。而且注意到，随着女性受教育程度的提高，变量 educ_lower、educ_upper 与 educ_sec 对应的系数估计值依次减小，表明受教育程度越高的女性，其生育意愿越低。综上，女性的居住地以及受教育程度都会造成育子数的差异，但上述差异是否具有统计显著性还需要进一步讨论。

表 7.12　泊松回归模型拟合结果 (斐济儿童出生数据集)

	系数估计	标准误差	t 值	p 值
截距项	1.585	0.028	55.97	<2e-16
res_urban	0.122	0.032	3.76	0.000
res_rural	0.060	0.028	2.13	0.033
educ_lower	−0.215	0.022	−9.83	<2e-16
educ_upper	−0.619	0.029	−21.24	<2e-16
educ_sec	−1.224	0.052	−23.46	<2e-16

前面提到，在泊松分布中，恒有 $E(Y) = \text{Var}(Y) = \mu$，所以当研究者假设响应变量服从泊松分布时，也相当于同时假定其真实均值与真实方差是相等的。然而，实际数据的方差通常会大于均值，出现过度离散的问题，违背这一假设，如果还使用原来的最大似然法来进行系数的估计，则会使研究者错误估计系数的标准误差，从而导致对系数的显著性检验变得不准确。为了避免这一问题，可以在拟合模型前先检验响应变量是否存在过度离散的问题。在 R 中，qcc 包 (Scrucca, 2004) 提供的 qcc.overdispersion.test 函数可以完成这一任务。对斐济儿童出生数据集中的响应变量 y 进行检验，原假设为响应变量不存在过度离散现象，结果显示 p 值接近零，即不拒绝原假设，推断确实存在过度离散现象。在拟合模型时，将系数估计用到的似然函数改为拟似然函数，得到新的系数估计结果如表 7.13 所示。

表 7.13　使用拟似然函数的泊松回归模型拟合结果 (斐济儿童出生数据集)

	系数估计	标准误差	t 值	p 值
截距项	1.585	0.174	9.13	3.32e-13
res_urban	0.122	0.199	0.61	0.542
res_rural	0.060	0.173	0.35	0.730
educ_lower	−0.215	0.134	−1.60	0.114
educ_upper	−0.619	0.179	−3.47	0.001
educ_sec	−1.224	0.320	−3.83	0.000

可以看到，使用拟似然函数后，系数的估计值保持不变，但对标准误差的估计有所变化。关于居住地的两个哑变量 res_urban 与 res_rural 不再是显著的，表明居住地并不是引起妇女育子数显著变化的因素。在关于受教育程度的哑变量中，变量 educ_lower 的系数不

显著，表明仅仅接受初级小学教育的女性，其育子数相对于未接受教育的女性并没有显著差异，而接受了高级小学教育以及中学或以上教育的女性，其育子数才显著有减少。

7.6 小结与评注

广义线性回归是对一般线性回归的推广。在广义线性回归中，假设响应变量服从的分布属于指数分布族。本章首先介绍指数分布族的定义及其性质，指出正态分布是一个特例，当响应变量服从正态分布时，广义线性回归等价于一般线性回归；而当响应变量的分布服从非正态的指数分布族时，需要通过连接函数将预测变量的线性组合与响应变量的条件均值联系起来，由此引出模型的基本构成。在此基础上，本章介绍了如何在广义线性回归模型的框架中进行参数估计以及预测，并分别以二分类 Logistic 回归模型、多分类 Logistic 回归模型以及泊松回归模型为例，结合实际例子展示了数据分析过程。

在实际数据中，由于感兴趣的响应变量所服从的分布具有多样性，广义线性回归模型及其相关研究具有重要的现实意义。由于模型参数的估计及预测结果的输出都依赖于响应变量服从的具体分布，在应用模型前，应该先根据样本信息以及数据相关背景对其分布进行合理的推断，判断其服从正态分布、伯努利分布还是其他分布，再选择相应的模型。在这一过程中，对样本分布的相关描述统计以及显著性检验是必要的。由于篇幅限制，本章并没有对这一步骤进行太多介绍。如同前面章节介绍的正态性检验，检验方法与假设的具体分布有关，如果读者对这一内容感兴趣，可以阅读相关文献。

此外，需要注意的是，和一般线性回归模型一样，无论哪种具体的广义线性回归模型，都无法完美地拟合现实数据。例如，在泊松回归的例子中，由于假设响应变量服从泊松分布，暗含了“均值与方差相等”这一假设，当样本的分布明显不满足这一假设时，参数的估计精度就会受到影响；又如，在实际数据中常出现的“零膨胀”问题，也会让样本的分布偏离泊松分布，影响模型的参数估计与预测。因此，读者在应用广义线性回归模型解决实际问题时，需要注意到不符合模型假设的情况，评估是否需要改进模型，并探索改进方法。

7.7 附录：SPSS 操作演示

1. 泰坦尼克号数据实例分析

在 SPSS 中，选择“文件”，再点选“打开”选项，选择“tit.sav”文件打开，得到数据视图。获取列联表的操作为：依次选择“分析”→“描述统计”→“交叉表”，在“行”“列”“层”分别填入三个变量，再点击“确定”。具体操作如图 7.11和图7.12 所示。

在 SPSS 中实现数据转换的操作为：在数据视图中选择“转换”，再点选“重新编码为不同变量”选项，在弹出的对话框中选择需要转换的变量，定义转换后的变量名称，然后点击“旧值和新值”按钮，在弹出的对话框中依次指定各个旧值对应的新值，点击“继续”完成转换。具体操作如图 7.13至图7.18 所示。

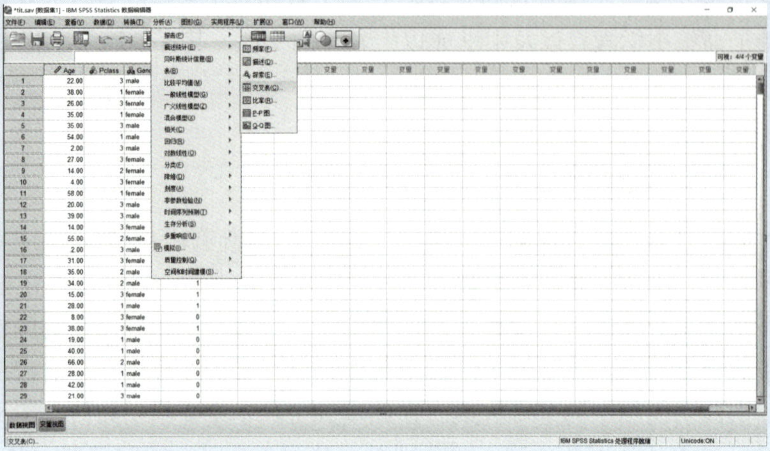

图 7.11　SPSS 列联表操作示意图 1

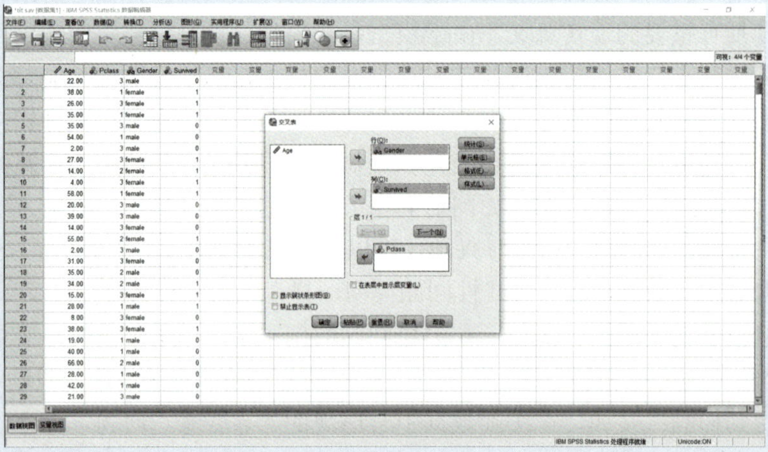

图 7.12　SPSS 列联表操作示意图 2

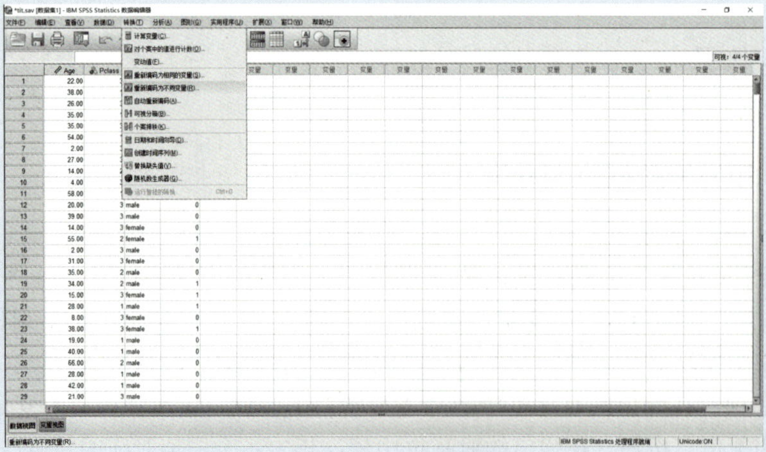

图 7.13　SPSS 数据转换操作示意图 1

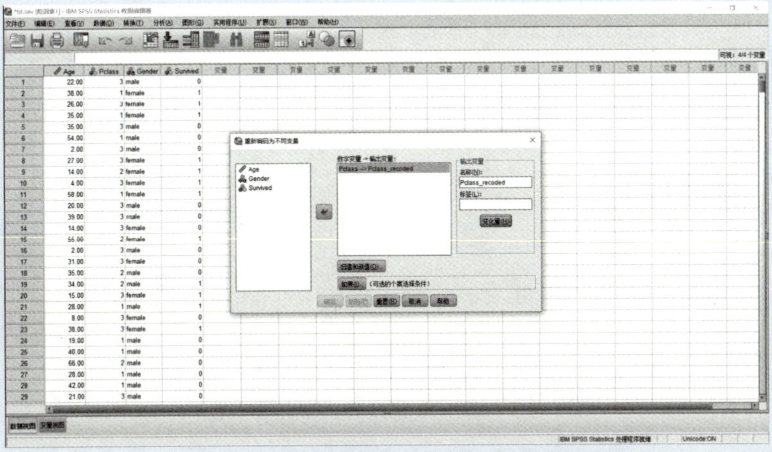

图 7.14　SPSS 数据转换操作示意图 2

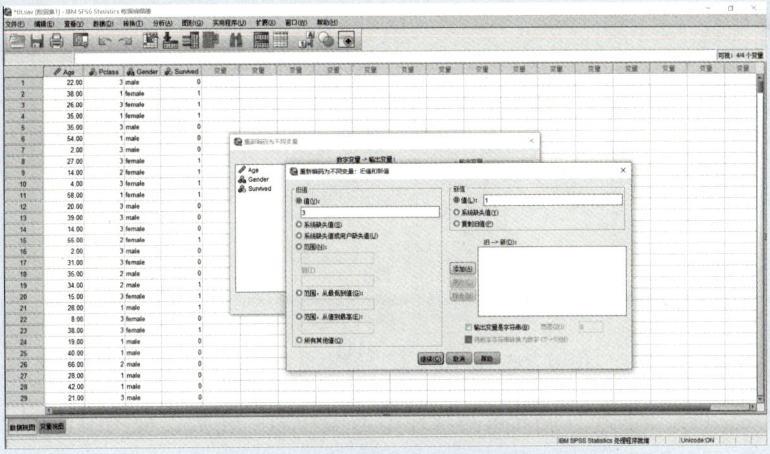

图 7.15　SPSS 数据转换操作示意图 3

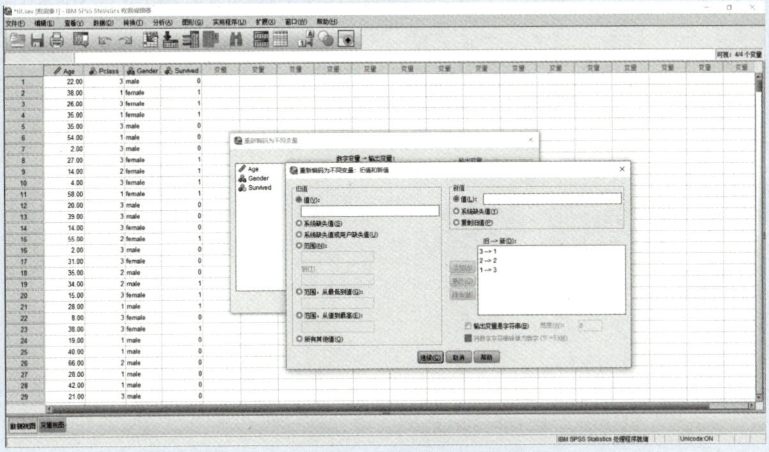

图 7.16　SPSS 数据转换操作示意图 4

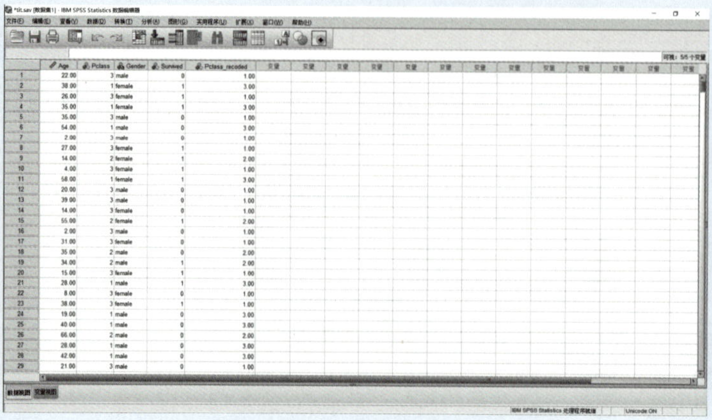

图 7.17　SPSS 数据转换操作示意图 5

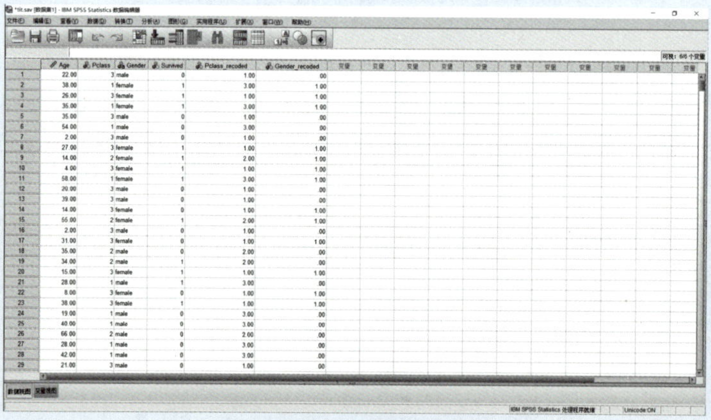

图 7.18　SPSS 数据转换操作示意图 6

在 SPSS 中拟合二分类 Logistic 回归模型的操作为：在数据视图中选择“分析”，再依次选择“回归”→“多元 Logistic”选项，在弹出的对话框中选定性别和舱位档次为“因子”，选定年龄为“协变量”，点击“保存”，设置模型拟合后需要保存的结果为“估算响应概率”和“预测类别”，最后点击“继续”完成。具体操作见图 7.19至图7.22，预测结果见图7.23。

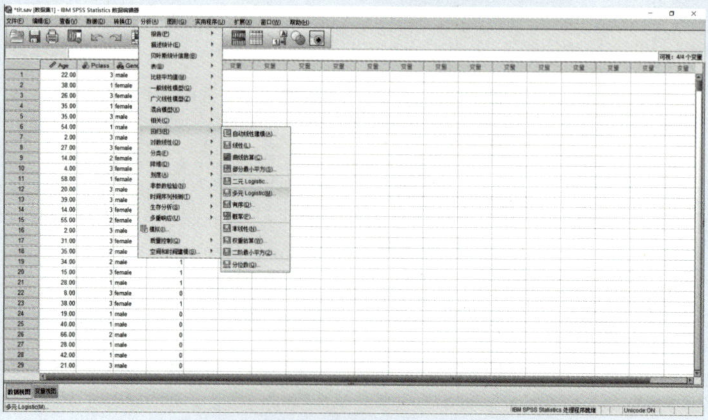

图 7.19　SPSS 模型拟合操作示意图 1

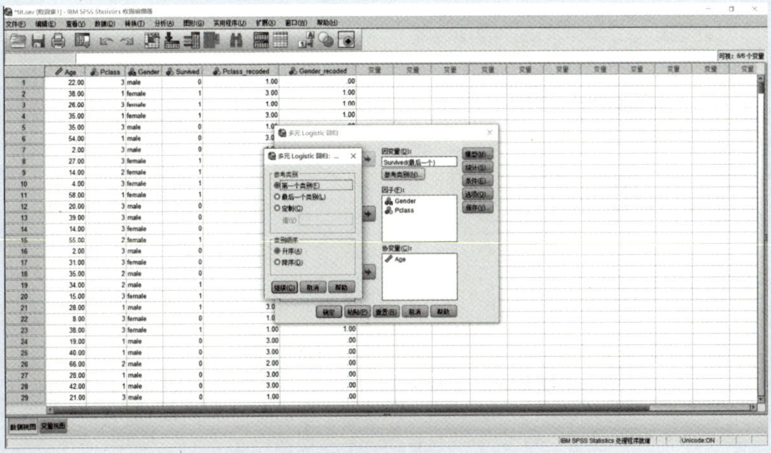

图 7.20　SPSS 模型拟合操作示意图 2

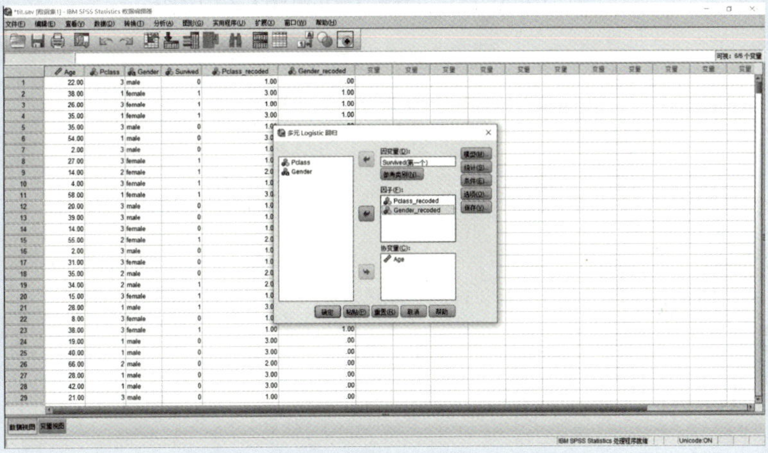

图 7.21　SPSS 模型拟合操作示意图 3

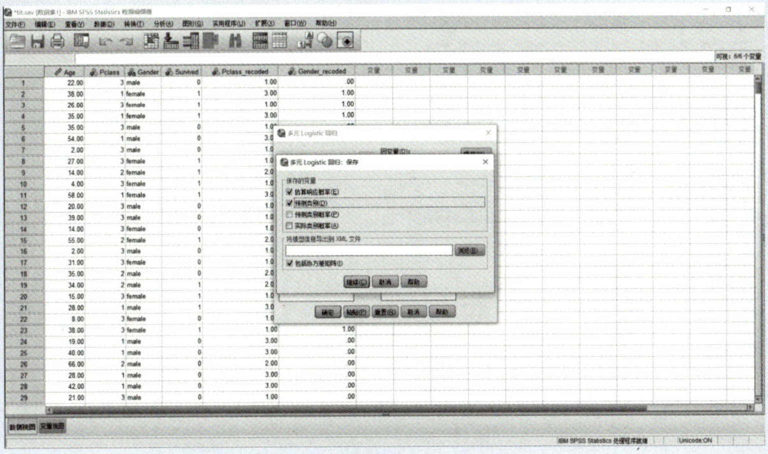

图 7.22　SPSS 模型拟合操作示意图 4

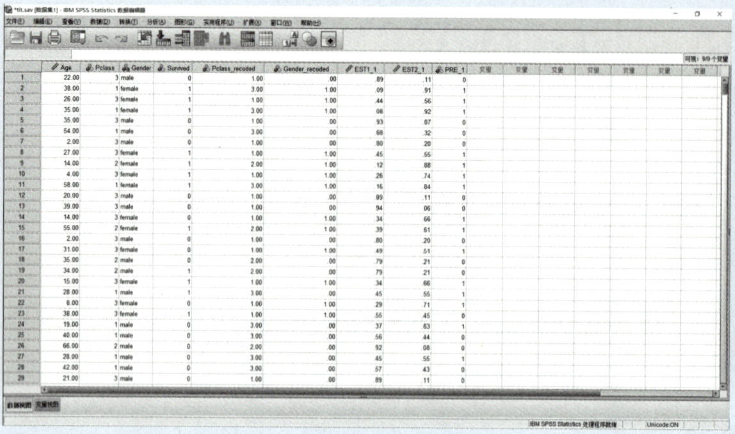

图 7.23　SPSS 模型预测结果

在 SPSS 中获取混淆矩阵的操作为：通过拟合模型得到预测结果后，选择“变量视图”子页，选择真实值与预测值构造列联表，如图 7.24和图7.25 所示。

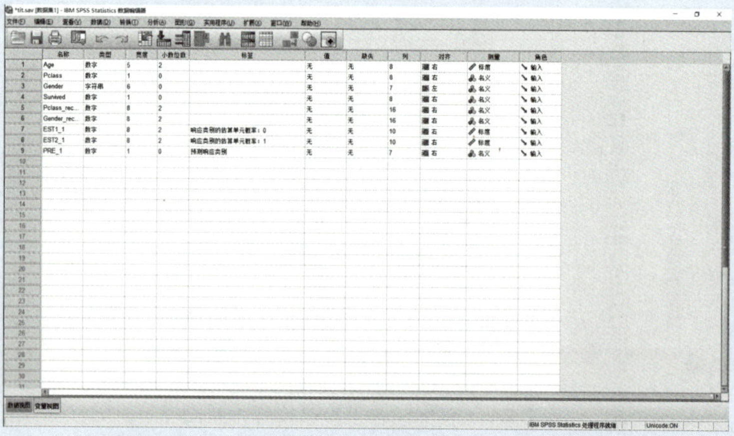

图 7.24　SPSS 获取混淆矩阵操作示意图 1

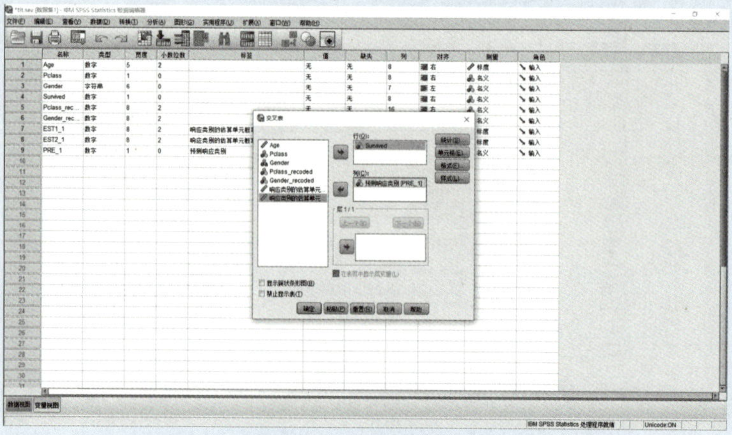

图 7.25　SPSS 获取混淆矩阵操作示意图 2

2. 学生项目数据实例分析

在 SPSS 中，选择“文件”→“打开”，选择“hsb.sav”文件打开，得到该数据集的数据视图。绘制分组箱线图的操作为：在数据视图中，依次选择“图形”→“旧对话框”→“箱图”→“简单”，在弹出的对话框中指定“变量”为“write”，“类别轴”为“prog”，具体操作如图7.26至图7.28所示。

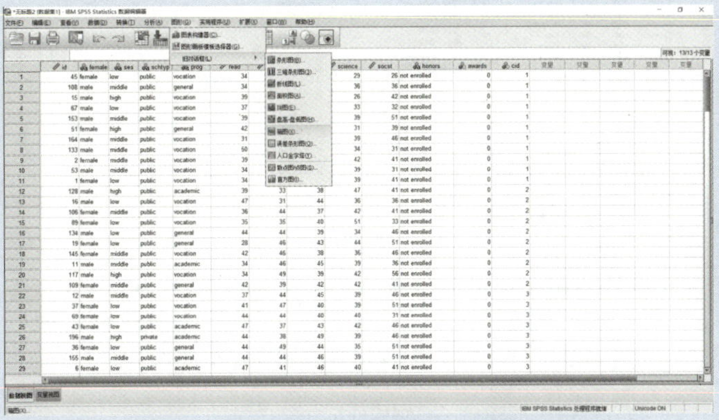

图 7.26　SPSS 箱线图操作示意图 1

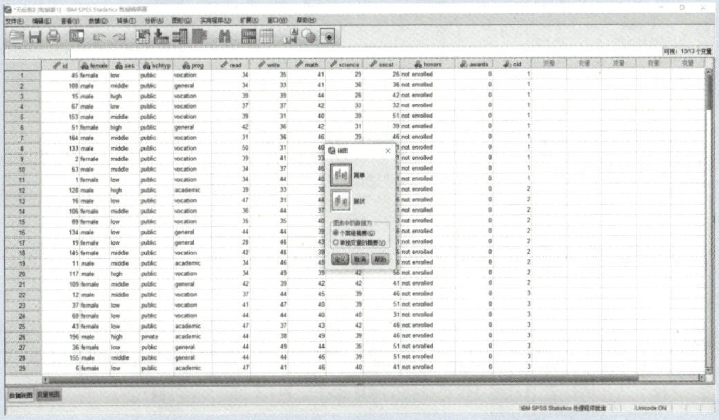

图 7.27　SPSS 箱线图操作示意图 2

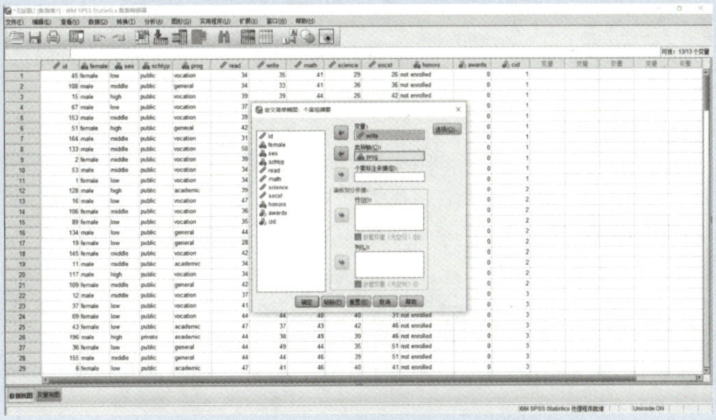

图 7.28　SPSS 箱线图操作示意图 3

绘制分组条形图的操作为：依次选择“图形”→“旧对话框”→“条形图”→“堆积”，在弹出的对话框中指定“类别轴”为“ses”，“堆积定义依据”为“prog”，具体操作如图7.29至图7.31所示。模型拟合操作如图7.32至图7.38所示。

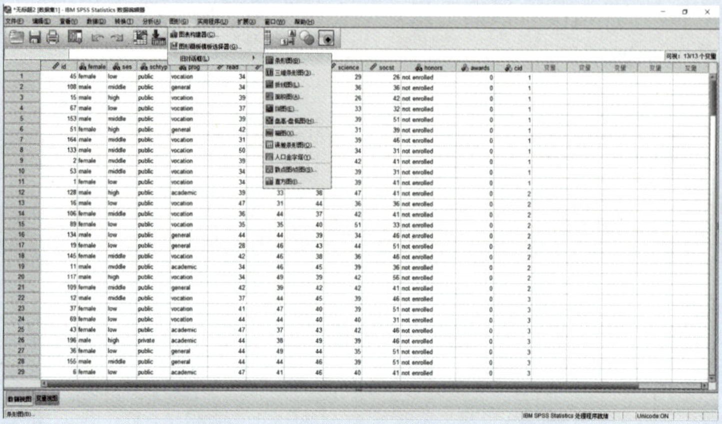

图 7.29 SPSS 分组条形图操作示意图 1

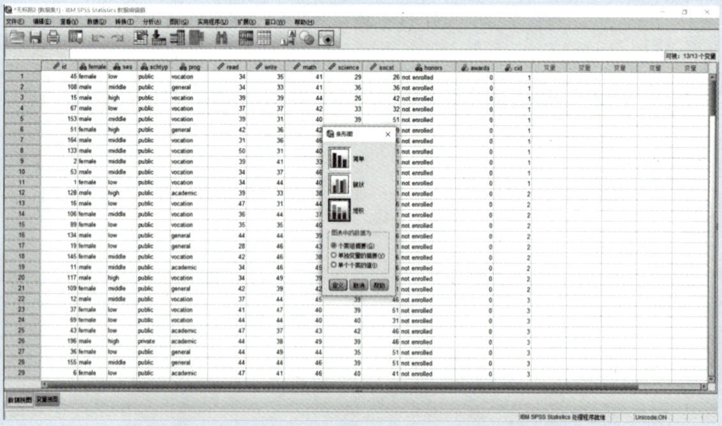

图 7.30 SPSS 分组条形图操作示意图 2

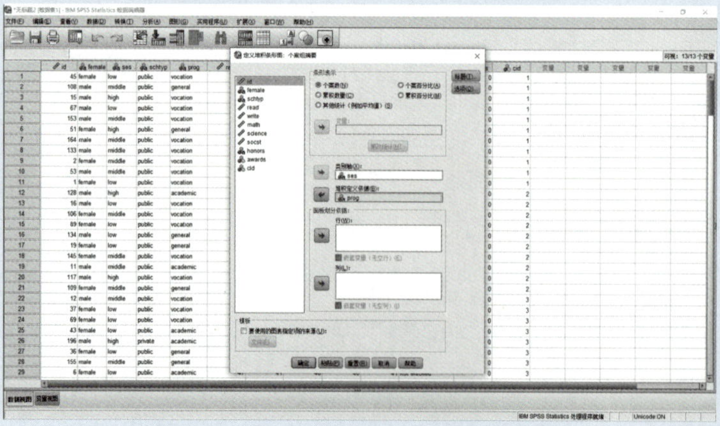

图 7.31 SPSS 分组条形图操作示意图 3

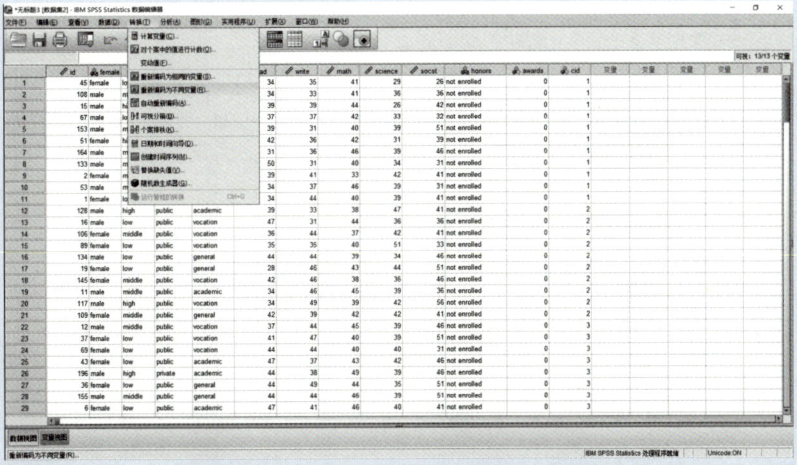

图 7.32　SPSS 模型拟合操作示意图 1

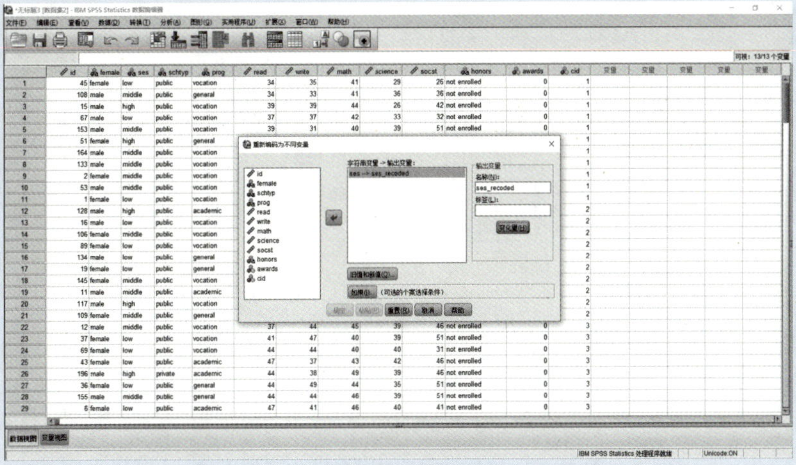

图 7.33　SPSS 模型拟合操作示意图 2

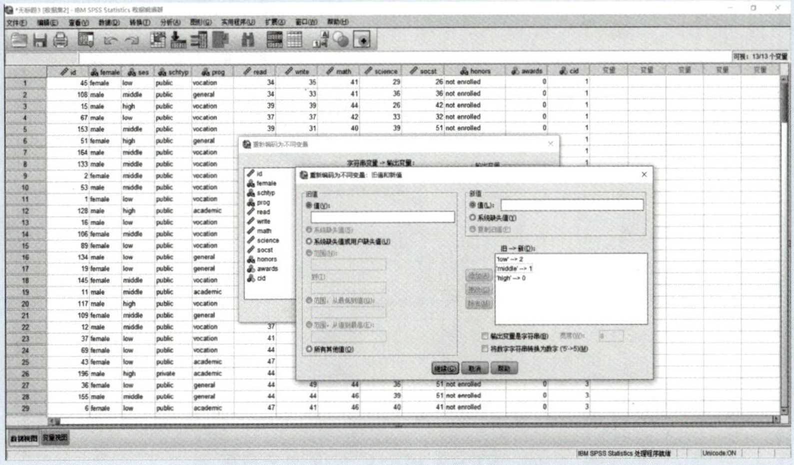

图 7.34　SPSS 模型拟合操作示意图 3

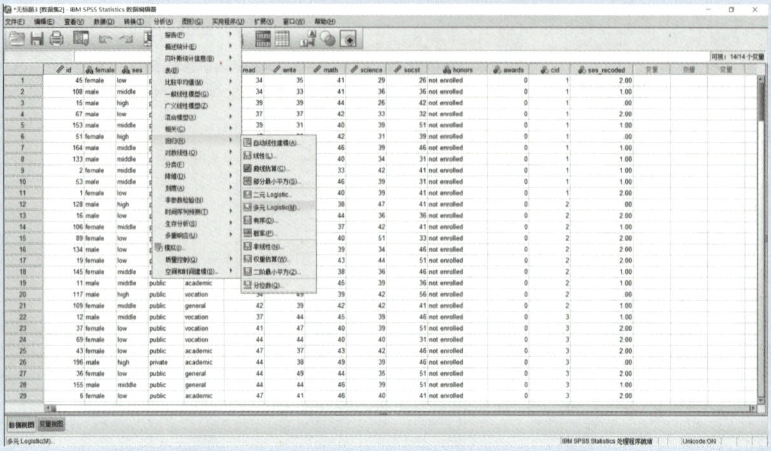

图 7.35 SPSS 模型拟合操作示意图 4

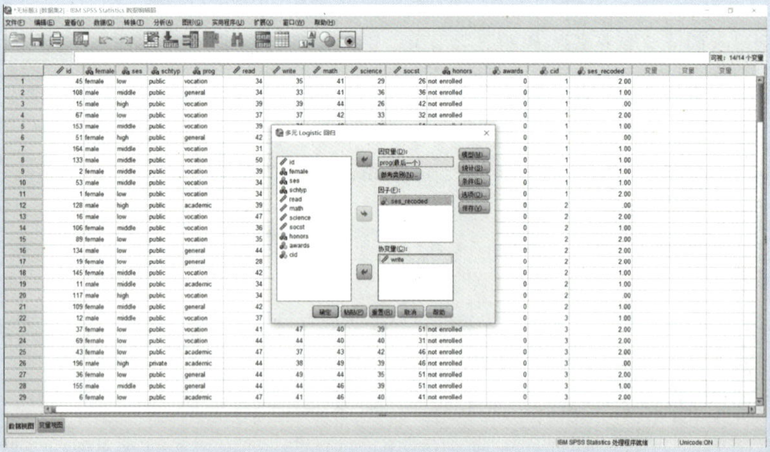

图 7.36 SPSS 模型拟合操作示意图 5

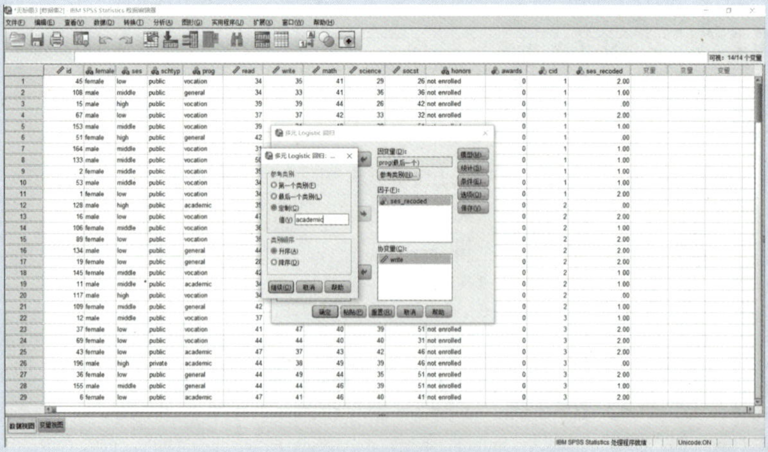

图 7.37 SPSS 模型拟合操作示意图 6

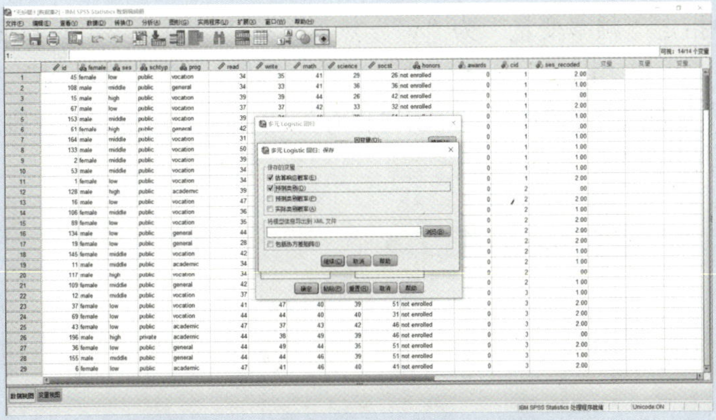

图 7.38 SPSS 模型拟合操作示意图 7

3. 斐济妇女育子数据实例分析

在 SPSS 中选择“文件”→“打开”，选择“ceb.sav”文件打开。绘制直方图的操作为：在数据视图中选择“图形”，再点选“图表构建器”，在弹出的对话框的“图库”菜单中选择“直方图”，“变量”菜单中选择“y”，点击“确定”。具体操作如图7.39和图7.40所示。

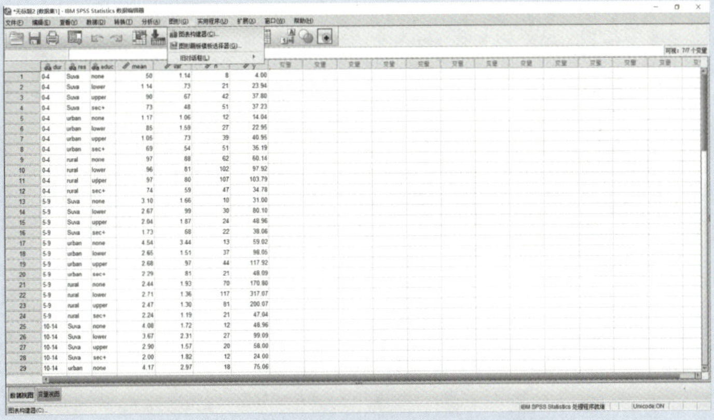

图 7.39 SPSS 直方图操作示意图 1

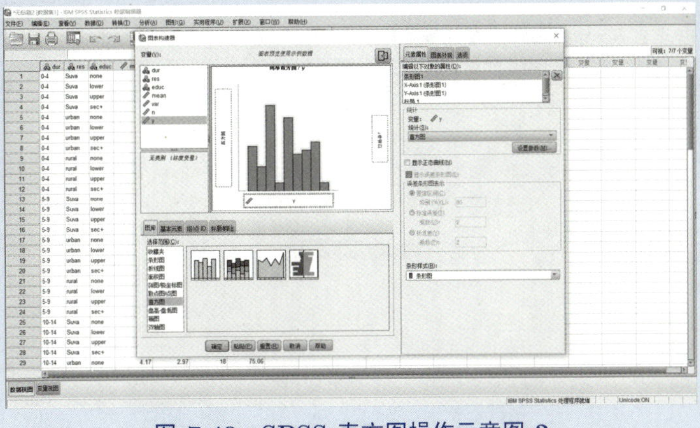

图 7.40 SPSS 直方图操作示意图 2

在 SPSS 中拟合模型的操作为：在数据视图中选择“数据”，再点选“个案加权”，在弹出的对话框中指定“频率变量”为“y”。然后选择“分析”→“对数线性”→“常规”，在弹出的对话框中指定“因子”为居住地和受教育程度，“单元格结构”为“n”(即 offset 项)，单元格计数分布选择“泊松”。点击“保存”选项，选择模型拟合后需要保存的结果，具体操作如图7.41至图7.47所示。

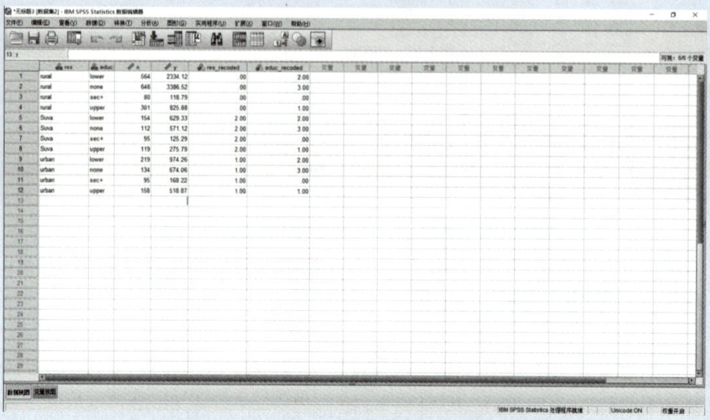

图 7.41　SPSS 模型拟合操作示意图 1

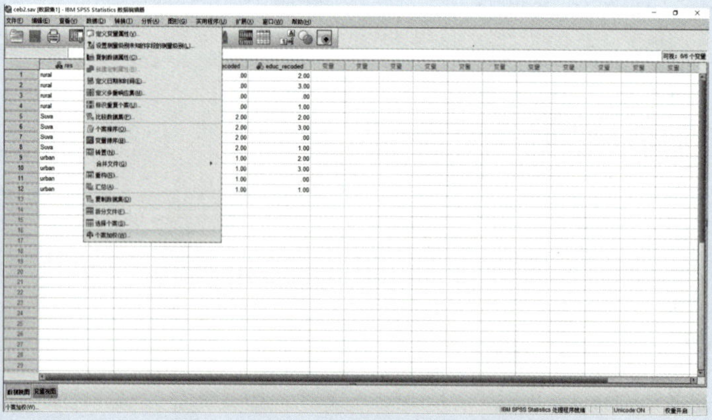

图 7.42　SPSS 模型拟合操作示意图 2

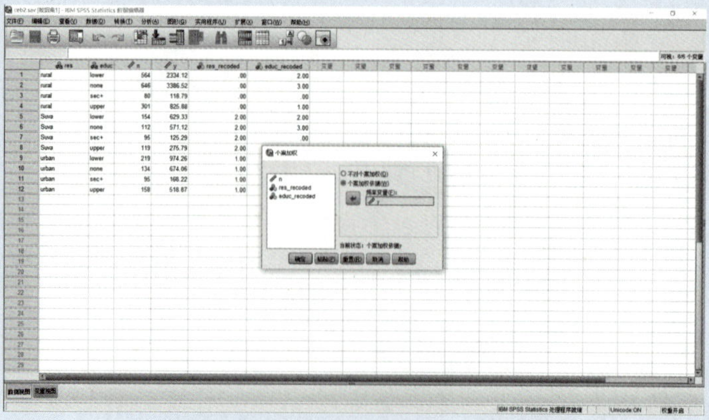

图 7.43　SPSS 模型拟合操作示意图 3

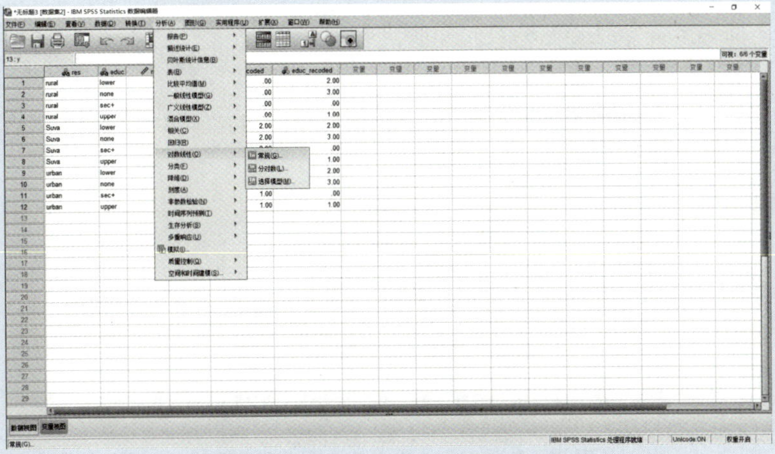

图 7.44 SPSS 模型拟合操作示意图 4

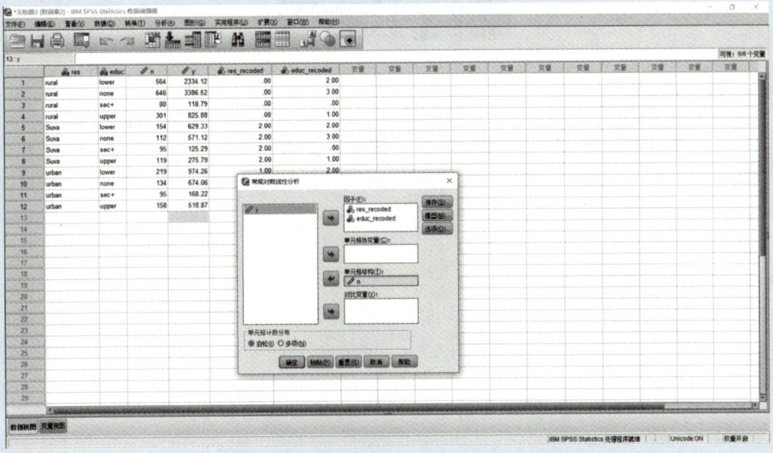

图 7.45 SPSS 模型拟合操作示意图 5

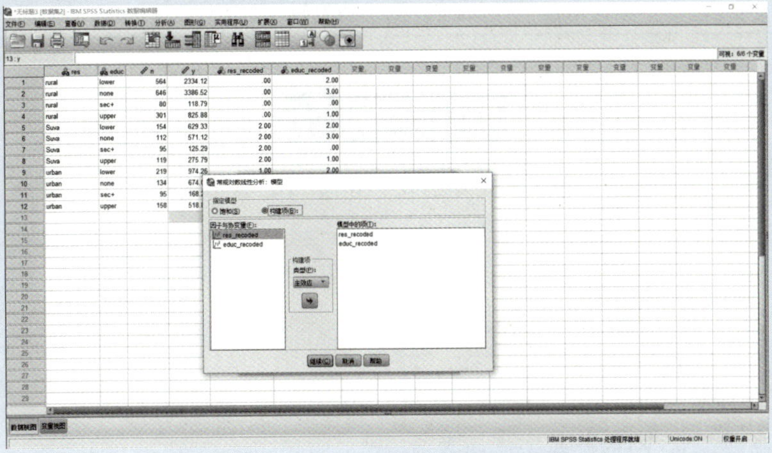

图 7.46 SPSS 模型拟合操作示意图 6

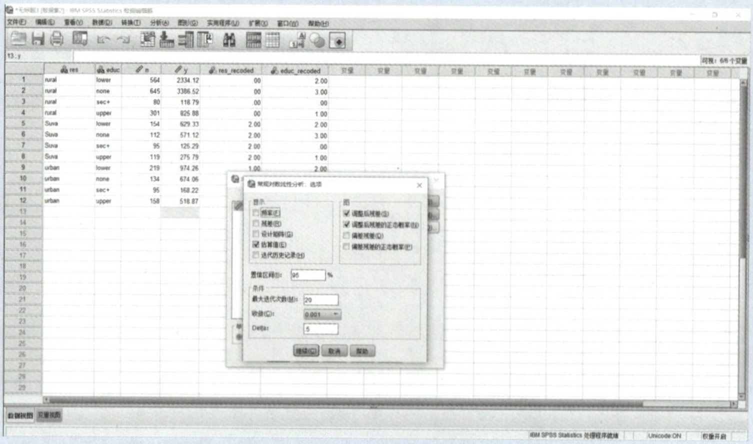

图 7.47　SPSS 模型拟合操作示意图 7

符号注记

符号说明如表 7.14 所示。

表 7.14　符号说明表

符号	含义
Y	均值为 μ 的响应变量
y_1，y_2，$\cdots$，y_n	响应变量 Y 的 n 个观测值
$\boldsymbol{X}$	$n\times(p+1)$ 阶设计矩阵
$\boldsymbol{X}_i$	设计矩阵的第 i 行
X_{ij}	设计矩阵第 i 行第 j 列元素
X_1，X_2，$\cdots$，X_p	自变量
$\boldsymbol{\beta}=(\beta_0,\ \beta_1,\ \cdots,\ \beta_p)^\top$	截距项以及 p 个变量对应的系数所构成的向量
$L(\cdot)$	似然函数
$l(\cdot)$	对数似然函数

习　题

7.1　证明正态分布、二项分布以及泊松分布在指数分布族中各个成分的具体表达式为表 7.1 所示的结果。

7.2　证明下列分布的概率密度函数属于指数族:

(1) Pareto 分布：$f(y;\ \theta)=\theta y^{-\theta-1}$。

(2) 指数分布：$f(y;\ \theta)=\theta \mathrm{e}^{-\theta y}$。

(3) 负二项分布：$f(y;\ \theta)=C_{y+r-1}^{r-1}\theta^r(1-\theta)^y$，其中 r 是已知量。

7.3　设随机变量 Y 的概率密度函数为:

$$f(y;\ \theta)=\frac{1}{\theta}\exp\left(1-\frac{y}{\theta}\right),\quad 0<\theta<y<+\infty$$

该分布属于指数分布族吗？为什么？

7.4　设随机变量 Y 服从 Gamma 分布，即 $Y \sim \text{Ga}(\alpha,\ \beta)$，概率密度函数为：

$$f(y;\ \beta) = \frac{\beta^\alpha}{\Gamma(\alpha)} y^{\alpha-1} \mathrm{c}^{-\beta y}$$

式中，尺度参数 β 为未知参数，而规模参数 α 为已知参数。试证明该分布属于指数分布族，并指出自然参数。使用本章结论计算 $E(Y)$ 与 $\text{Var}(Y)$，并检验结果是否等于 α/β 与 α/β^2。

7.5　证明在广义线性回归模型中，当假设响应变量服从正态分布与泊松分布时，对应的连接函数如表 7.3 所示。

7.6　假设 Y_1，Y_2，$\cdots$，Y_n 是一组独立的服从 Pareto 分布的随机变量，且有

$$E(Y_i) = (\beta_0 + \beta_1 x_i)^2$$

这是一个广义线性回归模型吗？为什么？

7.7　当假设响应变量 Y 服从泊松分布时，暗含了假定 $E(Y) = \text{Var}(Y)$。那么，当假设 Y 分别服从二项分布与负二项分布时，$E(Y)$ 与 $\text{Var}(Y)$ 的大小关系如何？这对你在选择合适的广义线性回归模型方面有何启发？

7.8　设在广义线性回归模型中，响应变量为服从正态分布的随机变量 $Y \sim N(\mu,\ \sigma^2)$，据此推导算法 7.1 中权重矩阵 $\boldsymbol{W}$ 的对角元，并指出此时算法等价于前面章节中的何种算法。(提示：考虑线性回归模型中对于异方差现象的处理方法。)

7.9　设在广义线性回归模型中，响应变量为服从泊松分布的随机变量 $Y \sim \text{Poisson}(\mu)$，据此推导算法 7.1 中权重矩阵 $\boldsymbol{W}$ 的对角元 w_i 关于 μ_i 的表达式，并使用 R 编写函数，实现该算法。(提示：在本章所附代码中，对于随机变量服从伯努利分布的情形给出了示例，可以参考。)

7.10　表7.15中的数据为 1984—1988 年间澳大利亚每季度被诊断患有 AIDS 的人数 (National Centre for HIV Epidemiology and Clinical Research，1994)。大致可以看出确诊人数呈现指数上升。

表 7.15　澳大利亚 1984—1988 年间每季度确诊 AIDS 的人数

年份	季度			
	1	2	3	4
1984	1	6	16	23
1985	27	39	31	30
1986	43	51	63	70
1987	88	97	91	104
1988	110	113	149	159

(1) 试画出每季度确诊人数 y_i 关于时间点 i ($i = 1,\ 2,\ \cdots,\ 20$) 的图像。

(2) 由图像，假定 y_i 服从均值为 μ_i 的泊松分布，且有 $\lambda_i = i^\theta$，即

$$\log \lambda_i = \theta \log i$$

试画出 $\log y_i$ 关于 $\log i$ 的图像，检验该假定是否合理。

(3) 试对该数据拟合泊松回归模型，使用对数连接函数

$$g(\mu_i) = \log \mu_i = \beta_0 + \beta_1 x_i$$

式中，$x_i = \log i$。拟合时，分别使用习题 7.9 中所编写的函数与 R 自带的 glm 函数对系数进行估计，并比较两个结果是否相同。

7.11 在习题 7.10 中，如果直接做变换 $\tilde{y}_i = \log y_i$，拟合关于 $x_i = \log i$ 的线性模型：

$$\tilde{y}_i = \beta_0 + \beta_1 x_i$$

系数的估计值会有何不同？从预测精度的角度，你更倾向于哪种做法？为什么？

7.12 表7.16的数据记录了某生物实验中甲壳虫持续 5 小时暴露于不同剂量的气态碳二硫化物后的死亡数 (Bliss, 1935)。

表 7.16 甲壳虫暴露于不同剂量的气态碳二硫化物后的死亡数

剂量 (x_i) ($\lg CS_2$，mg/l)	甲壳虫总数 (n_i)	甲壳虫死亡数量 (y_i)
1.690 7	59	6
1.724 2	60	13
1.755 2	62	18
1.784 2	56	28
1.811 3	63	52
1.836 9	59	53
1.861 0	62	61
1.883 9	60	60

(1) 该数据的形式与本章例子有何不同？

(2) 尝试使用 R 中的 glm 函数拟合 Logistic 回归模型，分析气态碳二硫化物剂量与甲壳虫死亡率的关系。

(3) 根据上一步的结果，试估计：当剂量上升 0.1 个单位时，相比上升前导致甲壳虫死亡的优势比及其 95% 的置信区间。

附 录

符号说明表

符号	含义
Y	随机变量
$\boldsymbol{Y}$	随机向量
y	随机变量观测值
$\boldsymbol{y}$	随机向量观测值
$E(Y)$	随机变量 Y 的期望
$\mathrm{Var}(Y)$	随机变量 Y 的方差
$\mathrm{Var}(\boldsymbol{Y})$	随机向量 $\boldsymbol{Y}$ 的协方差矩阵
$\mathrm{Cov}(Y,Z)$	随机变量 Y 和 Z 的协方差
$\mathrm{Cov}(\boldsymbol{Y},\boldsymbol{Z})$	随机向量 $\boldsymbol{Y}$ 和 $\boldsymbol{Z}$ 的协方差矩阵
$N(\mu,\sigma^2)$	以 μ 为均值、σ^2 为方差的一元正态分布
$t(m)$	自由度为 m 的 t 分布
$F(a,b)$	自由度为 a 和 b 的 F 分布
$\chi^2(m)$	自由度为 m 的卡方分布
$N(\boldsymbol{\mu},\boldsymbol{\Sigma})$	以 $\boldsymbol{\mu}$ 为均值、$\boldsymbol{\Sigma}$ 为协方差矩阵的多元正态分布
$\top$	矩阵与向量转置
$\mathrm{tr}(\boldsymbol{A})$	矩阵 $\boldsymbol{A}$ 的迹
$\mathrm{rank}(\boldsymbol{A})$	矩阵 $\boldsymbol{A}$ 的秩
$\xrightarrow{\mathrm{d}}$	依分布收敛
$\|a\|$	a 的绝对值
$\log a$	a 的自然对数
$\\|\boldsymbol{y}\\|_1$	向量 $\boldsymbol{y}$ 的 L_1 范数
$\\|\boldsymbol{y}\\|_2$	向量 $\boldsymbol{y}$ 的 L_2 范数
∂	偏导
Δ	差分运算符
$\mathbb{R}$	实数域

参考文献

[1] Agresti, A. Foundations of linear and generalized linear models. Hoboken: John Wiley & Sons, 2015.

[2] Akaike, H. (1974). A new look at the statistical model identification. *IEEE Transactions on Automatic Control*, 19(6): 716–723.

[3] Anscombe, F. J. (1973). Graphs in statistical analysis. *The American Statistician*, 27(1): 17–21.

[4] Baron, R. M. and Kenny, D. A. (1986). The moderator-mediator variable distinction in social psychological research: conceptual, strategic, and statistical considerations. *Journal of Personality and Social Psychology*, 51: 1173–1182.

[5] Bates, D. M. and Watts, D. G. Nonlinear regression analysis and its applications. New York: John Wiley & Sons, 1988.

[6] Berk, R. and MacDonald, J. (2008). Overdispersion and poisson regression. *Journal of Quantitative Criminology*, 24(3): 269–284.

[7] Bliss, C. I. (1935). The calculation of the dosage-mortality curve. *Annals of Applied Biology*, 22(1): 134–167.

[8] Cameron, A. C. and Trivedi, P. K. Regression analysis of count data. 2nd edition. New York: Cambridge University Press, 2013.

[9] Chen, K., Ying, Z., Zhang, H., et al. (2008). Analysis of least absolute deviation. *Biometrika*, 95(1): 107–122.

[10] Cramer, J. S. (2002). The origins of logistic regression. Tinbergen Institute Discussion Papers No.02-119/4, Tinbergen Institute.

[11] Dobson, A. J. and Barnett, A. G. An introduction to generalized linear models. 4th edition. Boca Raton: Chapman & Hall/CRC, 2018.

[12] Fan, J. and Li, R. (2001). Variable selection via nonconcave penalized likelihood and its oracle properties. *Journal of the American Statistical Association*, 96: 1348–1360.

[13] Gallant (1975). Nonlinear regression. *The American Statistician*, 29(2): 73–81.

[14] Galton, F. (1886). Regression towards mediocrity in hereditary stature. *Journal of the Anthropological Institute of Great Britain and Ireland*, 15: 246–263.

[15] Goldfeld, S. M. and Quandt, R. E. (1965). Some tests for homoscedasticity. *Journal of the American Statistical Association*, 60(310): 539–547.

[16] Goldstein, M. and Smith, A. F. M. (1974). Ridge-type estimators for regression analysis. *Journal of the Royal Statistical Society: Series B*, 36: 284–291.

[17] Gujarati, D. N. and Porter, D. C. Basic econometrics. 5th edition. New York: McGraw-Hill/Irwin, 2008.

[18] Hampel, F. R. (1974). The influence curve and its role in robust estimation. *Journal of the American Statistical Association*, 69(346): 383–393.

[19] Härdle, W. K., Lu, H. H.-S., Shen, X. Handbook of big data analytics. Cham: Springer, 2018.

[20] Hastie, T., Tibshirani, R., Friedman, J. The elements of statistical learning: data mining, inference, and prediction. 2nd edition. New York: Springer, 2009.

[21] Hendricks, P. (2015). Titanic: Titanic passenger survival data set. R package version 0.1.0.

[22] Hoerl, A. E. and Kennard, R. W. (1970). Ridge regression: biased estimation for nonorthogonal problems. *Technometrics*, 12(1): 55–67.

[23] Hogg, R. V., McKean, J. W., Craig, A. T. Introduction to mathematical statistics. 8th edition. Boston: Pearson, 2019.

[24] Horel, A. E. (1962). Applications of ridge analysis to regression problems. *Chemical Engineering Progress*, 58: 54–59.

[25] Hsu, D., Kakade, S. M., Zhang, T. (2011). An analysis of random design linear regression. *arXiv preprint arXiv:1106.2363*.

[26] Huang, J., Ma, S., Xie, H., et al. (2009). A group bridge approach for variable selection. *Biometrika*, 96(2): 339–355.

[27] Huber, P. J. (1964). Robust estimation of a location parameter. *Annals of Mathematical Statistics*, 35(1): 73–101.

[28] Karlsson, A. (2007). Introduction to linear regression analysis. *Journal of the Royal Statistical Society: Series A*, 170(3): 856–857.

[29] Koenker, R. and Bassett, G. (1978). Regression quantiles. *Econometrica*, 46(1): 33–50.

[30] Lambert, D. (1992). Zero-inflated Poisson regression, with an application to defects in manufacturing. *Technometrics*, 34(1): 1–14.

[31] Li, Y., Luo, Y., Ferrari, D., et al. (2019). Model confidence bounds for variable selection. *Biometrics*, 75(2): 392–403.

[32] Little, R. J. A. (1978). Generalized linear models for cross-classified data from the WFS. World Fertility Survey Technical Bulletin No.5/TECH.834, International Statistical Institute.

[33] Mallows, C. L. (1973). Some comments on C_p. *Technometrics*, 15(4): 661–675.

[34] Markov, A. A. Calculus of probabilities. 2nd edition. St. Petersburg: Academy of Science, 1900.

[35] Massy, W. F. (1965). Principal components regression in exploratory statistical research. *Journal of the American Statistical Association*, 60(309): 234–256.

[36] McCullagh, P. and Nelder, J. A.Generalized linear models. 2nd edition. Boca Raton: Chapman & Hall/CRC, 1989.

[37] Montgomery, D. C., Peck, E. A., Vining, G. G. Introduction to linear regression analysis. 6th edition. Hoboken: John Wiley & Sons, 2021.

[38] Nan, Y. and Yang, Y. (2014). Variable selection diagnostics measures for high-dimensional regression. *Journal of Computational and Graphical Statistics*, 23(3): 636–656.

[39] Nelder, J. A. and Wedderburn, R. W. M. (1972). Generalized linear models. *Journal of the Royal Statistical Society: Series A*, 135(3): 370–384.

[40] Obenchain, R. L. (1975). Ridge analysis following a preliminary test of the shrunken hypothesis. *Technometrics*, 17(4): 431–441.

[41] Rencher, A. C. and Schaalje, G. B. Linear models in statistics. 2nd edition. Hoboken: John Wiley & Sons, 2008.

[42] Rousseeuw, P. and Yohai, V. Robust regression by means of S-estimators. New York: Springer, 1984.

[43] Rousseeuw, P. J. (1984). Least median of squares regression. *Journal of the American Statistical Association*, 79(388): 871–880.

[44] Rousseeuw, P. J. and Leroy, A. M. Robust regression and outlier detection. NewYork: John Wiley & Sons, 1987.

[45] Ruppert, D., Wand, M. P., Carroll, R. J. Semiparametric regression. Cambridge: Cambridge University Press, 2003.

[46] Schweppe, F. C. (1970). Power system static-state estimation, part III: implementation. *IEEE Transactions on Power Apparatus and Systems*, PAS-89(1): 130–135.

[47] Scrucca, L. (2004). qcc: an R package for quality control charting and statistical process control. *R News*, 4/1: 11–17.

[48] Seber, G. A. F. and Lee, A. J. Linear regression analysis. 2nd edition. Hoboken: John Wiley & Sons, 2003.

[49] Spearman, C. (1904). The proof and measurement of association between two things. *American Journal of Psychology*, 15: 72–101.

[50] Tibshirani, R. (1996). Regression shrinkage and selection via the lasso. *Journal of the Royal Statistical Society: Series B*, 58(1): 267–288.

[51] Wold, S., Albano, C., Dunn, M., et al. (1983). Pattern regression: finding and using regularities in multivariate data. Analysis Applied Science Publication, London.

[52] Yang, Y. (2005). Can the strengths of AIC and BIC be shared? A conflict between model indentification and regression estimation. *Biometrika*, 92(4): 937–950.

[53] Yohai, V. J. (1987). High breakdown-point and high efficiency robust estimates for regression. *Annals of Statistics*, 15(2): 642–656.

[54] Yuan, M. and Lin, Y. (2006). Model selection and estimation in regression with grouped variables. *Journal of the Royal Statistical Society: Series B*, 68(1): 49–67.

[55] Zhang, C. (2007). Penalized linear unbiased selection. Technical Report No.2007-003, Department of Statistics and Bioinformatics, Rutgers University.

[56] Zhang, C. (2010). Nearly unbiased variable selection under minimax concave penalty. *Annals of Statistics*, 38(2): 894–942.

[57] Zou, H. (2006). The adaptive lasso and its oracle properties. *Journal of the American Statistical Association*, 101(476): 1418–1429.

[58] Zou, H. and Hastie, T. (2005). Regularization and variable selection via the elastic net. *Journal of the Royal Statistical Society: Series B*, 67(2): 301–320.

[59] 何晓群，刘文卿. 应用回归分析. 5 版. 北京: 中国人民大学出版社，2019.

[60] 周纪芗. 回归分析. 上海: 华东师范大学出版社，1993.

[61] 庞皓. 计量经济学. 3 版. 北京: 科学出版社，2014.

[62] 张寿，于清文. 计量经济学. 上海: 上海交通大学出版社，1984.

[63] 王松桂，等. 线性模型引论. 北京: 科学出版社，2004.

[64] 王维国. 计量经济学. 大连: 东北财经大学出版社，2002.

[65] 茆诗松，王静龙，濮晓龙. 高等数理统计. 2 版. 北京: 高等教育出版社，2006.

[66] 袁建文，李宏，王克林. 计量经济学理论与实践. 北京: 清华大学出版社，2012.

[67] 陈希孺，王松桂. 近代回归分析: 原理方法及应用. 合肥: 安徽教育出版社，1987.

中国人民大学出版社　　理工出版分社

教师教学服务说明

中国人民大学出版社理工出版分社以出版经典、高品质的统计学、数学、心理学、物理学、化学、计算机、电子信息、人工智能、环境科学与工程、生物工程、智能制造等领域的各层次教材为宗旨。

为了更好地为一线教师服务，理工出版分社着力建设了一批数字化、立体化的网络教学资源。教师可以通过以下方式获得免费下载教学资源的权限：

- 在中国人民大学出版社网站 www.crup.com.cn 进行注册，注册后进入“会员中心”，在左侧点击“我的教师认证”，填写相关信息，提交后等待审核。我们将在一个工作日内为您开通相关资源的下载权限。

- 如您急需教学资源或需要其他帮助，请加入教师 QQ 群或在工作时间与我们联络。

中国人民大学出版社　　理工出版分社

教师 QQ 群：229223561(统计2组) 982483700(数据科学) 361267775(统计1组)
教师群仅限教师加入，入群请备注（学校+姓名）

联系电话：010-62511967，62511076

电子邮箱：lgcbfs@crup.com.cn

通讯地址：北京市海淀区中关村大街 31 号中国人民大学出版社 802室（100080）